孟加拉湾风暴对高原地区的影响

段　旭　王　曼　林志强　许美玲　李　英
梁红丽　段　玮　曹　杰　张瑾文　著

气象出版社
China Meteorological Press

内 容 简 介

本书统计了1977—2010年共34年在孟加拉湾发生的风暴个例，分析研究了风暴生成、发展、消亡和移动路径等时空分布特征以及大尺度环流背景和制约系统，基本掌握了其活动规律；从风暴登陆位置、登陆前后结构(动力和热力)变化特征、水汽输送及辐合、辐散特征等方面入手，分析了偏北路径(孟加拉国)和东北路径(缅甸)登陆风暴对高原地区降水产生的影响；对典型登陆风暴个例进行了数值模拟试验，研究了高原大地形阻挡和抬升作用对降水强度和分布的影响。本书可供天气预报人员和大气科学研究人员参考。

图书在版编目(CIP)数据

孟加拉湾风暴对高原地区的影响 / 段旭，王曼，林志强等著.
—北京：气象出版社，2014.6
ISBN 978-7-5029-5788-9

Ⅰ.①孟…　Ⅱ.①段…　②王…　③林…　Ⅲ.①孟加拉湾—热带风暴—影响—高原—地区—降水　Ⅳ.①P426.6

中国版本图书馆CIP数据核字(2014)第131090号

Mengjialawan Fengbao dui Gaoyuan Diqu de Yingxiang

孟加拉湾风暴对高原地区的影响

段　旭　等　著

出版发行：气象出版社

地　　址：北京市海淀区中关村南大街46号　　邮政编码：100081

总 编 室：010-68407112　　发 行 部：010-68409198

网　　址：http://www.cmp.cma.gov.cn　　E-mail：qxcbs@cma.gov.cn

责任编辑：李太宇　　终　　审：章澄昌

封面设计：易普锐创意　　责任技编：吴庭芳

印　　刷：北京京华虎彩印刷有限公司

开　　本：787 mm×1092 mm　1/16　　印　　张：17.75

字　　数：450千字

版　　次：2014年7月第一版　　印　　次：2014年7月第一次印刷

定　　价：85.00元

序　　言

全球八大洋区，东南太平洋和南大西洋极少有强热带气旋活动。飓风在这两大海域难以生成（南大西洋仅有一例，即飓风“Catarina”—2004）。而西北太平洋和西南太平洋是全球热带气旋生成最为频繁的两个海域。尤其是西北太平洋，全球达到风暴级别以上的热带气旋的 33％出现于此海域。与此相比，北印度洋不易生成热带风暴，它是全球热带风暴出现频率较低的海域。北印度洋分两个海域，其中孟加拉湾（Bay of Bengal）热带风暴以上的热带气旋只有全球的 7％，而阿拉伯海（Arabian Sea）只有 5％。

孟加拉湾风暴虽然发生频率低，但却不可小觑，出来一个就不得了。世界上最严重的热带气旋灾害就发生在孟加拉湾沿岸的国家。例如，超强热带气旋性风暴“Bhola”，于 1970 年 11 月 12 日在如今的孟加拉国恒河三角洲（Ganges Delta）东侧吉大港的哈提亚（Hatia，Chittagong）登陆，竟造成 30 万～50 万人死亡。它是 20 世纪全球造成死亡人数最多的一个风暴，也是 20 世纪人类的一场悲剧。孟加拉湾风暴造成的如此惊天大灾，并非一次两次，而是时有发生。近年来，特强气旋性风暴“Nargis”2008 年 5 月 2 日登陆缅甸伊洛瓦底（Ayeyarwady）江三角洲人口稠密区，竟造成 13.8 万余人死亡和失踪。孟加拉湾喇叭口地形和大陆架浅海效应对孟加拉湾风暴大灾起了重要作用。

孟加拉湾风暴不仅灾害重，而且“很有个性”。全球热带风暴一般在盛夏为其发生的高峰期，而孟加拉湾风暴的发生频率恰恰相反：在盛夏为发生的低谷，而高峰出现在春末和秋末，呈双峰型分布。孟加拉湾风暴影响范围广，不仅影响孟加拉湾周边国家，如孟加拉国、印度、斯里兰卡、缅甸以及中南半岛诸国，还影响到我国的西南和高原地区。当孟加拉湾风暴与南支槽相互作用时，孟加拉湾风暴所携带的水汽甚至可输送到我国的中东部地区，提供了降水的水汽条件。高原地形对孟加拉湾风暴降水也会有一定的增幅作用。孟加拉湾风暴对我国的影响研究具有重要的学术和业务应用价值。

段旭等撰写的《孟加拉湾风暴对高原地区的影响》对上述科学问题和业务应用作了详细论述，是一本很有价值的专著。我国对西北太平洋和南海台风作了不少研究，而对孟加拉湾风暴对我国影响关注较少。这本著作弥补了这一不足，对我国热带气旋研究和预报应用增添了色彩。希望本书对我国防灾减灾能起到应有的作用。

（陈联寿）

2014 年 7 月

前　言

孟加拉湾是全球八个热带气旋易发生的地区之一，每年的初夏(5月)和秋末(10—11月)是孟加拉湾风暴最为活跃的时期。它的形成和出现，对我国西南地区水汽输送带的建立和强弱有密切联系。孟加拉湾风暴向北移动，可对孟加拉国和青藏高原产生重大影响，常出现大海潮和暴风雪等严重灾害；向东北方向移动，可对缅甸、中南半岛北部和我国西南地区有较大影响，是造成高原地区暴雨的主要天气系统之一。

本书汇集了孟加拉湾风暴对高原地区影响的最新研究成果，统计了风暴登陆路径、活动频次、形成位置、维持时间以及孟加拉湾风暴的时空分布特征；介绍了印度洋偶极子对风暴活动的影响、风暴活动与中国降水的关系、风暴“双峰”型活动特征的成因以及“双峰”期风暴对西南水汽输送的贡献等方面的研究，对孟加拉湾风暴的活动机理有了初步的认识。书中包括对孟加拉湾风暴过程空间降水描述、风暴过程对高原地区降水的影响、云南初夏风暴过程引发的强降水、云南秋季风暴降水的差异、云南受风暴影响的站点降水统计和环流特征、风暴“Akash”对我国西南地区的影响等内容，基本掌握了孟加拉湾风暴影响高原地区产生降水的范围和强度。本书还介绍了孟加拉湾风暴结构的合成特征和各路径登陆风暴典型个例特征，给出了风暴登陆前后水平流场、垂直环流、涡度、散度和垂直风切变等大气要素结构及分布；利用中尺度数值模式开展了高原大地形对孟加拉湾风暴影响的数值模拟研究，分别模拟了东北路径登陆和西北路径登陆的五个典型风暴个例。研究结果表明，地形的阻挡抬升和摩擦作用能较明显地使风暴强度减弱、移动速度加快。地形对降水存在双重作用，一方面地形抬升使风暴产生的降水增加，另一方面地形摩擦使风暴强度减弱从而减少降水。我们还诊断分析了孟加拉湾风暴暴雨的湿位涡、能量收支、TBB特征，建立了风暴影响下西藏降水的动力相似预报方法、风暴移动路径的客观分类和预报方法。在上述研究工作和成果的基础上，建立了包括风暴时空分布特征、风暴三维结构及最有利于生成的环境、风暴导致的高原地区降水分布、“峰值”期风暴水汽输送、高原大地形的阻挡和抬升作用等的风暴概念模型，以便预报员在预报和分析时参考。

本书中的一些内容已在《地球科学》、《大气科学》、《气象学报》、《高原气象》等核心期刊上发表，还有多篇论文也即将在包括 SCI 在内的高水平刊物上发表。鉴于过去对孟加拉湾风暴研究相对较少，其研究成果具有独创性和创新性。

本书共分 7 章，第 1 章由段旭撰写，第 2 章由段旭、林志强、曹杰、李英、段玮、张瑾文撰写，第 3 章由段旭、李英、许美玲、段玮撰写，第 4 章由段旭、张瑾文撰写，第 5 章由王曼撰写，第 6 章由林志强、许美玲、梁红丽撰写，第 7 章由段旭、段玮撰写。全书由段旭统稿。

在编写过程中，云南省气象局的符睿、陶云、陈小华、许迎杰，西藏自治区气象局的边巴扎西、假拉、普布次仁、文胜军、周振波、德庆，中国气象科学研究院的吕爱民，云南大学的袁俊鹏等做了大量的基础性工作，在此一并表示衷心感谢。

作者

2014 年 4 月

目　录

第 1 章　孟加拉湾风暴时空分布特征

孟加拉湾属于印度洋的一个海湾，总面积 217.2 万 km^2，平均水深 2586 m，位于印度半岛、中南半岛、安达曼群岛和尼科巴群岛之间。印度洋的南北是以 5.0°N 划分的，因此孟加拉湾是指包括 5.0°～22.6°N，80.0°～98.8°E 范围内的海区（图 1.1）。孟加拉湾是全球八个易发生热带气旋的地区之一（阿特金森，1974）。

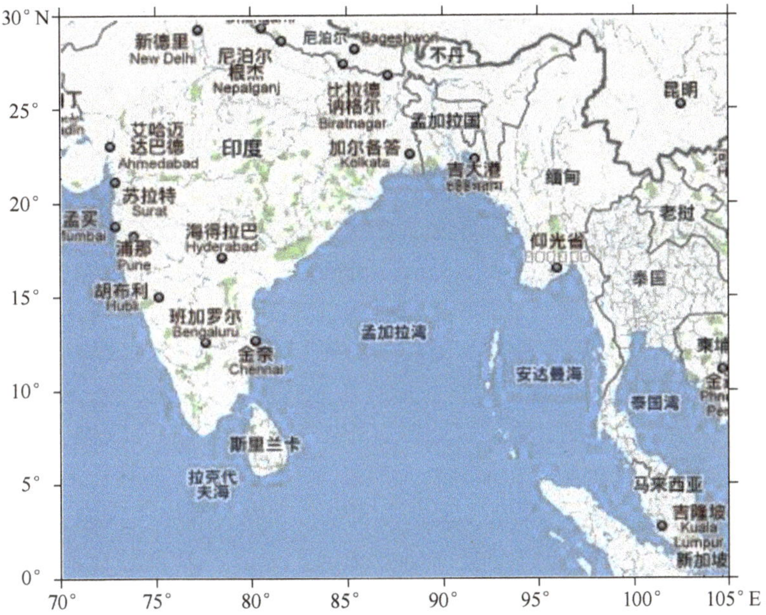

图 1.1　孟加拉湾地理位置示意图

孟加拉湾风暴偏北方向移动，可对孟加拉国和青藏高原形成重大影响，常出现大海潮和暴风雪等严重灾害；偏东方向移动，可对缅甸、中南半岛和我国西南地区有较大影响，是造成我国西南地区强降水的主要天气系统之一；偏西方向移动，可对印度、斯里兰卡等国造成重大影响。同时，孟加拉湾风暴对于我国西南方向水汽输送和高原雨季的开始也密切相关。因此，认识和研究孟加拉湾风暴十分重要。

1.1　孟加拉湾风暴国内外研究概述

近年来，国内外对热带气旋活动比较关注。陈敏等（1999）对 1949—1996 年近 48 年的西太平洋热带气旋的气候特征进行了统计分析，给出了热带气旋发生频数的年际变化、季节分布、强度分布、路径类型、气旋源地等的统计特征。王志仁等（2002）对 1960—1992 年全球三大洋热带风暴的时空分布特征进行了统计分析，给出了全球各海区热带风暴的发生频数的季节分布、年际变化、平均寿命和平均强度。李英等(2004)利用1970—2001年热带气旋年鉴资料，对32年来西太平洋热带气旋登陆我国的频率、位置、维持、衰减、变性、加强及消亡等进行统计分析，揭示了热带气旋登陆活动的一些事实和特征。Gray(1968)对1948—1967年孟加拉湾风暴的活动特征进行了分析，指出5月和10—12月是孟加拉湾风暴的活动高峰期，2月和3月无孟加拉湾风暴生成。北京大学地球物理系热带天气研究组和国家海洋局水文气象预报总台(1976)根据国家海洋局水文气象预报总台的热带天气图、印度每日天气公报以及1970—1973年南亚范围的各种卫星云图和艾萨—9、爱托斯—1的全球电视卫星云图，统计分析了孟加拉湾地区中心附近地面最大平均风速大于17.2 $m \cdot s^{-1}$的热带气旋的活动特征和对我国天气的影响。王友恒等(1988;1989)利用1973—1987年北印度洋热带风暴资料、天气图及卫星云图等资料，分析了北印度洋热带风暴与我国西藏地区降水的关系，指出北印度洋热带风暴的年变化呈双峰型分布，峰值出现在5月和11月，生成的区域主要在靠近印度半岛的孟加拉湾西部和阿拉伯海东部，且孟加拉湾风暴主要生成于5月和10—11月，3—4月和7—8月没有孟加拉湾风暴生成。段旭等(2009)、许美玲等(2011)通过对1945—2008年孟加拉湾TC(热带气旋)的分析统计，得出：(1)孟加拉湾热带气旋1945—1976年年平均为12.4个，1977—2008年年平均锐减为3.7个，突变前和突变后两个时期的年代际变化相对较小；(2)孟加拉湾风暴呈双峰型分布，峰值为5月和9—10月，这正好与南亚季风爆发和结束的时间基本吻合；(3)孟加拉湾风暴的强度越大，登陆的可能性也越大。

上述研究表明，对孟加拉湾风暴时空分布统计特征由于资料年限不相同，所得结论有明显差异。因此，有必要利用最新、年限相对长的资料对孟加拉湾风暴的活动规律进行客观的统计，分析孟加拉湾风暴发生、移动路径、消亡等特征及其时空分布，为预报业务和科研提供进一步的基础数据。

1.2　孟加拉湾风暴统计标准

本节所用资料为关岛联合台风警报中心(Joint Typhoon Warning Centre，简称JTWC)发布的1945—2010年的数据。按照热带气旋(TC)中心附近地面最大平均风速将TC分为7个等级(表1.1)。

表1.1　孟加拉湾地区JTWC的TC标准

热带气旋分类	热带气旋强度(中心附近地面最大平均风速)
热带低压(TD)	<34 knots①(<17.5 $m \cdot s^{-1}$)
热带风暴(TS)	34～63 kn(17.5～32.4 $m \cdot s^{-1}$)
飓风1(H1)	64～82 kn(32.9～42.2 $m \cdot s^{-1}$)
飓风2(H2)	83～95 kn(42.7～48.9 $m \cdot s^{-1}$)
飓风3(H3)	96～112 kn(49.4～57.6 $m \cdot s^{-1}$)
飓风4(H4)	113～135 kn(58.1～69.4 $m \cdot s^{-1}$)
飓风5(H5)	>135 kn(>69.4 $m \cdot s^{-1}$)

① 1 knots=1海里/h=0.5144 m/s，航速中的“节”。

JTWC 的 TC 标准与我国的 TC 标准稍有差异，两者 TS 的下限风速相差 0.3 $m \cdot s^{-1}$，H1 与台风(TY)的下限风速相差 0.2 $m \cdot s^{-1}$，这一方面是由于两个标准所采用的单位不同(knot 与 $m \cdot s^{-1}$)，换算时出现小数位上的近似偏差；另一方面是由于 JTWC 的热带气旋标准采用整数位，这在一定程度上加大了两者小数位上的偏差，但总体上相差不大。

关于 TC 的分类，印度、缅甸、孟加拉国、斯里兰卡、泰国等环北印度洋各国与 JTWC 稍有差异，但都无一例外的将中心附近最大平均风速达 34 knots 作为判定北印度洋风暴的标准。本书采用 JTWC 的 TC 等级标准，结合环北印度洋各国惯用提法，将孟加拉湾地区出现的中心附近地面最大平均风速大于 34 knots(17.5 $m \cdot s^{-1}$)的 TC 统称为孟加拉湾风暴(包括 TS、H1—H5)。

1945—2010 年在孟加拉湾地区共有 529 个 TC 生成，最多年份为 17 个，最少为 1 个，年平均 8.02 个(图 1.2)。从演变情况看，1976—1977 年出现了巨大的突变，其原因目前可以参考两种观点。其一是与气候变暖有关，任国玉等(2005)指出，1951—2001 年中国年平均气温整体呈上升趋势，但增温主要从 20 世纪 80 年代开始，且有加快趋势；王绍武(1990；1998)、丁一汇(1994)等也指出近百年来全球气温突变发生于 20 世纪 70 年代末期，图 1.2 给出的 TC 曲线突变期与上述研究结果中气温突变期基本一致；田荣湘(2003)在研究西北太平洋上 TC 时发现，随着全球气候变暖西北太平洋上 TC 频数在减少，与孟加拉湾 TC 的变化也非常相似；马丽萍等(2006)认为全球气候变暖，导致海面温度(SST)升高，强对流增强，释放潜热使得上层增暖，大气层结稳定，可抑制气旋生成；但 2007 年 2 月 IPCC(政府间气候变化专门委员会)第一工作组第 4 次评估报告(2007)称，近 100 年来热带气旋每年的个数没有明显变化趋势，这与图 1.2 和气候变暖突变给出的结论相悖，可能是 IPCC 报告中统计的 TC 只包括飓风和台风(没有包括 TS)。第二种观点认为，早期 TC 的监测主要依赖航海日志和陆面观测(Chu *et al.* 2002)在确定 TC 强度时还带有一定的人为主观性，造成了不同来源的 TC 强度资料的分歧；余晖等(2006)则通过对比西北太平洋 3 个主要预报中心(中国气象局(CMA)、日本东京台风中心(RSMC Tokyo)和 JTWC)的 16 年数据，分析了不同来源的热带气旋强度资料的差异性，结果表明差异性显著。

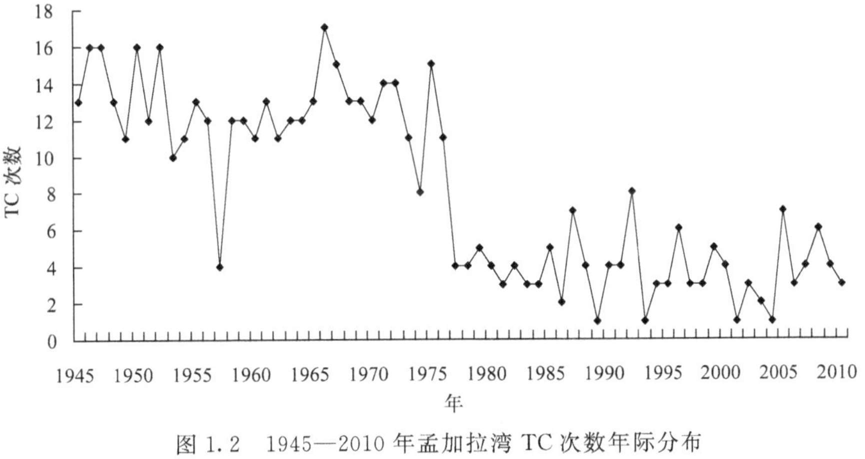

图 1.2　1945—2010 年孟加拉湾 TC 次数年际分布

总之，孟加拉湾 TC 年际变化呈明显下降趋势，气候变暖因素和探测手段差异都值得关注，有待进一步研究。

由于1976年以前绝大部分TC个例没有中心附近地面最大平均风速数值，其强度无法判别，因此，本书以下内容均讨论和研究1977年以后的孟加拉湾风暴。

1.3　孟加拉湾风暴年月平均变化

1977—2010年孟加拉湾达到TS强度的热带气旋共114个，最多年份为7个(1987年)，最少为0个(2001年)，年平均3.35个(图1.3)，年际变化不大，总体呈略上升趋势。其中，达到TS强度的有73个，占总数的64.04%，达到H1—H5强度的个数分别为19、6、4、10和2个，分别占总数的16.67%、5.26%、3.51%、8.77%和1.75%。由此可以看出，近三分之二的孟加拉湾风暴较弱，只能达到热带风暴的强度，另外三分之一的风暴可到达飓风(台风)的强度。

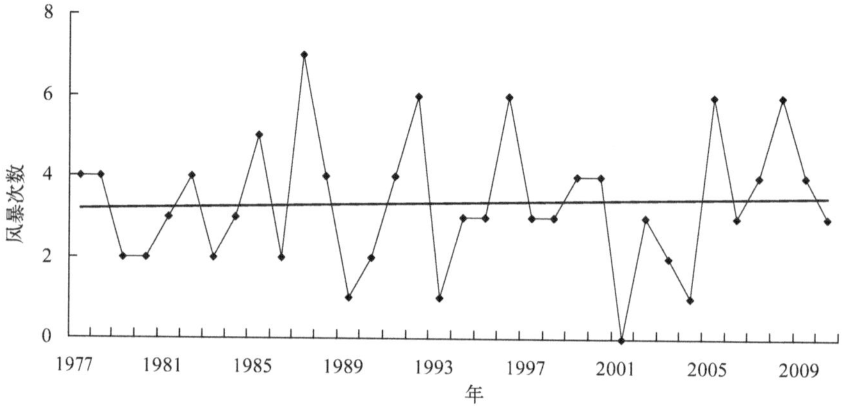

图1.3　1977—2010年孟加拉湾风暴次数年际分布

从孟加拉湾114个风暴生成数的月分布看，孟加拉湾风暴呈双峰型分布(图1.4)，峰值为5月和10—11月。其中，10—12月为孟加拉湾风暴最为活跃的时期，34 a中出现71个，占总数的62.28%，年均2.09个；5月风暴也很活跃，出现19个，占总数的16.67%，年均0.59个；4月出现6个，年均0.18个；1月、6月和9月均各出现5个，年均各为0.15个；2月和8月没有风暴出现，7月仅出现2个，3月仅出现1个。

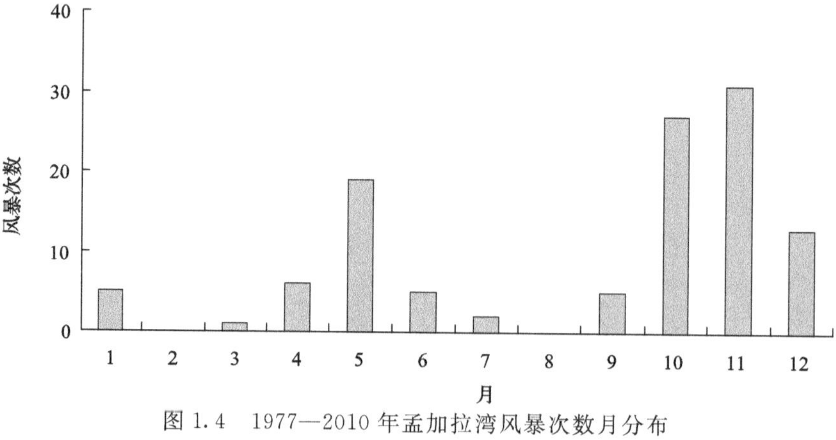

图1.4　1977—2010年孟加拉湾风暴次数月分布

图1.5给出了各登陆路径(各路径的规定见1.4节)风暴的月分布，可以看出：东北路径登陆风暴主要出现在5月、10月和11月，与图1.4呈现的双峰型分布基本一致；西北路径登

陆风暴主要出现在 10 月和 11 月，其他月份很少，为单峰型分布；偏西路径风暴出现在 10—12 月，其他月份很少或没有，也为单峰型分布。

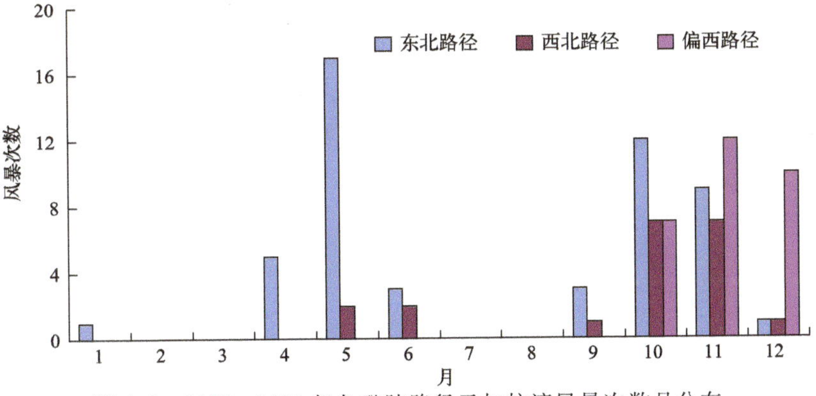

图 1.5　1977—2010 年各登陆路径孟加拉湾风暴次数月分布

1.4　孟加拉湾风暴登陆路径和活动频次

由于孟加拉湾呈喇叭口形状，就地生成或移入的风暴容易在该区域的沿岸登陆，考虑对高原的影响，定义孟加拉湾风暴：

(1)15°N 以北、90°E 以东和 20°N 以北(孟加拉国、缅甸中北部沿海一带)登陆的为东北路径；

(2)15°～20°N 之间、90°E 以西(印度东北部一带)登陆的为西北路径；

(3)15°N 以南、90°E 东(缅甸南部西海岸一带)登陆的为偏东路径；

(4)在 15°N 以南、90°E 以西(印度东南部、斯里兰卡一带)登陆的为偏西路径。

图 1.6 给出了 1977—2010 年 114 个孟加拉湾风暴各方向登陆比例。其中，东北方向(NE)登陆 51 个，占总数的 44.74%；西北方向(NW)登陆 20 个，占总数的 17.54%；偏西方向(W)登陆 29 个，占总数的 25.44%；偏东方向(E)登陆 0 个；未登陆 14 个，占总数的 12.28%。从登陆地点看，东北路径的风暴对中国的青藏高原和云贵高原影响最大。西北路

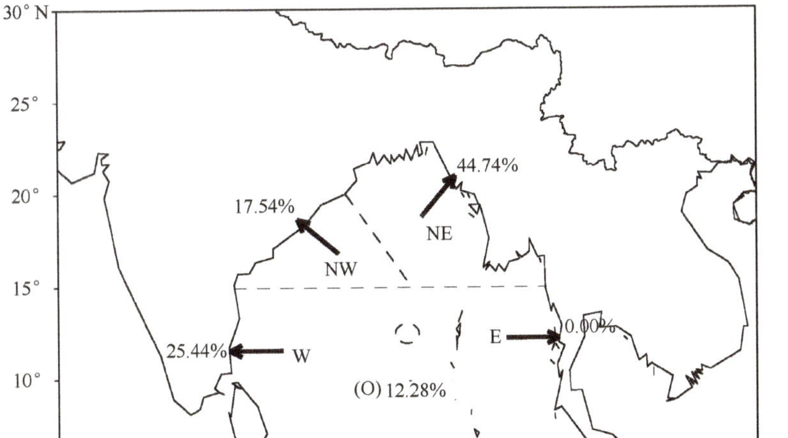

图 1.6　1977—2010 年 114 个孟加拉湾风暴移动登陆方向比例

图中 NE、NW、W、E 分别表示东北、西北、偏西和偏东方向登陆；O 表示未登陆

径登陆的20个风暴中，有6个登陆后向偏北方向移动，越过了20°N，也对青藏高原产生了影响。如果两者相加，超过50%的孟加拉湾风暴对中国的影响较大。

例如，2006年4月25—29日孟加拉湾热带气旋Mala，25日02时增强为风暴，29日02时达到最强(H4)，并同时登陆。东北路径登陆(图1.7)后，其云系覆盖整个中国长江以南地区，表明该路径登陆的风暴不仅能对云贵高原产生重大影响，而且对中国长江以南地区甚至东亚地区也会产生较大影响。

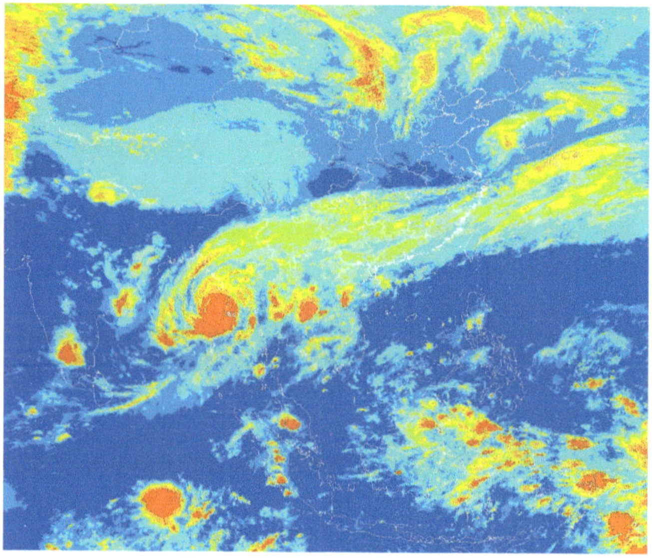

图1.7　2006年4月29日02时红外云图(TBB数据)

同样，1999年10月25日—11月3日孟加拉湾第4号热带气旋，26日08时增强为TS，29日02时达到最强(H5)，29日1时登陆。西北路径登陆(图1.8)后，由于在西太平洋副热带高压西侧偏南气流和北侧偏西气流的引导下，虽然风暴主体位于印度东北部，但其影响范围与东北路径登陆风暴(图1.7)相似。

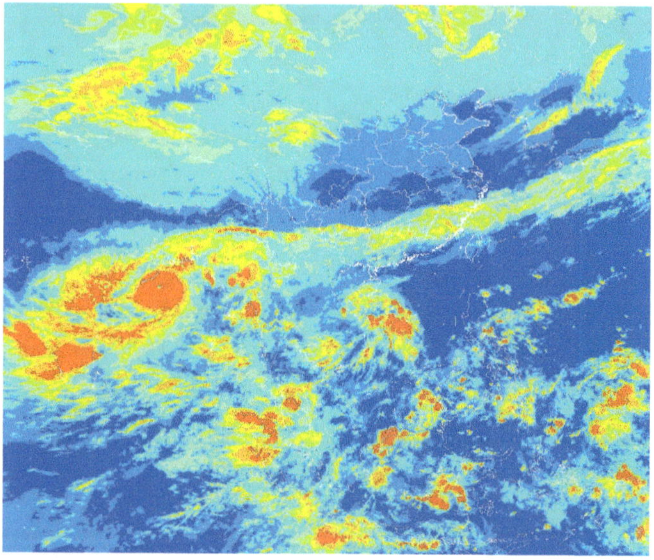

图1.8　1999年10月29日02时红外云图(TBB数据)

取 75°～105°E、5°～30°N 范围 1°×1°经纬网格，将 114 个风暴路径的各个时间节点插值到距离最近的网格上（同一个风暴个例，某一个格点得到 2 次及以上插值，只记 1 次），得到孟加拉湾风暴活动频次年平均分布（图 1.9）。从活动频次分布看，孟加拉湾风暴登陆方向主要在印度半岛东海岸和中南半岛西北海岸，这与图 1.6 给出的结果一致。除此之外，还有两个特点：一是风暴登陆后减弱消失迅速，活动范围（频次等值线最外圈）分布基本位于沿岸一带，表明风暴在即将登陆或登陆后强度迅速减弱，直接影响陆地的以减弱低压为主；二是风暴登陆印度半岛东海岸和中南半岛西北海岸的频次较为均匀，平均每 10 年一次。

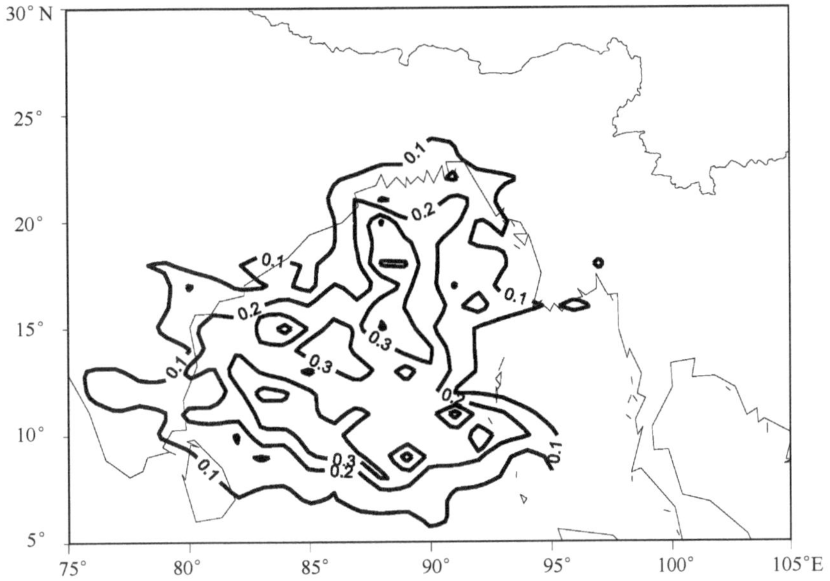

图 1.9 1977—2010 年孟加拉湾风暴活动频次年平均分布

1.5 孟加拉湾风暴形成位置及维持时间

图 1.10 给出了 1977—2010 年孟加拉湾热带气旋从 TD 加强成为 TS 时刻的位置。可以看出，孟加拉湾风暴初生位置的空间分布总体偏西，与图 1.9 所给的年平均活动频次分布一致。

按南北划分（表 1.2），31.6%的风暴生成于孟加拉湾北部（15°N 以北海域），68.4%生成于孟加拉湾南部（15°N 以南海域）。按东西划分（表 1.3），86.0%的风暴生成于孟加拉湾西部（90°E 以西海域），14.0%生成于孟加拉湾东部（90°E 以东海域）。显然，15°N 以南、90°E 以西是孟加拉湾初生的主要区域。

从各海域风暴初生位置的月际变化看（表 1.2 和 1.3），基本呈双峰型分布，与图 1.4 给出的结果一致。但各区域的情况有所差异，孟加拉湾北部海域双峰值位于 5—6 月和 9—11 月，峰值相当（5 月 8 次，10 月 9 次），其他月份（除 7 月外）没有风暴生成。南部海域双峰值位于 4—5 月和 10—12 月，峰值相差较大（5 月 10 次，11 月 25 次），除 7—9 月没有风暴生成外，其他月份均有风暴生成。东西分布也有类似情况，孟加拉湾东部双峰值相当，风暴生成月份相对集中；孟加拉湾西部双峰值相差较大，风暴生成月份比较分散。

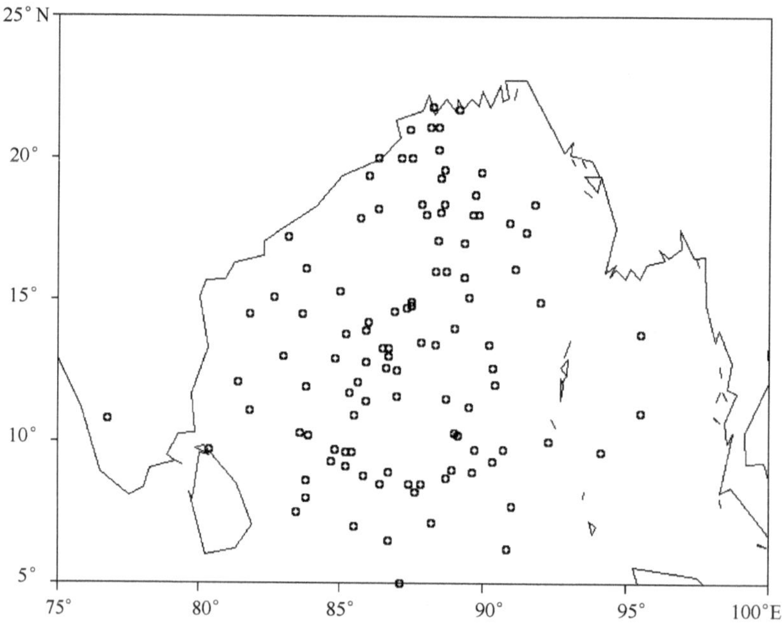

图 1.10　1977—2010 年孟加拉湾风暴初生位置

表 1.2　1977—2010 年孟加拉湾风暴生成频次按南北划分的月际分布

月	1	2	3	4	5	6	7	8	9	10	11	12	比例
15°N 以北	0	0	0	0	8	6	2	0	5	9	6	0	31.6%
15°N 以南	3	2	1	5	10	1	0	0	0	17	25	14	68.4%

表 1.3　1977—2010 年孟加拉湾风暴生成频次按东西划分的月际分布

月	1	2	3	4	5	6	7	8	9	10	11	12	比例
90°E 以东	0	0	1	1	4	0	0	0	0	3	7	0	14.0%
90°E 以西	3	2	0	4	14	7	3	0	5	23	23	14	86.0%

孟加拉湾风暴的维持时间指孟加拉湾热带气旋加强达到 TS 强度时至减弱成为 TD 时的时段。表 1.4 给出了 1977—2010 年各月孟加拉湾风暴的维持时间，孟加拉湾风暴的平均维持时间为 57 h，最长的达 222 h，最短的仅维持 6 h 即登陆减弱或在海上迅速减弱为热带低压。从各月孟加拉湾风暴的平均维持时间对比看，4 月孟加拉湾风暴的平均生命史最长，7 月最短。从风暴的平均维持时间和最长维持时间看，4—5 月和 11 月为峰值，与图 1.4 中给出的双峰型分布一致。但峰值的大小互换，4—5 月大于或等于 11 月。

孟加拉湾风暴登陆后，减弱消失迅速。对比表 1.4 与表 1.5 可以看出，风暴登陆后的平均维持时间、最长维持时间和最短维持时间分别为 11、22 和 4 h，分别占整个风暴维持时间的 19.3%、19.1%和 20.0%。李英等(2004)统计的登陆我国 TC 维持时间分别为 8 月39 h、7 月 32 h、6 月和 9 月约 25 h、5 月和 10—11 月 16～20 h，孟加拉湾登陆风暴与之相比，维持时间较短。

在各路径孟加拉湾风暴中(表 1.6)，登陆后最长维持时间东北路径、西北路径和偏西路径分别为 22 h、27 h 和 26 h，差别不大；最短维持时间东北路径、西北路径和偏西路径分别为 1 h、2 h 和 3 h，差别也不大。但平均维持时间差别较大，东北路径仅为 6 h，而西北路径和偏西路径分别为 18 h 和 20 h，如此大的差异，显然与高原大地形的阻挡有关。

表 1.4　1977—2010 年孟加拉湾风暴维持时间月分布

月	1	2	3	4	5	6	7	8	9	10	11	12	平均
平均维持时间(h)	52	54	36	106	84	45	12	—	26	48	91	58	57
最长维持时间(h)	66	54	36	150	222	114	18	—	72	210	222	96	115
最短维持时间(h)	42	54	36	60	24	12	6	—	6	12	12	18	20

表 1.5　1977—2010 年孟加拉湾风暴登陆后的维持时间月分布

月	1	2	3	4	5	6	7	8	9	10	11	12	平均
平均维持时间(h)	—	—	—	10	13	11	14	—	9	7	11	12	11
最长维持时间(h)	—	—	—	24	27	24	14	—	18	21	26	24	22
最短维持时间(h)	—	—	—	1	3	6	14	—	3	3	3	2	4

表 1.6　1977—2010 年孟加拉湾风暴登陆后各路径维持时间

	东北路径	西北路径	偏西路径
平均维持时间(h)	6	18	20
最长维持时间(h)	22	27	26
最短维持时间(h)	1	2	3

第2章　孟加拉湾热带风暴活动机理

2.1　印度洋偶极子对风暴活动的影响

北印度洋是全球热带气旋多发海域之一，北印度洋热带气旋主要生成于孟加拉湾(Bay of Bengal, BB)和阿拉伯海(Arabian Sea, AS)东部海域，对我国的西南地区以及阿拉伯、缅甸、孟加拉国、印度等南亚诸国均可造成较大的影响(Webster, 2008；段旭等，2009)。其中孟加拉湾风暴向偏北方向移动，可对孟加拉国和青藏高原形成重大影响，常出现大海潮和暴风雪等严重灾害(王子谦等，2010)；向偏东方向移动，可对缅甸、中南半岛和我国西南地区有较大影响，是造成我国西南地区强降水的主要天气系统之一(刘瑜等，2007；许美玲等，2006)；向偏西方向移动，可对印度、斯里兰卡等国造成重大影响。Webster(2008)通过对2008年造成缅甸特大灾害的热带风暴“纳吉斯”预报过程的分析，指出鉴于南亚等发展中地区交通不便、应对灾害措施落后，应当加强北印度洋热带气旋的研究和预报工作以提高北印度洋热带气旋预报水平和提前预警时间。但以往对热带气旋活动的研究多集中于太平洋(Elsner *et al.*, 2003；Ho *et al.*, 2004；Wu L G *et al.*, 2004；Camargo *et al.*, 2007)和大西洋地区(Xie *et al.*, 2005)，针对北印度洋热带气旋的研究还相对较少。

早期国内学者多关注影响我国西南地区的孟加拉湾风暴个例，例如许美玲等(2006)和王曼等(2009)使用了数值模拟方法对孟加拉湾风暴个例的移动路径进行了研究。刘瑜等(2007)的研究表明，初夏影响云南降水的孟加拉湾风暴多为东北或先西北再偏东北方向移动路径，并指出孟加拉湾热带低压与云南雨季开始期关系密切。2008年袭击缅甸的超级风暴“纳吉斯”带来的巨大损失，引起了科学家对北印度洋热带气旋研究的重视和思考(Webster, 2008)，并展开了一系列对“纳吉斯”风暴生成(Kikuchi *et al.*, 2009；Fu *et al.*, 2011)、发展和运动的个例分析和数值模拟(Yokoi *et al.*, 2010；Shen *et al.*, 2010)。北印度洋热带气旋逐渐成为国际热带气旋研究领域的新热点。最近开始陆续有研究揭示北印度洋热带气旋频数和强度方面的气候学规律，研究表明北印度洋热带气旋频数具有显著的年际变化特征(段旭等，2009；Ng *et al.*, 2011)，虽然过去几十年热带气旋频数变化的趋势不明显，但近期北印度洋强热带气旋数目(Webster *et al.*, 2005；Evan *et al.*, 2011a；Hoarau *et al.*, 2011)和热带气旋累积能量(Evan *et al.*, 2011a)均有显著的增加。Evan等(2011b)的研究则指出近期阿拉伯海热带气旋强度增加与人类活动排放黑炭等气溶胶颗粒增多引起的风切变减弱有关。但前人研究多为北印度洋热带气旋个例诊断模拟和频数、强度方面的时间演变气候特征分析，而近几十年来北印度洋整个海盆尺度的热带气旋活动(尤其是路径、活动密度等)的空间模态及其年际变化特征尚不清晰。

热带气旋发生发展的能量来自于海洋，海气相互作用是热带气旋发展的根本原因

(Rotunno *et al.*,1987)。海气相互作用可以调节其上的大气环流状况(Wang *et al.*,1999; Huang *et al.*,2011),被调节的环境气流又可以影响热带气旋的运动(Chan *et al.*,2000)。在海气相互作用影响热带气旋活动方面,已有研究表明 ENSO、Modoki 等引起的大气环流调整对西太平洋热带气旋活动有重要影响(Chan *et al.*,2000;Wang *et al.*,2002;李雪等,2010;Chen *et al.*,2010),西太平洋暖池对西太平洋热带气旋活动变化的作用也逐渐为人们所认知(黄荣辉等,2007;陈光华等,2006;Yuan *et al.*,2011)。但北印度洋热带气旋活动与其下垫面海温关系如何尚不十分清楚。因此,研究北印度洋热带气旋活动规律及其影响因子具有十分重要的理论意义和实用价值。

本节将在揭示近几十年来北印度洋海盆尺度的热带气旋活动路径时空分布特征的基础上,进一步研究北印度洋热带气旋活动与海温之间的关系,以期获得海温影响北印度洋热带气旋活动年际变化的规律。

2.1.1 资料和方法

采用美国关岛联合台风警报中心(Joint Typhoon Warning Centre, JTWC)提供的北印度洋热带气旋路径资料,资料范围包括孟加拉湾和阿拉伯海区域,资料中提供了时间间隔为 6 h 一次的热带气旋路径经纬度信息、中心最低气压、中心附近最大风速等信息。

段旭等(2009)的研究表明,孟加拉湾风暴频数在 20 世纪 70 年代末发生"转折性"变化,并将这一变化归因于早期热带风暴的检测主要依赖于航海日志和陆面观测(Chu *et al.*,2002)。因此,仅使用了 JTWC 提供的可信度较高的 1981—2010 年的强度达到热带风暴及以上(>32 kn)的北印度洋热带气旋路径资料; NOAA 提供的 1981—2010 年 NOAA_ERSST_V3 全球海表温度月平均资料(Smith *et al.*,2008),分辨率为 2°×2°;以及 NCEP 提供的 1981—2010 年风场、比湿场、对外长波辐射场(Outgoing Long-wave Radiation, OLR)等月平均再分析资料(Kistler *et al.*,2001),分辨率为 2.5°×2.5°。

主要采用了 EOF 分析、相关分析、合成分析、小波凝聚谱分析(Grinsted,2004)等方法。由于气候要素时间序列自身可能会存在一定的持续性和自相关性,从而影响样本的独立性。因此,对相关统计结果进行检验时需使用有效自由度进行样本显著性检验。对样本有效自由度的计算采用 Bretherton 等(1999)、Chen 等(2010)的方法,具体计算公式如下:

$$N^* = \frac{N}{\sum_{\tau=-(N-1)}^{N-1}(1-|\tau|/N)\rho_x(\tau)\rho_y(\tau)} \tag{2.1}$$

式中 N 为时间序列长度,N^* 为样本有效自由度(有效样本数),$\rho_x(\tau)$、$\rho_y(\tau)$ 分别为两个时间序列的自相关系数。

此外,还对热带气旋路径资料进行了插值,具体做法为先将 JTWC 记录的每 6 h 一次的热带气旋路径经纬度数据插值到 2.5°×2.5°的经纬网格中,再统计每年热带气旋出现在每个 2.5°×2.5°经纬网格中的活动频次,热带气旋活动频次是表征热带气旋运动的一个重要参数(Wu *et al.*,2004)。在网格中活动的频次越多,表示经过此网格的热带气旋路径越多,此方法可以更细致地研究热带气旋活动路径的时空分布。对引导气流的计算采用 850~300 hPa 的气压权重平均气流计算法,考虑气压权重的 850~300 hPa 平均气流可以较好地代表引导气流(Holland,1993),其计算公式如下:

$$\vec{V}=\frac{\int_{P_1}^{P_2}\vec{V}\mathrm{d}p}{P_2-P_1} \tag{2.2}$$

式中 P_1、P_2 分别表示 850、300 hPa。

2.1.2　北印度洋热带气旋活动路径时空分布特征

图 2.1 所示即为北印度洋热带气旋活动频次多年平均分布(1981—2010 年),每个 2.5°×2.5°经纬网格内的数值表示经过此网格的热带气旋 30 a 平均活动频次。从图 2.1 中可以看出,北印度洋热带气旋主要出现在孟加拉湾,同时在阿拉伯海也存在有热带气旋的活动。孟加拉湾热带气旋活动频次的大值中心位于 10°~20°N,90°E 附近,在 20°N 以南的孟加拉湾西部海域还有一个热带气旋出现频次较多的区域,表明孟加拉湾热带气旋的一条主要路径是偏西路径(图 2.1 所示的蓝色路径),这条路径的热带气旋在孟加拉湾中南部生成后向偏西方向移动,对印度半岛东海岸影响较大,此路径与图 2.2 中用蓝色线段标示的热带气旋实际路径相对应;此外,孟加拉湾热带风暴还有一条生成后北上,主要影响缅甸、孟加拉国以及我国的西南地区的偏北路径(图 2.1 所示的黑色路径),反映了图 2.2 中用黑色线段表示的热带气旋路径信息。阿拉伯海的热带气旋路径也主要表现为两条:一条为在阿拉伯海东部生成后先西行再北上,对印度半岛西岸造成灾害(图 2.1 所示的红色路径),此类路径与图 2.2 中用红色线段表示的热带气旋实际路径较一致;另外一条是在图 2.1 用虚线标示的绿色路径,对应了图 2.2 中绿色线段表示的阿拉伯海热带气旋西行路径,此路径的热带风暴在阿拉伯海生成后向西行,对阿拉伯半岛东海岸影响较大。由上分析可见,图 2.1 中用插值方法得到的热带气旋活动频次分布的分析结果与图 2.2 中热带气旋实际路径基本一致,表明热带气旋活动频次数据可以较好地反映热带气旋活动路径分布信息。可以对插值后得到的热带气旋活动频次数据进行分析,以期得到更为清晰的热带气旋路径时空变化特征。

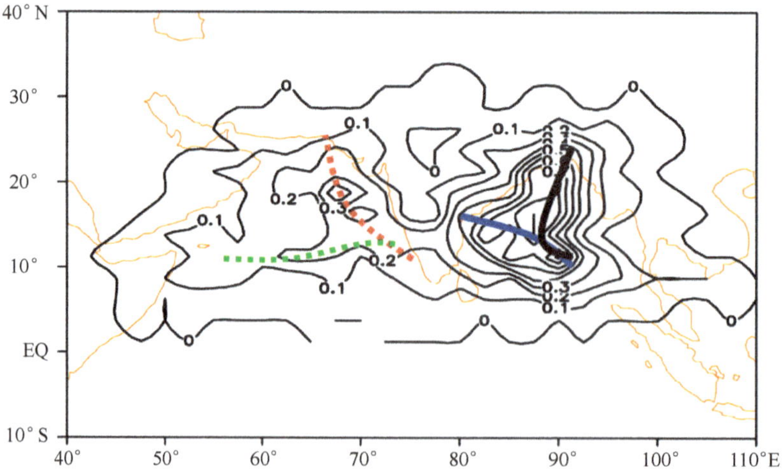

图 2.1　北印度洋热带气旋活动频次多年平均分布(1981—2010 年)

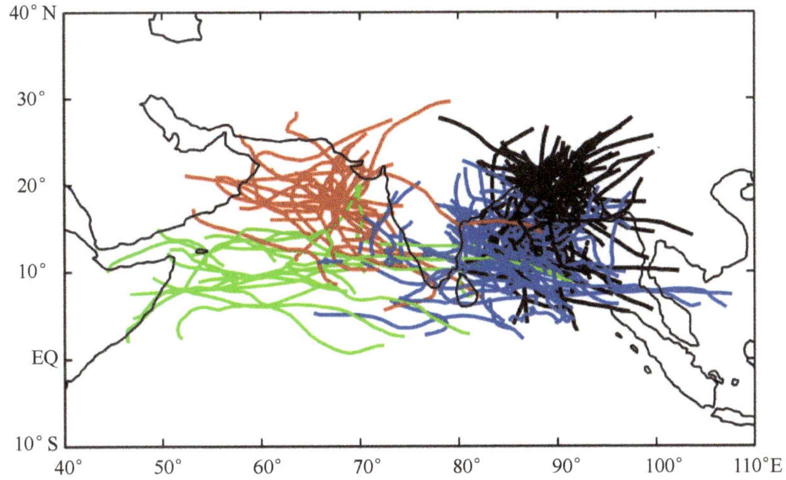

图 2.2　北印度洋热带气旋路径(1981—2010 年)

对插值后得到的 1981—2010 年北印度洋热带气旋活动年频次数据进行 EOF 分析,可揭示热带气旋路径时空变化特征。EOF 分析结果进行 North 检验的结果表明,前两个模态是清晰的独立模态(图略),EOF 分析第一模态(EOF1)和 EOF 分析第二模态(EOF2)的方差贡献分别为 16%和 8%。由于 EOF1 解释方差较大是北印度洋热带气旋路径变化的主要模态,本节着重研究 EOF1 对应的热带气旋活动路径变化特征。

图 2.3 为 EOF1 的时空分布。由图 2.3 可见,北印度洋热带气旋活动频次 EOF1 空间分布在北印度洋大部分区域为正值,反映了北印度洋整个海盆区域内热带气旋活动频次变化全场基本一致的特征。其中,EOF1 在孟加拉湾的空间分布均为正值,反映了孟加拉湾热带气旋活动频次变化也呈现全场一致的分布形态。但是,值得注意的是 EOF1 的空间分布

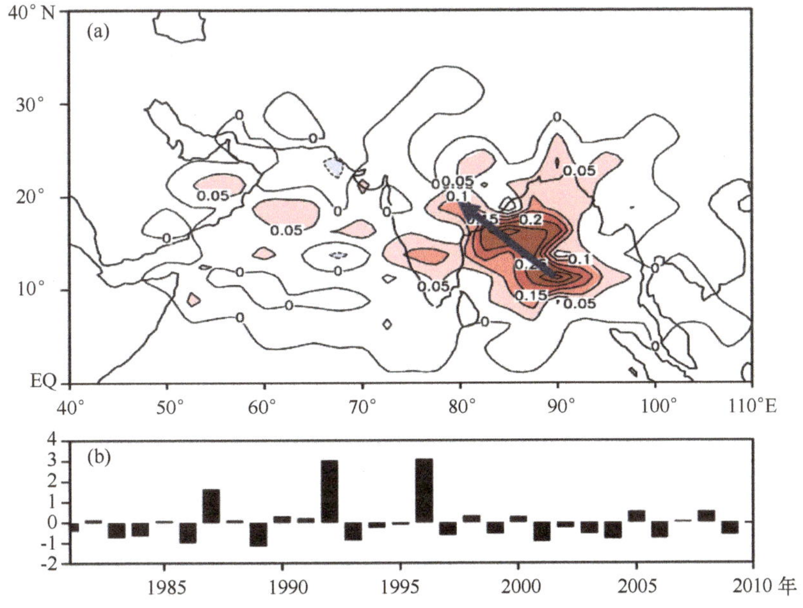

图 2.3　北印度洋热带气旋活动频次 EOF1 时空分布

(a. 空间分布;b. 标准化时间序列)

并不均匀，变化大值中心位于90°E以西的孟加拉湾的中西部。结合图2.1和图2.2的分析可知，这表明了EOF1模态以孟加拉湾90°E以西的热带气旋偏西路径变化为主；在阿拉伯海从南到北则表现为“－、＋、－”的分布形态，其中，在15°～20°N的阿拉伯海中东部热带气旋活动频次的变化特征与孟加拉湾一致。图2.3中孟加拉湾的热带气旋活动频次变化较阿拉伯海要大，这与孟加拉湾出现的热带气旋个数较多有关。

图2.3b为EOF1的标准化时间序列。可以看出其具有明显的年际变化特征，在EOF1的时间系数显著正异常的1987年、1992年和1996年等年份北印度洋发生的平均热带气旋个数多达9.3个/a，高出30 a平均个数(平均为4.8个/a)近一倍，而在EOF1时间系数显著负异常年份北印度洋发生的热带气旋个数平均仅为2.7个/a，约为30 a平均数的一半左右。此外，北印度洋热带气旋活动频次一致变化模态的时间系数在上世纪90年代后期以前变化较大，而2000年以后相对变化较小。小波分析结果表明EOF1时间序列有显著的准5 a变化周期(图略)，主要以年际变化为主。

2.1.3 北印度洋热带气旋活动与海温的关系

海洋作为热带气旋发生发展的下垫面，对其有重要的作用。海洋热通量及水汽通量对热带气旋活动有重要的作用，海表蒸发是热带气旋的主要能量来源，海表温度(Sea Surface Temperature，SST)是这一过程的重要参数。个例分析和数值模式均表明海表温度以及海温的分布对热带气旋的生成及其移动路径均有影响(Kitade，1980；黄立文等，2005)。因此将图2.3b中EOF1的时间序列与印度洋年平均海温场求相关系数以研究北印度洋热带气旋活动变化与下垫面海温的关系。由图2.4可见，北印度洋热带气旋活动频次变化与西印度洋海温主要呈现负相关关系，在60°～80°E的赤道西印度洋区域两者之间的负相关关系通过0.1的显著性水平检验；而在东印度洋两者主要表现为正相关关系，尤其在赤道以南，90°～110°E的东南印度洋海域存在显著的正相关关系。

Saji等(1999；2003)的研究指出，赤道印度洋海温异常的变化存在一种偶极子型振荡(Indian Ocean Dipole mode，IOD)，即(10°S～10°N，50°～70°E)海区与(10°S～0°，90°～110°E)海区的区域平均海温有反向变化特征。Webster等(1999)指出，赤道印度洋偶极子是由印度洋海—陆—气强相互作用所激发的现象，虽然这种偶极子振荡只占印度洋海温12%左右的变化，但是对亚洲季风及印度洋—太平洋地区气候变化有重要作用(李崇银等，2001)。图2.4中北印度洋热带气旋活动频次EOF1时间序列与印度洋海温场显著相关的分布形态与上述印度洋偶极子模态极为相似，表明印度洋偶极子可能与北印度洋热带气旋活动年际变化有一定关系。与Saji等的定义一致，分别对赤道西印度洋区域(10°S～10°N，50°～70°E)和东印度洋(10°S～0°，90°～110°E)区域的年平均海表温度(SST)做区域平均，然后将两个海域的年平均SST差值作为IOD指数(图2.5)。IOD高指数表示IOD事件正位相显著，即赤道西印度洋海温较高，东印度洋海温较低；反之亦然。图2.6中IOD指数与EOF1时间序列的小波凝聚谱分析结果显示在准5 a年际尺度上两者具有显著一致的变化关系。事实上，计算IOD指数与EOF1时间序列的相关系数也达－0.41，通过了0.05的显著性水平检验。这说明北印度洋热带气旋活动频次EOF1模态与印度洋偶极子之间存在统计学上显著的负相关关系，也说明了北印度洋热带气旋活动频次变化与印度洋区域IOD型海温异常的关系要比单个格点海温异常更加密切。

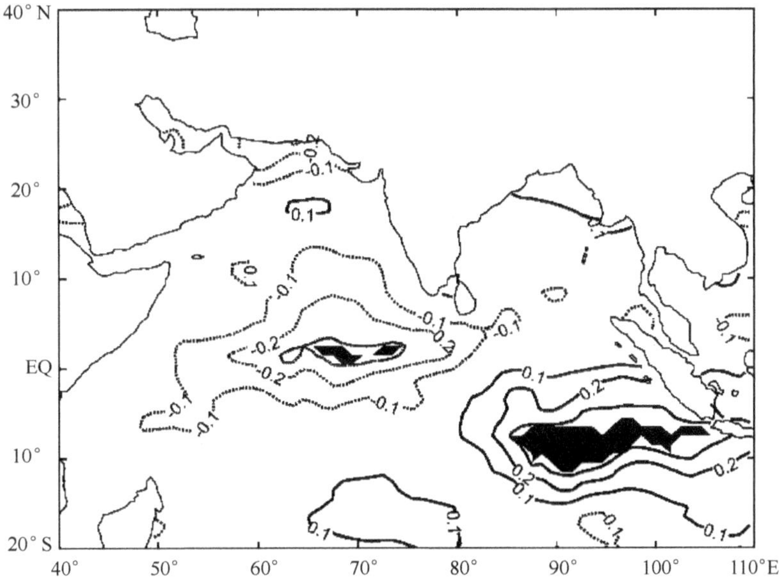

图 2.4　北印度洋热带气旋活动频次 EOF1 时间序列与印度洋海温相关系数分布
（阴影部分表示通过 0.1 显著性水平检验的区域，等值线间隔为 0.1）

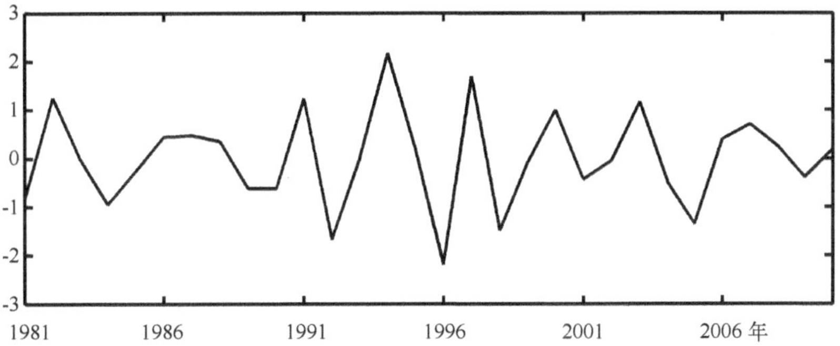

图 2.5　IOD 指数年平均标准化时间序列

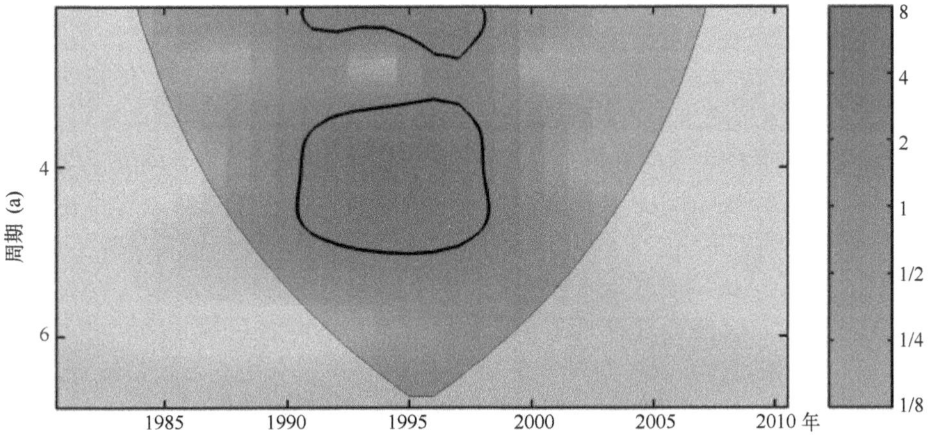

图 2.6　北印度洋热带气旋活动频次 EOF1 时间序列与 IOD 指数年平均标准化序列凝聚谱分析
（图中细实线为小波变换的边界效应区域，粗实线为 0.05 显著性水平检验临界值）

为了进一步验证北印度洋热带气旋活动频次 EOF1 模态与印度洋偶极子之间的关系，对北印度热带气旋活动频次与印度洋海温异常场做了 SVD 分析，获得了与 EOF1 模态和印度洋偶极子型海温关系极为类似的耦合模态，该耦合模态中北印度洋热带气旋活动频次、海温变化异性相关场的时间序列之间的相关系数为 0.78(通过了 0.01 的显著性水平检验)。且该耦合模态中北印度洋热带气旋活动频次、海温变化场的异性相关系数场的时间序列与 EOF1 时间序列、IOD 年变化时间序列的相关系数分别为 0.91 和 0.89(均通过了 0.01 的显著性水平检验)，表明 SVD 获得的该耦合模态确实反映了北印度洋热带气旋活动频次 EOF1 模态与 IOD 的关系。SVD 分析获得的该模态的耦合方差贡献为 17%，可以反映印度洋海温场约 12%的变化，却可以解释北印度洋热带气旋活动频次变化 14%左右的信息。对 SVD 分析获得的该模态进行 North 检验结果表明，该模态为独立清晰的物理模态。因此，SVD 分析结果也再次印证了北印度洋热带气旋活动频次 EOF1 模态与印度洋偶极子之间具有显著的关系。结合图 2.3 分析可知，当印度洋偶极子呈现显著负位相时，北印度洋热带气旋活动频次偏多，尤其是孟加拉湾 90°E 以西的偏西路径热带气旋偏多；印度洋偶极子处于正位相时，北印度洋热带气旋偏少。

2.1.4 印度洋偶极子影响北印度洋热带气旋活动机理

以图 2.5 中 IOD 年平均序列为标准，分别选取 $|\sigma|>0.8$ 作为 IOD 事件正、负位相异常年份进行合成分析，以考察 IOD 事件对北印度洋热带气旋活动的影响机制。共得到 IOD 正位相异常年 6 a，分别为 1982、1991、1994、1997、2000、2003 年；IOD 负位相异常年 6 a，分别为 1981、1984、1992、1996、1998、2005 年。在 IOD 正位相异常年共出现北印度洋热带气旋 25 个，平均每年 4.1 个，要少于多年平均发生频数；而 IOD 负位相异常年份北印度洋热带气旋出现频数高达每年 7 个，比正常年份多出近二分之一。

上述异常年份的北印度洋热带气旋路径分布如图 2.7 所示。如文中图 2.2 一致，图 2.7 中蓝色线段表示孟加拉湾西行路径热带气旋路径；黑色线段表示孟加拉湾北行路径热带气旋；红色线段表示阿拉伯海 20°N 以北的偏西、偏北热带气旋路径；绿色线段表示阿拉伯海西行热带气旋路径；十字符号表示热带气旋生成的对应位置。表 2.1 中还统计了 IOD 正、负位相异常年份北印度洋各路径热带气旋的频数，并对其两组平均值差异进行了 F 检验。从 IOD 正(图 2.7a)、负位相异常年份(图 2.7b)热带气旋路径分布图可以看出，在 IOD 负位相异常年热带气旋个数明显较正异常年偏多，尤其是在 90°E 以西的孟加拉湾地区的偏西路径热带气旋偏多，阿拉伯海东部区域的热带气旋出现频次也显著偏多。在印度洋偶极子正、负位相异常年份，北印度洋生成的总热带气旋频数有显著差异，这种显著差异主要归因于孟加拉湾西行路径和阿拉伯海偏北路径热带气旋频数的差异；而孟加拉湾北行路径和阿拉伯海西行路径热带气旋在 IOD 负位相异常年份的个数虽然也较 IOD 正位相异常年份多，但是差异并不显著(表 2.1)。从印度洋偶极子正、负位相异常年份北印度热带气旋活动频次差异图(图 2.7c)也可以看出，在孟加拉湾的 10°～20°N，80°～90°E 区域以及阿拉伯海的 10°～20°N，60°～80°E 区域均为显著的热带气旋活动频次负偏差，其中在孟加拉湾 90°E 以西的负偏差主要反映了 IOD 正、负位相异常年份孟加拉湾偏西路径热带气旋活动的显著差异。

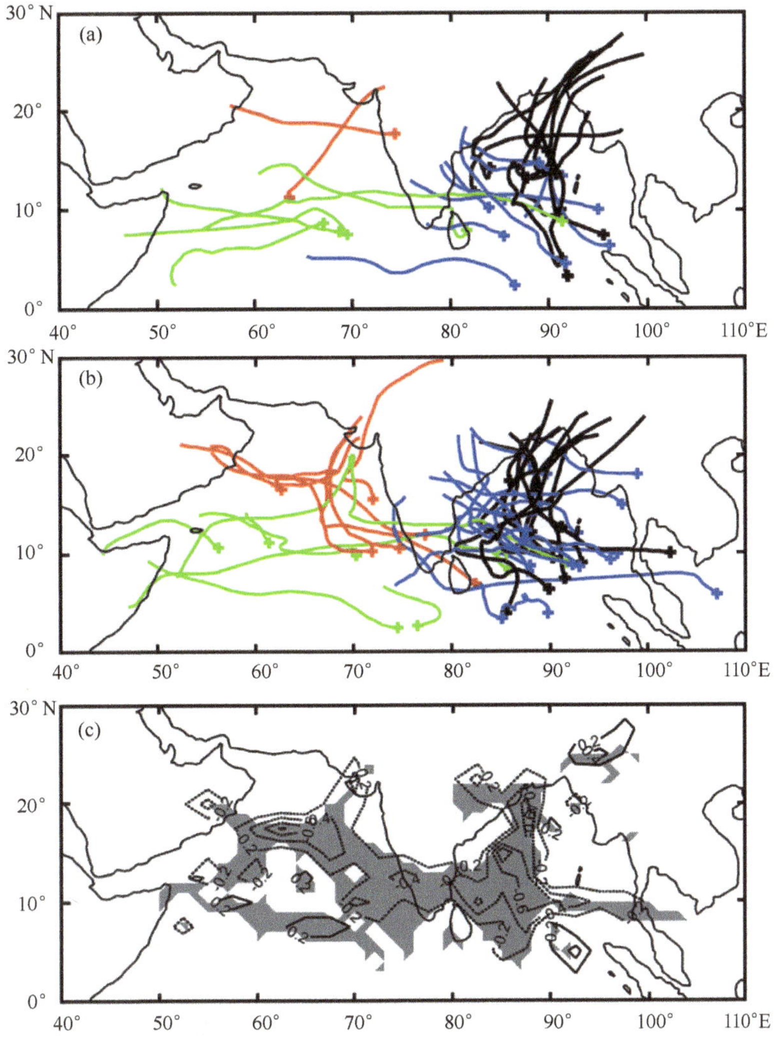

图 2.7　IOD 异常年份北印度洋热带气旋路径分布

（a. 正位相异常年；b. 负位相异常年；c. 正、负位相异常年份的热带气旋活动频次差异；阴影部分表示热带气旋活动频次差异通过 0.05 显著性水平检验的区域）

图 2.7 和表 2.1 的结果说明印度洋偶极子与北印度洋热带气旋频次有显著关系，一方面表现在 IOD 正负位相异常年份的北印度洋热带气旋频数有显著差异，另一方面还体现在 IOD 可能对北印度洋热带气旋路径有一定影响。这与上一节相关分析得到的结果也是一致的。

表 2.1　IOD 正、负位相异常年份北印度洋热带气旋频数（单位：个）

	TC 总数	BB 西行	BB 北行	AS 西行	AS 偏北
IOD 正位相	25	8	10	5	2
IOD 负位相	42	15	12	7	8
F 值	11.24*	5.95*	1.33	2.4	8.5*

* 表示 *F* 值通过 0.05 显著性水平检验。

为了解印度洋偶极子对北印度洋热带气旋活动的影响机理，需进一步对 IOD 正、负位相异常年份对应的与热带气旋活动密切相关的海温场、850 hPa 风场、200 hPa 辐散风场、OLR 场、600 hPa 湿度场、200 hPa 与 850 hPa 风切变等异常场进行合成分析。由图 2.8a 可见，在印度洋偶极子正位相异常年份，印度洋海温异常以 80°～90°E 为界限，呈现反向变化形态。其中，东印度洋海温显著负异常的区域主要位于苏门答腊岛以东 0°～10°S 的海域，年平均最大异常值可达－0.3℃以上；赤道西印度洋海温显著正异常的区域主要位于 10°S～10°N，60°～80°E 区域。与印度洋偶极子正位相的显著西正、东负海温异常模态相对应，850 hPa 风场异常主要表现在印度洋赤道地区有显著的东风异常，在赤道北侧的孟加拉湾、阿拉伯海海域和赤道南侧的南印度洋海域各有一个反气旋式环流异常。

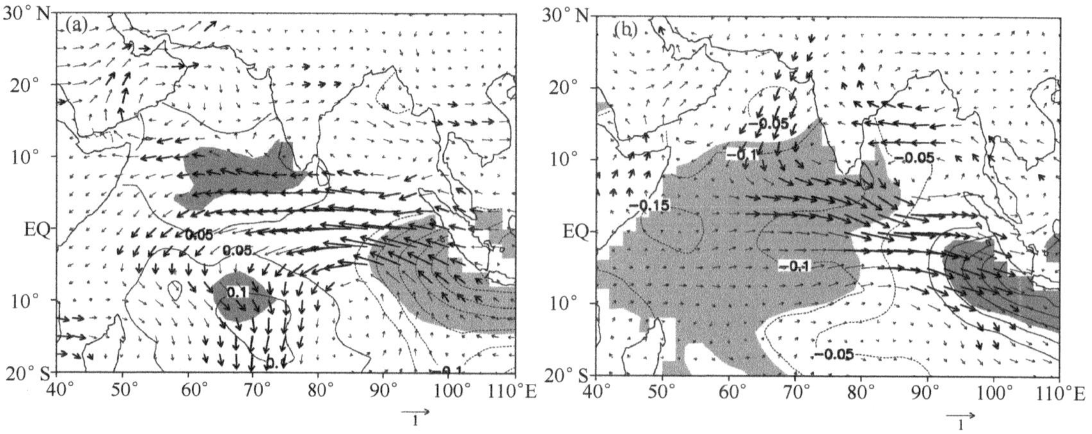

图 2.8　IOD 异常年份北印度洋海温异常合成场（等值线）和 850 hPa 风场异常合成场（矢量）分布（a. 正位相异常年；b. 负位相异常年）

（图中等值线间隔为 0.05℃；深（浅）色阴影部分表示正（负）异常海温通过 0.05 显著性水平检验的区域，粗矢量箭头表示通过 0.05 显著性水平检验的 850 hPa 风场异常，单位：$m \cdot s^{-1}$）

在赤道西印度洋 60°～80°E 海温暖异常上空 850 hPa 低层有异常辐合区（图 2.9a），200 hPa 高层有异常辐散区（图 2.10a），与之对应的 OLR 异常场为显著的负异常（图 2.11a），表明赤道西印度洋暖海温异常引起低层大气辐合，高层大气辐散，其上空对流活动加强；而在苏门答腊岛西侧、90°E 以东的冷海温异常显著区域（图 2.8a）的上空，低层有大气的异常辐散（图 2.9a），高层有大气的异常辐合（图 2.10a），赤道东南太平洋以及孟加拉湾和阿拉伯海北部的对流活动有显著的减弱（图 2.11a）。可见，赤道西印度洋区域暖海温的异常加热造成了其上空对流活动加强，大气在低层辐合上升至高空辐散，而东南印度洋苏门答腊岛西侧冷海温的异常造成其上空大气辐散下沉、对流减弱。由前人对于印度洋偶极子的研究可知，东南印度洋对流的减弱可使潜热释放减弱，在对流减弱区的西北侧引起冷性 Rossby 波异常，在赤道北侧的孟加拉湾和阿拉伯海北部上空低层有反气旋式环流异常（图 8a），从而使得孟加拉湾和阿拉伯海的气旋式涡度异常减弱，生成于北印度洋的热带风暴偏少（图 2.14a）。同时，由于图 2.8a 中赤道北侧孟加拉湾反气旋式环流异常在 10°～20°N 处引起的西风异常加强了此处的西风引导气流（图 2.14a），使得生成于孟加拉湾为数不多的热带气旋更容易在强劲的西风引导气流作用下向北或者向东行走，进一步导致孟加拉湾偏西路径热带风暴减少。反之，在印度洋偶极子负位相异常年份（图 2.8b），在 90°E 以东的赤道东南印度洋海域有显著的正异常海温，在 80°E 以西的赤道西印度洋海域则为显著的海温负异常。赤道印度洋上空 850 hPa 低层有显著的西风异常，在赤道南北两侧各有一个气旋式环流异常。其中，在赤道北侧的孟加拉湾中南部海域和阿拉伯海东部的气旋式环流异常较为显著。

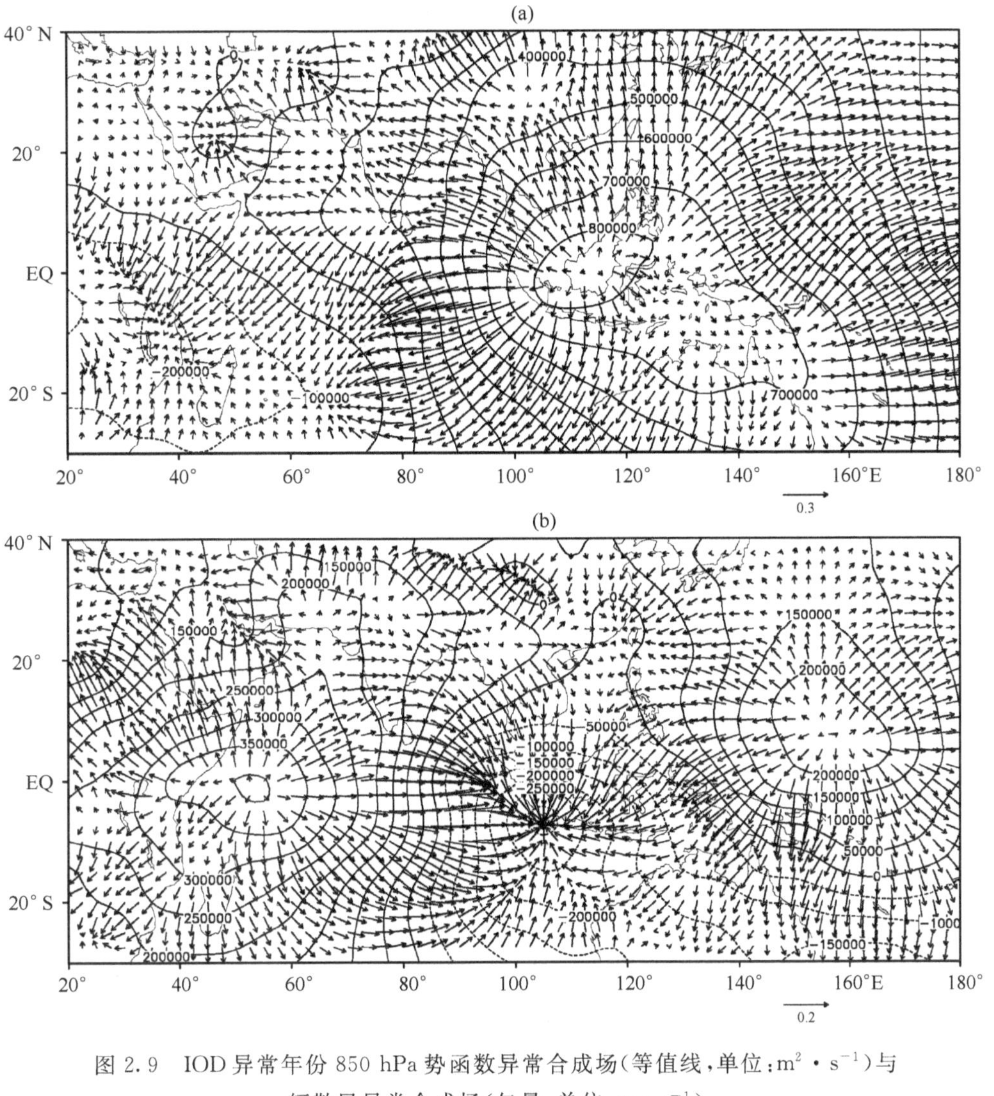

图 2.9　IOD 异常年份 850 hPa 势函数异常合成场（等值线，单位：$m^2 \cdot s^{-1}$）与辐散风异常合成场（矢量，单位：$m \cdot s^{-1}$）
(a)正位相异常年；(b)负位相异常年

在苏门答腊岛西侧 90°～110°E 区域海温显著暖异常（图 2.8b）的上空 850 hPa 低层有异常辐合大值区（图 2.9b），200 hPa 高层有异常辐散中心（图 2.10b），对应的 OLR 场则有显著的负异常（图 2.11b），说明东南印度洋苏门答腊岛西侧暖海温的异常加热使得对流活动加强，造成了其上空大气在低层辐合上升至高空辐散；而与赤道西印度洋冷海温异常相对应，低层有大气的异常辐散中心（图 2.9b），高层有大气的异常辐合（图 2.10b）。赤道东（西）印度洋暖（冷）海温异常造成其上空大气异常辐合上升（辐散下沉），引起印度洋 Walker 环流上升（下沉）支异常，使得印度洋赤道地区低层出现显著的西风异常。由 Gill（1980）关于赤道加热响应的模型可知，与东印度洋海温暖异常(图 2.8b)相匹配，在暖异常中心(90°～110°E)的西侧有关于赤道对称的异常环流气旋对(图 2.8b 矢量场)。故东印度洋暖海温异常引起的赤道北侧低层气旋式环流异常使得孟加拉湾和阿拉伯海东部对流活动显著增强(图 2.11b)，850 hPa 低层对应有正涡度异常(图 2.14b 阴影部分)，有利于热带气旋在孟加拉湾和阿拉伯海东部等海域生成，从而造成北印度洋热带气旋偏多、热带气旋活动频次出现正异常。而图 2.8b 中赤道北侧的孟加拉湾上空的气旋式环流异常在 10°～20°N 处引起的东风异常(图 2.14b)减弱了西风引导气流，使得生成于孟加拉湾的热带气旋在较弱的西风气流中有更多的机会向 90°E 以西行走，而不是在强劲的西风引导气流下转向东北，最终导致出现在 90° E 以西的孟加拉湾偏西路径热带气旋偏多。

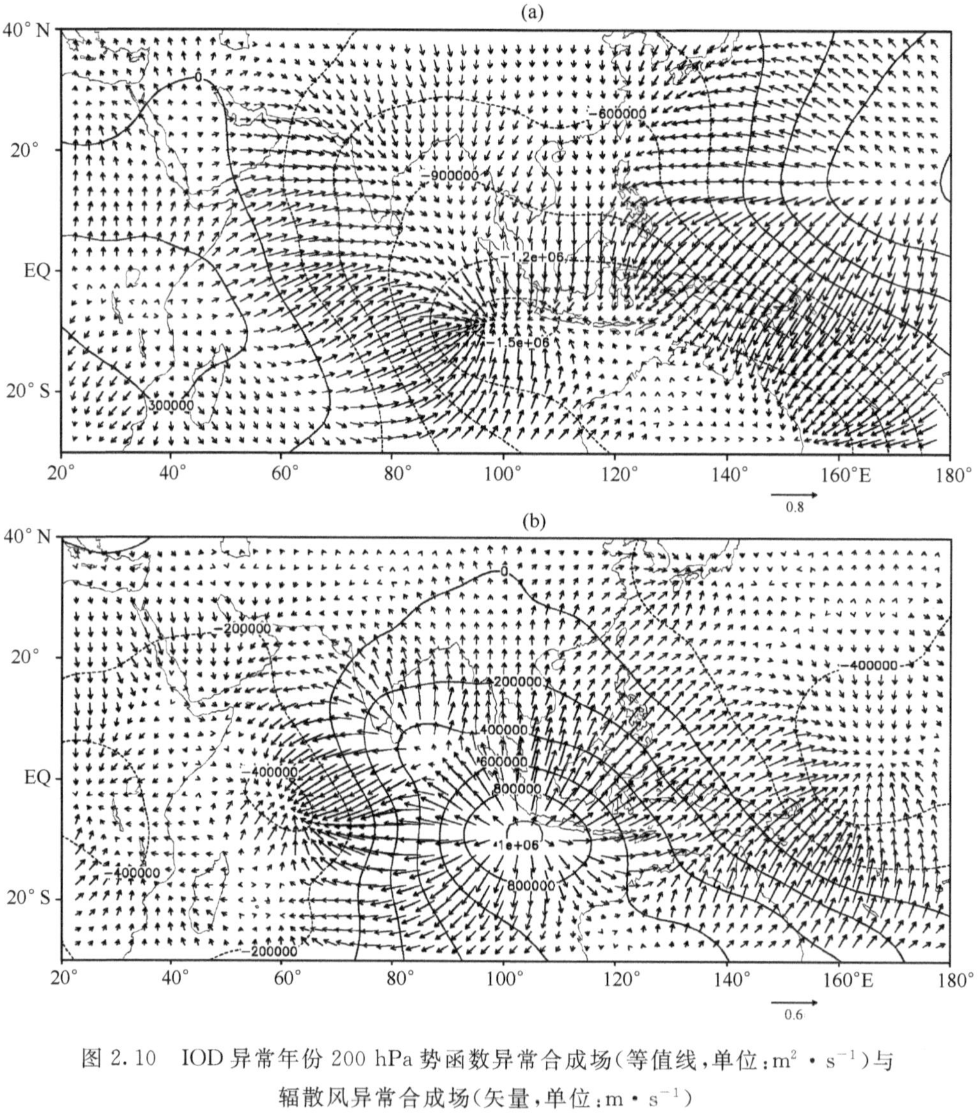

图 2.10　IOD 异常年份 200 hPa 势函数异常合成场(等值线，单位：$m^2 \cdot s^{-1}$)与辐散风异常合成场(矢量，单位：$m \cdot s^{-1}$)

(a)正位相异常年；(b)负位相异常年

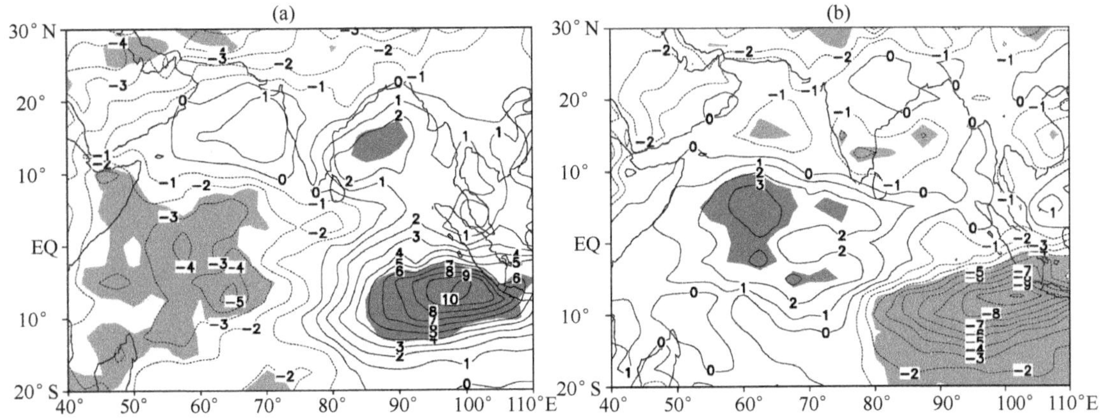

图 2.11　IOD 异常年份 OLR 异常合成场

(单位：W · m², 深(浅)色阴影部分表示 OLR 正(负)异常通过 0.05 显著性水平检验的区域)

(a)正位相异常年；(b)负位相异常年

此外，图 2.12 所示的表征水汽条件的 600 hPa 比湿异常场虽然在 IOD 正(负)位相期间在孟加拉湾和阿拉伯海东部海域有负(正)异常，但没有通过显著性检验。而 IOD 正、负位相期间的垂直风切变显著异常主要表现为赤道及赤道以南地区的西(东)风切变异常(图 2.13)，在北印度洋孟加拉湾和阿拉伯海上空的垂直风切变异常差异也并不显著。这说明 IOD 事件对北印度热带气旋活动的影响可能主要是通过改变北印度洋孟加拉湾和阿拉伯海东部海域上空的对流活动、低层涡度(包括改变中层引导气流)，而对与热带气旋生成有关的水汽条件和垂直风切变条件影响并不显著。

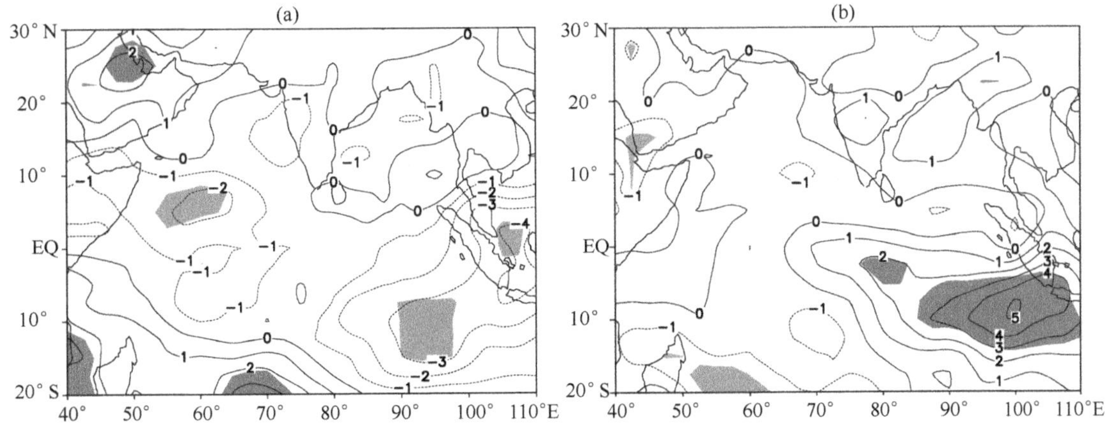

图 2.12　IOD 异常年份 600 hPa 相对比湿异常合成场

(单位：kg · m⁻³, 深(浅)色阴影部分表示比湿正(负)异常通过 0.05 显著性水平检验的区域)

(a)正位相异常年；(b)负位相异常年

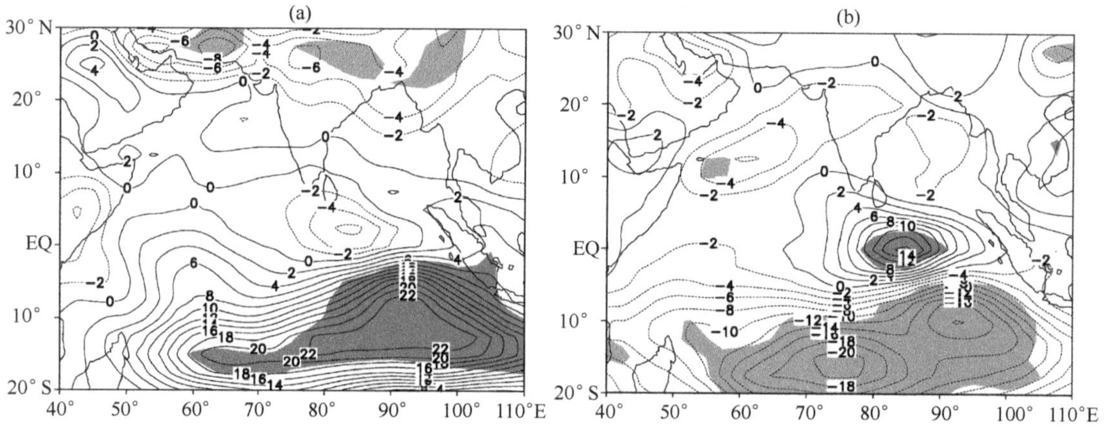

图 2.13　IOD 异常年份 200 与 850 hPa 风切变异常合成场(单位:m·s^{-1},
深(浅)色阴影部分表示风切变正(负)异常通过 0.05 显著性水平检验的区域)
(a)正位相异常年;(b)负位相异常年

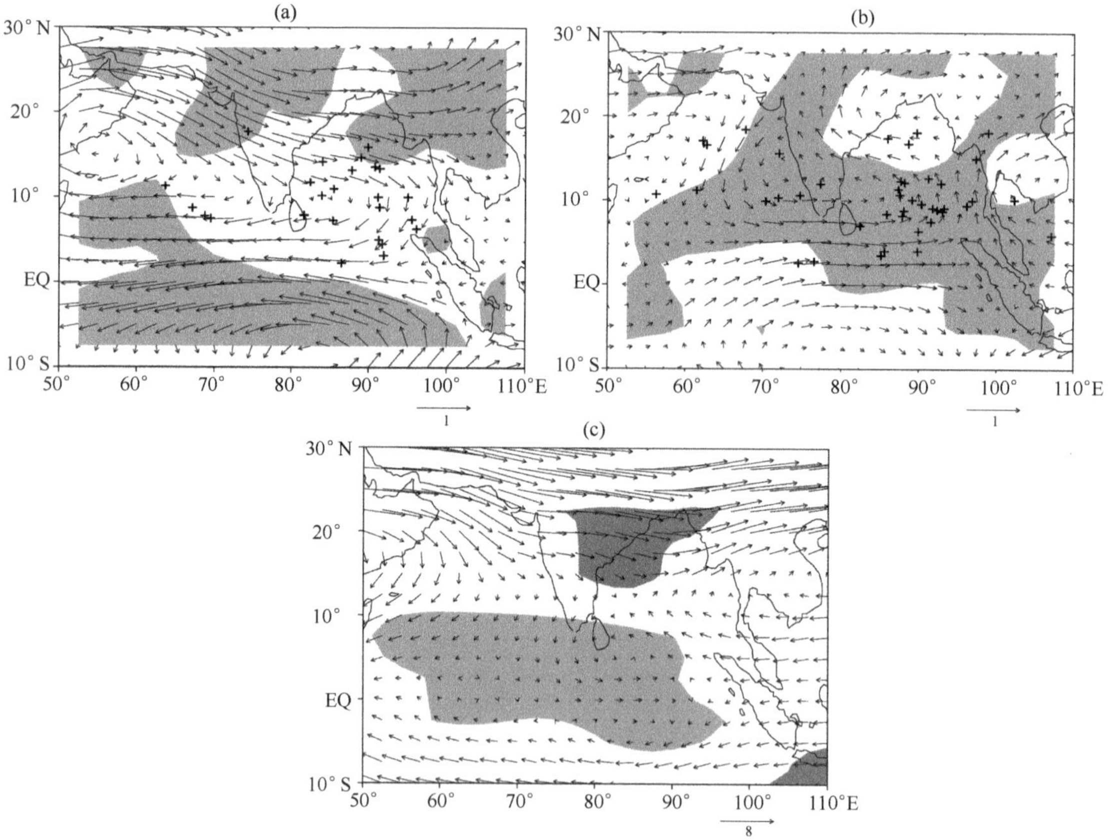

图 2.14　IOD 异常年份 850～300 hPa 平均引导气流异常合成场(矢量,单位:m·s^{-1})和
850 hPa 涡度异常合成场(单位:s^{-1})
(a)正位相异常年;(b)负位相异常年(其中阴影部分表示涡度异常值为正的区域,十字符号表示热带暴的生成位置);(c)850～300 hPa 平均引导气流多年气候平均场(1981—2010 年平均;深(浅)色阴影部分表示 IOD 正(负)位相异常年纬向风正(负)差异通过 0.05 显著性水平检验区域)

图 2.15 中总结了印度洋偶极子影响北印度洋热带气旋活动的影响机制。当印度洋海温异常为显著的西暖、东冷型印度洋偶极子正(负)位相时,西印度洋暖(冷)海温上空异常辐合(辐散)、东印度洋冷(暖)海温上空异常辐散(辐合),使得 Walker 环流在西印度洋异常上升(下沉)、东印度洋异常下沉(上升);东印度洋异常的下沉(上升)气流抑制(加强)了对流活动,造成东印度洋对流活动异常减弱(加强),进而在对流活动减弱(加强)区的西北侧激发出冷(暖)性大气 Rossby 波,使得孟加拉湾和阿拉伯海东部上空低层有反气旋(气旋)式环流异常;一方面使低层气旋式涡度减弱(增加)不利于(有利于)热带气旋在北印度洋生成,造成北印度热带气旋频次减少(增多),另一方面加强(减弱)了孟加拉湾上空 10°～20°N 处的西风引导气流,不利(有利)于孟加拉湾热带气旋西行,进一步导致出现在孟加拉湾 90°E 以西的偏西路径热带气旋偏少(偏多)。可见,印度洋偶极子型海温异常对北印度洋热带气旋活动的影响不但是通过影响其生成环境,还可以通过调节引导气流进一步影响热带气旋生成后的移动路径。

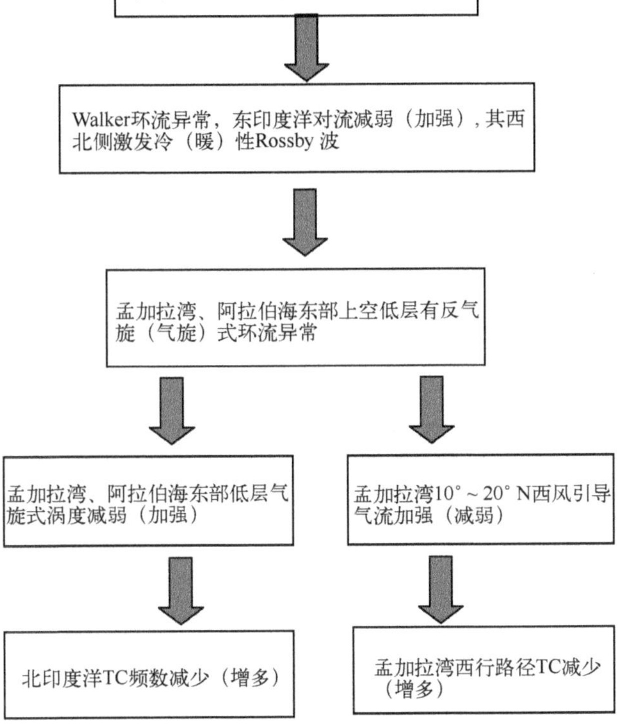

图 2.15　印度洋偶极子影响北印度洋热带气旋活动机制概念图

2.1.5　小结

将 1981—2010 年 JTWC 提供的北印度洋热带气旋路径数据插值到 2.5°×2.5°网格,对插值后得到的热带气旋活动频次进行 EOF 分析,并探讨了其主要模态 EOF1 与印度洋偶极子海温异常之间的关系。得到的主要结果如下:

(1)北印度洋热带气旋活动频次 EOF1 的方差贡献为 16%,主要表现为孟加拉湾和阿拉伯海中东部的热带气旋活动频次变化基本一致的特征,但 EOF1 的空间分布并不均匀,变化大值中心位于 90°E 以西的孟加拉湾中西部，反映了主要以孟加拉湾热带气旋偏西路径变化为主的特征。小波分析结果表明 EOF1 模态有显著的准 5 a 年际变化周期。

(2)北印度洋热带气旋活动与印度洋偶极子海温异常有密切关系，当印度洋海温异常为西冷、东暖的印度洋偶极子负位相模态时，北印度洋热带气旋活动频次偏多，孟加拉湾偏西路径热带气旋偏多；反之，当印度洋海温异常为西暖、东冷印度洋偶极子正位相模态时，北印度洋热带气旋偏少。

(3)印度洋偶极子影响北印度洋热带气旋活动的机制与印度洋偶极子型海温异常加热、冷却引起的大气环流调整有关。印度洋偶极子对北印度洋热带气旋活动的影响不但是通过影响其生成环境，还可以通过调节引导气流进一步影响热带气旋生成后的移动路径。印度洋偶极子影响北印度洋热带气旋活动年际变化的概念模型为：印度洋偶极子处于 IOD 正(负)位相模态时，印度洋海温异常呈显著的西暖东冷(西冷东暖)型分布，造成北印度洋上空对流减弱(加强)、低层有反气旋式(气旋式)环流异常，不利于(有利于)热带气旋在北印度洋生成，北印度洋热带气旋活动频次偏少(多)；且可造成孟加拉湾上空西风引导气流加强(减弱)，进一步使得出现在孟加拉湾 90°E 以西的偏西路径热带气旋偏少(多)。

2.2　风暴活动与中国降水的关系

计算 1979—2011 年孟加拉湾风暴活动日数(取定位开始至编号停止之间的天数)与同期中国日累计雨量的相关系数，结果如图 2.16 所示，信度为通过 95%的相关显著性检验(阴影)的大范围高相关系数区位于西南地区、西藏地区东南部、西北地区东南部和山西南部，此外在长江下游地区也有较小范围的高相关系数区，最大值均超过 0.50。说明中国上述地区降水与孟加拉湾风暴的活动有较大相关性。在新疆北部和东北地区也为高相关系数区，但未通过信度检验。

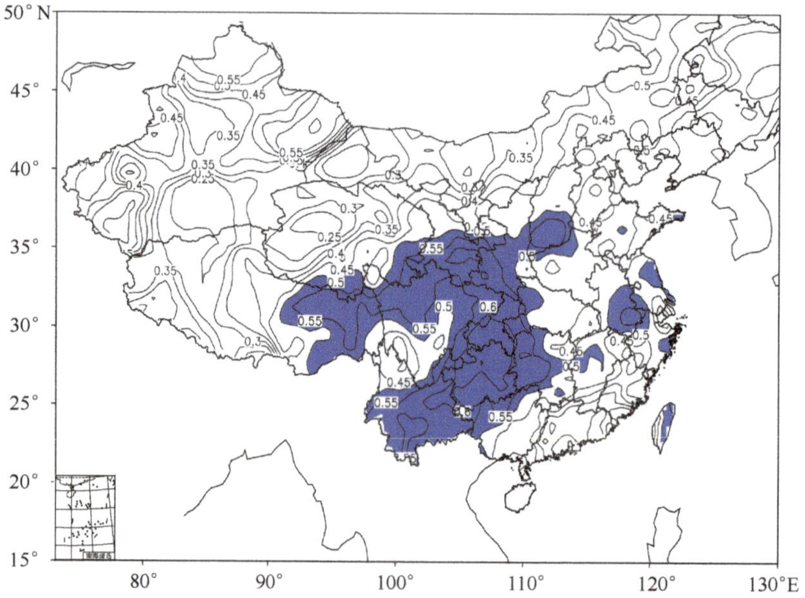

图 2.16　1979—2011 年孟加拉湾风暴活动日数跟同期中国降水的相关系数分布
(阴影表示通过 95%信度检验)

2.2.1　降水 EOF 分解

对 1979—2011 年孟加拉湾风暴活动同期中国区域日降水距平场进行经验正交函数分解(EOF)，得到其空间模态和时间变化特征。其中第一模态解释了总方差的 45.32%。图 2.17a 为中国降水异常 EOF 分析第一特征向量场，表明孟加拉湾风暴活动期间中国降水主要出现在青藏高原东南部、西南地区和长江下游地区。最大值位于西南地区、江汉地区和长江下游地区，达到 500 mm 以上，向南、北两侧减小。从第一特征向量对应的时间系数(图 2.17b)看，主要表现为正负相间的变化特征，最小值出现在 1979 年，最大值出现在 1996 年，周期约为 4 a。其变化特征与孟加拉湾风暴活动日数的年际变化有关。一般孟加拉湾风暴活动日数长(短)，降水偏多(少)，两者有较好的相关性。个别年份如 1987 年、1992 年，尽管孟加拉湾风暴活动日数多，但同期降水偏少，说明孟加拉湾风暴活动并不一定引起明显降水，而 1983 年、1993 年、1999 年孟加拉湾风暴活动日数短，而降水偏多，说明还有其他因素影响其间的中国区域降水。

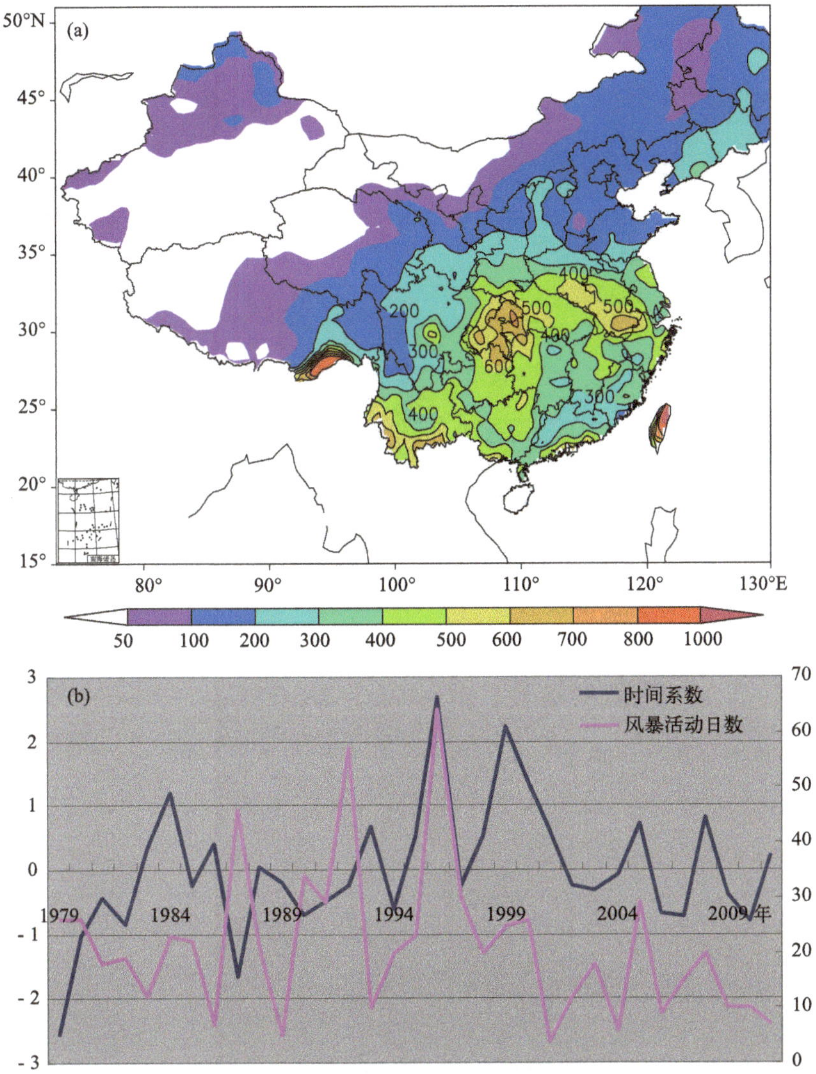

图 2.17　1979—2011 年与孟加拉湾风暴活动期中国降水的 EOF 分解第一模态

(a)空间分布型；(b)时间系数和孟加拉湾风暴活动日数

2.2.2 西南和长江下游地区降水变化特征

EOF 分析表明中国西南地区和长江下游地区降水与孟加拉湾风暴活动有较好的相关性。图 2.18a 显示 1979—2011 年孟加拉湾风暴活动日数及同期中国西南地区(98°～109°E，23°～36°N)和长江下游地区(117°～120°E，29°～32°N)区域平均降水量的时间变化。可见三者之间有较强的同步性，风暴活跃期中国西南地区和长江下游地区降水均偏多，而不活跃期则两个区域均偏少。说明孟加拉湾风暴一般同时影响西南地区和长江下游地区的降水。下面对这两个区域合并讨论，统称为中国降水。

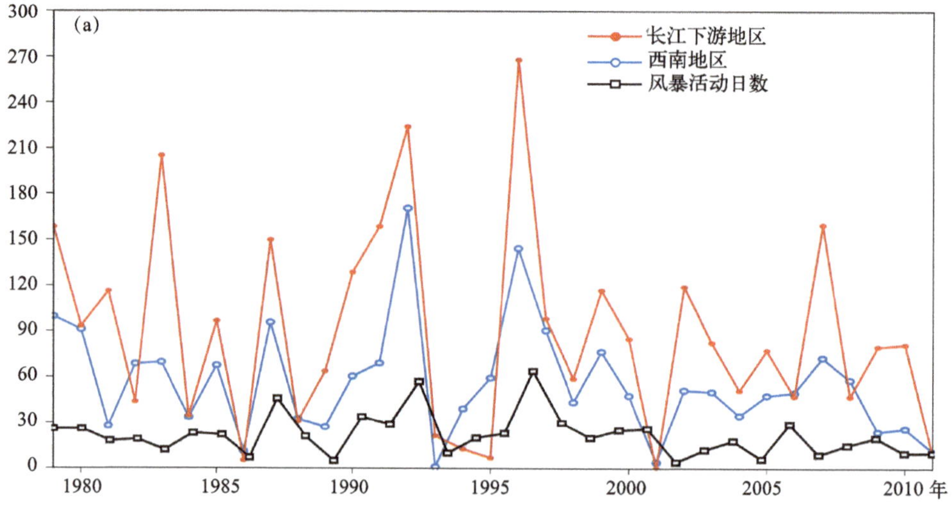

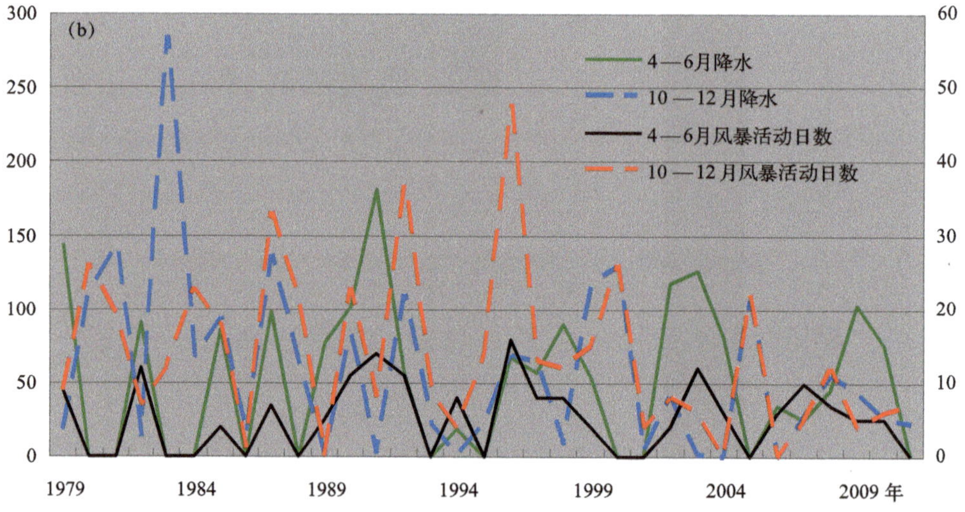

图 2.18 (a)1979—2011 年孟加拉湾风暴活动日数(d)、同期西南地区和长江下游地区区域平均降水(mm)
(b)4—6 月、10—12 月孟加拉湾风暴活动日数(d)及西南和长江下游地区降水 (mm)

鉴于风暴月际活动的双峰型分布，针对 4—6 月和 10—12 月两个时段，分别给出同期中国降水变化，如图 2.18b 所示。4—6 月，除 1998 年、2002 年孟加拉湾风暴活动日数偏少而降水异常偏多外，中国降水与孟加拉湾风暴活动日数变化趋势基本一致，相关系数达到

0.54；10—12 月，除 1983 年孟加拉湾风暴活动日数较少而同期降水偏多，1998 年、2003 年孟加拉湾风暴活动日数较多而同期降水偏少外，中国降水与孟加拉湾风暴活动日数变化趋势也基本一致，相关系数达到 0.74。可见中国降水与孟加拉湾风暴活动的相关性 10—12 月好于 4—6 月。

以上分析表明，中国降水与孟加拉湾风暴活动有较大相关性。孟加拉湾风暴主要并同时影响中国西南地区和长江下游地区降水，且对秋季降水的影响比春季更显著。

2.2.3　孟加拉湾风暴影响中国降水的大气环流形势

根据降水量的时间演变，将风暴活动期间降水量大于同期多年平均值（1979—2011 年平均）定义为降水偏多年，小于平均值定义为降水偏少年。4—6 月降水偏多年有 1979 年、1991 年、2002 年、2003 年和 2009 年；偏少年有 1994 年、2006 年、2007 年和 2008 年。10—12 月降水偏多年有 1981 年、1983 年、1987 年、1999 年和 2000 年；偏少年有 1991 年、1994 年、2003 年和 2007 年。分别对 4—6 月和 10—12 月降水偏多、偏少年孟加拉湾风暴活动期间的平均大气环流背景进行对比分析，探讨孟加拉湾风暴影响中国降水的大气环流形势。

图 2.19a、b 显示 4—6 月降水偏多年、偏少年分别合成的 500 hPa 高度场、风场及同期孟加拉湾风暴路径。在降水偏多年（图 2.19a），欧亚中高纬地区乌拉尔山存在阻塞高压，中国东北有切断低压，东亚大槽深厚。西太平洋副热带高压（简称副高，下同）主体位于南海和西北太平洋上空，脊线位于 19°N 附近，西伸点位于 100°E。北非高压（又称伊朗高压）位于阿拉伯半岛一阿拉伯海上空，呈东西向带状分布，脊线位于 23°N 附近，向东伸至 70°E。两个高压之间在孟加拉湾形成一个深厚的风暴低压区，其北面青藏高原上有较深南支槽活动，形成北槽南涡形势。在风暴、南支槽与副高之间西南气流控制下，有利于将孟加拉湾水汽输送到中国西南至长江下游地区。同期，共有 5 次孟加拉湾风暴活动，主要为西北或东北向路径，平均维持时间为 165.6 h，平均近中心最大风速为 38 m/s。

4—6 月降水偏少年（图 2.19b），欧亚中高纬西风带相对平直，槽脊明显。副高主体位于 150°E，位置相对降水偏多年偏东、范围和强度较弱，而北非高压位于 40°～50°E，也较降水偏多年偏西偏南。故两高压之间孟加拉湾至阿拉伯海一带为宽广低压区，其北侧南支槽相对较浅，风暴与副高间的西南气流弱，不利于将孟加拉湾水汽深入中国。而同期有 7 次孟加拉湾风暴活动，路径比较复杂，有西北向、北向和东北向，平均维持时间比降水偏多年短，为 108.86 h，平均最大风速与降水偏多年接近，为 39.6 m/s，与降水偏多年接近。

图 2.19c、d 为 10—12 月降水偏多年和偏少年分别合成的 500 hPa 高度场、风场及同期孟加拉湾风暴路径。与 4—6 月相比，南支槽不明显。但其降水偏多年和偏少年低纬度形势差异相似。降水偏多年（图 2.19c），两高压之间在孟加拉湾形成一个狭窄的低压区，有利于孟加拉湾水汽向北爬上青藏高原向中国输送。同期孟加拉湾风暴活动频繁，共 18 次，路径以西北向和东北向为主，平均维持时间为 124.5 h，平均最大风速为 34.4 m/s。

10—12 月降水偏少年（图 2.19d），副高在主体东退至 150°E 以东，北非高压西退至 50°E 以西，两高压之间孟加拉湾低压区宽广。此时中南半岛上空为反气旋环流，阻断了孟加拉湾水汽向北输送至中国。与降水偏多年相比，孟加拉湾风暴活动比降水偏多年少得多，仅 4 次，主要为西北或西行路径，平均维持时间和平均最大风速相差不大，分别为 126 h、32.5 m/s。

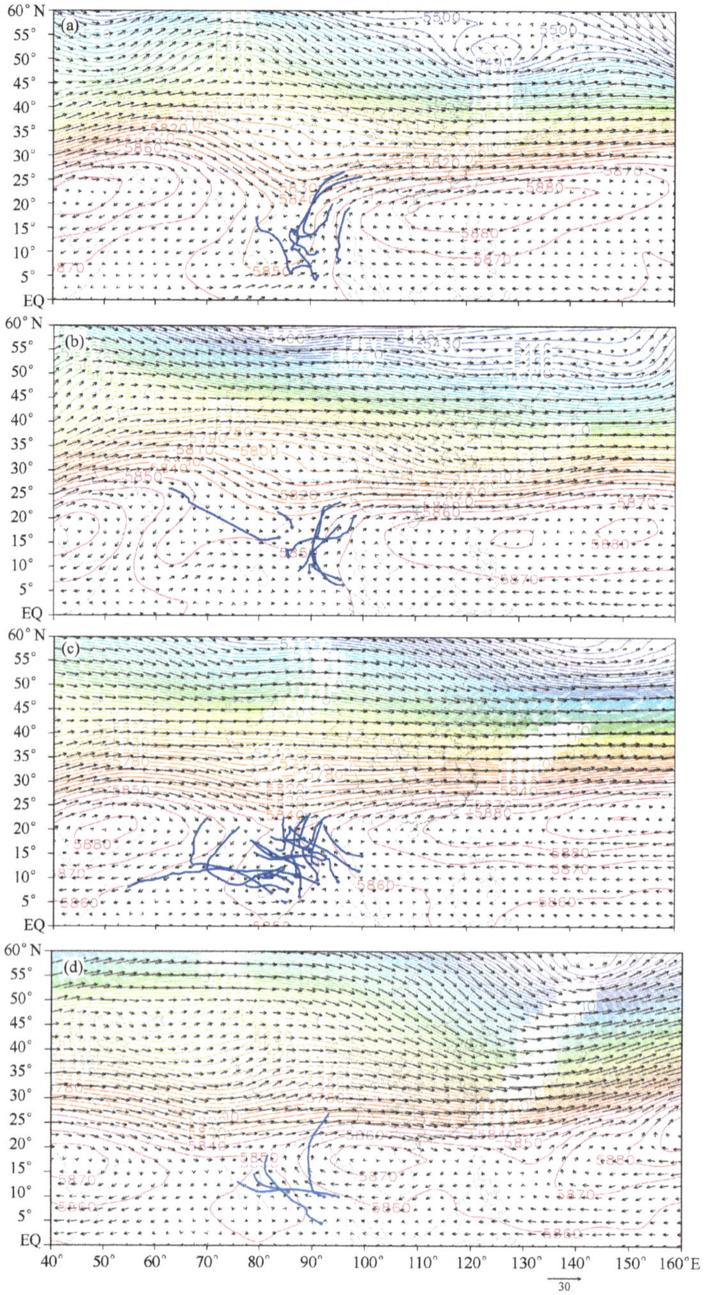

图 2.19 1979—2011 年降水偏多与偏少年 500 hPa 合成位势高度场(等值线,单位:dagpm)、风场(矢量)及同期孟加拉湾风暴路径(a、b)4—6 月(c、d)10—12 月

对比分析表明,孟加拉湾风暴影响中国降水的关键在于其与副高、北非高压、南支槽等系统的配合是否有利于形成强西南气流,将孟加拉湾水汽输送到中国区域。

2.2.4 孟加拉湾风暴活动水汽追踪

为了进一步说明孟加拉湾风暴活动对我国降水的水汽输送作用,这里用拉格朗日轨迹输送模式 HYSPLIT 对风暴水汽轨迹及同期降水区的水汽来源进行追踪。Wernli(1997)首先提出用追踪方法确定气块在大气中的输送过程，近似认为气块比湿的改变只是由于蒸发和降水过程引起，因此可追踪水汽输送。HYSPLIT 通过计算粒子(小空气块)的运动轨迹，实现对大气物质输送和扩散过程的模拟(Stohl *et al.*,2005)。与欧拉体系的分析方法相比，其优势在于可以追踪事先定义的气块集合的运动轨迹，通过对降水有贡献的大气粒子群(气块)后向轨迹的研究有可能揭示出水汽的源汇区。用此方法，Reale 等(2001)和 James 等(2004)分别估算了发生在 1998 年地中海西部和 2002 年欧洲的一次极端降水事件的水汽源。陈斌等(2011)诊断了 2007 年 7 月中国东部系列极端降水的水汽输送路径、可能蒸发源区，并定量估算了不同水汽源区对降水事件的相对贡献。

2.2.4.1 水汽追踪

选取点(17.0°N,90°E)代表孟加拉湾风暴位置，采用 NCEP/NCAR 6 h 一次的再分析资料，对两个孟加拉湾风暴的水汽轨迹进行 72h 向前追踪。图 2.20 显示 2002 年 5 月 9—12 日孟加拉湾风暴(0202)活动期间的累计降水量分布，可见中国西南和长江中下游地区发生了强降水。图 2.21 分别显示对流层低层 1500 m、2000 m 和 2500 m 各高度风暴水汽的向前追踪结果。可见孟加拉湾风暴水汽先向东移动，经缅甸向北爬升。部分水汽止于中南半岛，仍有大量水汽经云南进入，向东北输送到达中国长江下游地区。较高层停留于中南半岛的水汽增多，输送到中国西南长江下游地区的水汽减少，这可能与水汽与低空急流的垂直分布有关。从 500 hPa 位势高度和风场分布可见(图 2.22)，孟加拉湾至我国西南和江南地区已经形成一条西南—强西南气流，有利于水汽向我国输送。此外，由追踪的时间说明，孟加拉湾的水汽经过 3 d 左右大部分即可输送到中国西南地区，而有少部分甚至能到达长江中下游地区。

图 2.23 显示 2003 年 12 月 11—14 日孟加拉湾风暴(0302)活动期间累计降水量分布，中国区域并无降水。图 2.24 分别显示对流层低层 1500 m、2000 m 和 2500 m 各高度水汽向

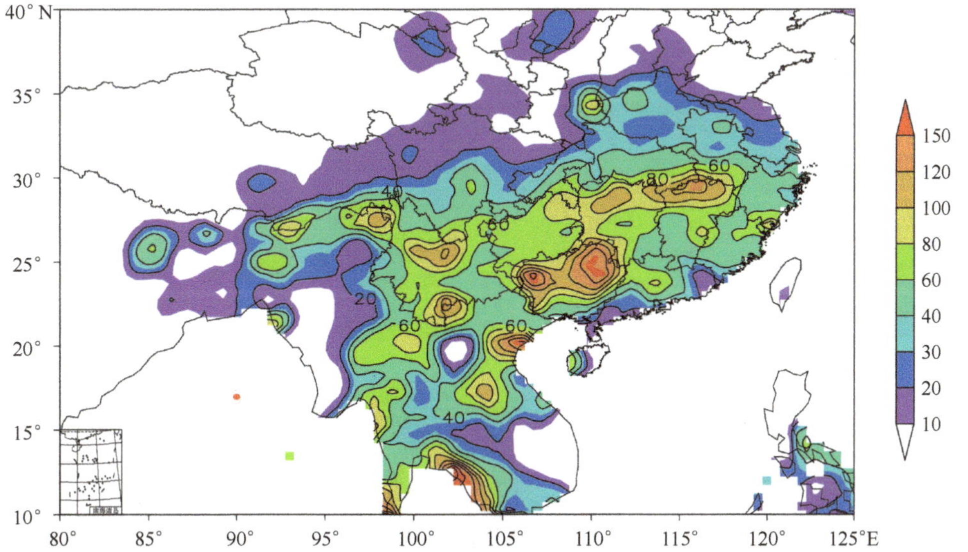

图 2.20 2002 年 5 月 9—12 日孟加拉湾风暴(0202)活动期间的累计降水量分布(单位:mm)

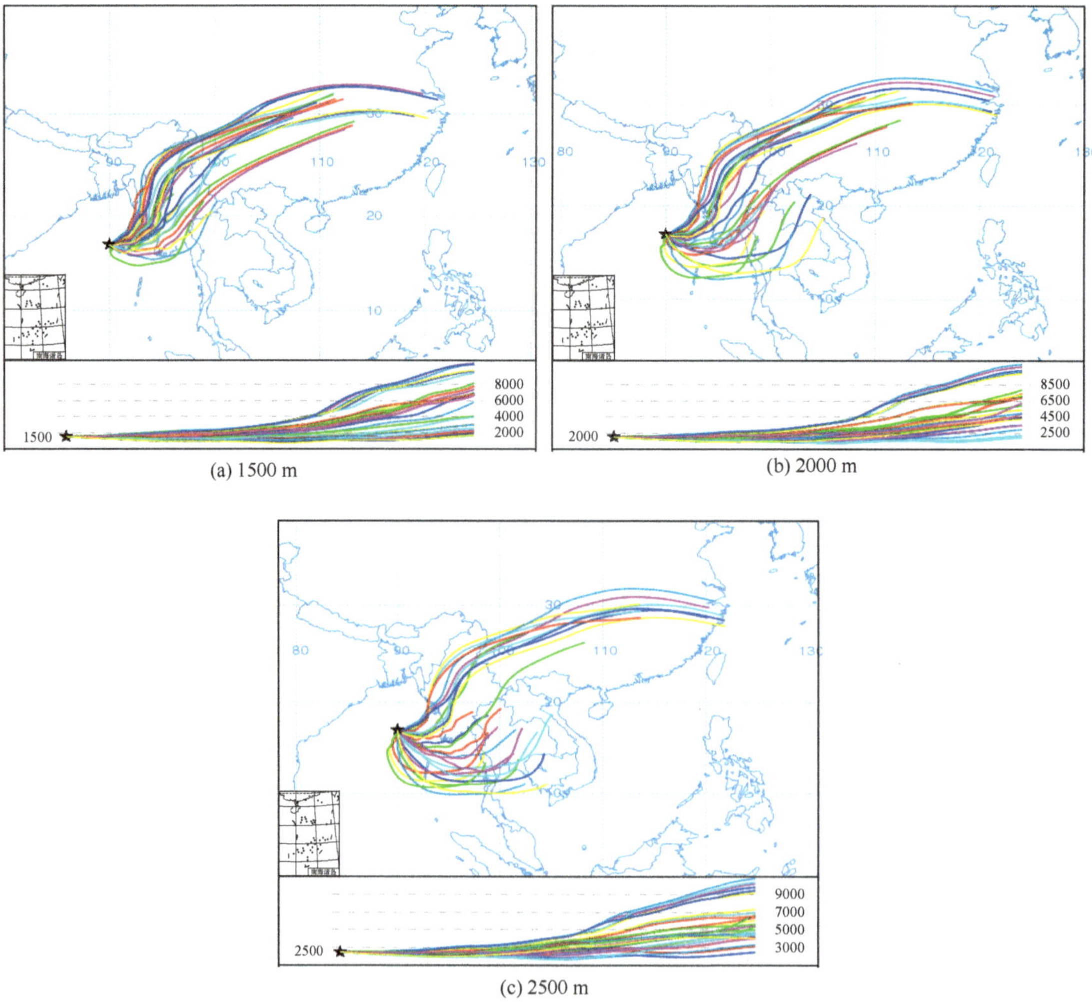

图 2.21　2002 年 5 月 9—12 日水汽的向前追踪（★代表追踪开始的位置）

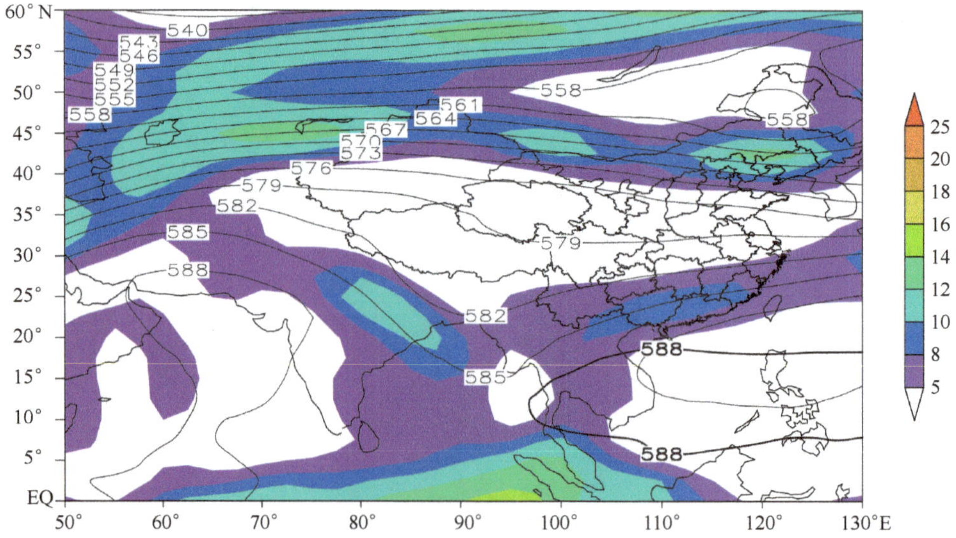

图 2.22　2002 年 5 月 9—12 日 500 hPa 位势高度（等值线，单位：dagpm）和 700 hPa 风速（阴影，单位：m · s^{-1}）

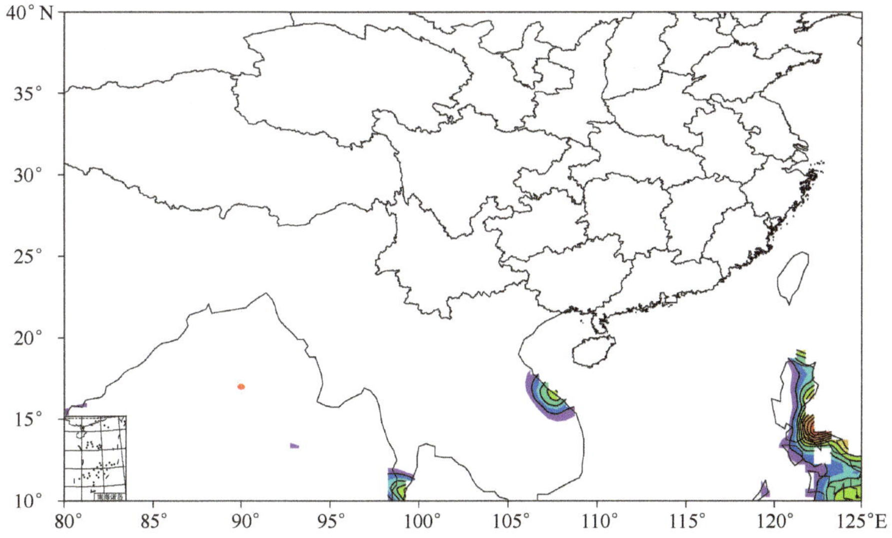

图 2.23　2003 年 12 月 11—14 日孟加拉湾风暴(0302)活动期间的累计降水量分布(单位:mm)

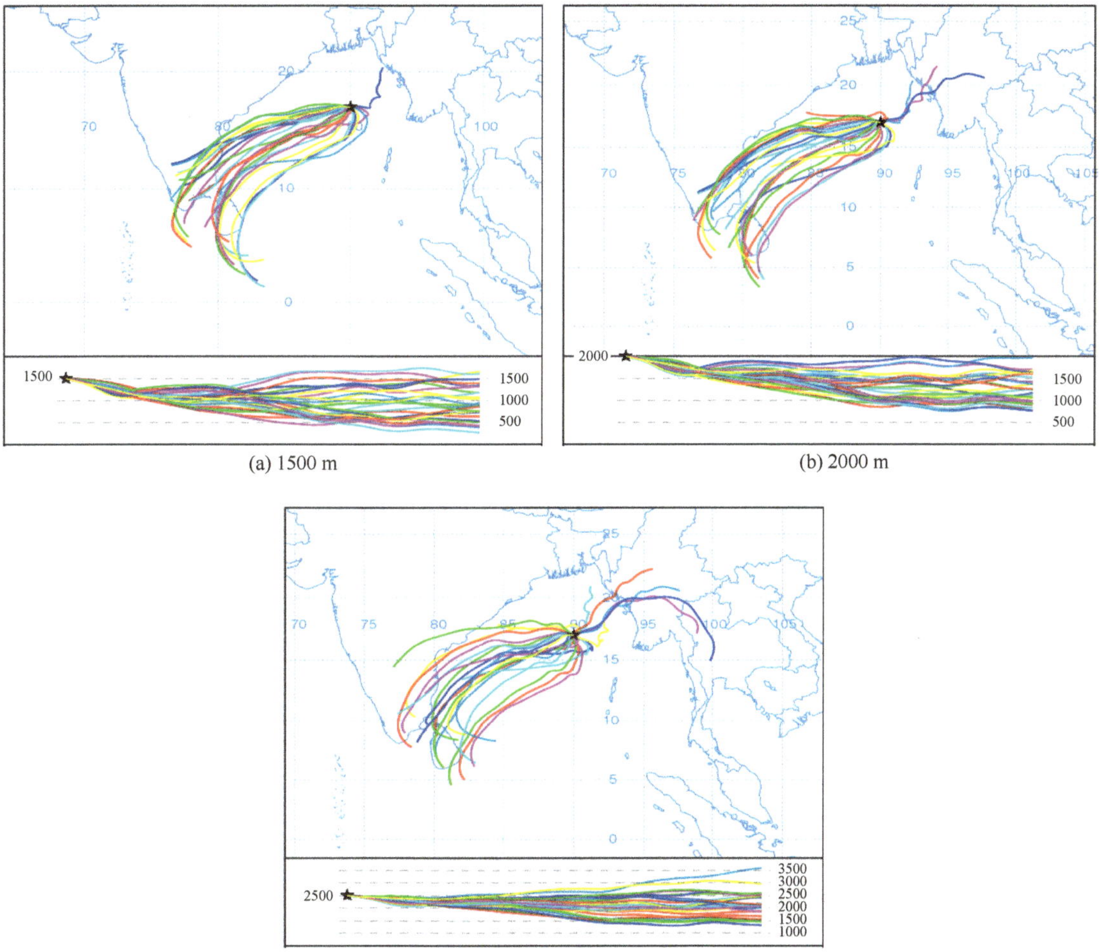

(a) 1500 m

(b) 2000 m

(c) 2500 m

图 2.24　2003 年 12 月 11—14 日水汽的向前追踪(★代表追踪开始的位置)

前追踪结果，发现孟加拉湾风暴水汽绝大部分向西南方向移动，仅很少部分向东北方向移动，而且止于中南半岛，不能到达中国地区。从 500 hPa 位势高度和 700 hPa 风场分布看（图 2.25），这可能与中国西南地区受西风控制，而没有形成低空急流有关。

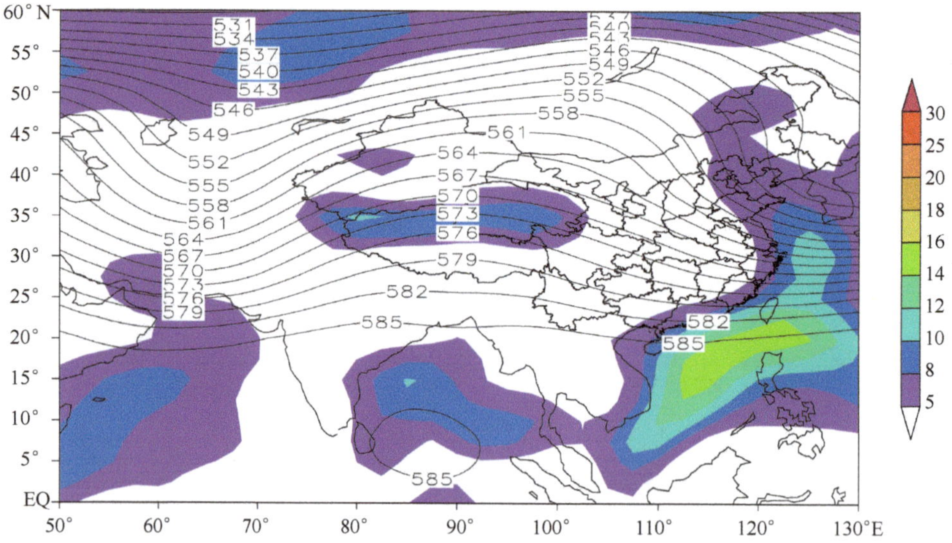

图 2.25　2003 年 12 月 11—14 日 500 hPa 位势高度（等值线，单位：dagpm）和 700 hPa 风速（阴影，单位：m · s^{-1}）

2.2.4.2　水汽来源

对 2009 年 4 月 18 日孟加拉湾风暴“BIJLI”和 2003 年 5 月 12 日“0301”活动期间中国强降水区的水汽来源分别进行 72 h 和 108 h 后向轨迹追踪。2009 年 4 月 18 日的降中心在西南地区（图 2.26），故选取点（27.50°N，110°E）为代表后向追踪水汽源。在 1500 m 高度上（图 2.27a），水汽来源于孟加拉湾和南海、东海，高度增加到 2000 m（图 2.27b）和 2500 m（图 2.27c），水汽主要来源于孟加拉湾。孟加拉湾水汽首先北上至孟加拉国，然后向东爬上云贵高原，继续向东到达降水区。

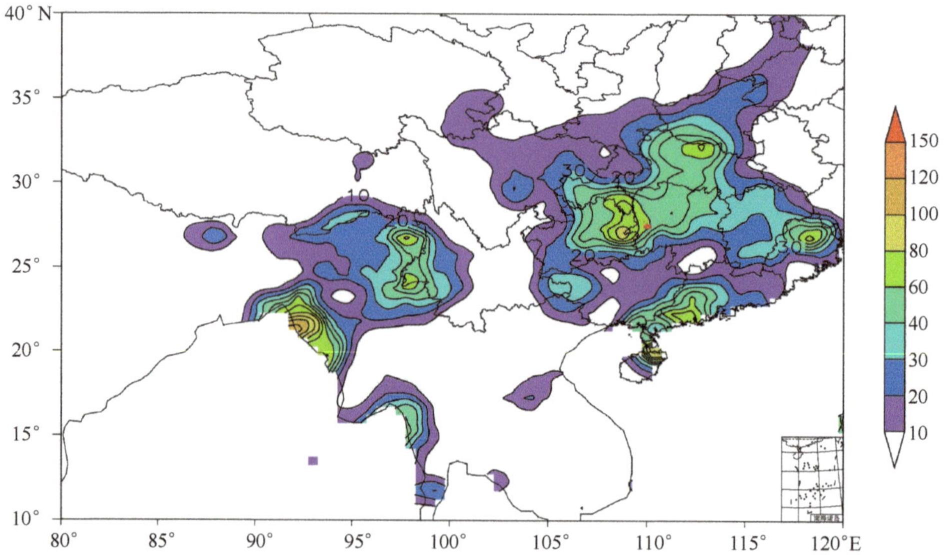

图 2.26　2009 年 4 月 18 日孟加拉湾风暴（BIJLI）活动期间的累计降水量分布（单位：mm）

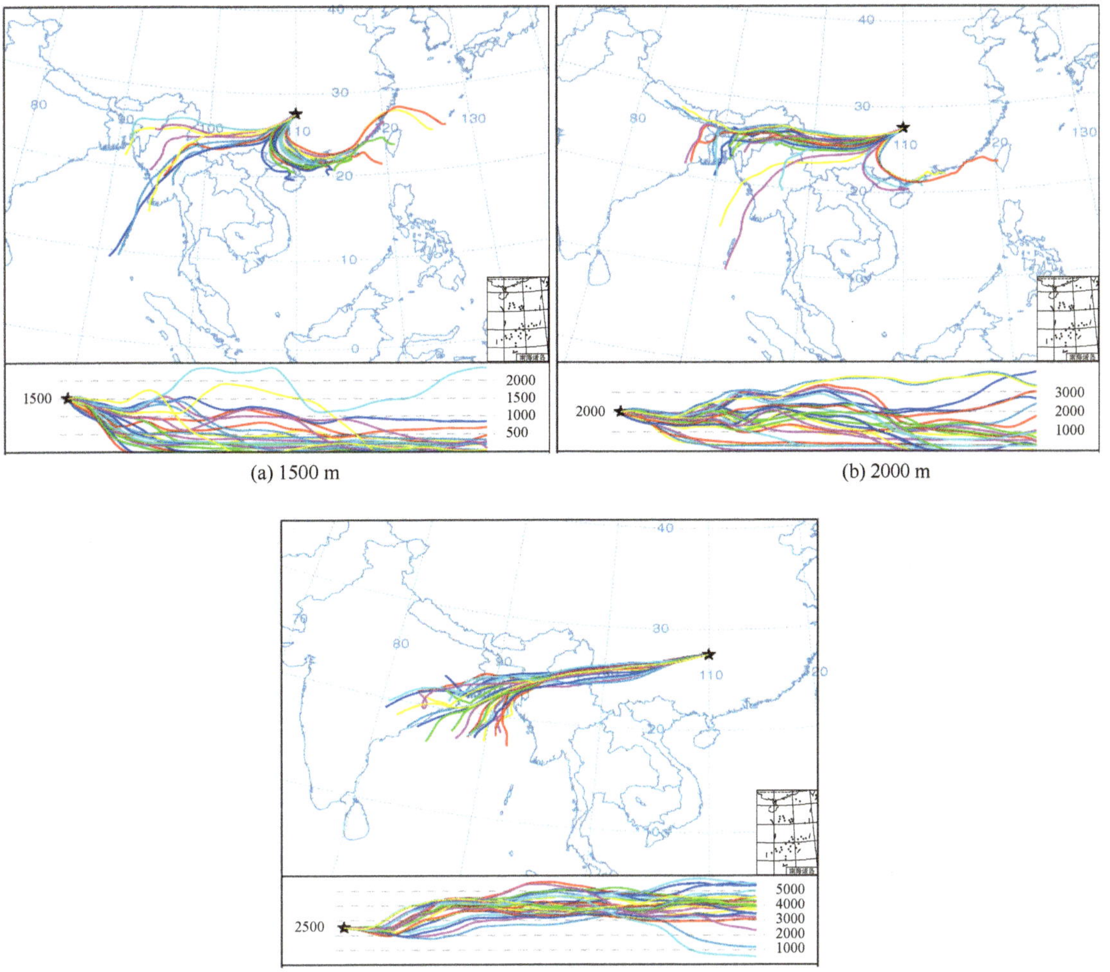

(a) 1500 m　　(b) 2000 m

(c) 2500 m

图 2.27　2009 年 4 月 18 日水汽的向后追踪(★代表追踪开始的位置)

2003 年 5 月 12 日的降水主要发生在长江中下游(图 2.28),选取点(29.50°N,118°E)为代表后向追踪水汽源。图 2.29 分别给出对流层低层水汽追踪结果,可见该区域水汽来源于中国东部沿海和降水区上游以及孟加拉湾。孟加拉湾的水汽贡献约占 1/3,但不同高度均有贡献。徐祥德等(2002)指出来自低纬印度洋至孟加拉湾、南海的强偏南“水汽流”在青藏高原东侧“大拐弯”转为偏东方向,构成长江流域西南水汽“输送带”。由后向追踪的时间可见,西南地区降水的水汽后向追踪 3 d 即可到达孟加拉湾地区,而长江中下游降水的水汽后向追踪 4.5 d 才能至孟加拉湾。

上述研究表明,孟加拉湾风暴水汽经云南深入中国,可以向东一直输送到达中国长江下游地区。而降水区水汽的后向追踪也说明,中国西南地区和长江下游地区降水的一个重要水汽来源是孟加拉湾风暴活动。

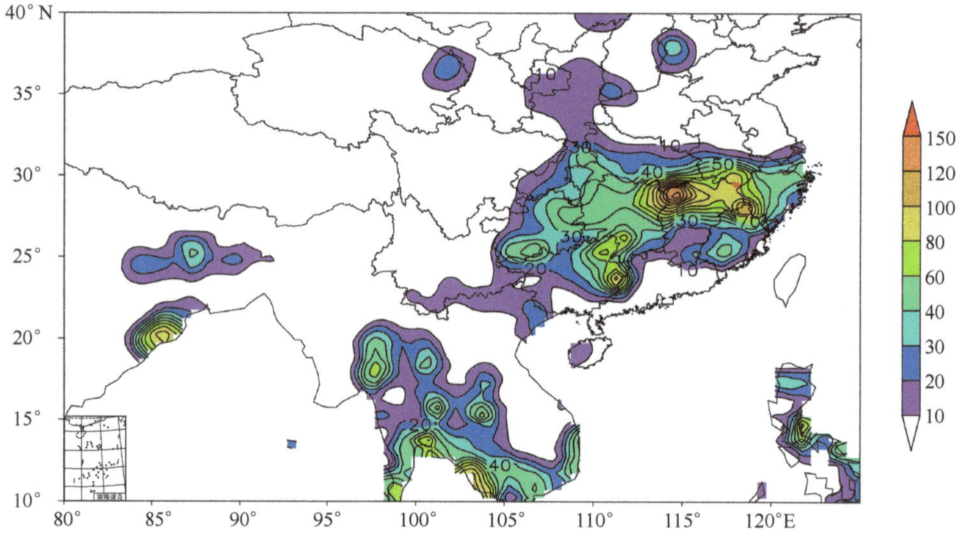

图 2.28　2003 年 5 月 12 日累计降水量分布(单位:mm)

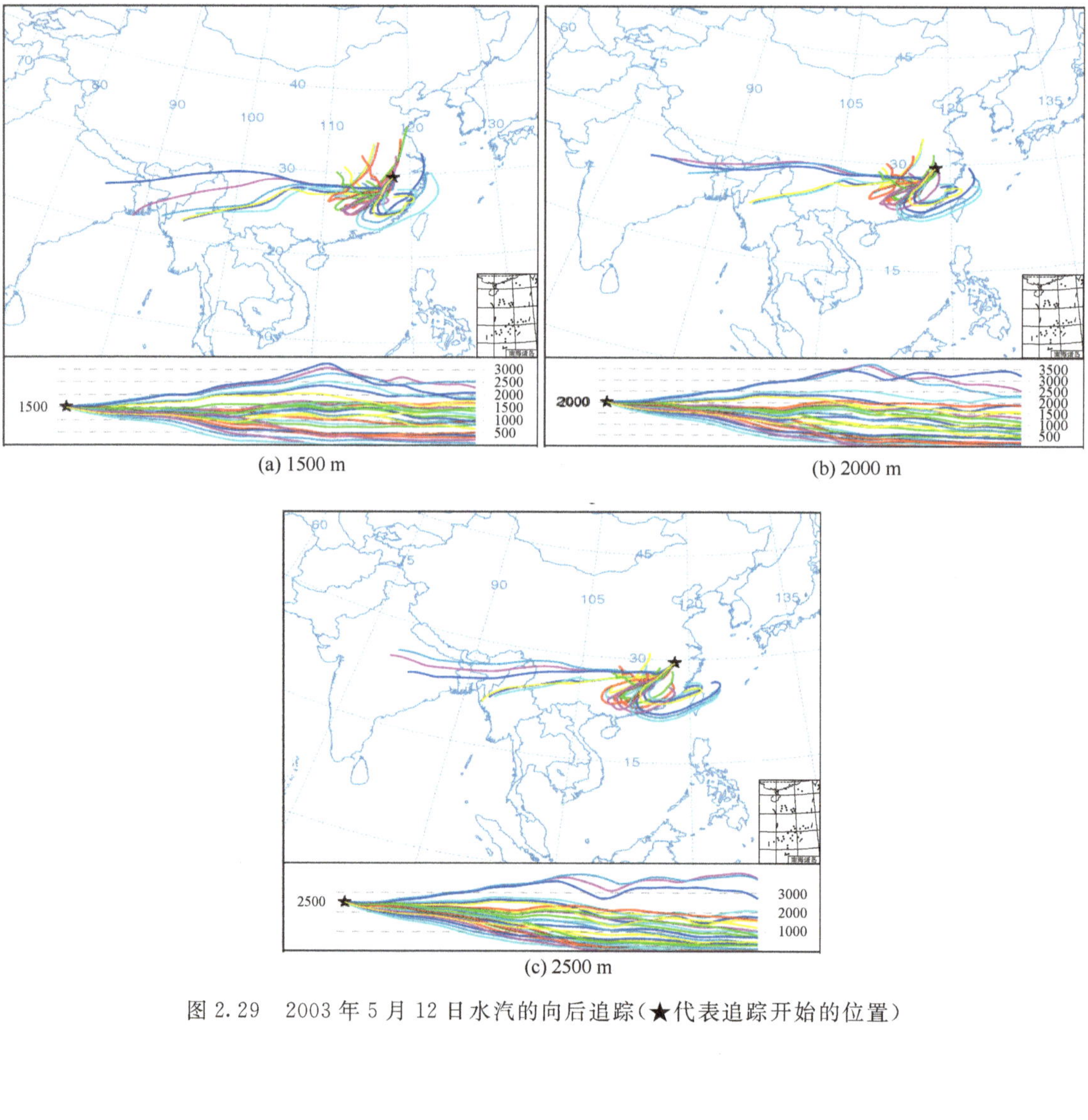

(a) 1500 m　(b) 2000 m

(c) 2500 m

图 2.29　2003 年 5 月 12 日水汽的向后追踪(★代表追踪开始的位置)

2.3　孟加拉湾风暴双峰型活动特征的成因

20 世纪 80 年代一些学者指出，孟加拉湾地区热带风暴活动呈双峰型特点（李玉柱，1981；吴恒强，1986；王友恒，1988），即每年的 5 月和 10—11 月是孟加拉湾风暴活动的高峰时段。作者（段旭，2009；许美玲，2011）利用最新数据对孟加拉湾风暴活动重新进行统计，所得结果与过去的“双峰型”结论一致，表明孟加拉湾风暴双峰型活动特征显著。

孟加拉湾风暴活动导致的影响过去有较多的研究（朱福康等，1988；杨祖芳等，2000；许美玲等，2006；张腾飞等，2006；王子谦等，2010；王曼等，2011；吕爱民等，2013），但双峰型活动特征的成因研究甚少。对于热带气旋（TC）发生的条件，Palmen（1948）指出，TC 只在海表温度在 26℃以上的海域形成；Gray（1979）进一步将海表温度阈值提高到 26.5℃，并指出热力与动力各有 3 个因子会影响 TC 的生成与发展，其中动力因子为科氏力、低层相对涡度和垂直风切变，热力因子为海温、相对湿度和静力稳定度；陈联寿等认为（1979，2002）台风生成的最基本条件是，海温高于 26℃、低空或在边界层中有辐合、风速垂直切变（$V_{200\ \text{hPa}}-V_{850\ \text{hPa}}$）小于 10 m/s；朱乾根等认为（2007）TC 发生、发展的必要条件是，海表温度必须在26～27℃以上、对流层风速垂直切变小、对流层下部的初始扰动和高层辐散和一定的地转偏向力的作用；同时指出，全球 65%的 TC 发生在 10°～20°N 洋面，22%发生在 10°N 以南洋面（主要集中在 5°～10°N），13%发生在 10°N 以北洋面。Emanuel（1986；2004）和 Nolan（2007）根据之前的研究成果，提出了一个可以定量地评估 TC 形成条件的风暴生成潜势指数（Genesis Potential Index，GPI），该指数综合考虑了包括海表温度（SST）、热力抬升、高低层垂直切变、中低层湿度和低层绝对涡度等对 TC 产生有重要影响的环境因子，是一个很好的表征 TC 形成条件的定量化的因子。GPI 能够较好地反映 TC 的生成条件、预报各大洋 TC 生成个数、诊断不同环境因子的贡献（Camargo *et al.*，(2007；2009）。

本节将借鉴上述关于 TC 发生的环境条件和 GPI 潜势指数，对孟加拉湾风暴双峰型活动特征的成因开展研究。

2.3.1　资料和方法

所使用的资料长度均为 1981—2010 年。孟加拉湾风暴（按环北印度洋各国惯用提法，是指热带风暴 TS、飓风 H1—H5 的统称）样本采用 JTWC（Joint Typhoon Warning Centre）提供的北印度洋热带气旋路径资料，资料中提供了时间间隔为 6 h 一次的热带气旋路径经纬度信息、中心最低气压、中心附近最大风速等信息。海表温度资料为 NOAA 提供的 NOAA_OI_SST_V2 全球海表温度月平均 1°×1°资料。大气的压、温、风、湿要素及诊断量计算利用 NCEP/NCAR 提供的月平均 2.5°×2.5°再分析资料。

Emanuel（1986；2004）等定义的 GPI 计算公式如下：

$$GPI=|10^5\eta|^{3/2}\left(\frac{H}{50}\right)^3\left(\frac{V_{pot}}{70}\right)^3(1+0.1V_{shear})^{-2} \tag{2.3}$$

式中，η 是 850 hPa 绝对涡度（s^{-1}），H 是 700 hPa 相对湿度（%），V_{pot} 是近地面最大风速半径处的最大风速（$m\cdot s^{-1}$），V_{shear} 是垂直风切变（$m\cdot s^{-1}$）。

V_{shear} 的表达式分别为：

$$V_{shear} = V_{200\ hPa} - V_{850\ hPa} \tag{2.4}$$

式中，$V_{200\ hPa}$ 和 $V_{850\ hPa}$ 分别为 200 hPa 和 850 hPa 风速。

2.3.2 孟加拉湾风暴生成时的基本分布

据 1981—2010 年 JTWC 提供的资料统计，孟加拉湾 30 a 共有 102 个风暴生成，图 2.30a 给出了 TC 初生时(一般为热带低压，TD)的位置和由初生 TC 加强成为 TS 强度时的位置。可以看出，在孟加拉湾区域，TS 位置比初生 TC 的位置偏北。

图 2.30b 给出了孟加拉湾风暴活动月的分布。虽然统计的年限与文献(李玉柱，1981；吴恒强，1986；王友恒，1988；段旭，2009；许美玲，2011)不尽相同，但“双峰型”特征仍然非常明显，即 5 月和 10—11 月是孟加拉湾风暴活动的高峰期。从分布看，5 月和 10—11 月共发生风暴 78 次，占全部样本的 76.5%，2 月和 8 月无风暴生成；风暴初生时的位置，10°N 以北地区占 56.9%，以南占 43.1%；由初生 TC 加强发展成为 TS 时，风暴位置明显偏北，10°N 以北占 79.4%，以南仅占 20.6%；位置偏南的 TC 大多集中在冬季。

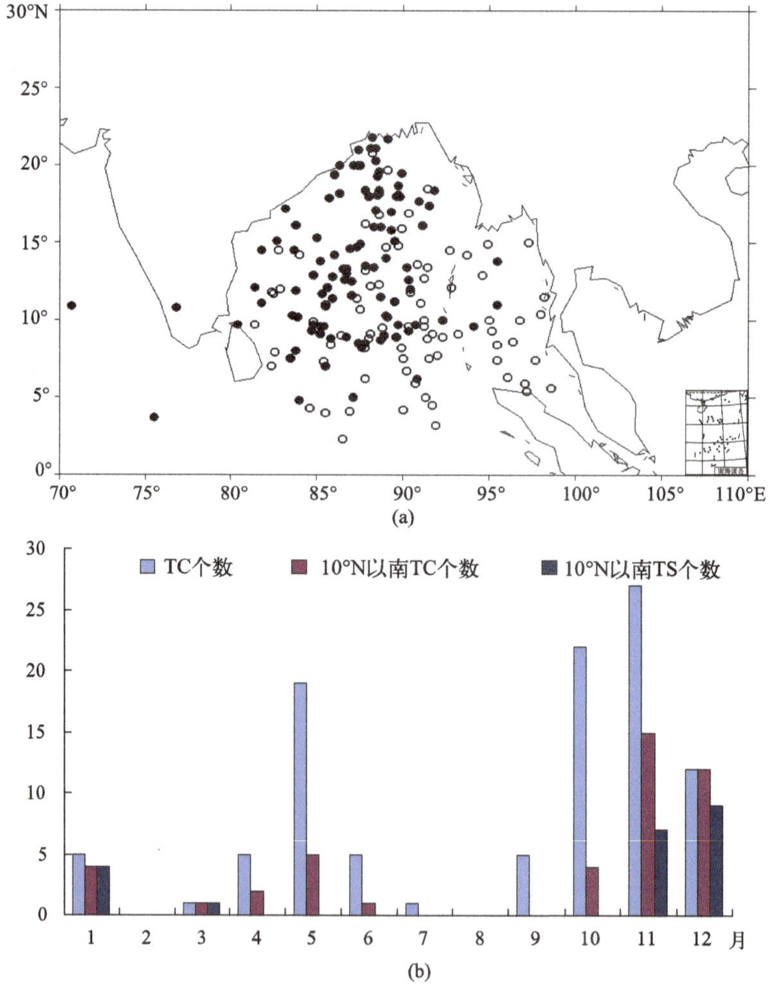

图 2.30 1981—2010 年孟加拉湾风暴活动空间(a)和时间(b)分布
(“。”为初生 TC 的位置，“•”为由初生 TC 加强发展成为 TS 时的位置)

2.3.3　风暴生成的环境场条件

2.3.3.1　SST 分布

图 2.31 给出了 1981—2010 年孟加拉湾地区逐月平均 SST 分布。1—3 月，孟加拉湾洋

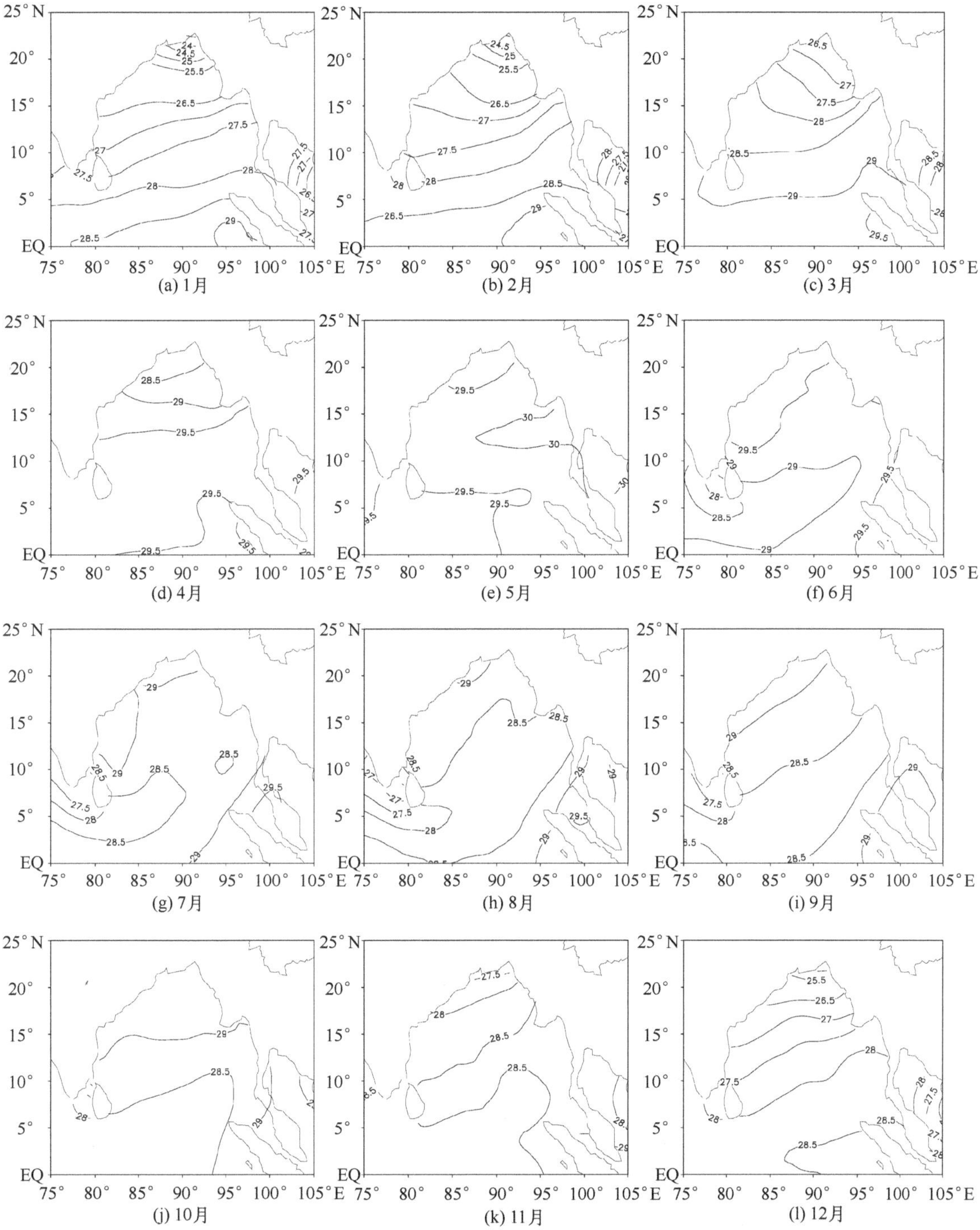

图 2.31　1981—2010 年孟加拉湾地区月平均 SST 分布(单位：℃)

面 SST 分布呈北低一南高形态(图 2.31a—c),SST 逐月升高,除最北部 SST 低于 26℃(1—2 月)外,绝大部分洋面高于 26℃。1 月 15°N 以南洋面 SST 高于 26.5℃,10°N 以南洋面高于 27℃。2 月 15°N 以南洋面 SST 高于 27℃,10°N 以南洋面高于 28℃。3 月 15°N 以南洋面 SST 高于 28℃,10°N 以南洋面高于 28.5℃。

4—6 月,SST 为全年最高(图 2.31d—f)。其中 4 月仍呈北低南高分布,除北部外,孟加拉湾 SST 均在 29℃以上。5 月分布呈中部高,南、北相对低的形态,10°～15°N 洋面 SST 高达 30℃,15°N 以北和 10°N 以南洋面 SST 也高于 29.5℃。6 月分布呈中部低,南、北相对高的形态,孟加拉湾 SST 均在 29℃以上。

7—9 月 SST 的分布呈中部低,南、北相对高的形态(图 2.31g—i),中部约为 28.5℃,北部和南部为 29℃。

10—12 月,SST 逐步降低(图 2.31j—l),其中 10—11 月呈中部高,南、北相对低的形态,中部约为 28.5～29℃,北部和南部低于 28.5℃。12 月,SST 逐步转变为北低南高分布,15°N 以南高于 27℃,10°N 以南高于 28℃。

通过上述分析可知,孟加拉湾 SST 全年都比较高,均符合高于 TC 发生的必要条件(26～27℃以上)。图 2.32 给出了孟加拉湾各月平均 SST,也类似于风暴的“双峰型”结构。尽管如此,6—7 月和 9 月 SST 较 10—12 月偏高,而风暴发生却较少发生,显然还受制于大气的其他条件(后面将讨论),但 SST 的分布类型有可能与风暴“双峰型”分布有关。

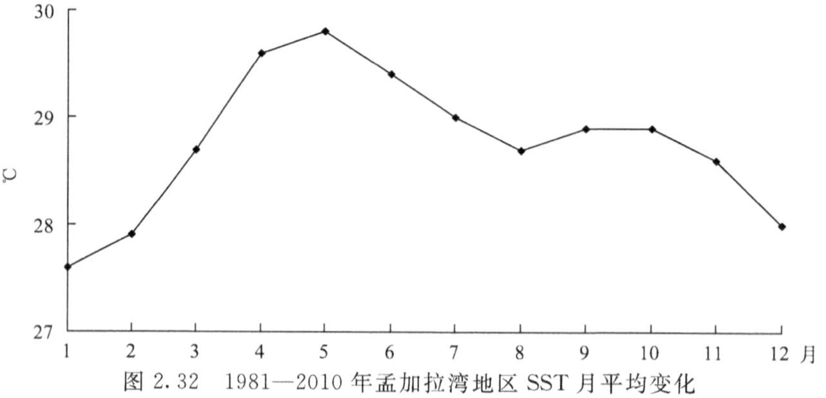

图 2.32　1981—2010 年孟加拉湾地区 SST 月平均变化
(80°～100°N、0°～25°N 范围内洋面平均,单位:℃)

深入分析发现,孟加拉湾 SST 分布类型大致可分为四类:(1)12—4 月为第一种分布类型,孟加拉湾 SST 自南向北逐渐降低(图 2.31l、a—c),从 SST 的大小看,南部地区比北部地区更有利于风暴发生,但 TC 的发生必须有一定的地转偏向力,南部地区显然不利于风暴发生,故导致这几个月风暴发生频率较低;(2)5 月和 11 月为第二种分布类型,孟加拉湾 SST 中部高、北部和南北相对较低(图 2.31e、k),这正是风暴发生的两个峰值月,相比较而言 5 月 SST 高值区位置比 11 月更偏北,虽然 11 月风暴频率较 5 月高,但明显位置偏南;(3)6—9 月为第三种分布类型,孟加拉湾 SST 中部低、北部和南北相对较高(图 2.31f～i),显然是最不利于风暴发生的分布,因为较高 SST 分布在不利于风暴发生的偏北和偏南地理位置;(4)10 月为第四种分布类型,孟加拉湾 SST 自南向北逐渐升高(图 2.31j),虽与第二种分布类型不同,但如果考虑太偏北的位置不利于风暴发生,第四种分布类型可以视同于第二种类型,故 10 月与 5 月和 11 月一样风暴发生频率较高。

2.3.3.2　垂直风切变

通常认为(陈联寿等,1979;朱乾根等,2007)对流层风速垂直切变的大小,决定了初始扰动的对流凝结所释放的潜热能否集中在一个有限的空间范围内。如果对流层风速垂直切变小,则对流层上下的空气相对运动小,由热带扰动中的积云对流所产生的凝结潜热就会集中加热一个有限空间范围内的同一气柱,因而可以很快地形成暖心结构,保证了初始扰动的气压不断降低,最后形成为风暴。反之,如果对流层风速垂直切变很大,通风良好,积云对流所产生的凝结潜热会迅速地被带离扰动区上空,热量不能在有限空间范围内集中,不利于风暴的形成。

图 2.33 给出了 1981—2010 年孟加拉湾地区逐月平均 V_{shear} 分布。1—3 月(图 2.33a—c),10°N 以南地区 V_{shear} <10 m · s^{-1},小值中心在 5°N 附近,虽然 V_{shear} 有利于风暴发生,但靠近赤道的低纬度地区则不利于风暴发生,故导致 1—3 月风暴极少发生。4 月(图 2.33d),V_{shear} 小值区开始向北移动,15°N 以南地区小于 10 m · s^{-1},5°～10°N 区域甚至小于 6 m · s^{-1},孟加拉湾地区中南部地区有利于风暴发生。5 月(图 2.33e),V_{shear} 小值区位于一年中最偏北的位置,10°～22°N 区域几乎小于 10 m · s^{-1},15°～20°N 区域甚至小于 5 m · s^{-1},孟加拉湾中北部地区非常有利于风暴发生,同时这个纬度位置也是风暴发生频率较高的区域,两个有利因素叠加,导致风暴生成数出现峰值。6 月开始 V_{shear} 分布有较大改变,6—9 月(图 2.33f—j),孟加拉湾大部地区大于 20 m · s^{-1}以上,15°N 以南区域大于 25 m · s^{-1},10°N 以南区域大于 30 m · s^{-1},极不利于风暴发生;仅 9 月孟加拉湾北部地区 V_{shear} 为 9～15 m · s^{-1},稍有利于风暴发生,这与 9 月风暴全部发生在偏北区域(图 2.30b)一致。10 月开始 V_{shear} 分布又回到 5 月的状态,10—12 月(图 2.33j—l),V_{shear} 小值区自北向南移动,小于 5 m · s^{-1}的区域 10—11 月位于孟加拉湾中北部,非常有利于风暴发生;12 月 V_{shear} 小值区位于南部,与 1—3 月的分布比较位置偏北,较有利于风暴在稍偏南的区域发生,这与 12 月风暴全部发生在偏南区域(图 2.30b)一致。

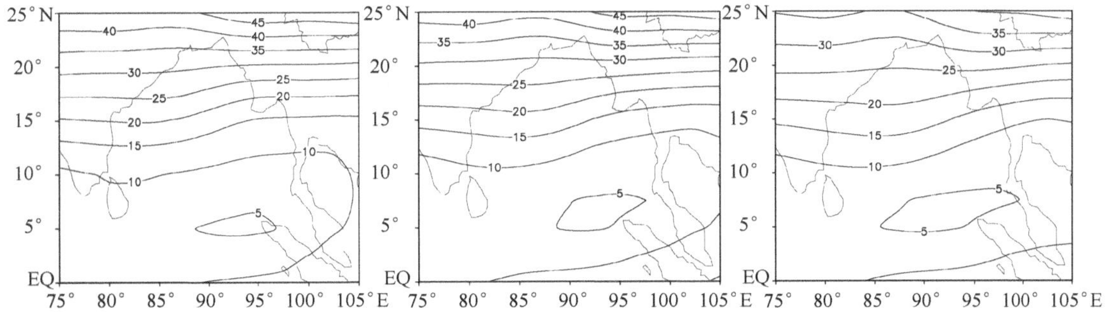

(a) 1月　(b) 2月　(c) 3月

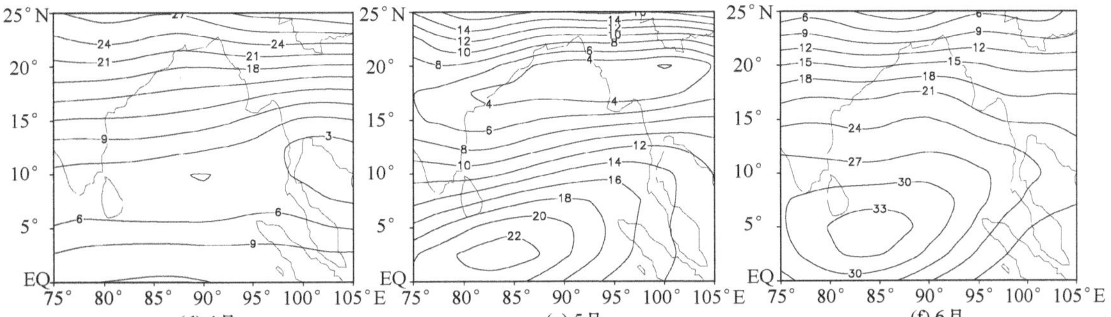

(d) 4月　(e) 5月　(f) 6月

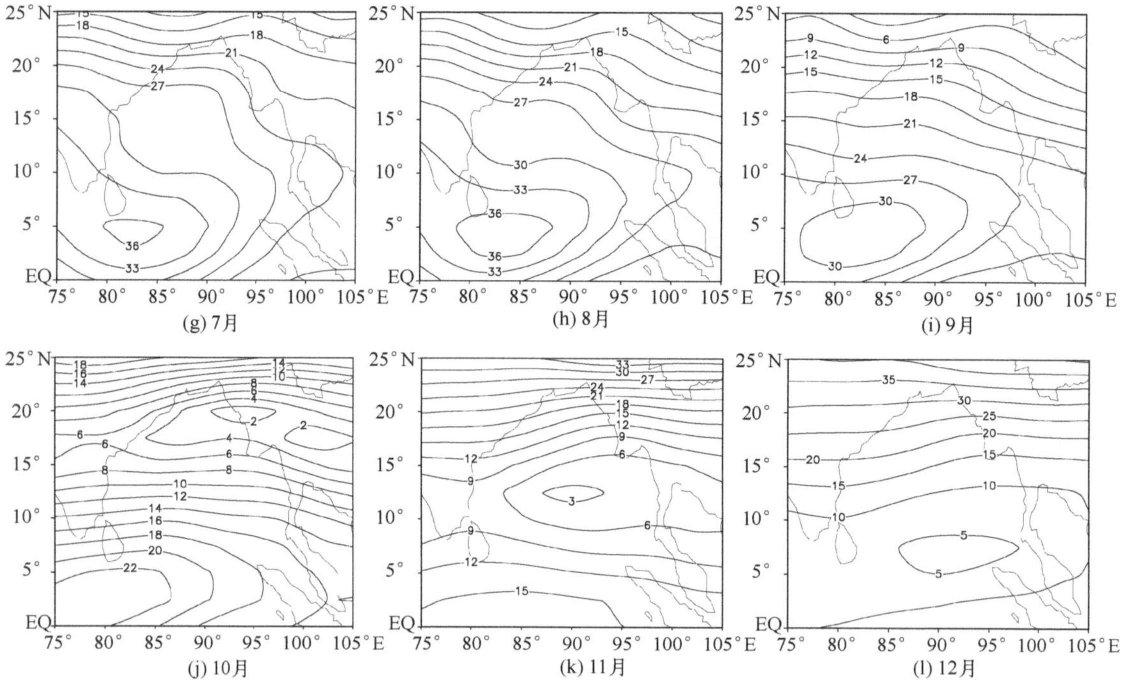

图 2.33　1981—2010 年孟加拉湾地区月平均 V_{shear} 分布(单位:m·s^{-1})

孟加拉湾地区 V_{shear} 月变化较大,从全区域(80°～100°E、0°～20°N)和 10°N 以北区域(80°～100°E、10°～20°N)月平均(图 2.34)看:6—9 月最大,可达 20 m·s^{-1}以上,4—5 月和 10—11 月最小,仅在 15 m·s^{-1}以下,V_{shear} 的"双谷"月与图 2.30b 中的"双峰"月对应;如果只计算 10°N 以北的区域,对应关系更好,而且 5 月、10—11 月 V_{shear} 均小于 8 m·s^{-1},非常有利于风暴发生。

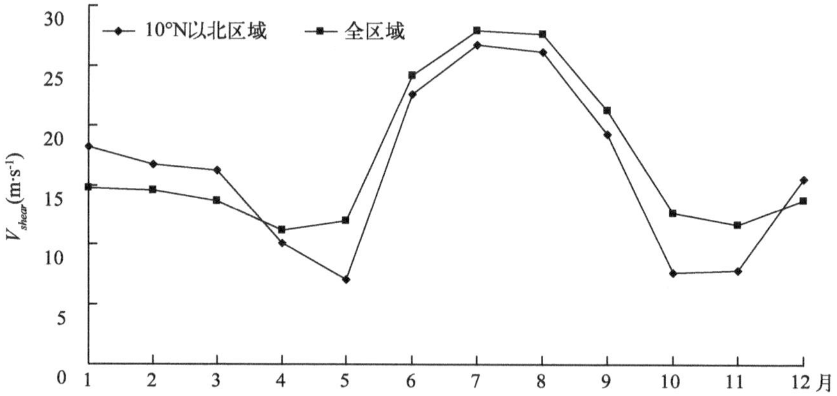

图 2.34　1981—2010 年孟加拉湾全区域(80°～100°E、0°～20°N 区域平均)和 10°N 以北区域(80°～100°E、10°～20°N 区域平均)月平均 V_{shear} 的变化(单位:m·s^{-1})

2.3.3.3　对流层低层初始扰动和高层辐散

通过对 1981—2010 年 850 hPa 和 200 hPa(分别表示对流层低层和高层)各月平均流场分析可知:

1—4 月(图 2.35),850 hPa 上印度半岛、孟加拉湾、中南半岛一带基本上为副热带高压

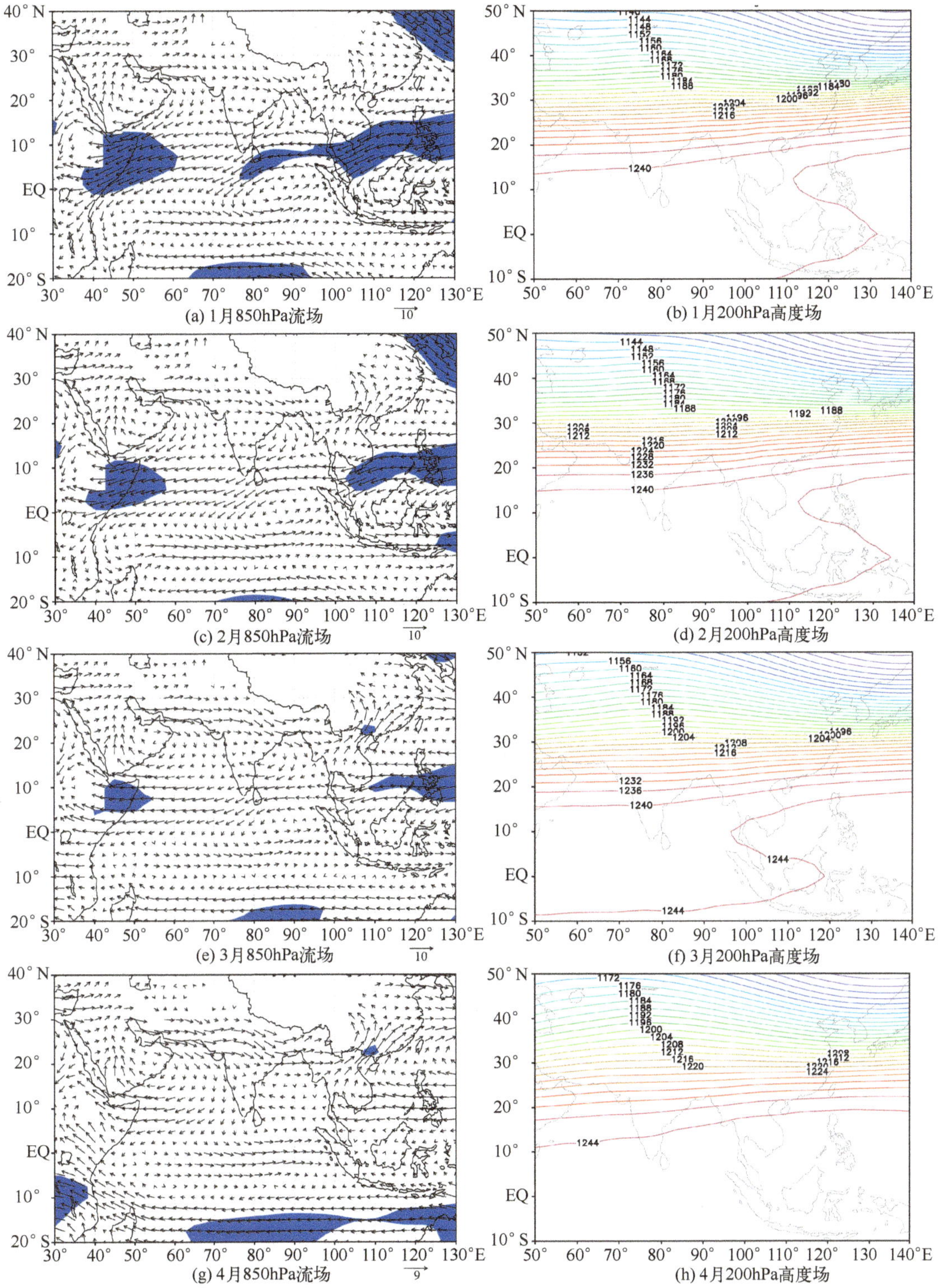

图 2.35　1981—2010 年 1—4 月 850 hPa 平均流场（阴影区：风速大于 6 m · s^{-1}，单位：m · s^{-1}）和 200 hPa 高度场（单位：dagpm）

控制，20°N 以北为西风带系统，10°N 以南为赤道辐合带系统；200 hPa 上 15°N 以北为强劲的西风带系统；南亚高压反气旋环流位置偏南和偏东，平均脊线在 10°N 附近，1—2 月西脊点在 110°E 以东，3—4 月西伸到 100°E 附近(图 2.35b、d、f、h)。显然，孟加拉湾及周围地区低层辐合扰动和高层辐散不明显，不利于风暴发生。

5 月(图 2.36)，随着索马里越赤道气流的建立和向东传播，孟加拉湾和中南半岛地区 850 hPa 流场发生了巨变，由原来的偏东气流转为强劲的西南气流，涡旋辐合扰动明显。200 hPa 上西风带系统北撤到了 20°N 以北，南亚高压反气旋环流中心控制中南半岛，南亚高压在 100 hPa 上位置更偏西北(图略)，孟加拉湾地区高层出现较强的气流辐散。低层辐合扰动和高层辐散的环流配置有利于风暴发生。

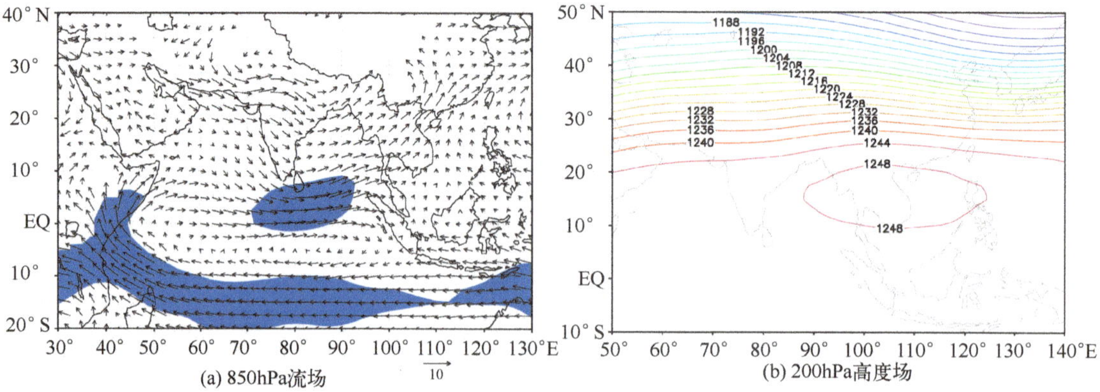

图 2.36　1981—2010 年 5 月(a)850 hPa 平均流场(阴影区：风速大于 6 m · s^{-1}，单位：m · s^{-1})和(b)200 hPa 平均高度场(单位：dagpm)

6 月(图 2.37)，850 hPa 上，孟加拉湾地区季风低压继续增强，辐合扰动明显。但此时 200 hPa 上，南亚高压继续西北移动到了印度北部、孟加拉国和青藏高原南部一带，孟加拉湾地区高层气流辐散减弱。高低空的环流配置不利于风暴发生。

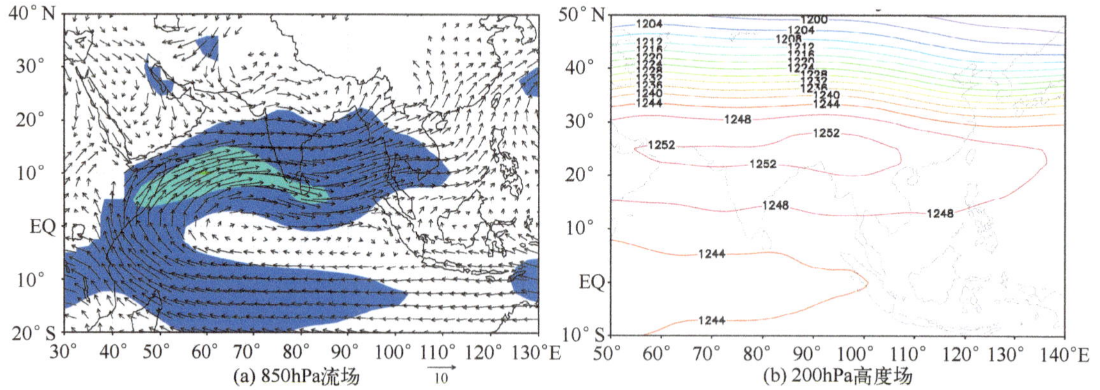

图 2.37　1981—2010 年 6 月(a)850 hPa 平均流场(阴影区：风速大于 6 m · s^{-1}，单位：m · s^{-1})和(b)200 hPa 平均高度场(单位：dagpm)

7—8 月(图 2.38)，850 hPa 上，孟加拉湾地区季风低压发展达到鼎盛期，辐合扰动明显，此时 200 hPa 上，南亚高压主体北上到了伊朗高原和青藏高原一带。虽然对流层低层涡旋扰动强盛，但高层气流辐散中心位于高原上，孟加拉湾上空高层缺乏使低层涡旋扰动垂直强烈发展的驱动力。

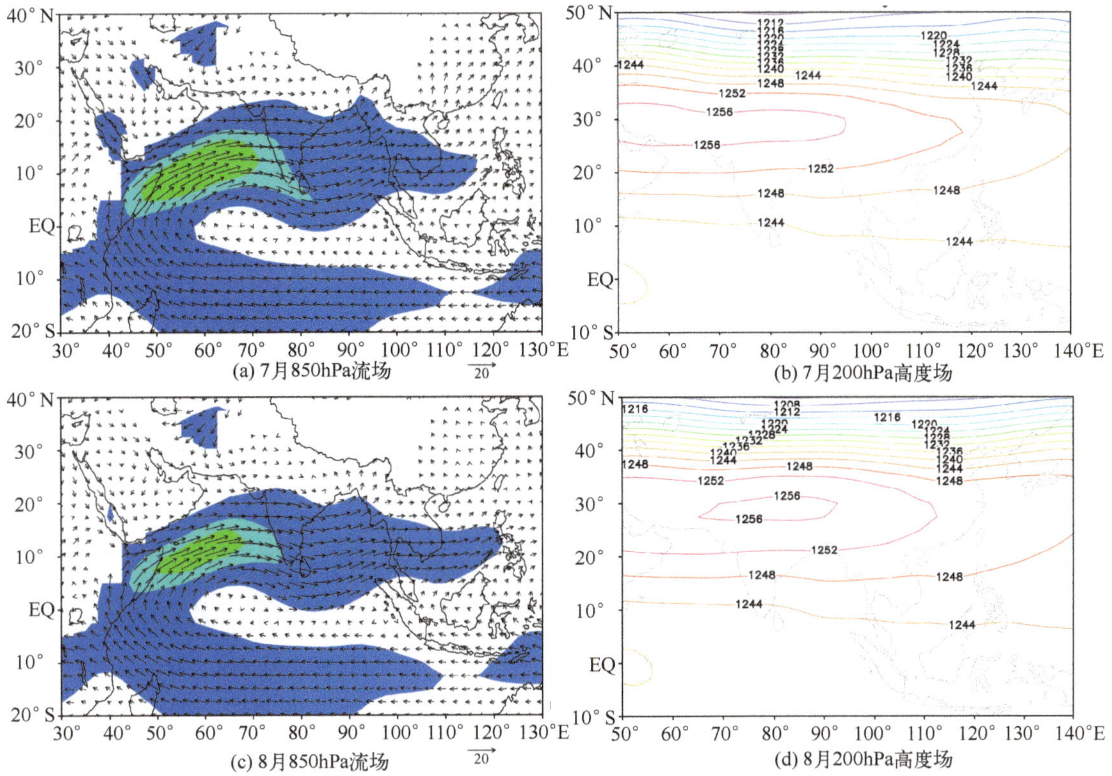

图 2.38　1981—2010 年 7—8 月 850 hPa 平均流场(a，c；阴影区：风速大于 6 m · s^{-1}，单位：m · s^{-1})和 200 hPa 平均高度场(b，d；单位：dagpm)

9 月(图 2.39)，850 hPa 上，西南季风开始减弱，但仍维持较强的辐合扰动。200 hPa 上，南亚高压开始从高原上东南撤，逐步控制印度北部、孟加拉国和青藏高原南部一带。对流层高低空的环流配置与 6 月相似，孟加拉湾北部地区高层辐散增强，有利于风暴发生，中部和南部仍不利于风暴发生。

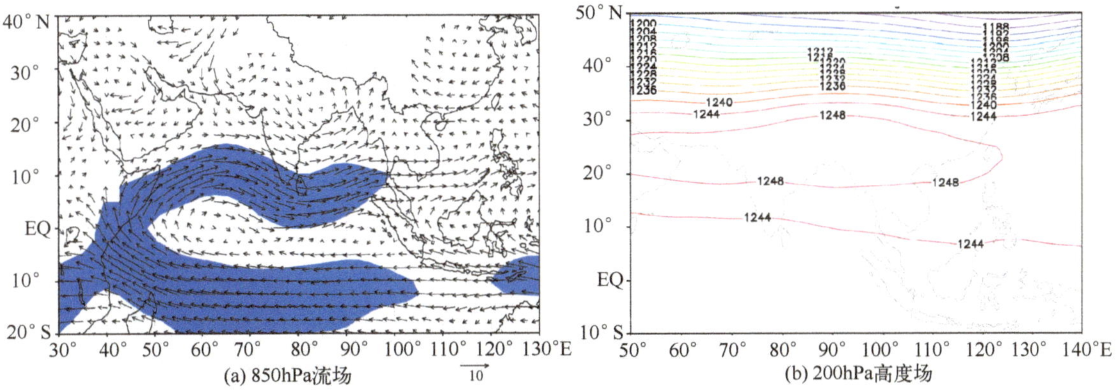

图 2.39　1981—2010 年 9 月(a)850 hPa 平均流场(阴影区：风速大于 6 m · s^{-1}，单位：m · s^{-1})和(b)200 hPa 平均高度场(单位：dagpm)

10 月(图 2.40),850 hPa 上西南季风急剧减弱,开始南撤的东亚夏季风控制中南半岛北部,两支减弱的季风在 100°E 附近交汇,叠加效应仍使孟加拉湾维持很强的辐合扰动。200 hPa 上,反气旋环流已南撤到印度半岛、孟加拉湾和中南半岛一带,孟加拉湾地区又构成了高层辐散低层辐合的有利于风暴发生的环流形势。

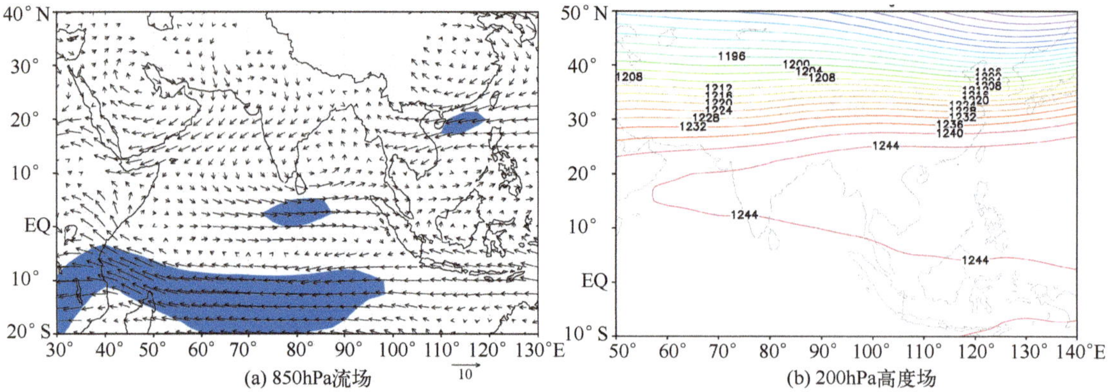

图 2.40　1981—2010 年 10 月(a)850 hPa 平均流场(阴影区:风速大于 6 m·s^{-1},单位:m·s^{-1})和(b)200 hPa 平均高度场(单位:dagpm)

11 月(图 2.41),850 hPa 上,孟加拉湾地区西南季风被东南季风完全取代,由于位置偏北、风速较大,仍维持较强的辐合扰动。200 hPa 上,反气旋环流虽然继续东南撤退,但仍控制着孟加拉湾和中南半岛一带,孟加拉湾中部和南部仍为很强的气流流出,高层强烈辐散和低层较强辐合,有利于风暴发生。

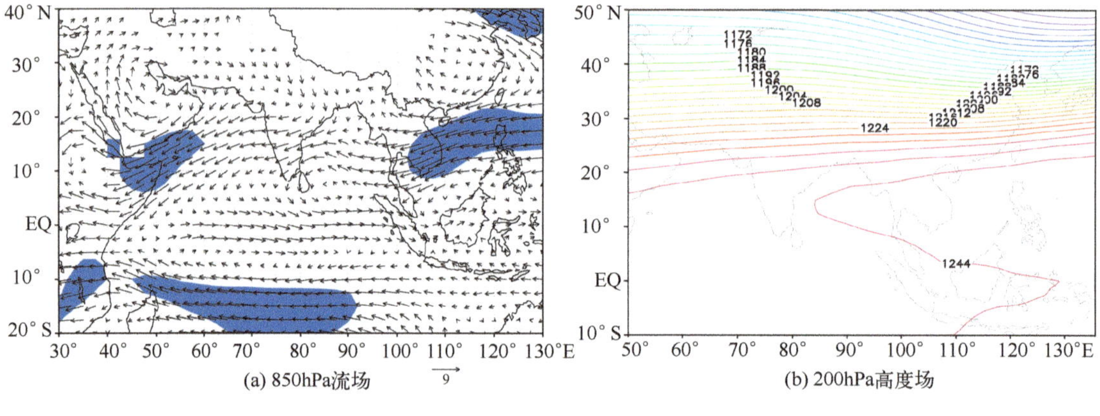

图 2.41　1981—2010 年 11 月(a)850 hPa 平均流场(阴影区:风速大于 6 m·s^{-1},单位:m·s^{-1})和(b)200 hPa 平均高度场(单位:dagpm)

12 月(图 2.42),850 hPa 上,赤道辐合带退到了 10°N 以南区域,孟加拉湾地区辐合扰动明显减弱(特别是中部和北部地区)。200 hPa 上,南亚高压反气旋环流继续东南撤到中南半岛南部,孟加拉湾地区中部和北部高层辐散和低层辐合均很弱,不利于风暴发生,南部地区仍维持高层辐散和低层辐合的状态,有利于风暴发生。

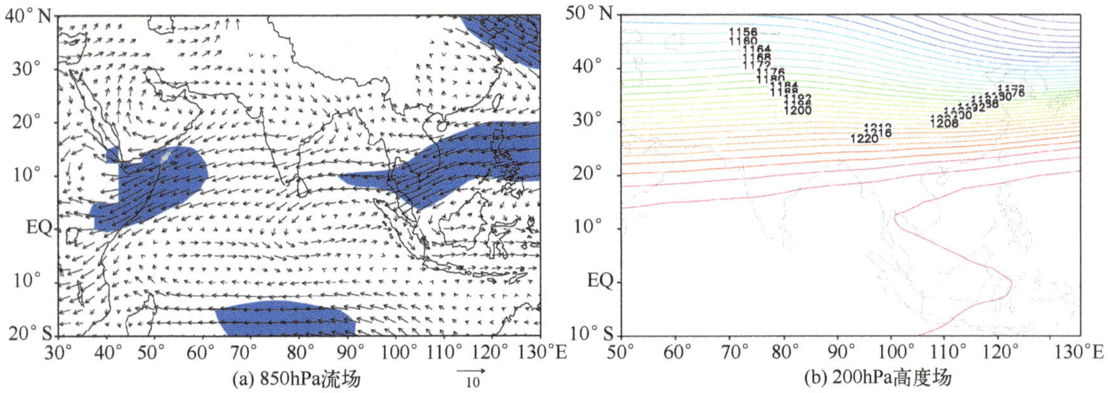

图 2.42　1981—2010 年 11 月(a)850 hPa 平均流场(阴影区:风速大于 6 m·s^{-1},单位:m·s^{-1})和(b)200 hPa 平均高度场(单位:dagpm)

2.3.4　风暴生成数与 GPI 的关系

利用式(2.3)计算区域(80°～100°E、0°～20°N)平均 GPI。在分析 GPI 及 GPI 包含的各要素与风暴生成数(NS)的关系时,鉴于它们之间单位和量纲不同,不便于比较,故采取数据均一化方法,将所需要的数据进行归一化处理,即

$$X_i = \frac{x_i - x_{\min}}{x_{\max} - x_{\min}} \tag{2.5}$$

式中,X_i 为均一化后的数据,x_i、$x_{\max}$ 和 $x_{\min}$ 分别为原数据、原数据序列最大值和最小值,$i=1$,2,…,12(月)。

图 2.43 给出了孟加拉湾区域月平均 GPI 与月的 NS 变化。可以看出,两者之间有非常好的对应关系,GPI 的"双峰型"特征与 NS 基本一致。GPI 与 NS 的两个峰值中,5 月变化趋势和变化幅度完全一致,10—11 月变化趋势错位,但变化幅度是一致的。其他月除了 12—1 月外,变化趋势和变化幅度完全一致。12—1 月风暴位置偏南(图 2.30b),包括了整个孟加拉湾区域的 GPI 值有可能不完全体现孟加拉湾南部区域的变化;从式(2.3)看,V_{shear} 的大小与 GPI 呈反比,而 12—1 月孟加拉湾北部的 V_{shear} 比南部大(图 2.34),因此导致了 GPI 与 NS 在这一时段上的不完全一致性。

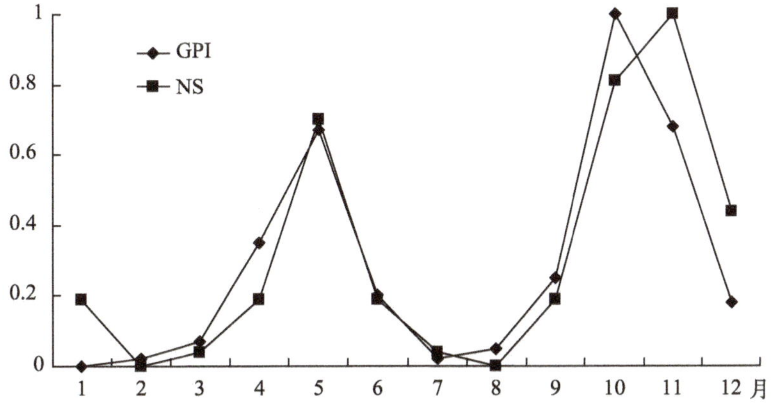

图 2.43　1981—2010 年孟加拉湾(80°～100°E、0°～20°N 区域)月平均 GPI 与 NS(均一化数据)分布

吴恒强(1986)曾利用"投票法"定性地根据越赤道气流、ITCZ、南支西风槽、西太平洋副高和南亚高压的季节变化来分析孟加拉湾风暴双峰期特征的形成，受当时资料的限制，没有对大气要素和 SST 进行定量分析。在式(2.3)中构成 GPI 的 4 个要素中，与 η、H 和 V_{pot} 的大小变化成正比，与 V_{shear} 成反比，图 2.44 给出了 1981—2010 年孟加拉湾区域月平均 η、H、V_{pot} 和 V_{shear} 与 NS 的变化，下面定量分析它们之间的关系。

η(850 hPa 绝对涡度)数值夏秋季明显高于冬春季，显然这是季节变化的结果。夏秋两季赤道辐合带系统偏北、孟加拉湾地区季风低压活跃，而冬春季西风带系统偏南、孟加拉湾地区为副热带高压控制，对流层低层的 η 的强度由此决定。尽管如此，η 仍呈现 5 月和 10—11 月两个峰值(可能与季风的爆发和减弱有关)，与 NS 峰值一致，对 GPI"双峰型"结构正贡献。如果从单要素 η 强度大小来衡量，5—11 月均有利于风暴发生。

H(700 hPa 相对湿度)变化为 2 月最小，3—7 月逐步升高，8 月达到最大，随后逐月降低，回到 2 月最小值，与"双峰型"结构的 NS 不同。从式(2.3)看，当 $H>50\%$ 时该项大于 1，反之小于 1，再 3 次方后对 GPI 有较大影响。由于 H 原始数据 12—3 月小于 50%，5—11 月大于 50%，因此 5—11 月和 12—3 月 H 对 GPI 的贡献是大幅增加或大幅减少。显然，对流层低层高湿度有利于风暴发生，即 5—11 月均有利于风暴发生，特别是 7—10 月。

V_{pot}(近地面最大风速半径处最大风速)分布也呈"双峰型"结构，与 NS 基本一致。从式(2.3)看，当 $V_{pot}>70\ \mathrm{m\cdot s^{-1}}$ 时该项大于 1，反之小于 1，再 3 次方后同样对 GPI 产生较大影响。V_{pot} 原始数据 12—2 月和 7—9 月小于 $70\ \mathrm{m\cdot s^{-1}}$，3—6 月和 10—11 月大于 $70\ \mathrm{m\cdot s^{-1}}$，与 NS 变化分布大致相同，由此可以认为较大的 V_{pot} 有利于风暴发生。

V_{shear}(风速垂直切变)与 GPI 和 NS"双峰型"结构正好相反，呈"倒双峰型"。从式(2.3)看，V_{shear} 越大 GPI 越小，6—9 月最不利于风暴发生，4—5 月和 10—11 月最有利于风暴发生。

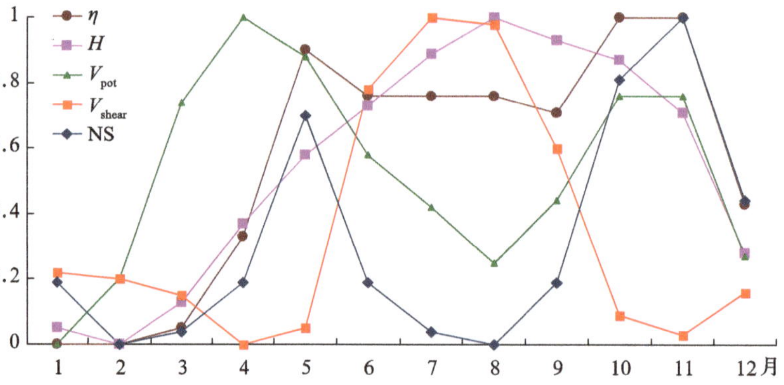

图 2.44　1981—2010 年孟加拉湾区域(80°～100°E、0°～20°N)月平均 η、H、V_{pot} 和 V_{shear} 与 NS 的变化

2.3.5　小结与讨论

通过本文对孟加拉湾及周围地区大气环境场和风暴发生潜势指数的分析，深入认识了孟加拉湾风暴产生的条件以及有利条件叠加效应导致的风暴"双峰型"分布。

(1)孟加拉湾地区 SST 全年都比较高，均符合 TC 发生的必要条件。比较分析后发现 5

月、10—11 月孟加拉湾中部海域 SST 较周围偏高，与全球 TC 发生频率最高的海域范围(10°～20°N)吻合；而 SST 较高的 4 月为南高北低分布，6—9 月为中部较周围偏低分布，SST 相对较高的海域纬度偏南或偏北，所处地理位置 TC 发生率较低。表明孟加拉湾中部海域 SST 较周围偏高是风暴“双峰型”分布的原因之一。

(2)孟加拉湾地区 V_{shear} 的分布与 NS 对应关系较好，NS 的峰(谷)分布与 V_{shear} 的谷(峰)分布几乎一致，反映了对流层内热量的堆积和扩散对风暴能否生成起关键性作用，同时也体现了风暴“双峰型”月份对流层内热量堆积强度比其他月份显著偏高。

(3)孟加拉湾地区对流层低层辐合扰动除了 1—4 月最弱、12 月较弱外，其余月均比较强，特是 7—8 月达到最强，似乎与风暴“双峰型”分布关系不密切，甚至相反。但除了风暴发生除了低层辐合扰动外，还需要有高层强大的辐散，这样才有利于形成低层气流流入上升、高层气流向外流出的涡旋气柱。对流层高层大气环流随季节变化，东亚地区代表气流辐散的高层反气旋环流(100 hPa 上称南亚高压)在一年中西北—东南向摆动，5 月和 10—12 月正好摆动到孟加拉湾和中南半岛上空，与低层辐合扰动配合，形成了有利于涡旋气柱生成的条件；而低层辐合扰动最强的 7—8 月，高层反气旋环流北上到伊朗高原和青藏高原上空，孟加拉湾地区高空失去强大的气流辐散，不利于涡旋气柱的生成。因此，可以认为东亚地区大气环流的季节变化导致了风暴“双峰型”分布，因为 5 月和 10—11 月正好冬季环流和夏季环流转换的时期。

(4)GPI 把与 TC 发生有关的大气要素场关联起来，综合反映了 TC 生成的潜势条件，对孟加拉湾风暴“双峰型”分布有较好的体现。通过对孟加拉湾地区 GPI 各项的讨论可以认为，对流层低层较强涡旋扰动和高湿大气是风暴发生的充分条件，较大的地面涡旋半径最大风速和较小的风速垂直切变是风暴发生的必要条件，因此风暴的“双峰型”分布主要由后两个条件决定。

2.4 “双峰”期风暴对西南水汽输送的贡献

据统计，超过 70%的孟加拉湾风暴在中南半岛北部、孟加拉国和印度半岛北部一带登陆(段旭等，2009)，对青藏高原和云贵高原地区的降水造成较大的影响，水汽输送甚至可达到我国长江中下游地区(吕爱民等，2013)。其中，三分之二的登陆风暴出现在“双峰”期(5 月和 10—11 月)。因此，孟加拉湾风暴“双峰”期对西南水汽输送有重要的影响。

关于孟加拉湾地区西南水汽输送对我国的影响，许多学者做过相关研究。卓嘎等(2012)在分析西藏地区水汽输送的气候特征后指出，西藏地区冬、春、秋季的水汽主要来自中纬度西风带水汽输送，夏季水汽主要来自阿拉伯海、孟加拉湾、南海和西太平洋地区；周长艳等(2005)认为西太平洋地区的水汽输送以及来自孟加拉湾和高原地区的水汽输送分别是长江流域旱、涝年的重要影响因素；李秀珍等(2010)认为输送至华南的水汽春、秋两季主要来源于孟加拉湾及副热带西太平洋；江志红等(2013)基于拉格朗日方法的江淮梅雨水汽输送特征分析中指出，孟加拉湾、中国南海、太平洋和印度洋的水汽输送对江淮梅雨的异常有重要影响，梅雨偏多年来自孟加拉湾的水汽输送较多；鲁亚斌等(2004)、陈艳等(2006)等针对云南 5 月降水异常的研究后发现，5 月云南上空为一致的西南风水汽输送，主要由来自印度半岛北部的副热带西风水汽输送和热带印度洋至孟加拉湾的西南风水汽输送汇合而成，孟加拉湾水汽输送发生异常对云南5月降水有重要影响；黄荣辉等(2010)指出，由于亚洲夏季风从孟加拉湾、南海和热带西太平洋输送大量水汽到我国东部季风区，故在东部季风区夏季经向水汽输送通量比纬向水汽输送通量大；周晓霞(2008)则认为，夏季风爆发后，大量水汽从南半球输送到亚洲季风区，水汽辐合增加最大在孟加拉湾、中南半岛和南海地区，中国大陆的水汽主要经南海北边界输入。上述研究证实了孟加拉湾地区是西南水汽输送的重要源地，但没有讨论孟加拉湾风暴在西南水汽输送中的作用。

孟加拉湾风暴带来的西南水汽输送，许多个例分析中均有过描述(王敏等，2010；伏阳虎等，2009；周国莲等，2006；周倩等，2011；杨祖芳等，2000；刘瑜等，2007；巩远发等，2004；张腾飞等，2006)，均认为风暴产生的西南水汽输送为西南地区持续强降水提供了有利条件，同时也是高原地区产生暴雨(雪)的主要天气系统之一。但这些研究也没有具体分析在孟加拉湾西南水汽输送中，风暴导致的西南水汽输送所起作用的大小。本文将讨论孟加拉湾风暴“双峰”期对西南水汽输送的贡献。

2.4.1 资料和方法

孟加拉湾风暴登陆路径选用JTWC公布的孟加拉湾风暴资料。2001—2010年共有13个孟加拉湾风暴在15°N以北登陆，其中5月峰值期出现7个，10—11月峰值期6个(图2.45)，全部发生在风暴活动的“双峰”期。

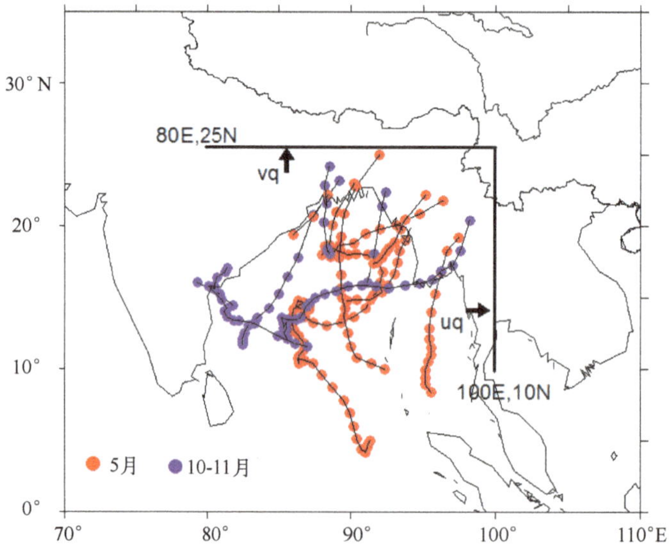

图2.45 2001—2010年孟加拉湾风暴“双峰”期15°N以北登陆路径和水汽输送垂直剖面
(南风输送：25°E、80°～100°N，西风输送：10°～25°N、100°E)

水汽通量计算利用2001—2010年5月、10—11月逐日逐6 h NCEP/NCAR 1°×1°再分析资料。“双峰”期水汽通量气候值是指10 a的5月和10—11月逐日逐6 h平均值，孟加拉湾风暴水汽通量是指7个风暴(5月)或6个风暴(10—11月)登陆时刻水汽通量平均值，整层水汽通量从1000 hPa开始积分到100 hPa。

在讨论风暴对西南水汽输送贡献时，取沿25°N垂直剖面(80°～100°E)和沿100°E垂直剖面(0°～25°N)来进行。由于仅考虑风暴西南方向的水汽输送，垂直剖面上的相关水汽通量计算均只计算南风分量和西风分量，即

$$F_S = qv(\text{当 } v < 0 \text{ 时}, F_S = 0) \tag{2.6}$$

$$F_W = qu(\text{当 } u < 0 \text{ 时}, F_W = 0) \tag{2.7}$$

式(2.6)和(2.7)中，F_S、F_W、q、v 和 u 分别为南风水汽通量、西风水汽通量、比湿、经向风速和纬向风速。风暴过程的水汽输送取风暴消亡前 4 d 及后 1 d 的逐 6 h 平均值，若风暴生消时间小于 4 d，则消亡前取实际天数。

风暴西南水汽输送平均贡献率用式(2.8)表示，即

$$M_F = \frac{\frac{1}{m}\sum_{i=1}^{m} F}{\frac{1}{n}\sum_{i=1}^{n} F} \tag{2.8}$$

式中，F 为某一时刻的 F_S 或 F_W，m 为 7 个风暴(5 月)或 6 个风暴(10—11 月)过程逐日逐 6 h 总数(风暴过程总天数×4 个时次)，n 为 5 月或 10—11 月逐日逐 6 h 总数(31 d 或 61 d×10 年×4 个时次)。

风暴西南水汽输送实际贡献率用式(2.9)表示，即

$$A_F = \frac{\sum_{i=1}^{m} F}{\sum_{i=1}^{n} F} \tag{2.9}$$

这里 F、m、n 同式(2.8)。

2.4.2 风暴“双峰”期水汽输送状况及差异

5 月“峰值”期孟加拉湾风暴平均水汽以向东北方向输送为主(图 2.46)。对流层低层 700 hPa 高度低于青藏高原高度，风暴水汽表现为较强的向北输送直至遇到高原阻挡(图 2.46a)，其次是向东输送，其他方向的输送较弱。中层 500 hPa 上风暴水汽自西南向东北方向输送的特征更为明显(图 2.46b)，大致呈先以向北、后向东输送的形态。比较而言，向北的输送量较大。

从风暴登陆时刻整层水汽通量分布看(图 2.46c)，仍然呈西南水汽输送特征。用风暴登陆时刻平均水汽通量减去气候值来衡量风暴在西南水汽输送中的贡献，发现风暴的水汽输送是显著的；其水汽输送路径与气候平均态基本一致，表明孟加拉湾风暴产生的水汽输送与以孟加拉湾为源地的西南水汽输送是高度相关的，是西南水汽输送的重要天气系统之一。

10—11 月“峰值”期风暴水汽输送形态与 5 月“峰值”期相似(图 2.47)，以西南水汽输送为主(图 2.47a—c)，输送量相对较小，气候差值风暴中心及相邻区域稍小、西南水汽通道上略大(图 2.47d)。

两个“峰值”期水汽输送量的大小也可用两者平均水汽通量的差值来表示，由图 2.48 可知，5 月风暴整层西南水汽输送普遍比 10—11 月大 10～30 $g \cdot hPa^{-1} \cdot s^{-1} \cdot m^{-1}$；除了西南主要水汽通道外，向北和向西北的水汽输送也较大。5 月风暴西南水汽输送强劲，主要原因因是索马里越赤道气流的建立和向东传播，孟加拉湾和中南半岛地区对流层中低层流场发生了巨变，由原来的偏东气流转为强劲的西南气流，而 10—11 月西南季风急剧减弱，强劲的西南气流由孟加拉湾东退到了中南半岛北部，导致风暴西南水汽输送较弱(段旭等，2014)。

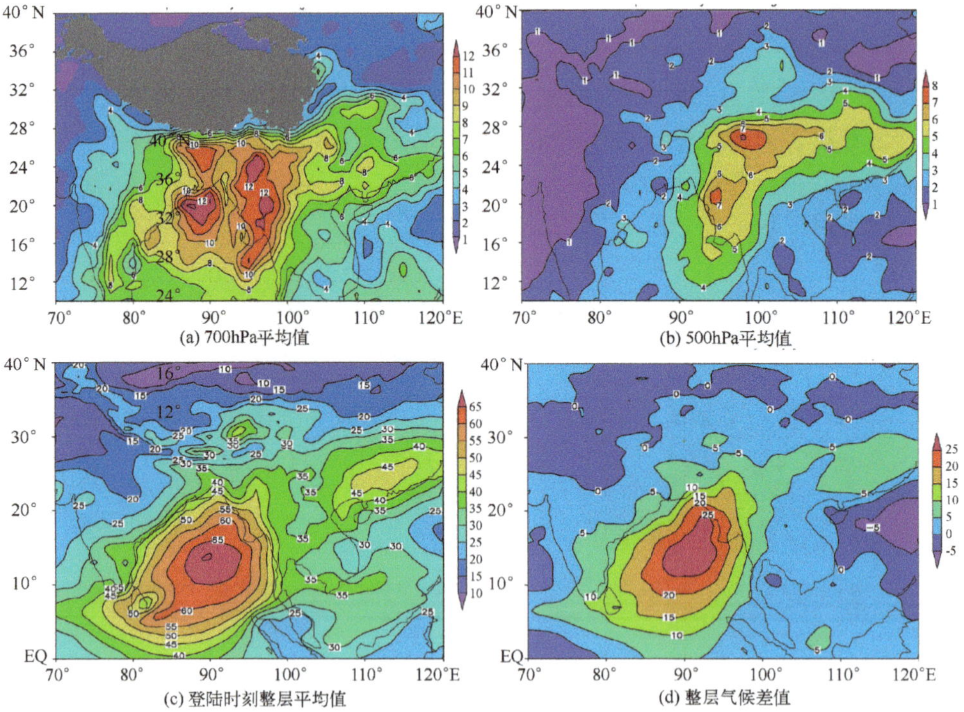

图 2.46　5 月"峰值"期孟加拉湾风暴 700 hPa(a)和 500 hPa(b)平均水汽通量（单位：10^{-3} g · hPa^{-1} · s^{-1} · m^{-1}），登陆时刻整层平均水汽通量(c)及其与气候平均值差值(d)（单位：g · hPa^{-1} · s^{-1} · m^{-1}）

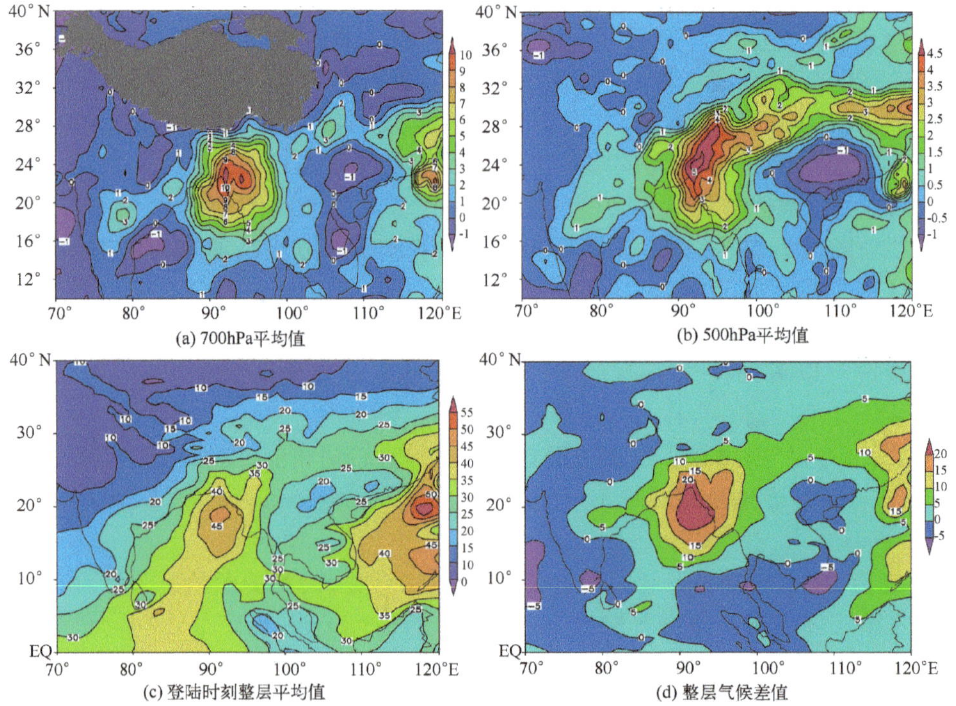

图 2.47　10—11 月"峰值"期孟加拉湾风暴 700 hPa(a)和 500 hPa(b)平均水汽通量（单位：10^{-3} g · hPa^{-1} · s^{-1} · m^{-1}），登陆时刻整层平均水汽通量(c)及其与气候平均值差值(d)（单位：g · hPa^{-1} · s^{-1} · m^{-1}）

综合分析气候差值,从图 2.46、图 2.47 和图 2.48 可知,10—11 月风暴的西南水汽输送虽比 5 月小,但与气候平均值相比所占比例相当,特别是整层气候差值 5～15 g· hPa^{-1} · s^{-1} · m^{-1} 等值线范围偏北偏东,表明风暴的西南水汽输送贡献率较大(下一节将详细分析)。

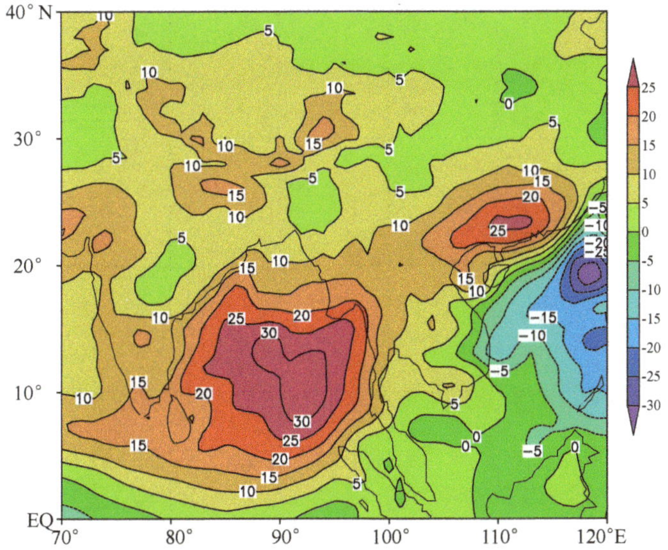

图 2.48　孟加拉湾风暴整层平均水汽通量 5 月与 10—11 月差值(单位:g· hPa^{-1} · s^{-1} · m^{-1})

2.4.3　风暴"双峰"期对西南水汽输送的贡献

上节讨论了"双峰"期孟加拉湾风暴及气候平均态水汽输送状况及差异,定性分析了风暴对西南水汽输送的贡献。本节将通过对沿 25°N 垂直剖面和沿 100°E 垂直剖面的水汽输送分析,定量讨论风暴产生的水汽向北和向东方向输送所占比例,即西南水汽输送的贡献。在计算沿纬向垂直剖面和沿经向垂直剖面的水汽通量时,北风分量和东风分量产生的水汽通量被认为不属于孟加拉湾风暴系统,为了避免抵消西南水汽输送的绝对贡献率,令北风分量和东风分量产生的水汽通量为零(如式(2.6)、(2.7)所示)。

图 2.49a 给出了 5 月"峰"期沿 25°N 纬向垂直剖面南风分量风暴过程平均水汽输送与气候平均值之比。所取剖面范围除 80°～87°E、800～500 hPa 区间风暴产生的水汽输送为负贡献(与气候值相比小于 100%),其他剖面区间几乎均为正贡献。其中,对流层低层(1000～700 hPa)和高层(300 hPa 以上)水汽输送大约为气候平均值的 100%～200%、中层(700～300 hPa)为 200%～300%,大值中心位于孟加拉湾正北方向(90°E 附近)的中层。总体分布中低层东部大于西部,高层西部大于东部,表明风暴的水汽输送主体偏东,且正贡献随高度向西倾斜。

图 2.49b 给出了沿 100°E 的经向垂直剖面西风分量风暴水汽输送与气候平均值之比。18°N 以南区域,对流层中低层(500 hPa 以下)风暴水汽输送为正贡献,中高层(500 hPa 以上)水汽输送为负贡献;20°N 以北区域,对流层低层(700 hPa 以下)风暴水汽输送为负贡献,中高层(700 hPa 以上)为正贡献。表明风暴的西风水汽输送正贡献随高度向北倾斜。与南风分量水汽输送平均贡献率相比,西风分量的平均贡献率明显偏小。

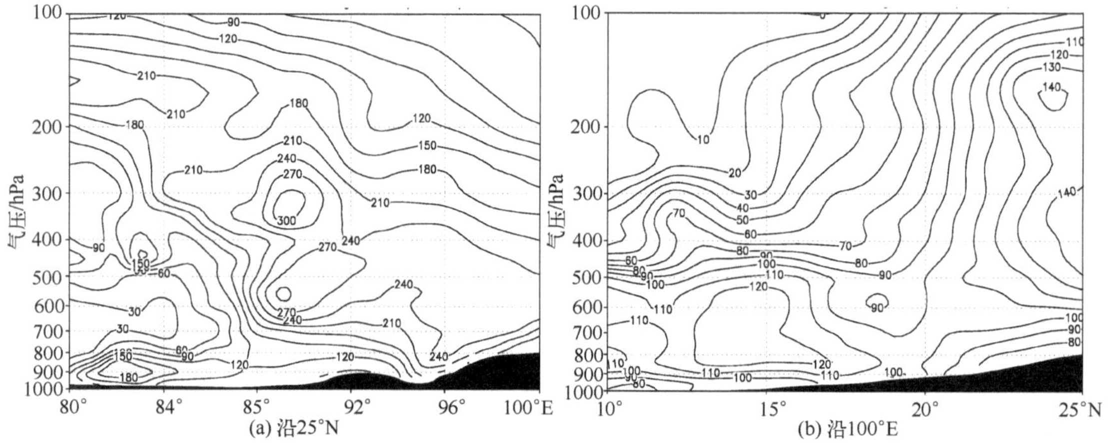

图 2.49　5 月"峰"期纬(经)向垂直剖面南(西)风水汽通量风暴过程平均值与气候平均值之比(单位:%,阴影区为地形)。(a)为纬向剖面;(b)为经向剖面

从风暴水汽实际贡献率(风暴西南方向水汽通量占气候西南方向水汽通量的比例,图 2.50)来看,5 月"峰"期分布形态与平均贡献率(图 2.49)一致。其中,南风分量(沿 25°N)(图 2.50a)实际贡献率大部分区域为 20%～30%,也就是说 5 月南风分量产生的水汽输送中有 20%～30%的为孟加拉湾风暴所作的贡献。西风分量正贡献区域风暴所作的实际贡献率为 12%～20%(沿 100°E)。相比较而言,孟加拉湾风暴向北的水汽输送大于向东的水汽输送(图 2.50b)。

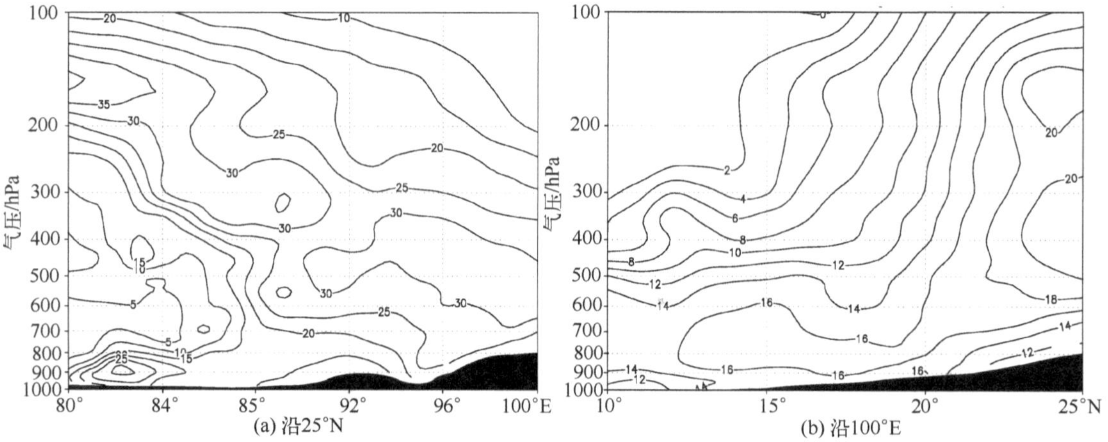

图 2.50　5 月"峰"期纬(经)向垂直剖面南(西)风水汽通量风暴过程总量与气候总量之比(单位:%,阴影区为地形)。(a)为纬向剖面;(b)为经向剖面

图 2.51a 给出了另一个"峰"期(10—11 月)沿 25°N 纬向垂直剖面南风分量风暴过程平均水汽输送与气候平均值之比。除剖面西侧低层(700 hPa 以下)和 400～200 hPa 区间风暴产生的水汽输送为负贡献外,其他区间几乎均为较大的正贡献。其中,90°～95°E 对流层中低层水汽输送大约为气候平均值的 300%～400%,其他剖面区间平均贡献率也超过了 200%。

图 2.51 还给出了沿 100°E 的经向垂直剖面西风分量风暴水汽输送与气候平均值之比。20°N 以北对流层低层风暴水汽输送为弱的负贡献，剖面的中低层水汽输送大部分为正贡献。其中，贡献率超 200%的区域为 10°～15°N 区间的低层和 15°～20°N 区间的中层。对流层高层为水汽输送负贡献区域，低纬度区域高层甚至水汽输送为零。正贡献水汽输送大值带随高度向北倾斜。与南风分量水汽输送平均贡献率相比，西风分量的平均贡献率仍明显偏小。

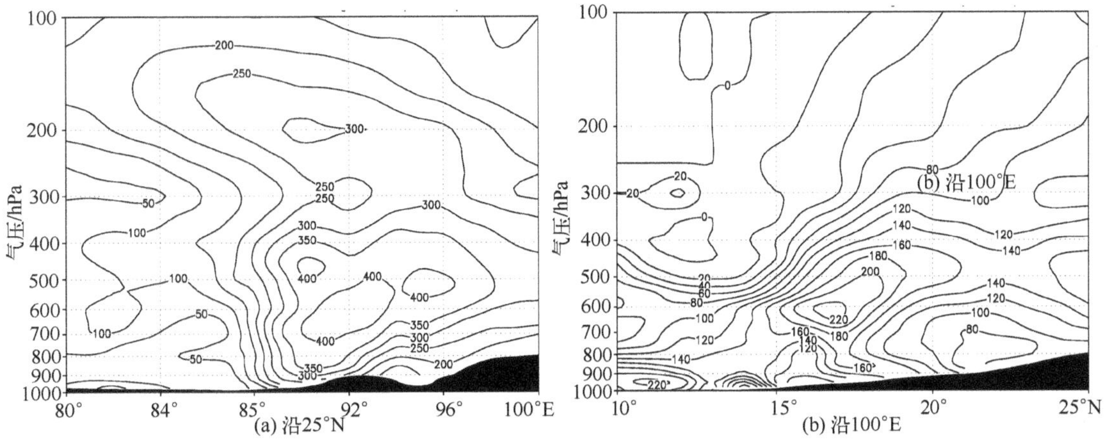

图 2.51　10—11 月“峰”期纬(经)向垂直剖面南(西)风水汽通量风暴过程平均值与气候平均值之比(单位：%，阴影区为地形)。(a)为纬向剖面；(b)为经向剖面

从风暴水汽实际贡献率(风暴西南方向水汽通量占气候西南方向水汽通量的比例，图 2.52)来看，10—11 月“峰”期分布形态与平均贡献率(图 2.51)一致。其中，南风分量(图 2.52a)(沿 25°N)实际贡献率大部分区域为 8%～16%，也就是说 10—11 月南风分量产生的水汽输送中有 8%～16%的为孟加拉湾风暴所作的贡献。西风分量正贡献区域风暴所作的实际贡献率为 5%～9%(沿 100°E)。相比较而言，孟加拉湾风暴向北的水汽输送大于向东的水汽输送(图 2.52b)。

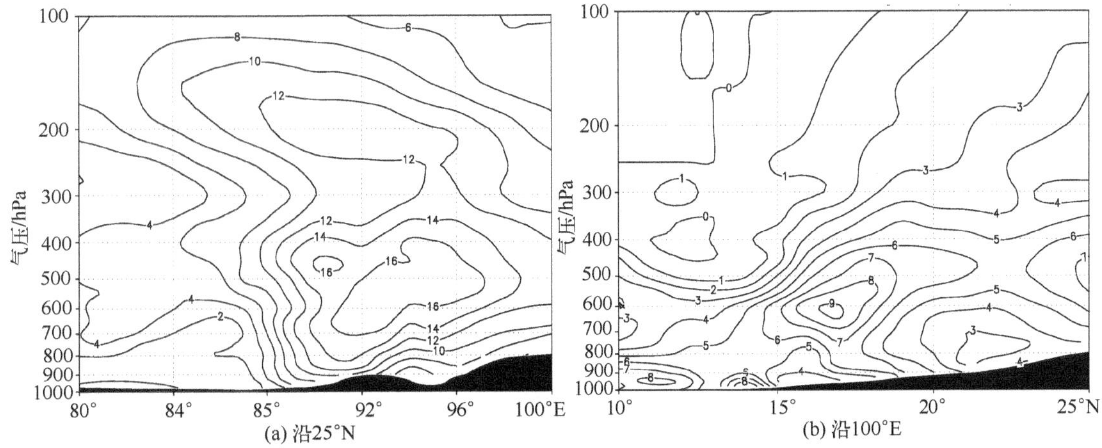

图 2.52　10—11 月“峰”期纬(经)向垂直剖面南(西)风水汽通量风暴过程总量与气候总量之比(单位：%，阴影区为地形)。(a)为纬向剖面；(b)为经向剖面

比较两个“峰值”期孟加拉湾风暴的水汽输送的贡献，其共同特点是：经向水汽输送比纬向大，无论是平均贡献率还是实际贡献率，几乎大一倍；对流层中层的水汽输送正贡献率最大，这是否与高原大地形有关还需进一步研究；纬向剖面东段和经向剖面北段水汽输送贡献率相对较大，表明孟加拉湾风暴水汽输送以西南方向为主。不同之处是：5 月“峰值”期实际贡献率比 10—11 月“峰值”期约大一倍，而平均贡献率则是 10—11 月比 5 月约大一倍；如果把平均贡献率和实际贡献率这两者因素叠加，可以发现，孟加拉湾风暴的西南水汽输送实际量，5 月“峰值”期比 10—11 月“峰值”期约大 2 倍，扣除两个“峰值”期风暴数 7∶6 和天数 310∶610(5 月和 10—11 月 10 年的天数）的因素，西南水汽输送实际量 5 月“峰值”期比 10—11 月“峰值”期约大近 1 倍。

2.4.4　小结

5 月和 10—11 月两个“峰值”期孟加拉湾西南水汽输送中，表现为较强的向北输送直至遇到高原阻挡，其次是向东输送，其他方向的输送较弱。

各层和整层的水汽通量差值分布，风暴中心及周围和西南水汽通道上均为正值，表明风暴的西南水汽输送大于气候平均值，其贡献是显著的。

在沿 25°N 纬向垂直剖面和沿 100°E 经向垂直剖面西南水汽输送的分析中发现：两个“峰值”期风暴的经向水汽输送比纬向几乎大一倍；风暴的西南水汽平均贡献率，10—11 月“峰值”期比 5 月“峰值”期约大一倍，而实际贡献率则 10—11 月“峰值”期比 5 月“峰值”期大一倍。

风暴西南水汽输送平均贡献率。在沿 25°N 纬向垂直剖面上，5 月“峰值”期约为 200%～300%，10—11 月“峰值”期约为 200%～400%；在沿 100°E 经向垂直剖面上，5 月“峰值”期约为 100%～140%，10—11 月“峰值”期约为 100%～220%。

风暴西南水汽输送实际贡献率。在沿 25°N 纬向垂直剖面上，5 月“峰值”期占气候值的约 20%～30%，10—11 月“峰值”期约占 8%～16%；在沿 100°E 经向垂直剖面上，5 月“峰值”期约占气候值的 12%～20%，10—11 月“峰值”期约占 5%～9%。

第 3 章　孟加拉湾风暴产生的降水

3.1　风暴过程空间降水描述

孟加拉湾位于印度半岛、中南半岛、安达曼群岛和尼科巴群岛之间。当孟加拉湾风暴发生时，其产生的降水情况仅能依据周围陆地上有限的地面降水观测数据得到，很难完整地描述孟加拉湾风暴在该区域(特别是海洋面)产生的完整降水场，对于研究孟加拉湾风暴是一个很大的制约。

近年来，热带雨量观测计划(Tropical Rainfall Measuring Mission，TRMM，1998) 数据得到广泛使用，显示出较好的精度和适应性(杨传国等，2009；Su 等，2008；白爱娟等，2008)。骆三等(2011)、郝振纯等(2011)、曾红伟等(2011)、刘鹏等(2010)、谷黄河等(2010)等对 TRMM 数据进行了适用性分析和精度检验，主要结论有：(1)TRMM 资料与台站资料有很好的一致性，在长江流域有较高的精度，为分布式水文模型提供了良好的数据支撑；(2)TRMM 数据与观测数据相比青藏高原误差在 10%以内；(3)月尺度的 TRMM 数据具有较高精度；(4)中国南方地区 TRMM 数据日降水量平均误差为 1～3 mm。元慧慧等(2010)和游然等(2011)利用 TRMM 卫星资料研究了热带气旋降水的三维分布特征，给出了对流性和层状性降水的分布比例。傅云飞等(2011)和李德俊等(2010)利用 TRMM 卫星资料对暴雨频次、暴雨过程降水的垂直结构进行了分析研究，给出了一些有意义的结论。

上述研究和应用从不同角度证实了 TRMM 数据的可信度和科学价值。但 TRMM 数据毕竟存在误差，误差的空间分布和时间分布也不确定(骆三等，2011)。对于本文研究的区域而言，不仅包括了孟加拉湾海面，而且还包括青藏高原和云贵高原，如何降低 TRMM 数据的误差仍是重要的科学难题。本节将利用大气遥感再分析场技术(徐祥德等，2003)开展陆气遥感场结构变分订正，构造 TRMM 降水变分订正数据，通过地面观测资料对 TRMM 场进行数值迭代，达到其降低误差的目标，并对新构造的数据进行精度检验。

3.1.1　资料和方法

地面降水观测资料取 70°～110°E、0°～40°N 范围全球交换的基本站数据，云南和西藏除了基本站外，还增加了一般站，站点分布如图 3.1 所示。

TRMM 降水数据来自 NASA Goddard 地球科学分布式数据存档中心的全球南北纬 40°S～50°N 范围内 TRMM(3B42)和其他 GOES 降水指数定标后的 0.25°×0.25°的 3 h 平均(02、05、08、11、14、17、20、23 时，均指北京时，下同)降雨量数据产品。考虑孟加拉湾风暴(Tropical storm over the Bay of Bengal，TS)对高原的影响，仅取 80°～107°E、32°～10°N 范围的 TRMM 数据进行变分订正。

据关岛联合台风警报中心 JTWC 公布的 1998—2010 年 TS 共 25 个。本文取每一个

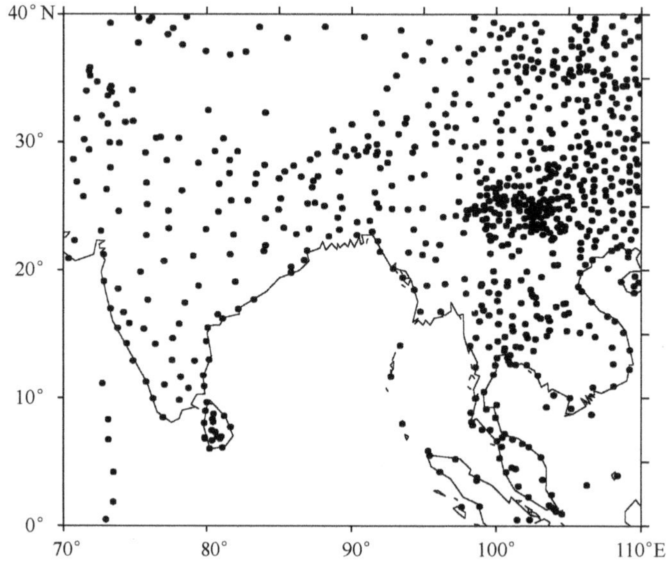

图 3.1 孟加拉湾及周围地面站点位置

TS 个例生成至消亡后 2 d(考虑 TS 消亡后残余系统的影响),共 184 d 的地面(逐 6 h 累计降水量)和 TRMM(逐 3 h 累计降水量)日降水数据。

变分方法及数据订正效果,许多学者都有过相关的工作(Ledimet,1986;Talagrand. 等,1997;游小宝等,2003;徐祥德等,2002;翁永辉等,1999;黄思训等,2003;段旭等,2010),这里就不赘述,仅给出变分方法表达式。

根据变分原理,依赖于多个自变量的泛函:

$$J[U(x,y)]=\iint_G F\left(x,y,U,\frac{\partial U}{\partial x},\frac{\partial U}{\partial y}\right)\mathrm{d}x\mathrm{d}y \tag{3.1}$$

其中 $U(x,y)$ 必须满足下列 Euler 方程:

$$Fu-\left(\frac{\partial}{\partial x}Fu_x+\frac{\partial}{\partial y}Fu_y\right)=0 \tag{3.2}$$

降水资料订正方案基于变分原理的校准方法。设给定时刻 TRMM 场为 $r_{tr}(x,y)$,与之相应时刻有限的地面降水观测值要素场为 $r(i,j)$。在地面降水观测点坐标 (i,j) 上,上述两者差值(误差)场记为 $\widetilde{CR}(i,j)$,即

$$\widetilde{CR}(i,j)=r(i,j)-r_{tr}(i,j) \tag{3.3}$$

由于地面观测点坐标 (i,j) 点数有限,误差场 $\widetilde{CR}(i,j)$ 并不能完全描述全场的误差状况,所以需要定义一个广义的误差场 $CR(x,y)$。采用变分方法,寻求 $CR(x,y)$ 函数,并满足如下条件:

$$J^*=\iint(CR-\widetilde{CR})^2\mathrm{d}x\mathrm{d}y\rightarrow\min \tag{3.4}$$

即在满足最小二乘法定律的条件下,使 $\sum\limits_i\sum\limits_j(CR-\widetilde{CR})^2$ 达到极小值

令

$$u(x,y,CR)=\sum_i\sum_j(CR-\widetilde{CR})^2 \tag{3.5}$$

这样，寻求最佳订正因子 $CR(x,y)$ 的问题转换为求泛函 $u(x,y,CR)$ 的变分问题。对于上述变分问题，可假设为构造泛函 J^*

$$J^* = \iint \left\{ (CR - \widetilde{CR})^2 + \lambda \left[\left(\frac{\partial CR}{\partial x} \right)^2 + \left(\frac{\partial CR}{\partial y} \right)^2 \right] \right\} \mathrm{d}x\mathrm{d}y \tag{3.6}$$

其中，λ 为约束系数。式(3.6)可改写为：

$$\delta J = \delta \sum \sum \left\{ (CR - \widetilde{CR})^2 + \lambda \left[\left(\frac{\partial CR}{\partial x} \right)^2 + \left(\frac{\partial CR}{\partial y} \right)^2 \right] \right\} = 0 \tag{3.7}$$

对应的 Euler 方程为：

$$(CR - \widetilde{CR}) - \tilde{\lambda} \left(\frac{\partial^2 CR}{\partial x^2} + \frac{\partial^2 CR}{\partial y^2} \right) = 0 \tag{3.8}$$

其中，$\tilde{\lambda}$ 为形变约束系数。用迭代法求解式(3.8)的数值解，得到全场误差场 $CR(x,y)$，于是通过变分订正后的降水量场为：

$$R(x,y) = r_{tr}(x,y) + CR(x,y) \tag{3.9}$$

在涉及 $\widetilde{CR}(i,j)$ 与 $CR(x,y)$ 变换时(站点数据插值到格点上或格点数据插值到站点上)，均采用 Cressman 方法，扫描半径取 0.25 经纬度(网格范围：80°～107°E、32°～10°N，格距范围 0.25 经纬度)。

3.1.2　TRMM 数据变分订正结果分析

利用 184 d(样本)的 TRMM 和地面观测资料，用数值迭代法求解式(3.8)。当目标泛函 u 值在单调下降过程中变化幅度 $\Delta(u^{t-1} - u^t)$ 小于某一值时，认为该函数基本收敛，迭代结束，考虑降水量量纲误差的可容性，本文取 $\Delta = 0.001$ mm。在数值迭代中，$\tilde{\lambda}$ 取值大小与 u 的收敛速度呈正比，无论 u 的收敛速度如何，同一样本的 u 均能达到同一最小值，因此本文取 $\tilde{\lambda} = 1.0$。另外，$CR(x,y)$ 的初始值任意确定(本节给定为 10 mm)。

图 3.2 给出了 u 基本收敛时 184 个样本中最小 u、平均 u 和最大 u 的变化，收敛时分别逼近 0.274 mm、1.071 mm 和 2.232 mm。可看出，u 收敛时无论逼近值大小如何，1～300 次迭代 u 值下降幅度较大，300～600 次迭代下降幅度减小，600 次迭代以后变化幅度基本上小于 0.001 mm。虽然 184 个样本达到 $\Delta \leqslant 0.001$ mm 的速度不一致，但迭代次数均不超过 800 次。

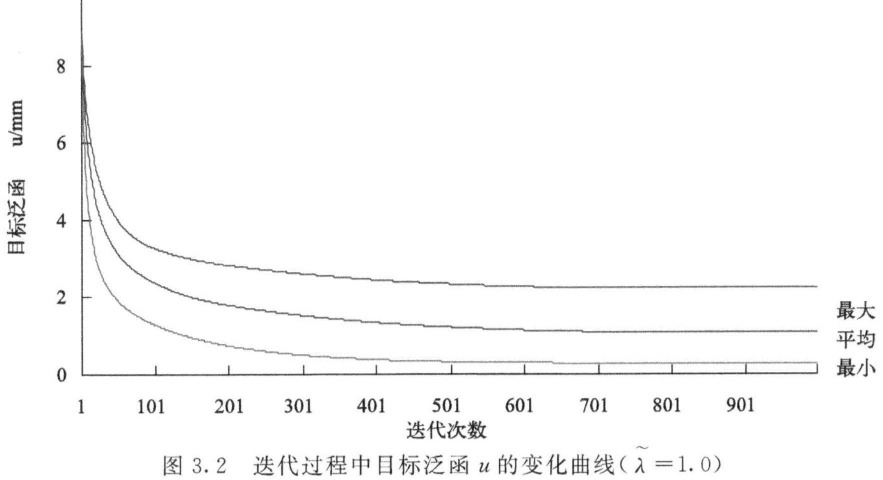

图 3.2　迭代过程中目标泛函 u 的变化曲线($\tilde{\lambda} = 1.0$)

图 3.2 中最小 u 是 2004 年 5 月 19 日 TRMM 数据迭代过程中目标泛函 u 的变化曲线，收敛时仅为 0.274 mm，表明广义误差场 $CR(x,y)$ 已非常接近局部误差场 $\widetilde{CR}(i,j)$，由此得出的变分订正结果与观测之间的误差达到最小。图 3.3 给出了降水观测场(a)、TRMM 场(b)和变分订正场(c)，比较发现，由于该时次 TRMM 降水反演值陆地部分的分布和强降水中心(图 3.3b)与观测结果(图 3.3a)比较接近(除了中心强度偏大外，其余部分误差很小)，即 $\widetilde{CR}(i,j)$ 较小，导致变分订正后广义误差场 $CR(x,y)$ 相对也较小。变分订正后(图 3.3c)，将 TRMM 降水中心强度降低，更接近观测实况。

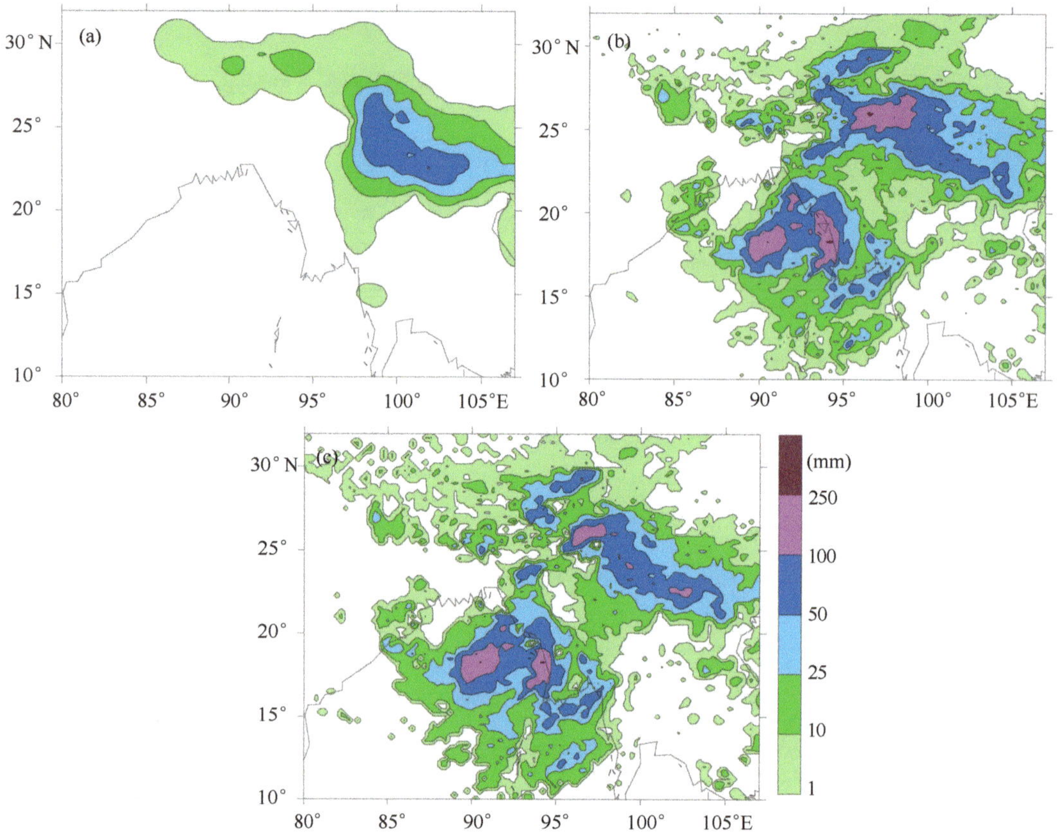

图 3.3　孟加拉湾地区 2004 年 5 月 19 日降水观测场(a)、TRMM 场(b)和变分订正场(c)

另外，图 3.2 中最大 u 是 2008 年 4 月 27 日 TRMM 数据迭代过程中目标泛函 u 的变化曲线，收敛时达 2.232 mm。从图 3.4 给出的降水观测场(a)、TRMM 场(b)和变分订正场(c)比较看，中南半岛中南部观测基本无降水，TRMM 反演了大片降水区，北部(青藏高原东南部)的雨带反演值也偏南。导致 $\widetilde{CR}(i,j)$ 较大，最后收敛值也较大。

上述两个差异较大降水个例，经过订正后，其结果(图 3.3c、图 3.4c)均能较好地反映了地面观测网天气尺度信息(图 3.3a、图 3.4a)，对陆地上的强降水中心描述准确。变分订正后的雨量分布有明显的离散特征，在无观测的区域，TRMM 信息得到了体现。

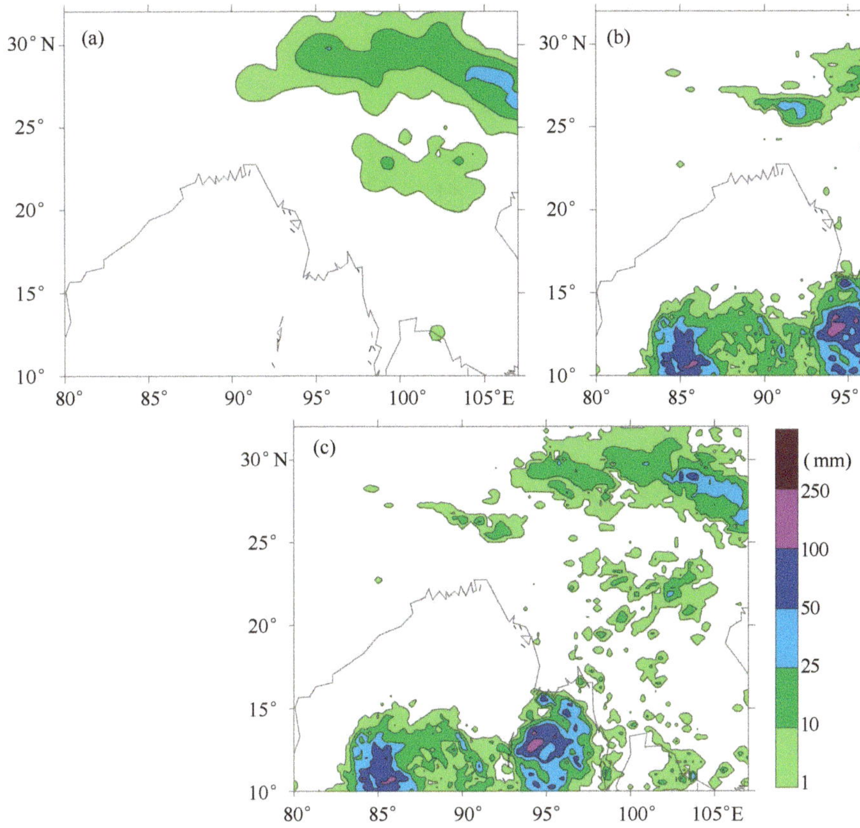

图 3.4　孟加拉湾地区 2008 年 4 月 24 日降水观测场(a),TRMM 场(b)和变分订正场(c)

3.1.3　TRMM 数据变分订正精度检验

从上面给出的目标泛函 u 的变化曲线看,通过数值迭代得到了最小的 TRMM 误差订正场,变分订正效果显著。为了客观评价订正效果,随机减少 100 站地面观测降水资料,重新对 TRMM 数据进行数值迭代,然后分别计算 TRMM 原始值和减少 100 站的 TRMM 订正值与未参与订正的 100 站观测值之间的均方根误差,进行两者比较。

图 3.5 给出了 184 个样本 TRMM 原始值和订正值与未参与订正的 100 站观测值的平均均方根误差比较。从中可知,TRMM 原始值误差较大,184 个样本平均为 3.73 mm,少数样本误差可达 8 mm 以上;TRMM 订正后,误差明显减小,平均为 1.51 mm,少数样本虽然仍有较大误差,但均在 8 mm 以下,而且所有样本的误差均小于订正前的误差。文献(骆三等,2011)对 2004—2008 年 6—8 月 TRMM 产品与中国区域的 673 个气象站降水观测资料进行了对比分析,日降水绝对平均误差为 0.8～1.2 mm,但高纬度地区和低纬度地区有明显差异,30°N 以南地区其日降水绝对平均误差大多大于 2 mm,25°N 以南地区超过 5 mm。因此对于本节所取的低纬度区域而言,订正效果对减小 TRMM 场的误差是显著的。

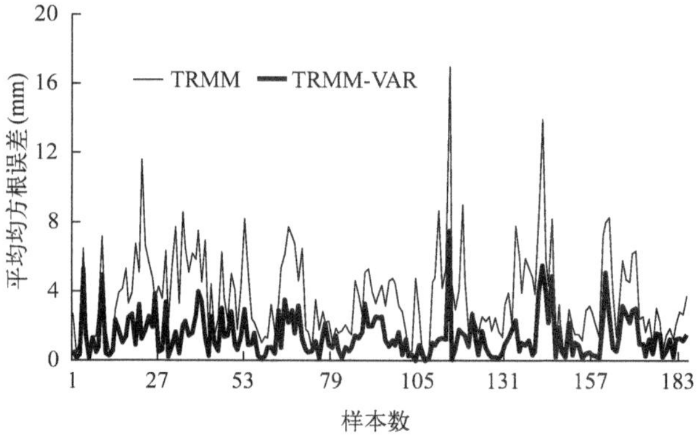

图 3.5　184 个样本 TRMM 原始值和订正值与未参与订正的 100 站观测值的平均均方根误差

将图 3.5 中两条折线用散点图表示（图 3.6），可以更直观地看出，TRMM 数据未订正和订正后的均方根误差有较大差异，订正后的均方根误差减小了 65.4%，再次说明了订正的效果。另外，两者之间的相关系数 R^2 为 0.51，通过了 $\alpha=0.01$ 的显著性水平检验，表明订正后的 TRMM 数据与订正前有较大的关联，订正方案虽然能显著降低 TRMM 数据的误差，但仍有局限性。

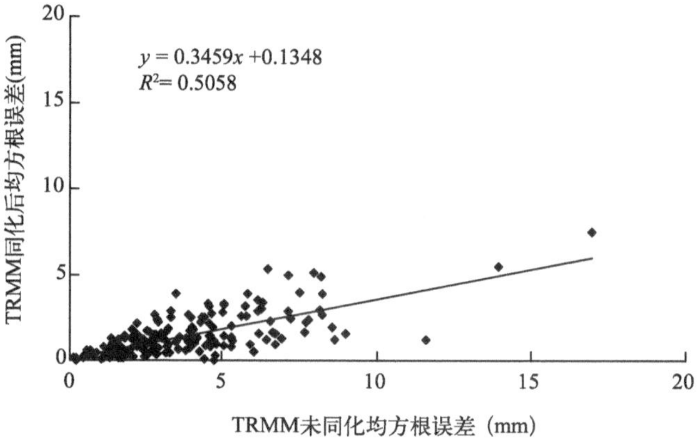

图 3.6　TRMM 数据未订正和订正后的均方根误差散点分布

参与订正的观测站数对订正结果会有多大的影响，下面进行对比试验。由于各国各地的观测、通信等水平存在差异，每天全球交换的地面站点数目不一致，在本文的 184 个样本中，站点数在 750 个左右变化。将第一次未参与订正的 100 个测站作为固定对比站点，分别再进行 7 次试验，每次试验减少 100 个测站。表 3.1 给出了逐次试验的结果，结果表明：参与订正的测站数对订正结果有非常大的影响，测站越少误差的变化幅度越大，每减少 100 个站，误差的变化幅度分别为 2.7%、9.9%、10.4%、11.7%、19.8%、23.9%、22.9%（最后一次参与订正的观测站仅剩 50 站左右）。

表 3.1　不同观测站数对 TRMM 数据订正的影响

参与订正的站数	订正数据与未参与订正的 100 个测站降水资料平均均方根误差(mm)
少 100 站	1.51
少 200 站	1.58
少 300 站	1.76
少 400 站	1.99
少 500 站	2.25
少 600 站	2.69
少 700 站	3.22
零站(即未订正 TRMM 数据)	3.73

3.1.4　结论

国内外研究和应用表明，TRMM 数据具有一定的可信度和科学价值，但 TRMM 数据毕竟也存在误差，特别是在低纬度和高原地区误差相对更大一些，利用陆地实际观测值对 TRMM 数据进行有重要的意义。

利用变分方法，通过数值迭代建立的 TRMM 广义的误差场具有一致的收敛性，平均收敛于 1.071 mm，最大为 2.232 mm，最小仅为 0.274 mm。收敛时无论逼近值大小如何，当取精度≤0.001 mm 时，但迭代次数均不超过 800 次。

订正后的 TRMM 场能较好地反映地面观测网天气尺度信息，对降水量的离散特征有较好的描述。在无观测的区域，TRMM 信息得到了充分体现。

TRMM 值和 TRMM 订正值经过与未参与订正的 100 站观测值的平均均方根误差比较可知，所有订正后的样本的误差均小于订正前的误差，184 个样本的平均误差由 3.73 mm 降低到了 1.51 mm，变分订正效果对减小 TRMM 场的误差是显著的。

3.2　风暴过程对高原地区降水的影响

由于孟加拉湾特殊的地理位置，孟加拉湾洋面上生成的热带气旋(简称孟湾 TS，下同)东北路径和西北路径登陆后对青藏高原和云贵高原影响较大。据统计(图 1.6)，约 87%的孟加拉湾风暴会登陆中南半岛和印度半岛，其中，超过 70%的登陆孟加拉湾风暴为东北路径和西北路径，按年平均生成 3.2 个孟加拉湾风暴计算，高原地区平均每年受到 2 个左右的孟加拉湾风暴影响。

孟加拉湾风暴登陆后受到高原大地形的阻挡而迅速减弱，其对高原地区的影响主要以降水为主。周倩等(2011)、王敏等(2010)、旦增卓嘎等(2010)认为孟加拉湾风暴为高原地区带来了充沛的水汽，是造成该区域大到暴雨(雪)的主要天气系统，如果与北方冷空气结合，可形成长时间的降水过程；肖建全等(2011)、杨祖芳等(2000)、刘瑜等(2007)、张腾飞等(2006)、张秀年等(2005)认为孟加拉湾风暴的移动路径和登陆地点对云南强降水分布有直接的影响，同时指出副热带高压和西风带南支槽等天气系统的季节性变化对孟加拉湾风暴移动路径和水汽输送也起着重要作用。

上述研究表明，孟加拉湾风暴对高原降水的分布和强度取决于风暴的强度、登陆地点、有无冷空气入侵以及大气环流背景等因素，本节将综合考虑这些因素，讨论孟加拉湾风暴对高原地区降水的影响。

3.2.1　资料和方法

孟加拉湾地区降水资料使用 3.1 节给出的方法，即利用逐日 TRMM(3B42)降雨量数据产品和孟加拉湾地区地面降水观测资料进行变分订正，得到 80°～107°E、32°～10°N 范围的经纬网格(0.25°×0.25°)降水数据。

1998—2010 年的 25 个登陆孟加拉湾风暴，其登陆路径、登陆时强度、云贵高原上是否有冷空气入侵、不同的季节等因素，对高原地区有着不同的降水影响。表 3.2 给出了孟加拉湾风暴登陆时各种情况的分类，以下分析和讨论按分类情况进行，每个孟加拉湾风暴过程降水量指登陆前 1 d、登陆当天和登陆后 2 d 共 4 d 的累计值。

表 3.2　1998—2010 年登陆孟加拉湾风暴分类

	登陆路径			登陆时强度		NE 路径云贵高原地面有冷锋或静止锋	登陆个数
	NE	NW	W	TS	H1—H5		
4 月	2			1	1	1	2
5 月	5			3	2	3	5
6 月	1	1	1	3		1	3
9 月	1	1		2		0	2
10 月	3	1		1	3	2	4
11 月	4	1	3	5	3	2	8
12 月		1		1		0	1
总计	16	5	4	16	9	9	25

从表 3.2 中可以看出，孟加拉湾风暴登陆路径大多为东北和西北路径，遇青藏高原和云贵高原大地形(图 3.7)阻挡，减弱或消失很快(图 1.9 给出风暴活动频次证明了这一点)，其主要影响青藏高原南部和云贵高原。及少数偏西路径的风暴会穿过印度半岛南部，对高原地区影响不大。在下面的讨论中，受风暴影响的高原地区指青藏高原 32°N 以南和云贵高原 107°E 以西的地区。

3.2.2　孟加拉湾风暴登陆路径与高原地区降水的关系

图 3.8 给出了孟加拉湾风暴各登陆路径过程平均降水量分布。在三条路径中，东北路径登陆的风暴对云贵高原影响最大(图 3.8a)，平均过程降水量可达 25～50 mm，云南的西部和南部部分地区超过 50 mm；相比较而言，该路径对青藏高原南部的影响较小，藏东南过程平均降水量为 10～25 mm，部分地区达 25～50 mm。

西北路径登陆风暴，主要影响青藏高原南部(图 3.8b)，藏南边缘地区平均过程降水量为 10～25 mm，藏东南地区可达 25～50 mm，局部地区超过 50 mm；相比较而言，对云贵高原影响较小，普遍为 10 mm 左右。

图3.7　青藏高原和云贵高原地形示意图

偏西路径登陆风暴，对高原地区影响最小(图3.8c)，大部分地区平均过程降水量在10 mm以下，仅少数地区出现10～25 mm的降水；相比较而言，青藏高原受到的影响比云贵高原稍大一些。

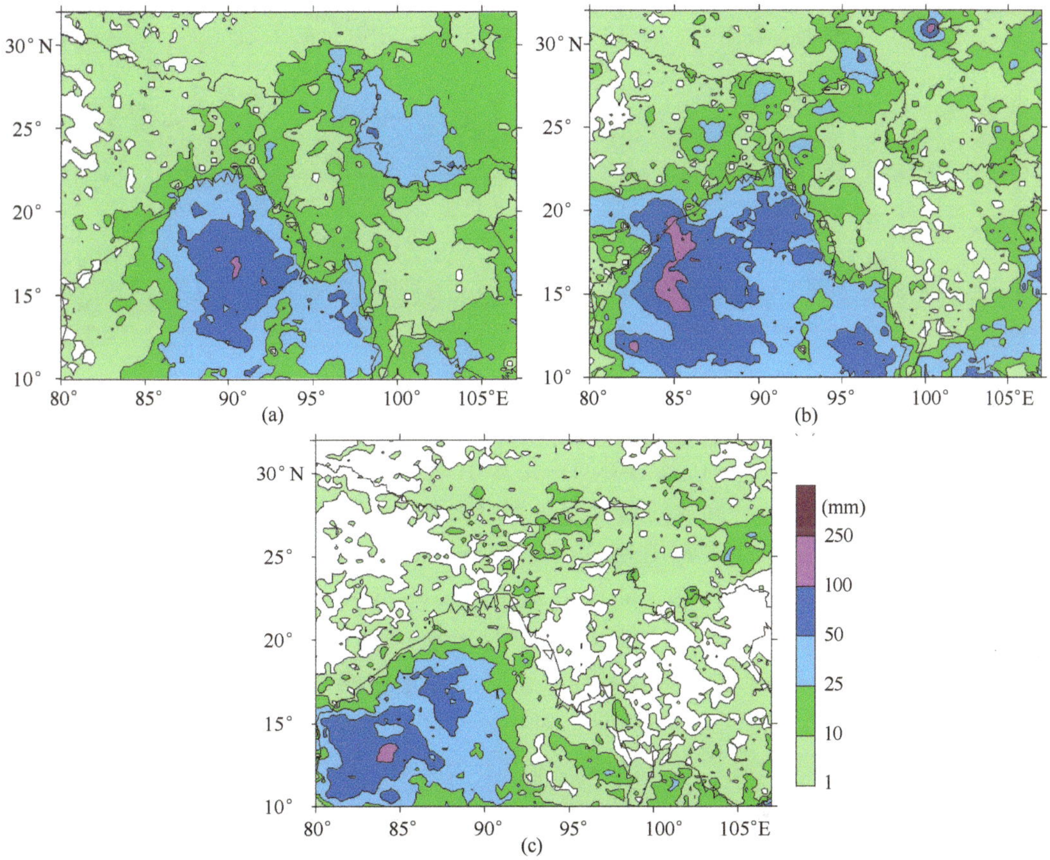

图3.8　孟加拉湾风暴各登陆路径的过程平均降水量分布
(a)东北方向；(b)西北方向；(c)偏西方向

3.2.3　孟加拉湾风暴强度与高原降水的关系

孟加拉湾风暴不同的登陆路径对高原地区有不同的影响程度(图 3.8)，其中 NE 路径和 NW 路径对高原地区影响较大，下面分析这两条路径孟加拉湾风暴登陆时的强度与高原降水的关系。由表 3.2 可知，孟加拉湾风暴登陆时 TS 强度的个例数较多，超过 H1 强度的个例较少，因此在合成过程平均降水场时，将 TS 强度的分为一类，H1—H5 强度的归为另一类。

3.2.3.1　东北路径

图 3.9 给出了孟加拉湾风暴东北路径登陆时 TS 强度和 H1—H5 强度过程平均累积降水量分布。TS 强度登陆风暴过程平均累积降水量(图 3.9a)，云贵高原上普遍为 25 mm 以上，西部和南部可达 50～100 mm；青藏高原东南部地区为 10 mm 以上，部分地区可达 25～50 mm，西南部地区在 10 mm 以下。而 H1—H5 强度登陆风暴过程平均累积降水量(图 3.9b)，云贵高原西部和南部为 25～50 mm，北部和南部为 10～25 mm；青藏高原东南部地区为 10～25 mm，其他地区在 10 mm 以下。比较发现，TS 强度的风暴造成高原地区降水比 H1—H5 强度的要大，这与西太平洋登陆台风的情况正好相反。

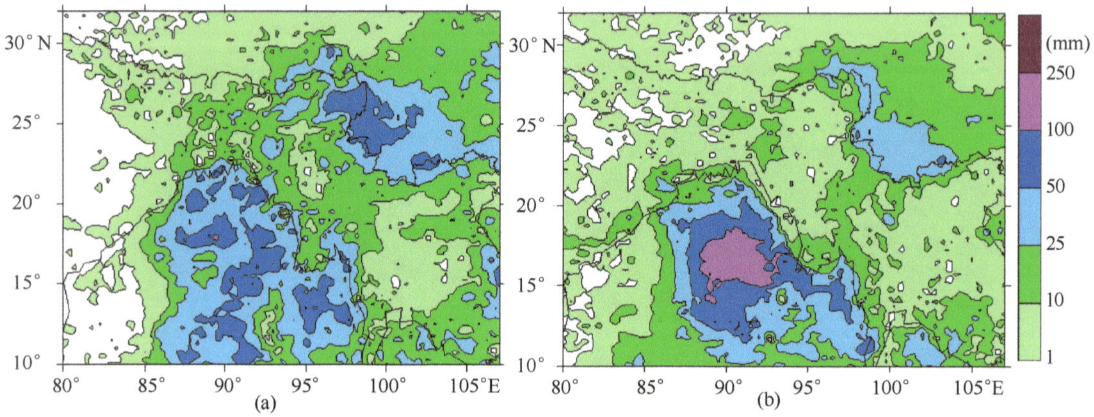

图 3.9　孟加拉湾风暴东北路径登陆时不同强度(a. TS；b. H1—H5)过程平均累积降水量分布

由于东北路径风暴登陆后在较短时间内迅速消失，平均消亡时间为 6 h(表 1.6)，因此，无论风暴强弱如何，登陆后对高原的影响差异不会太大，关键是登陆前和登陆时风暴对高原的影响。图 3.10(TS 强度的风暴)和图 3.11(H4 强度的风暴)给出了不同强度登陆风暴卫星云图，可以看出：TS 强度的风暴登陆前一天(图 3.10a)和登陆当天(图 3.10b)，其风暴外围云系已经影响高原地区，造成高原地区较强的降水；而 H4 强度的风暴登陆前一天(图 3.11a)和登陆当天(图 3.11b)，其风暴外围云系对高原地区影响甚小，几乎没有造成什么降水；风暴登陆后，两种强度的风暴迅速消亡，对高原地区的影响几乎相同。

初步分析认为，强度较弱的孟加拉湾风暴由于气旋结构较松散，在登陆前其外围云系易扩散沿引导气流影响高原地区，登陆前和登陆时高原地区已产生了较强降水。强度较强的孟加拉湾风暴气旋结构较紧密，在登陆减弱前其外围云系不易扩散，登陆消亡前对高原地区影响相对较小。而登陆后，两种强度的风暴受高原大地形的阻挡迅速消亡，其消亡后的残余云系对高原地区的影响差异不大。因此，对高原地区而言，东北路径孟加拉湾风暴登陆前比登陆后影响更大。

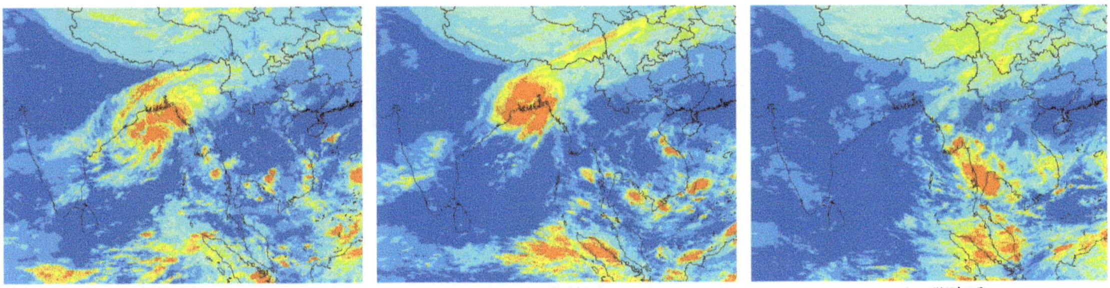

(a)登陆前　(b)登陆时　(c)登陆后

图 3.10　2000 年 10 月一次东北路径登陆的 TS 强度风暴红外云图(TBB 数据)
(a. 27 日 04 时；b. 28 日 04 时；c. 29 日 04 时)

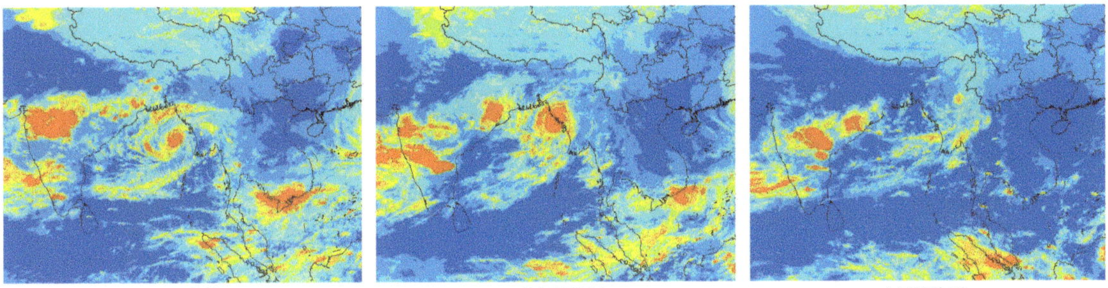

(a)登陆前　(b)登陆时　(c)登陆后

图 3.11　2010 年 10 月一次东北路径登陆的 H4 强度风暴红外云图(TBB 数据)
(a. 22 日 00 时；b. 23 日 00 时；c. 24 日 00 时)

3.2.3.2　西北路径

图 3.12 给出了孟加拉湾风暴西北路径登陆时 TS 强度和 H1—H5 强度过程平均降水量分布，与东北路径相反，TS 强度登陆风暴产生的降水(图 3.12a)小于 H1—H5 强度产生的降水(图 3.12b)。TS 强度登陆风暴主要对云贵高原和青藏高原东南地区影响，过程平均累积降水量为 10～25 mm；H1—H5 强度登陆风暴主要影响青藏高大部地区，其中南部和东部部分地区过程平均累积降水量可达 50～100 mm，甚至局地可超过 100 mm。

西北路径与东北路径登陆风暴对高原地区影响的差异在于：(1)登陆前和登陆时，由于风暴位置偏南和偏西、无论是 TS 强度还是 H1—H5 强度的风暴，对高原地区影响都不大(图 3.13a、b 和 3.14a、b)；(2)登陆后，印度半岛地形较孟加拉国和缅甸的地形平坦，风暴登陆后减弱消亡时间平均为 20 h，较东北方向平均消亡时间长(表 1.6)，强风暴气旋结构逐步改变导致外围云系易扩散可维持一定的时间，对高原地区产生较大影响(3.14c)，而弱风暴气旋结构在登陆时已经改变，其外围云系势力较弱，对高原地区影响有限(3.13c)。

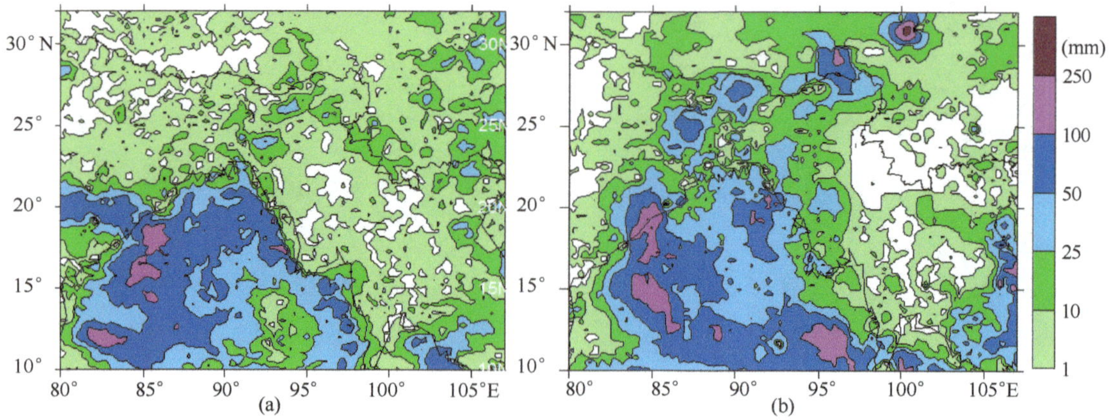

图 3.12　孟加拉湾风暴西北路径登陆时不同强度(a. TS;b. H1—H5)的过程平均降水量分布

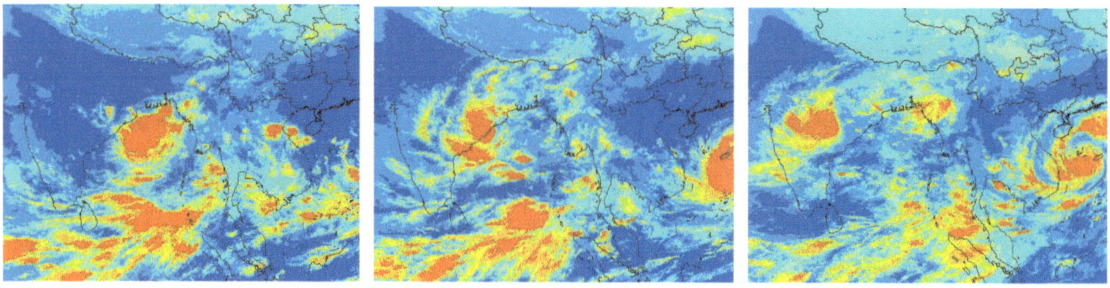

(a)登陆前　　(b)登陆时　　(c)登陆后

图 3.13　2008 年 9 月一次西北路径登陆的 TS 强度风暴红外云图(TBB 数据)
(a. 28 日 10 时;b. 29 日 10 时;c. 30 日 10 时)

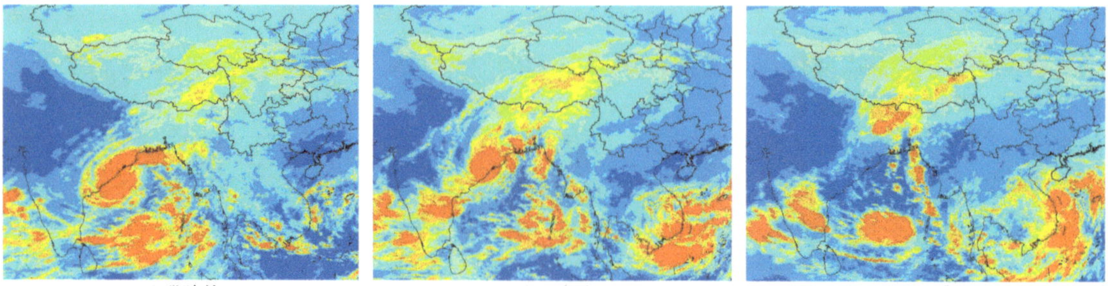

(a)登陆前　　(b)登陆时　　(c)登陆后

图 3.14　1999 年 10 月一次西北路径登陆的 H4 强度风暴红外云图(TBB 数据)
(a. 17 日 07 时;b. 18 日 07 时;c. 19 日 07 时)

3.2.4　冷空气入侵对降水的影响

冷暖空气交汇有利于降水产生,表 3.2 给出的东北路径登陆的 16 个孟加拉湾风暴中,有超过一半的风暴个例伴有冷空气入侵。将有无冷空气入侵的风暴过程降水量分别进行相加后平均，可以看出(图 3.15)，伴有冷空气影响的风暴过程比无冷空气的过程其降水量大 2 个等级。有冷空气活动的东北路径登陆风暴过程平均降水量(图 3.15a)，云贵高原中西部地区降水量达 50～100 mm，东部地区降水量为 25～50 mm。与之相比，无冷空气活动的风暴过程平均降水量(图 3.15b)，云贵高原大部分部地区降水量为 10～25 mm。相邻的青藏高原东南部地区降水也有显著的差异。

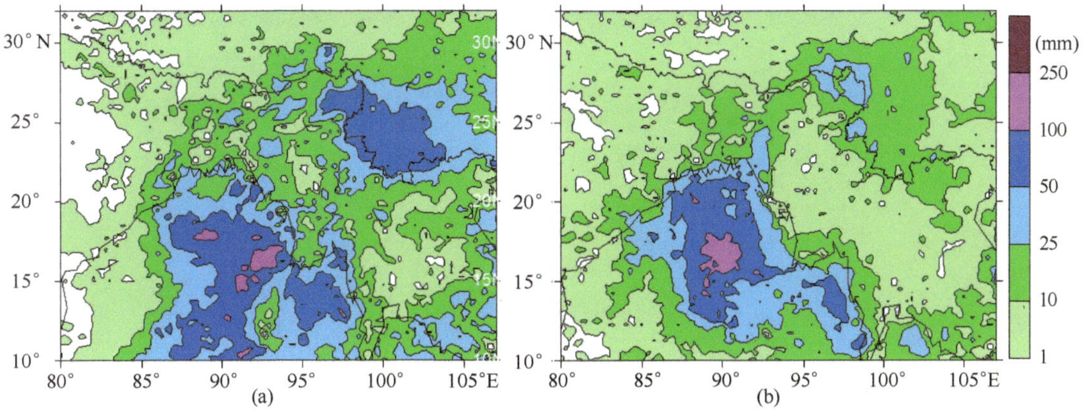

图 3.15　云贵高原冷空气活动对东北路径登陆风暴过程平均降水量的影响
(a. 有冷空；b. 无冷空气)

3.2.5　季节性变化对降水的影响

第一章中指出，孟加拉湾风暴活动呈双锋型(图 1.4)，近 80%的风暴出现在 5 月和 10—12 月。其中，对高原地区影响较大的东北路径和西北路径登陆风暴主要出现在 5 月和 10—11 月(图 1.5)，图 3.16 给出了这三个月登陆风暴过程平均降水量分布。从中可以看出：5 月孟加拉湾风暴对高原地区影响最大，云贵高原和青藏高原东南部过程平均降水量普遍在 25 mm 以上，云贵高原中西部可达 50～100 mm(图 3.16a)；10 月孟加拉湾风暴对高原地区也有较大影响，云贵高原和青藏高原东南部地区过程平均降水量普遍在 10 mm 以上，部分地区 25～50 mm(图 3.16b)；11 月孟加拉湾风暴对高原地区的影响较 5 月和 10 月显著减少，除西藏与云南交界区域还有 10～25 mm 降水以外，云贵高原和青藏高原东南部地区过程平均降水量普遍在 10 mm 以下，青藏高原中部和西部地区降水量甚至不足 1 mm(图 3.16c)。

孟加拉湾风暴对高原地区影响的季节性变化非常显著，除了具有双峰型分布外，两个峰值的影响程度也有所差别。从平均流场看，5 月西风带开始北撤、夏季风环流还未完全建立(图 3.17)。此时，青藏高原南侧南支槽依然活跃，500 hPa 孟加拉湾盛行较强的西南风(图 3.17a)，副热带系统(图 3.17a 阴影区)开始北抬，孟加拉湾和中南半岛正好处于其西侧的偏南气流区域，南支槽前西南气流和副热带高压西侧偏南气流叠加有利于孟加拉湾风暴向东北移动形成东北路径登陆风暴。同时，受索马里急流越赤道水汽输送强度的季节变化的影响(石文静等，2013)，对流层低层 850 hPa(图 3.17b)孟加拉湾地区西南气流达到最强(黄荣辉等，1998)。高低空一致的西南气流，既有利于孟加拉湾风暴向东北方向移动，也有利于水汽沿风暴路径向高原地区输送，造成高原地区较强的降水。

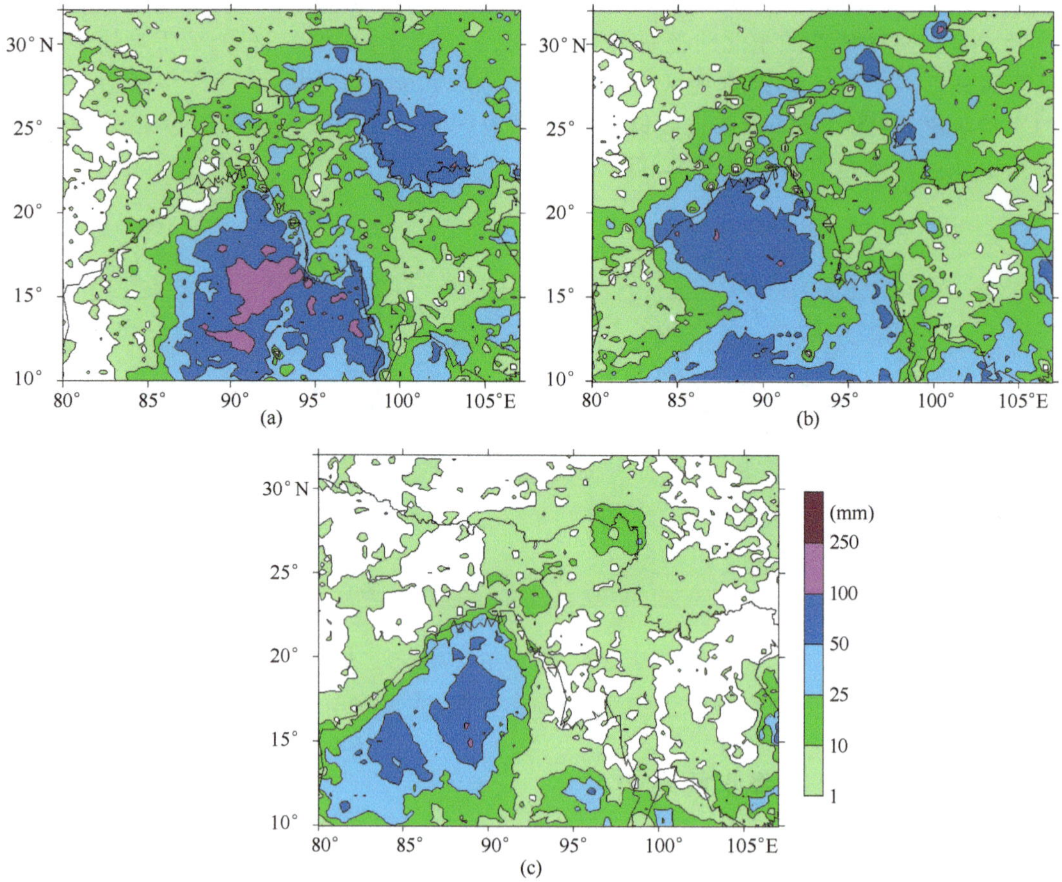

图 3.16　东北路径和西北路径登陆风暴过程平均降水量各月分布
(a.5 月;b.10 月;c.11 月)

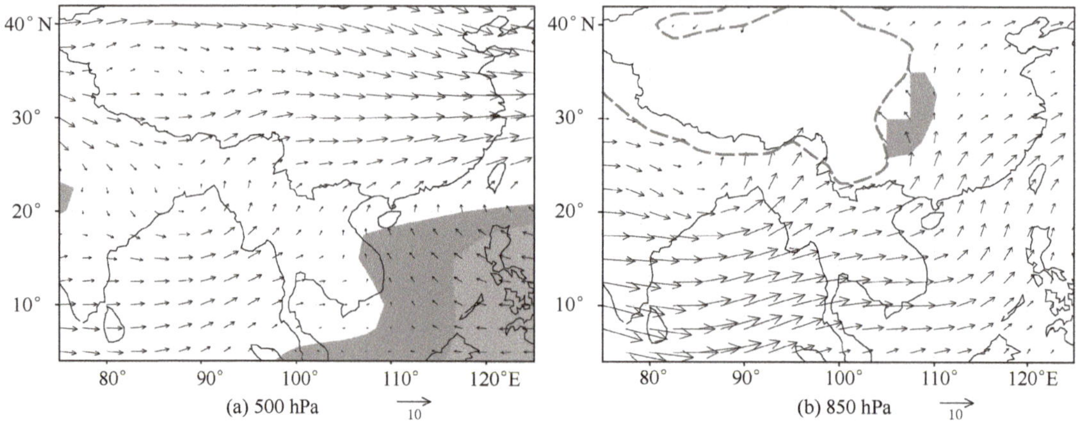

图 3.17　1981—2010 年 5 月平均流场
(矢量单位:m • s^{-1},阴影区为负 u 分量区域,空白区为地面海拔高于 1500 m 区域)

10 月副热带系统减弱，中低纬地区西风带系统重新开始建立。500 hPa 副热带系统已减弱至 20°N 以南，仅孟加拉湾北部维持弱的西南气流（图 3.18a），与 5 月环流场比较，风暴向高原地区移动的引导气流较弱。对流层低层 850 hPa，中南半岛至孟加拉湾以偏东气流为主，向北的水汽输送减弱，导致 10 月孟加拉湾风暴产生的降水弱于 5 月。

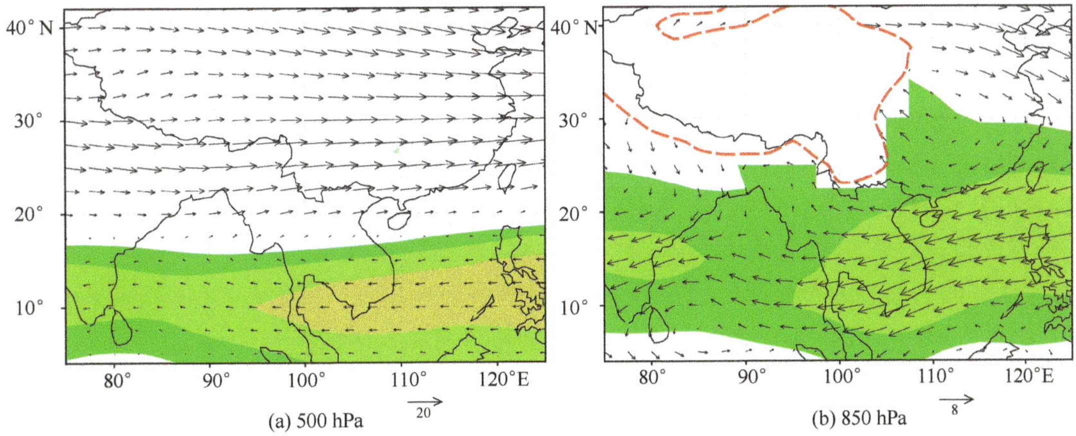

图 3.18　1981—2010 年 10 月平均流场

（矢量单位：m · s^{-1}，阴影区为负 u 分量区域，空白区为地面海拔高于 1500 m 区域）

11 月副热带系统（图 3.19a）和向北的水汽输送（图 3.19b）继续南撤和减弱，孟加拉湾风暴对高原的影响也比较弱。

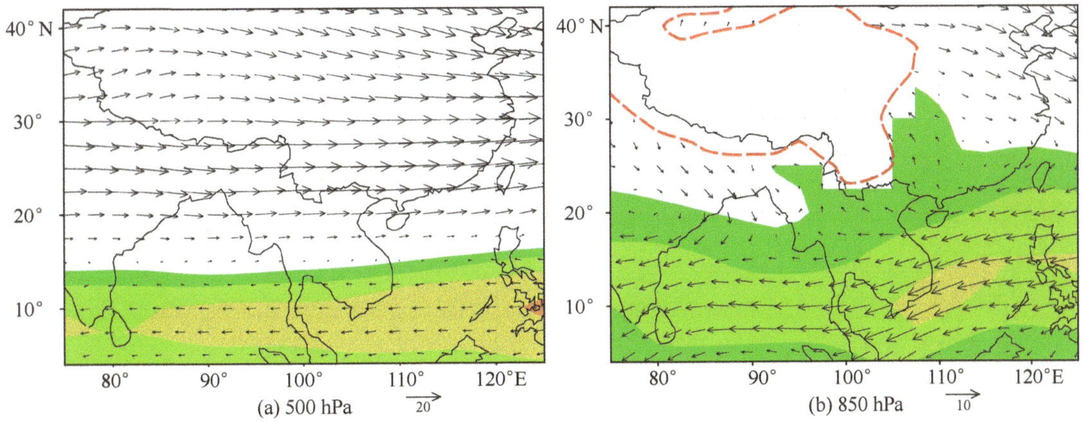

图 3.19　1981—2010 年 11 月平均流场

（矢量单位：m · s^{-1}，阴影区为负 u 分量区域，空白区为地面海拔高于 1500 m 区域）

3.3　云南初夏风暴过程引发的强降水

与其他海域的热带气旋不同，孟加拉湾风暴的发生时间分为两段，第一段一般在 4—6 月，此时印度洋西南季风开始爆发并逐渐北上，加之原本盘踞在印度北部和孟加拉湾北部地区的副热带高压北上西撤，使得孟加拉湾海域出现有利于热带气旋发生的形势；第二段一般在9月底—12月，此时印度洋西南季风逐渐南撤并消失。而7、8月孟加拉湾处于西南季风盛行期，垂直风切变大，不利于热带气旋的生成（王友恒等，1988）。孟加拉湾风暴向偏北方向移动，可影响孟加拉国和青藏高原；向偏西方向移动，可影响印度、斯里兰卡等国；向东则主要影响云贵高原，是造成我国西南地区强降水的主要天气系统之一（段旭等，2009）。在初夏，孟加拉湾风暴的活动常与云南雨季开始相伴随，例如2006年4月受强风暴Mala影响，云南滇中及以西地区有61个县（市）雨季开始日期为4月28—30日，较常年偏早25 d左右。

学者们对孟加拉湾热带风暴做了一些研究。如段旭等（2009）对1945—2006年孟加拉湾风暴时空分布和活动规律进行了统计。许美玲等（2007）对2001—2004年造成云南全省性暴雨的孟加拉湾风暴进行合成分析，得到了造成云南暴雨过程的环流形势和卫星云图特征，指出风暴前西南低空急流对强降水的形成具有重要的作用。在结构方面，数值模拟（许美玲等，2006）结果表明，孟加拉湾风暴登陆前后，其结构从基本对称演变到斜压非对称结构，风暴登陆后表现为对流层中低层锋区增强、倾斜涡度发展，导致对流不稳定和斜压不稳定。李英等（2003）分析2000—2001年初夏孟加拉湾对流云团活动特征，认为初夏云南强降水与孟加拉湾对流云团活动有关。何华等（2000）利用TBB资料，对孟加拉湾风暴影响下中尺度对流系统的云顶温度、温度梯度、地理区域与云南强降水关系进行了分析。张腾飞等（2006）指出孟加拉湾风暴在多普勒雷达回波上表现为整体回波偏东移，“牛眼”结构和风随高度顺转等特征。王曼等（2011）模拟了地形对孟加拉湾风暴路径、结构变化和降水分布的影响。这些研究丰富了对孟加拉湾风暴东移影响云贵高原的认识，但对孟加拉湾风暴引发云南初夏强降水过程中，冷空气的作用以及与冷空气相伴的三维结构还缺少分析。

本节利用JTWC、NCEP/NCAR和TRMM变分同化资料，将初夏孟加拉湾风暴东移影响云南强降水过程中，有或无冷空气作用进行合成对比分析，探讨两者对云南大～暴雨发生、发展和维持作用之间的差异。

由于云南地处高原，且高黎贡山、哀牢山和无量山均为西北—东南走向，海拔高、坡度大，冷空气侵入云南后很快会变性减弱，影响云南冷空气降温幅度较小且速度慢。通常冷空气沿三条路径入侵云南，第一条为东北路径，即冷空气从河西走廊翻过秦岭到达四川盆地或贵州后，从滇东北进入；第二条为偏东路径，即冷空气主力偏东进入华南一带，产生回流天气，从滇东南进入，此路径以低层为主；第三条为西北路径，即冷空气从青藏高原东南部横断山进入滇西北，其特点是以高空冷平流为主。定义沿25°N剖面（地面至500 hPa）、97°～104°E区域内有冷平流为云南有冷空气活动。

3.3.1 风暴引发云南初夏强降水

由于孟加拉湾呈喇叭口形状，就地生成或移入的风暴容易在该区域的沿岸登陆。从表3.3可以看到，2000—2010年初夏影响云南强降水的孟加拉湾风暴，均在90°E以东、15°N以北的孟加拉国东南部、缅甸中北部沿海一带登陆，其中9次强降水中有7次（占78%）是在孟加拉湾风暴登陆以后产生的。影响云南强降水的孟加拉湾风暴生命史和强度有所不同，2002年风暴登陆后减弱为热带低压，强度最弱，云南出现持续3 d的强降水天气过程，其中暴雨天气过程1 d，大雨86站，暴雨30站，导致云南大部雨季开始期比常年偏早15～20 d，48%的县（市）5月降水量比常年偏多2成到1倍，26.4%的县（市）偏多1～2倍，7.2%的县（市）偏多2～3倍，贡山、普洱、景谷等10个县暴雨成灾；2003年风暴生命史最长为12 d，

5 月 19 日登陆后云南出现持续 2 d 的大雨天气，其中大雨 56 站，暴雨 15 站，云南大部的雨季于 5 月中旬末至下旬初开始，与风暴影响云南时间一致；2006 年风暴强度最强，4 月 27 日曾加强为 H4，登陆后减弱为 H1，30 日云南出现大雨天气过程，大雨 30 站，暴雨 5 站，滇中及以西地区有 61 个县(市)雨季开始日期为 4 月 28—30 日，较常年偏早 25 d 左右；2007 年风暴生命史最短为 3 d，5 月 14 日曾加强为 H1，随后减弱为热带风暴登陆，云南出现持续 3 d 强降水天气过程，其中后 2 d 为暴雨天气，大雨 82 站，暴雨 34 站，强降水导致云南大部提前进入雨季，有 37.9%的县(市)降水距平百分率大于 60%，54%的县(市)降水距平百分率大于 20%，5 月雨量偏多到特多。以上分析表明，孟加拉湾风暴对云南初夏强降水和雨季开始影响很大，但风暴强度与云南降水强度并不一一对应。

进一步统计孟加拉湾风暴强降水过程中冷空气的活动(表 3.3)，9 次强降水中 7 次云南有冷空气的活动，其中有 2 次冷空气的活动仅限于地面，且有冷空气活动时，3 次出现暴雨过程；单一孟加拉湾风暴作用时，无暴雨过程出现。其次，从强降水过程中大～暴雨的平均站(次)来看，有冷空气活动时，平均为 39.6 次；无冷空气活动时，平均为 30.5 次。综上所述，当有冷空气与孟加拉湾风暴相互作用时，初夏云南大～暴雨的范围更广、强度更强。因此，在孟加拉湾风暴强降水过程中，除了风暴带来的大量水汽外，冷空气的活动并与风暴暖湿气流交汇也是一个重要因素。那么，有、无冷空气活动对云南降水强度分布的影响怎样，差异如何？以下对此进行讨论。

表 3.3　2000—2010 年初夏影响云南强降水的孟加拉湾风暴过程

年份	风暴强度	风暴生命史(h)	登陆时间	强降水出现时间	大/暴雨站数	冷空气活动
2002	TS	78	5 月 12 日 08 时	5 月 11 日	19/2	无
				5 月 12 日	31/9	无
				5 月 13 日	36/19	有
2003	TS	270	5 月 20 日 02 时	5 月 19 日	40/6	有
				5 月 20 日	16/9	有
2006	H4	114	4 月 29 日 14 时	4 月 30 日	30/5	有
2007	H1	30	5 月 15 日 02 时	5 月 16 日	36/4	有
				5 月 17 日	31/16	有
				5 月 18 日	15/14	有

3.3.2　风暴强降雨的分布

研究表明(陈联寿等，1979)，我国受孟加拉湾风暴直接影响的地区，主要是西藏南部和云南西南部。如果同时有其他天气系统配合时，孟加拉湾风暴的雨雪区可扩展到整个青藏高原和云贵高原，有时甚至可以扩展到江淮流域以南整个地区。风暴云团、风暴分别与冷空气、南支槽、副热带急流结合是孟加拉湾风暴影响我国天气主要的 4 类方式。对于 2000—2010 年初夏的风暴强降水过程而言，风暴与冷空气的结合是最主要的强降水方式。

图 3.20a 给出了 2000—2010 年初夏孟加拉湾风暴强降水过程的平均降雨量，可以看到，初夏除云南东部边缘外，云南大部都易受孟加拉湾风暴影响，产生强降水天气，其中滇南

边缘为暴雨频发区。此外，无冷空气配合时，强降水主要集中在滇西北和滇西南（图 3.20b）；有冷空气配合时，强降水主要集中在滇中及以南地区，滇南边缘为暴雨活动中心（图 3.20c），与单一风暴过程相比，降水强度更强、范围更广。那么，有、无冷空气活动时，造成云南强降水分布、强度差异的成因是什么？冷空气与孟加拉湾风暴是如何相互作用，进而影响云南强降水？这些问题值得进一步探讨。

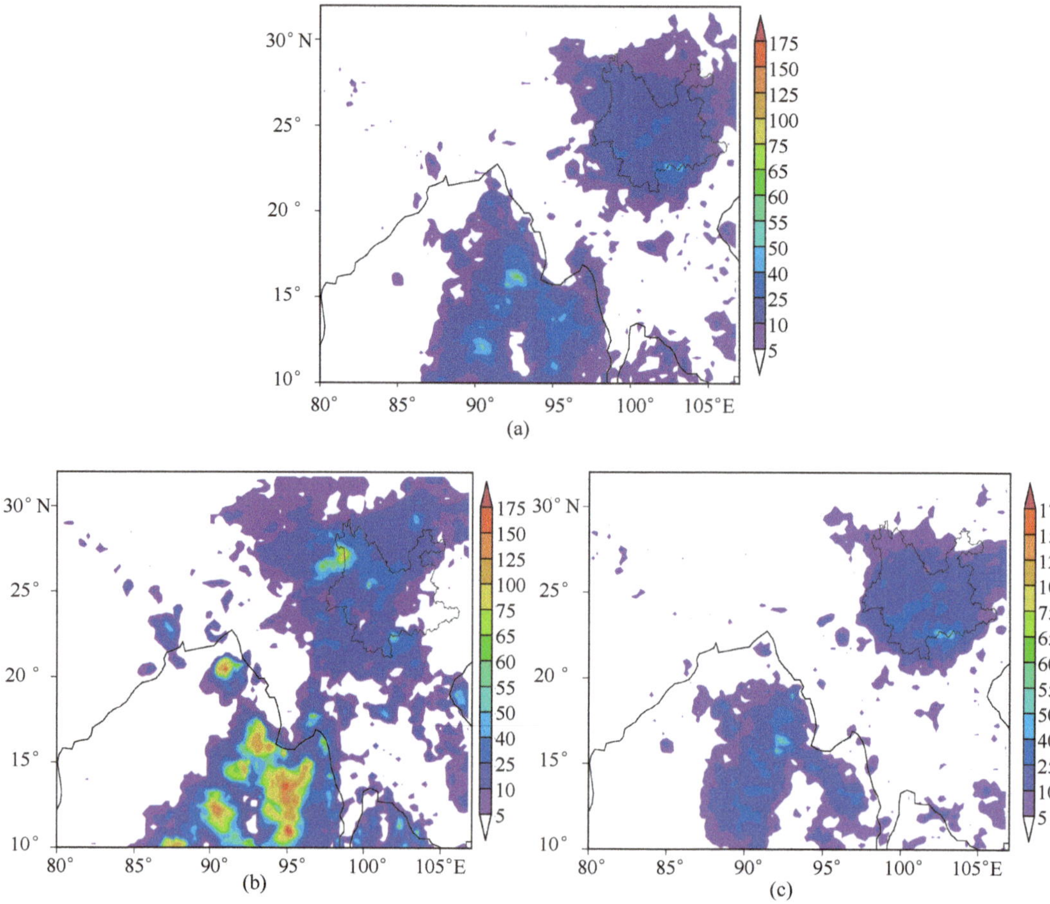

图 3.20　2000—2010 年初夏孟加拉湾风暴 9 次强降水过程平均降雨量(a)，其中 2 次无冷空气过程(b)，7 次有冷空气过程(c)（单位：mm）

3.3.3　环流形势

因 2002 年 5 月风暴过程后期才有冷空气作用，2003 年过程冷空气的活动仅限于地面，讨论冷空气作用时，略去 2002 年 5 月 13 日、2003 年 5 月 19—20 日风暴过程，对其他 4 次有冷空气作用和 2 次单一风暴过程进行合成对比分析。

图 3.21 给出了初夏孟加拉湾风暴过程中，云南强降水开始时刻（雨量合成时取 20 时—20 时累计降水，取第 1 个 20 时为强降水开始时刻）500 hPa 高度合成场。可以看到，此时孟加拉湾北部已无完整的低压中心，风暴减弱为低槽。其中无冷空气活动时（图 3.21a），中纬度以纬向环流为主，588 dagpm 线北侧位于两广南部，西脊点位于中南半岛东侧，青藏高原南侧有南支波动东移，南支槽前的西南气流与风暴前侧的暖湿气流合并，向云南上空输送水

汽；有冷空气活动时(图 3.21b)，副高位置与前者相比略偏北偏西，有利于风暴带来的暖湿气流沿副高外围北上影响云南，同时青藏高原至蒙古高原的高压脊明显发展，其东南侧有低槽东移，槽底位于 30°N 附近，冷空气沿东北路径进入云南，冷暖空气在云南上空交汇。

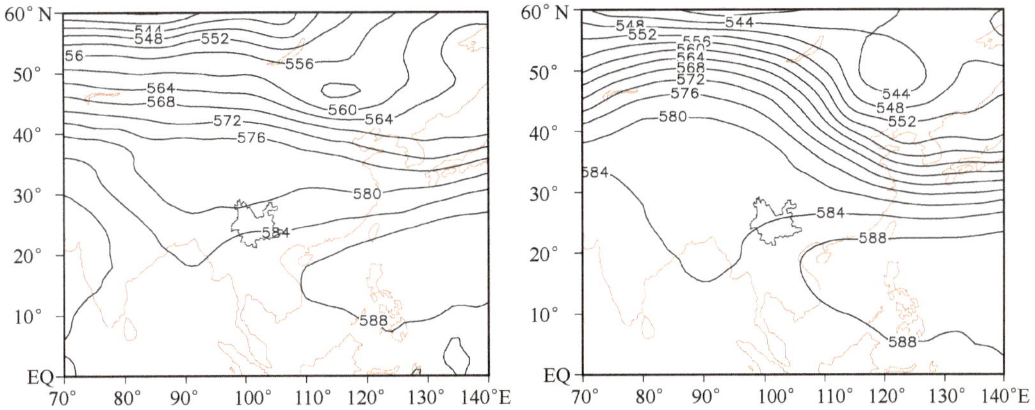

(a) 无冷空气活动　　(b) 有冷空气活动

图 3.21　云南强降水开始时刻 500 hPa 高度合成场(单位：dagpm)

图 3.22 给出了初夏孟加拉湾风暴过程中，云南强降水开始时刻 700 hPa 合成流场。可以看到，孟加拉湾风暴登陆后呈准南北向非对称分布，表明风暴趋于减弱，槽前西南气流在 8～12 m·s^{-1}之间。其中，无冷空气配合时(图 3.22a)，陕西附近为高压环流控制；有冷空气配合时(图 3.22b)，滇东北有切变线活动，四川盆地为高压环流控制。与图 3.22a 相比，无冷空气配合时，小高压的位置偏北偏东，冷空气的活动也偏东，势力相对较弱，不易影响云南；有冷空气配合时，小高压的位置偏西偏南，影响云南冷空气的势力相对较强。

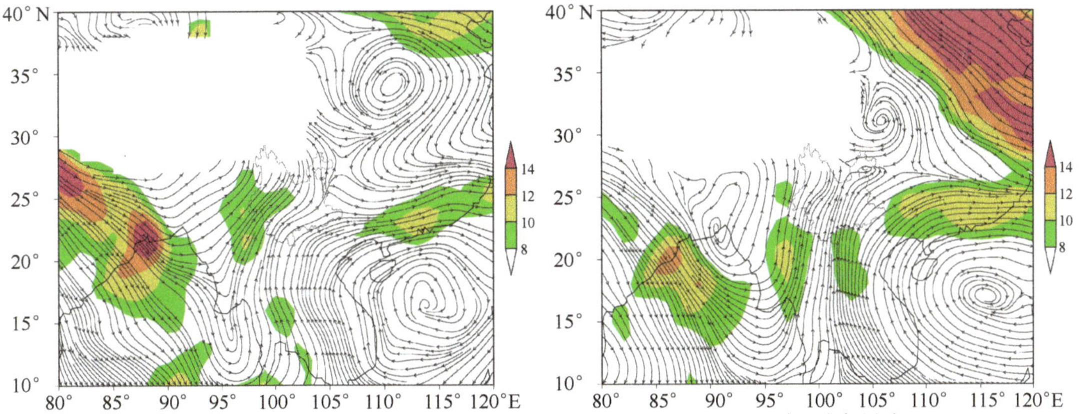

(a) 无冷空气活动　　(b) 有冷空气活动

图 3.22　云南强降水开始时刻 700 hPa 合成流场(阴影：≥ 8 m·s^{-1})

3.3.4　冷空气对风暴强降雨的作用

3.3.4.1　经向风的演变

强降水的产生和发展除了与暖湿气流息息相关外，还与南下的冷空气密不可分，在分析时，冷空气用北风来表示，北风的强弱可以表征冷空气的活动强弱(姚秀萍等，2005)。文献

(许美玲等,2007)曾通过合成分析,对造成云南强降水的风暴前西南低空急流进行了详细的讨论,以下重点分析冷空气活动在风暴强降水中的作用。

以强降水开始时间为 0 点,向前取 48 h,向后取 24 h,做合成图。无冷空气配合时,从经向风的纬度时间演变(图 3.23)上可以看到,强降水出现之前云南就存在偏南风的活动,其中强降水当天南风明显增强,暖湿气流更为强劲。700 hPa 上,强降水出现时,20°～26°N 附近出现大于 10 m·s^{-1}风速带。对照高低层南风的演变还可以发现,从 700 hPa 到 500 hPa 南风的最大风速中心向北倾斜,与云南大～暴雨位置偏北是一致的。从云南上空经向风及其辐合场的时空剖面(图 3.23c)可以看到,强降水发生时,300 hPa 以下对流层均有大于 9 m·s^{-1}的南风存在,垂直风切变小,湿层深厚,经向风的辐合主要出现在 500 hPa 以下,其中 700 hPa 附近有 16×10^{-5}s^{-1}的辐合中心。

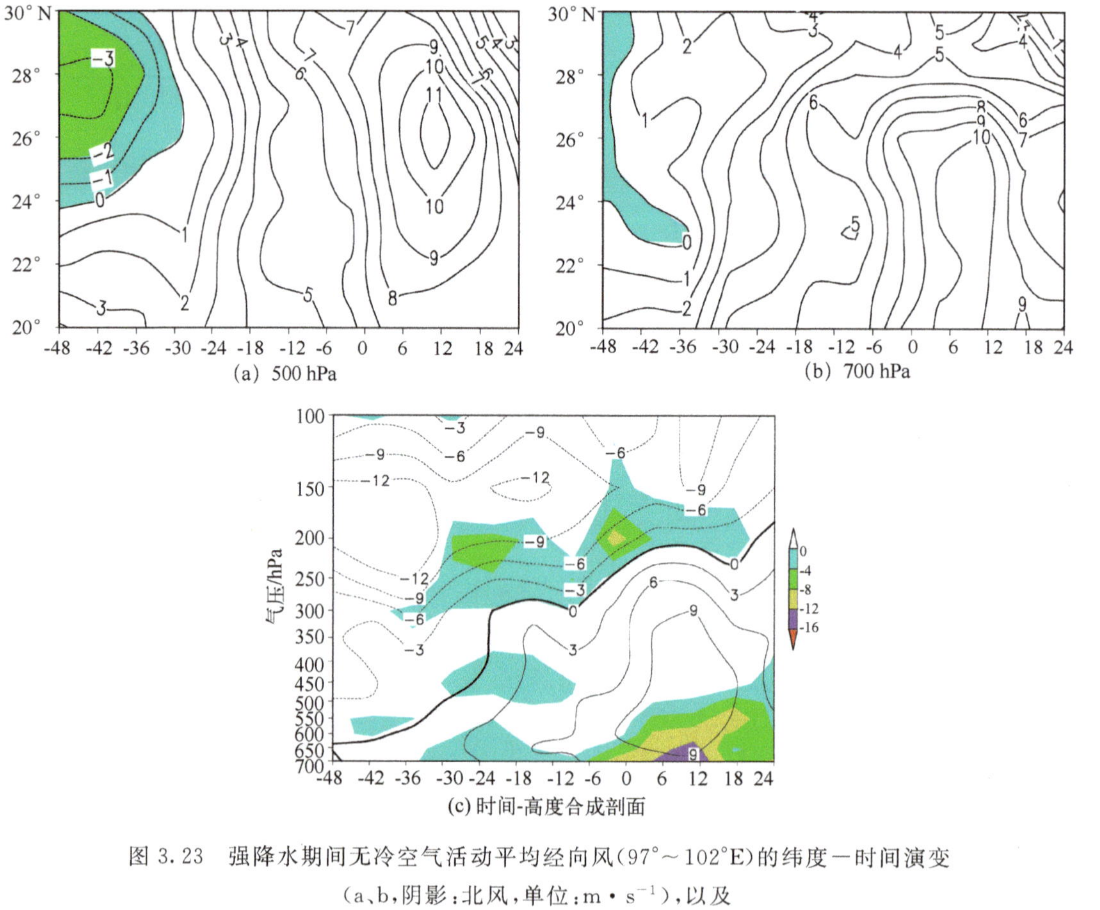

图 3.23　强降水期间无冷空气活动平均经向风(97°～102°E)的纬度一时间演变(a、b,阴影:北风,单位:m·s^{-1}),以及平均经向风(97°～102°E,25°～28°N)时间一高度剖面(c,阴影:经向风辐合场,单位:10^{-5}s^{-1})(时间单位=h,0 表示强降水开始)

有冷空气配合时,经向风的纬度时间演变(图 3.24)显示,在强降水出现前,500 hPa 25°N 以南有风速大于 8 m·s^{-1}的南风暖湿气流向北输送,中心风速大于 10 m·s^{-1}。700 hPa 高度上,25°N 以南南风活跃,其中强降水出现时,在 22°N 附近有大于 9 m·s^{-1}的较强风速带,与滇南边缘的暴雨中心相对应,与无冷空气配合相比,偏南风速略偏小,有利于

26°N 以北冷空气向南渗透;另一方面,700 hPa 北风向南推进到 25°N 附近,对应的 500 hPa 也有北风推进至 26°N 附近,表明冷空气较为深厚。对照高低层北风的演变特征还可以发现,强降水发生时,北风的最大风速中心向北倾斜,并且北风风速随高度降低而逐渐减小。进一步地,从经向风及其辐合场的时空剖面可以看到,强降水发生时有偏北气流从 600 hPa 切入到近地面层,暖湿空气沿锋面抬升,有利于上升运动加强;另外值得注意的是,强降水发生时 300 hPa 以下均有经向风的辐合,辐合中心位于 400 hPa 附近,中心强度为 $16\times10^{-5}\,s^{-1}$,与无冷空气配合相比,经向风的辐合更为深厚。

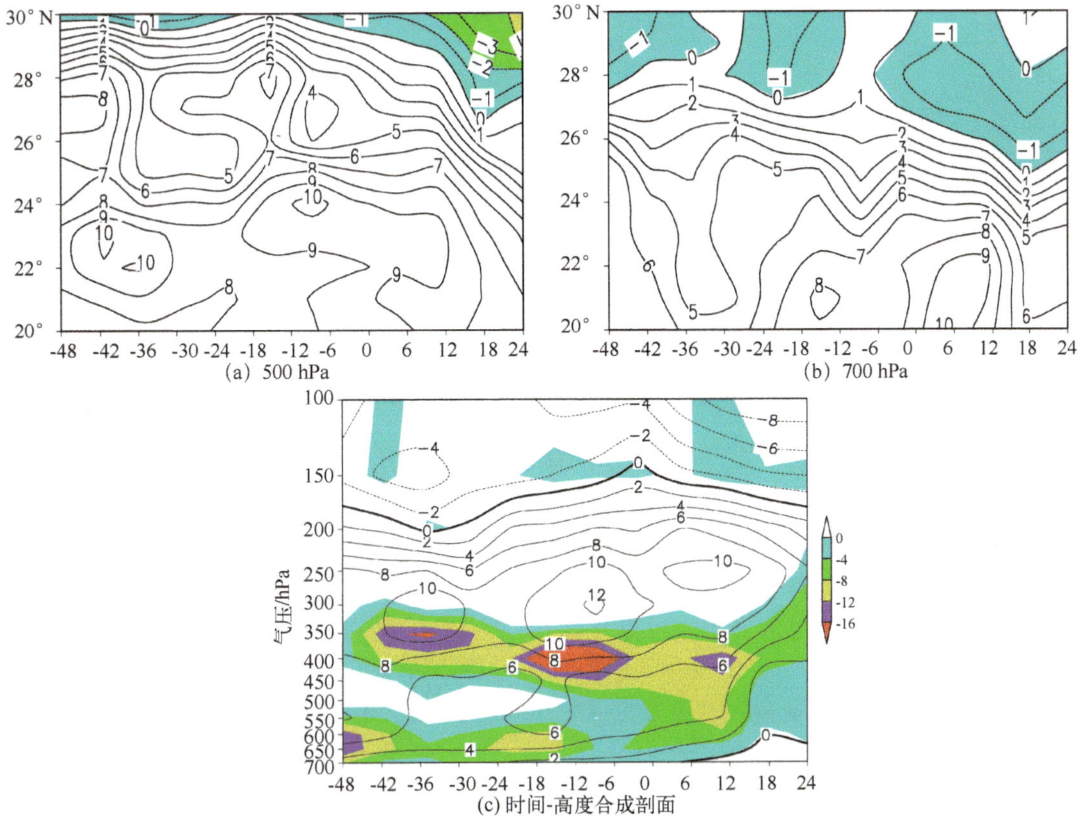

图 3.24　强降水期间有冷空气活动平均经向风(100°～104°E)的纬度一时间演变(a、b,阴影:北风,单位:$m \cdot s^{-1}$),以及平均经向风(100°～104°E,25°～28°N)时间一高度剖面(c,阴影:经向风辐合场,单位:$10^{-5}\,s^{-1}$)(时间单位=h,0 表示强降水开始)

3.3.4.2　锋区特征

假相当位温能很好地反映气团和锋区(面)的活动,θ_{se} 的密集带表明有锋区存在,并且该锋区有很强的温度梯度和水汽梯度。同时,θ_{se} 等值线的斜率增大有利于高层干冷空气向低层侵入和低层暖湿气流沿着 θ_{se} 等值线向高层爬升(赖绍钧等,2007)。

图 3.25 给出了孟加拉湾风暴过程中云南强降水发生时 700 hPa 假相当位温及其经向梯度场,可以看到,无冷空气活动时(图 3.25a),中南半岛北侧至滇西为相当位温的高值区,中心为 342 K,表明风暴暖湿气流向滇西输送充沛的水汽和能量;有冷空气活动时(图

3.25b)，昭通北部边缘相当位温为 322 K，滇南为 344 K，表明滇东北有干冷空气活动，南部为风暴暖湿气流，南北两侧的高低相当位温值相差了 22 K，滇中及以北地区形成一条 θ_{se} 等值线的密集带，经向梯度在 $-4\sim-2\times10^{-5}\mathrm{K}\cdot\mathrm{m}^{-1}$ 之间，有锋区存在，有利于中小尺度对流系统的生成、合并和发展。

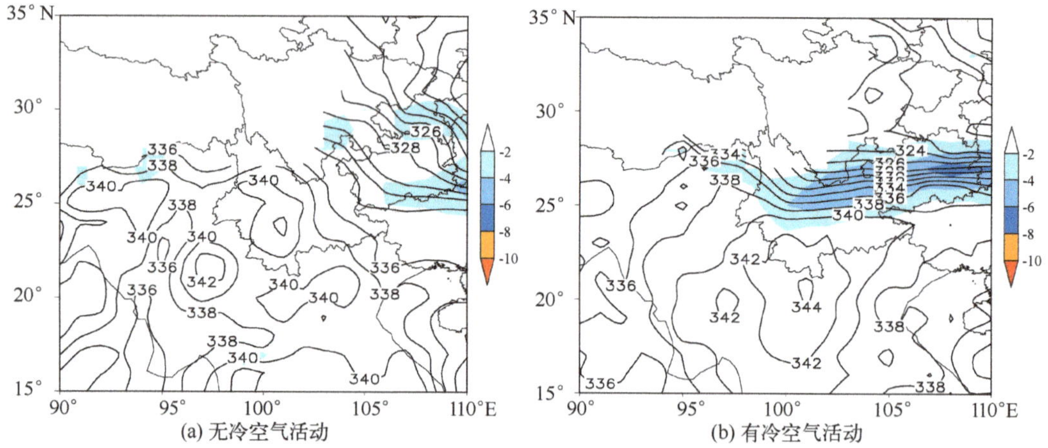

图 3.25　强降水发生时 700 hPa 假相当位温合成场(单位:K)和假相当位温的经向梯度(阴影，单位:$10^{-5}\mathrm{K}\cdot\mathrm{m}^{-1}$)

由湿位涡守恒表达式可知，由于 θ_{se} 面的倾斜，大气水平风垂直切变或湿斜压性的增加能够导致垂直涡度的显著发展，倾斜越大，气旋性涡度越强，越容易造成强对流天气(吴国雄等，1995)。图 3.26 是有冷空气活动时，强降水开始时刻和强降水过程中(雨量合成时取 20—20 时累计降水，取 08 时为强降水中进行合成)沿强降水区 102°E 的假相当位温相对湿度和垂直速度 ω 垂直剖面图。可以看到，强降水开始时刻(图 3.26a)，假相当位温线沿着云南地形有一向北倾斜的密集带，云南南部边缘对流层中、低层存在对流不稳定气流($\delta\theta_{se}/\delta p>0$)，其他区域基本为对流稳定区。由相对湿度的分布可知，倾斜等熵面(假相当位温面)南侧有相对湿度>90%的暖湿风暴云团向北倾斜上滑，而北端对流层中低层为干冷气流，它们在倾斜的等熵面上交汇，而且偏向暖湿气流区存在向北倾斜的上升运动区，有利于对流不稳定能量及潜热能的积累和释放，也有利于强降水的发生、发展。强降水过程中(图 3.26b)，24°～32°N 附近 θ_{se} 中心强度由 328 K 减小为 324 K，说明北端切入气流更为干冷，强降水区假相当位温线变得更为密集、坡度也略有增加，并且与开始时刻相比，上升运动更为陡立，垂直速度增大，有利于强降水增幅。

3.3.4.3　湿位涡特征

湿位涡是一个能同时表征大气动力、热力和水汽性质的综合物理量。近年来，其概念和理论得到了深入研究和广泛应用(段旭等，2000；范可等，2004；王子谦等，2010；黄楚惠等，2010)。湿位涡可分为湿正压项 MPV1 和湿斜压项 MPV2，MPV1 表示惯性稳定性和对流稳定性的作用，其为负值的区域可以用来表示对流不稳定的地区，同时 MPV1 的正值区与负值区交界处反映了干冷空气与暖湿空气的相互作用(张晓惠等，2009)。MPV2 表示条件性对称不稳定的作用，当它的绝对值急剧增大时，也预示着负中心的南部和正中心的北部有垂直涡度增长，上升运动加剧，对应有较强的降水(赖绍钧等，2012)。

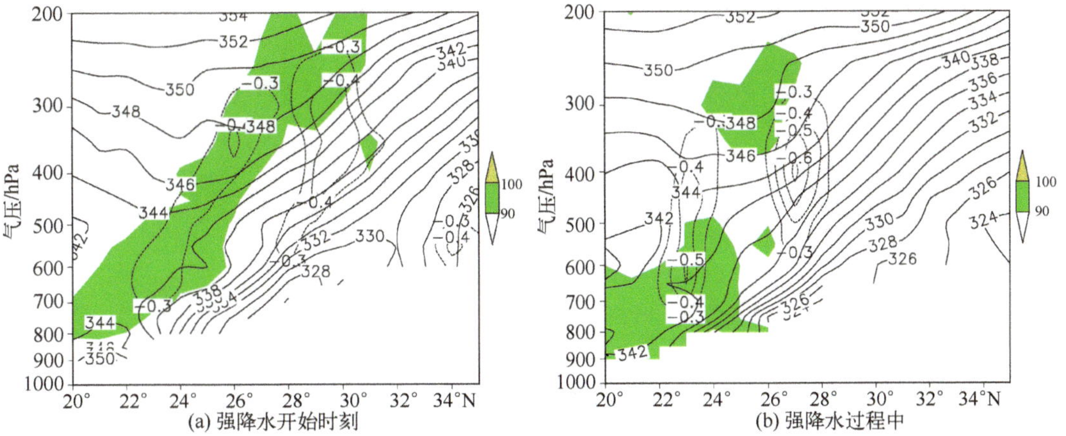

图 3.26　风暴强降水开始时(a)和过程中(b)有冷空气作用时的假相当位温(实线单位:K)、相对湿度(阴影≥90%)和负的垂直速度 ω(虚线≥−0.3 Pa·s^{-1})沿 102°E 垂直剖面合成场

图 3.27 分别为无、有冷空气活动时 MPV1 分别沿 99°E 和 102°E 垂直剖面。可以看到,无冷空气活动时(图 3.27a),强降水及其以南地区对流层低层均为 MPV1 负值区,也是对流不稳定区,600 hPa 以上为 MPV1 正值区和对流稳定区,这种湿位涡正负区叠置的形式有利于低层辐合;有冷空气活动时(图 3.27b),滇南边缘及其南侧对流层低层都处于 MPV1 负值区中,MPV1 的零等值线向上伸展到 500 hPa 高度上,其北侧高层的高值湿正压项 MPV1 沿着倾斜的等熵面向降水区下传,在 20°～24°N 附近切入到近地面层负的 MPV1 区中,这种高值湿正压项(对流稳定)的下传可以表征高层对流稳定的干冷空气沿着倾斜等熵面的下滑,有利于位势不稳定能量的储存和释放,使降水增幅。配合图 3.26 中相对湿度分布来看,下滑冷空气的强迫加强了南侧暖湿气流的上滑,促使对流发展,产生暴雨。

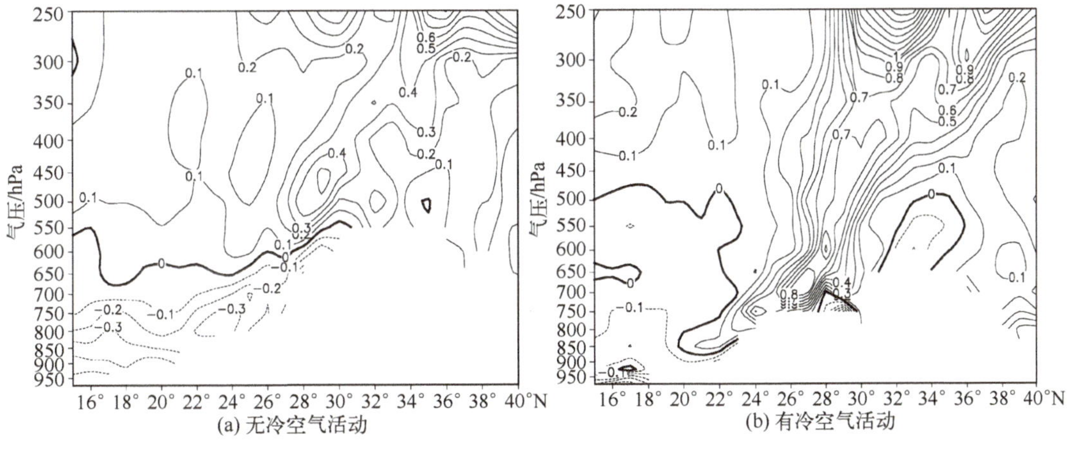

图 3.27　风暴强降水时 MPV1 分别沿 99°E(a)和 102°E(b)的垂直剖面合成场
(单位:10^{-6} m^2·s^{-1}·K·kg^{-1})

图 3.28 分别为无、有冷空气活动时 MPV2 分别沿 99°E 和 102°E 垂直剖面。可以看到,无冷空气活动时(图 3.28a),强降水以北的高层有 MPV2 负值中心下传,但到 450 hPa 以下

就迅速减弱;有冷空气活动时(图 3.28b),强降水以北的高层有 MPV2 负值中心沿 θ_{se} 等值线密集带从对流层高层倾斜侵入对流层低层,反映了对流层中高层的干冷空气和低层的暖湿空气在对流层中低层相遇,在强降水区产生条件性对称不稳定,从而导致强降水的发生和持续。

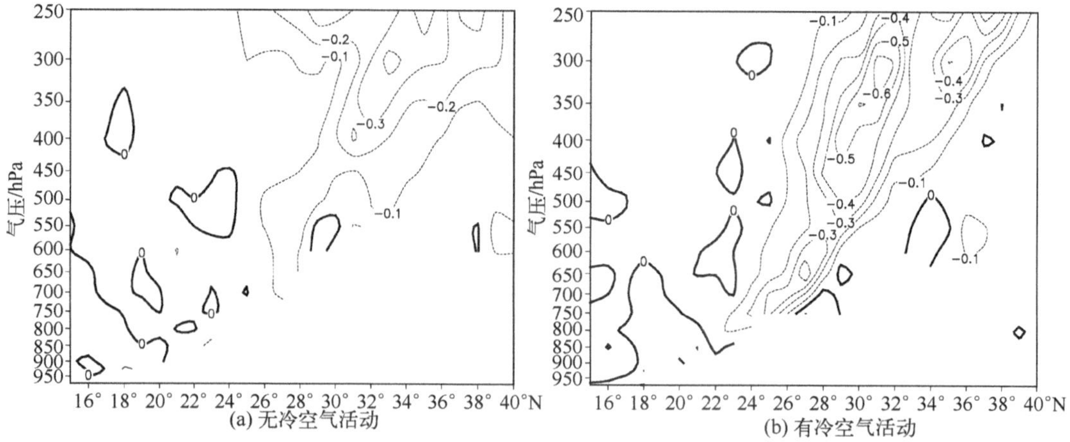

图 3.28 风暴强降水时 MPV2 分别沿 99°E(a)和 102°E(b)的垂直剖面合成场

(单位:$10^{-6} m^2 \cdot s^{-1} \cdot K \cdot kg^{-1}$)

综上所述,无冷空气配合时,风暴暖湿气流带来的对流不稳定是滇西产生强降水的重要原因;有冷空气活动时,冷暖空气在对流层中低层相遇,产生条件性对称不稳定,导致滇中以南地区出现强降水。

3.3.4.4 三维流场结构

那么风暴引发云南初夏强降水的三维流场结构怎样?图 3.29a 给出了无冷空气活动时沿 99°E 经向流场剖面,20°~22°N 附近 700 hPa 以下的对流层低层有大于 12 $m \cdot s^{-1}$的急流存在,向北流动过程中,在 25.5°~28°N 附近 650~350 hPa 之间出现大于 0.6 $Pa \cdot s^{-1}$的上升气流,有利于暴雨的发展加强,与暴雨区的分布是一致的。那么这一区域上升气流的增强是否是地形的作用?计算沿 99°E 地形强迫产生的垂直运动(图 3.30a),可以看到,暖湿气流向北流动影响滇西过程中,地形抬升作用明显,特别是到了 27°N 附近地形作用明显增强,上升速度达 1 $m \cdot s^{-1}$,在 28°N 附近地形强迫作用最强,上升速度达 3.4 $m \cdot s^{-1}$。说明由单一风暴引发滇西初夏强降水过程中,除风暴深厚暖湿气流作用外,地形强迫抬升也起着重要作用。

同样地给出有冷空气活动时沿 102°E 经向流场剖面(图 3.29b)。可以看到,在 28°N 附近 250 hPa 高度上有一南风中心,随高度增加南风减弱,到 150 hPa 上转向为北风,北风加强且伸长与中纬度的北风连通,形成从低层到高层贯通的北风区,该偏北气流向南流动切入到暖湿气流之下,暖湿气流在锋面上爬升,上升运动加强。具体地,22°~31°N 附近均为上升气流,其中 22°~24°N 和 26°~28°N 附近上升运动大于 0.3 $Pa \cdot s^{-1}$。计算沿 102°E 地形强迫产生的垂直运动(图 3.30b),可以看到,在强降水出现的滇中以南地区,即 26°N 以南,地形强迫产生的垂直速度在 0 附近,说明在这一区域,地形对气流的抬升无明显作用,北风起着加强低层辐合,进而上升气流增强的重要作用;而 26°N 以北上升气流的增强,除了冷空气的作用外，地形强迫也是一个重要因素，但由于气流干冷，降水强度不大。

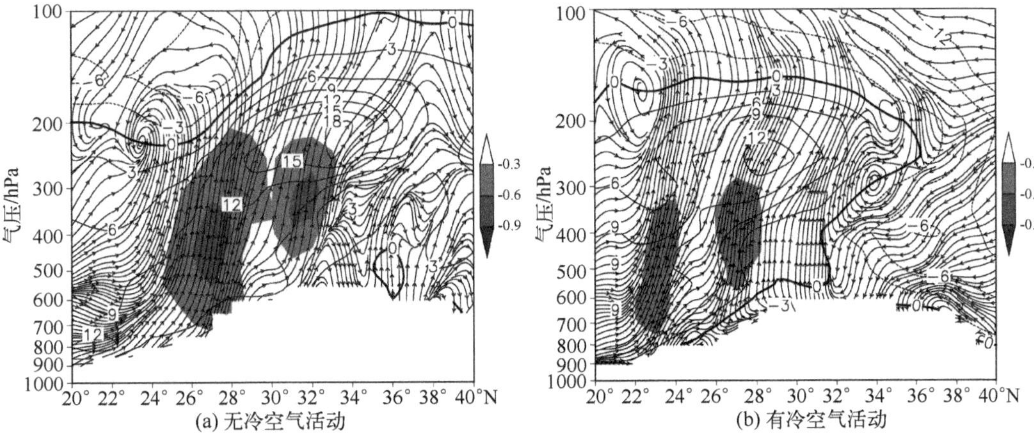

图 3.29　风暴强降水中无、有冷空气活动时分别沿 99°E(a)、102°E(b)的经向环流和经向风(单位：m · s^{-1})的经向垂直剖面图(虚线：北风，实线：南风；阴影：垂直速度 ω，单位：Pa · s^{-1})

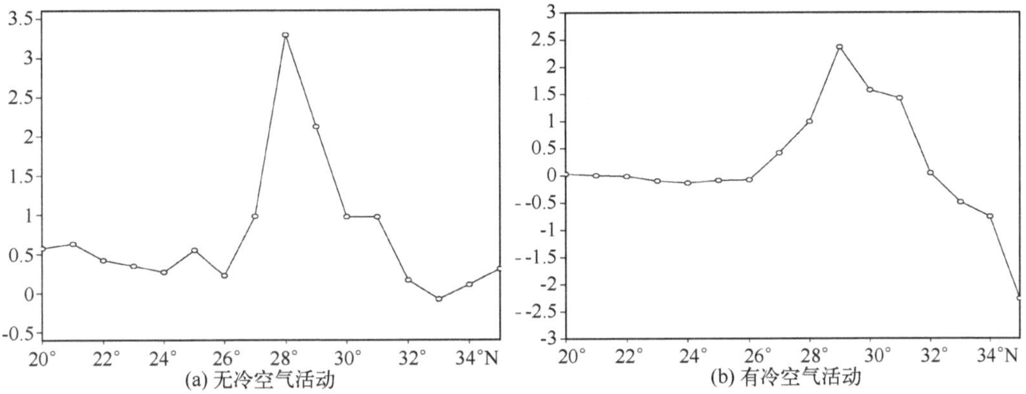

图 3.30　风暴强降水中沿 99°E(a)、102°E(b)的地形强迫垂直速度 w(单位：m · s^{-1})

3.3.5　结论与讨论

对 2000—2010 年初夏引发云南强降水的孟加拉湾风暴过程中，无和有冷空气作用进行合成对比分析，探讨两者对云南大～暴雨发生、发展和维持作用之间的差异，得到如下初步结论：

(1)初夏影响云南强降水的孟加拉湾风暴，均在 90°E 以东、15°N 以北的孟加拉国东南部、缅甸中北部沿海一带登陆，约 78%的强降水过程都是在孟加拉湾风暴登陆以后产生的。除云南东部边缘外，云南大部都易受孟加拉湾风暴影响，当有冷空气作用时，云南大～暴雨的范围更广、强度更强。

(2)环流的演变与风暴强降水区密切相关。其中，无冷空气配合时，风暴暖湿气流北上，滇西地区易出现强降水；有冷空气配合时，500 hPa 青藏高原至蒙古高原的高压脊明显发展，700 hPa 四川盆地有小高压活动，有利于川滇切变线南下，冷暖空气的交汇主要出现在滇中及以南地区。

(3)进一步分析无、有冷空气活动与风暴强降水的关系。无冷空气配合时,强降水当天南风明显增强,且最大风速中心随高度向北倾斜,300 hPa 以下对流层均有大于 9 m·s^{-1}的南风存在,垂直风切变小,湿层深厚,风暴暖湿气流带来的对流不稳定是滇西产生强降水的重要原因,此外地形强迫抬升也起着重要作用。有冷空气配合时,强降水开始时刻,沿着云南地形有一向北倾斜的 θ_{se} 密集带,倾斜等熵面南侧有暖湿风暴云团向北倾斜上滑,而北端对流层中低层为干冷气流,它们在倾斜的等熵面上交汇,偏向暖湿气流区存在向北倾斜的上升运动区,强降水过程中,北端切入 气流更为干冷,强降水区假相当位温线变得更为密集、坡度也略有增加,与开始时刻相比,上升运动更为陡立;湿位涡方面,滇南北侧高层有高值湿正压项 MPV1 沿着倾斜的等熵面向降水区下传,在 20°～24°N 附近切入 到近地面层负的 MPV1 区中,下滑冷空气的强迫加强了南侧暖湿气流的上滑,同时,强降水以北的高层有 MPV2 负值中心沿 θ_{se} 等值线密集带从对流层高层倾斜侵入对流层低层,冷暖空气在对流层中低层相遇,产生条件性对称不稳定,导致滇中以南地区出现强降水。

另外,值得注意的是,2003 年风暴过程,仅在地面有浅薄冷空气的活动,云南同样出现了大范围的强降水。那么,浅薄冷空气在风暴强降水中的作用怎样? 与较深厚冷空气在风暴强降水作用中的差异如何? 对此我们并不清楚,还有待于进一步的分析和探讨。

3.4　云南秋季风暴降水的差异

热带气旋是影响我国的主要灾害性天气系统之一,长期以来国内气象学者对西太平洋台风的形成机理、结构变化、登陆过程及热带气旋强降水的物理机制等方面作了较深入的研究,取得了很多有意义的成果(陈联寿等,1979;2001;2006)。对于台风与低纬高原降水的关系,卓嘎等(2000)统计分析了西太平洋台风活动与全国范围内降水的联系,指出台风活动与青藏高原东侧年降水量之间的联系相对而言最为显著。郭荣芬等(2005)分析了 2003 年 7 月 25 日“伊布都”西太平洋台风西行引发的云南暴雨过程,指出副热带高压的西伸加强,其西侧持续强盛的低空偏南急流使西移到云南的热带低压维持并加强。孟加拉湾风暴是指发生在孟加拉湾海域的热带气旋,它是影响低纬高原地区的重要天气系统。刘瑜等(2007)通过对 46 a 孟加拉湾风暴的分析得出初夏孟加拉湾风暴出现频率多(少),则云南雨季开始早(晚)。段旭等(2009)对孟加拉湾风暴的活动特征进行了统计分析,指出初夏 5 月和秋季 10—11 月是孟加拉湾风暴的活动高峰期,孟加拉湾风暴的平均生命史为 61.6 h,登陆后的平均维持时间 11 h,与西太平洋台风相比,维持时间较短。张腾飞等(2006)利用卫星云图和多普勒雷达资料对孟加拉湾风暴影响下云南初夏 4 次连续性强降水天气过程进行分析,指出孟加拉湾风暴以分裂中尺度对流云团、外围云系以及登陆减弱的本身沿西南气流北上影响云南,在多普勒雷达回波上表现为整体回波偏东移,西南急流、“牛眼”结构和风随高度顺转等中尺度特征。李英等(2003)分析 2000—2001 年初夏孟加拉湾对流云团活动特征,认为初夏云南强降水与孟加拉湾对流云团活动有关。鲁亚斌等(2006)对初夏一次孟加拉湾风暴和冷空气影响下造成滇西大暴雨过程进行中尺度分析。王子谦等(2010)基于湿位涡诊断分析和倾斜涡度发展理论,研究了一次孟加拉湾风暴北上造成青藏高原暴雪的天气事件,指出条件性对称不稳定机制是这次暴雪发生发展的一种可能的重要机制。王曼等(2011)模拟了地形对初夏孟加拉湾风暴路径、结构变化和降水分布的影响。可见对于孟加拉湾热带气旋的研究已取得了一些较有意义的成果。但近年来对初夏孟加拉湾风暴影响云南的研究居多，且主要集中在初夏孟加拉湾风暴造成云南大到暴雨个例的环流结构、物理量诊断和卫星雷达回波特征分析。对秋季孟加拉湾风暴影响研究相对较少，尤其是风暴影响云南降水差异的对比分析很少见。本节利用 NCEP/NCAR 再分析资料对秋季的两个强孟加拉湾风暴的移动路径和对云南降水影响有明显差异的成因进行分析，以期为孟加拉湾风暴影响低纬高原天气的预报服务提供更多依据。

3.4.1　两个风暴路径和产生的降水

3.4.1.1　移动路径和强度

图 3.31 给出了两个孟加拉湾风暴移动路径和强度。风暴 1：1999 年 10 月 25 日 08 时（均为北京时，下同）在孟加拉湾东部的安达曼岛附近有一热带低压生成，在向西北方向移动过程中发展加强，26 日 08 时发展为热带风暴，27 日 08 时加强为飓风，29 日 02 时达到最强（近中心最大风力为 140 knot），29 日 14 时在印度半岛登陆，登陆时强度为飓风（近中心最大风力为 135 knot），登陆后略西北移后减弱，30 日 14 时减弱为热带风暴，并转向南移于 11 月 1 日 02 时再次进入孟加拉湾，1 日 08 时减弱为热带低压，3 日 14 时在孟加拉湾西部海域减弱消失。风暴 2：2007 年 11 月 1 日 14 时孟加拉湾南部海域生成一热带风暴，之后向偏北方向移动加强，13 日达到飓风强度，并维持到 15 日，最强时近中心最大风力为 135 knot（15 日 14 时），15 日 23 时在孟加拉国登陆，登陆时强度为飓风（近中心最大风力为 115 knot），登陆后向东北方向移动，16 日 08 时减弱为热带风暴，16 日 20 时减弱为热带低压后消失。

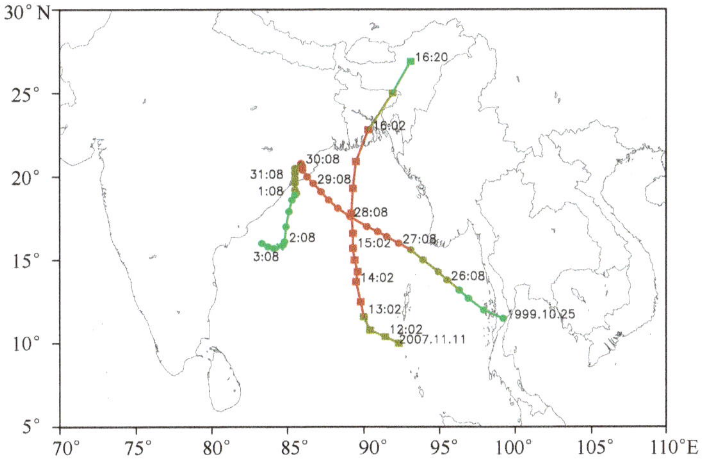

图 3.31　两个孟加拉湾风暴移动路径和强度（绿色：TD，黄色：TS，红色：H）

文献（段旭等，2009）统计得到，三分之二的孟加拉湾风暴较弱，只能达到热带风暴强度，另外三分之一可达到飓风（台风）的强度。由此可见，风暴 1 和 2 均是发生在秋季的强风暴，且登陆时均维持较强强度。2 个风暴的移动路径不同，风暴 1 登陆（20°N、86.3°E）后在印度东海岸徘徊后重新入海减弱消失，风暴 2 登陆（21.8°N、90°E）后向东北移到大陆后减弱消失。

3.4.1.2　产生的降水

风暴1活动期间，云南大部地区出现了持续的降水天气，并出现5 d全省性大到暴雨天气过程，由于降水持续时间长、强度大，从而引发了滇西、滇南地区的洪涝灾害。图3.32a为1999年10月25日20时—11月3日20时云南日平均降水量，25°N以南地区的日平均降水量在10～25 mm，强降水呈东西向分布，强降水时段主要出现在10月26日20时—11月1日20时，其中风暴登陆前的27日、28日和风暴登陆后的30日达到了云南全省性暴雨过程标准，登陆后的10月31日和11月1日达到了云南全省性大雨过程标准，在10月26日—11月1日7 d中，云南共出现了143站次大雨、43站次的暴雨天气，24 h最大降水量为135.0 mm(30日出现在滇西保山龙陵)，11月2—3日出现了11站次大雨、3站次的暴雨天气。

风暴2活动期间，除滇西北局部出现暴雨(雪)、滇西出现小到中雨局部大雨天气外，云南其余地区降水并不明显。图3.32b为2007年11月11日20时—11月17日20时日平均雨量，降水主要在102°E以西地区，除滇西北地区日平均降水量在1～10 mm、局部地区10～25 mm以外，云南其他地区的日平均降水量小于1 mm，降水呈南北向分布，降水的主要时段出现在14—16日，其中14—15日达到了云南全省性小雨过程标准(云南125个气象站有83站及以上日降雨量≥0.1 mm)，11月11日—17日7 d中，云南仅出现了7站次大雨，1站次暴雨天气，24 h最大降水量为56.7 mm(15日出现在滇西北怒江贡山)。

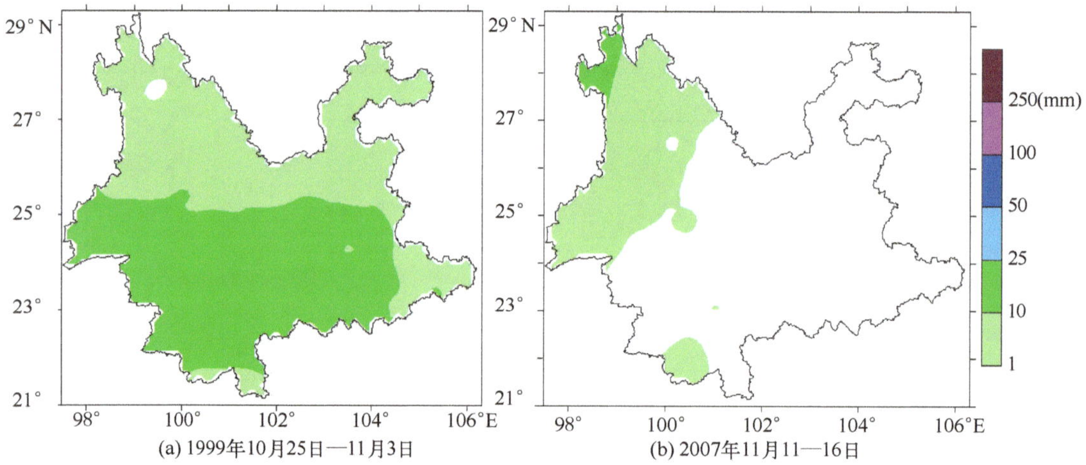

图3.32　孟加拉湾风暴活动期间云南日平均降水量(单位：mm)

3.4.2　两个风暴移动路径的差异

通常认为，热带气旋的移动与500 hPa引导气流有关，但在分析时发现风暴1发生时，500 hPa上孟加拉湾地区为一个宽广的低压辐合区(西太平洋副高与阿拉伯海高压间的辐合区)，用500 hPa气流来判断孟加拉湾风暴的走向较困难。分析高层200 hPa形势，发现孟加拉湾风暴移动与高层反气旋有关。图3.33a为1999年10月25日—30日200 hPa高度合成图，可见南亚高压较强，从西太平洋到阿拉伯海为1244带状高压控制，印度半岛和中南半岛分别为1246的高压控制，孟加拉湾风暴生成在南压高压的西南侧，在其外围东南气流的引导下向西北方向移动，登陆后位于印度半岛高压前部的东北气流中，转向南移，云南处在高压北侧西偏北气流中。风暴 2 发生时，从 2007 年 11 月 11 日—15 日 200 hPa 高度合成图（图 3.33b）可见，青藏高原到印度半岛为低压槽控制，与风暴 1 相比，南亚高压位置偏东，脊线偏北，强度偏弱，1246 线的西伸点只到 108°E，孟加拉湾风暴生成在南压高压的西端，在其偏南气流引导下向北方向移动，登陆后位于槽前和高压北侧的西南气流中，向北偏东方向移动。

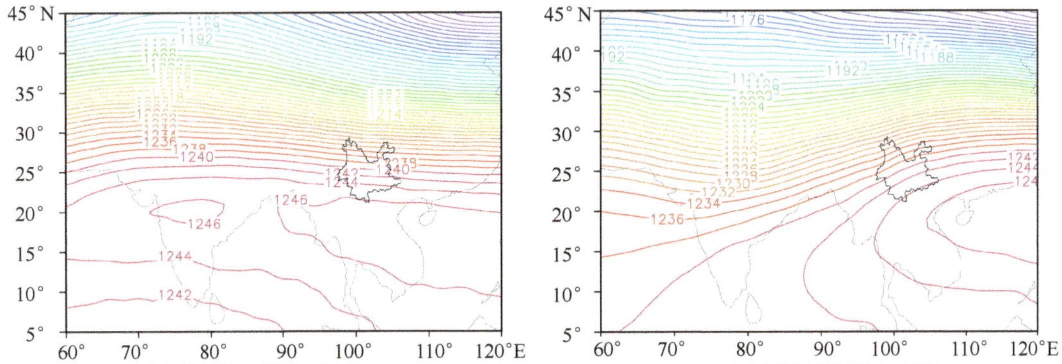

(a) 1999年10月25—30日　　(b) 2007年11月11—15日

图 3.33　孟加拉湾风暴活动期间 200 hPa 高度场合成图（单位：dagpm）

对比分析发现：2 个孟加拉湾风暴高层环流存在差异，导致其移动路径明显不同。秦剑等（1997）指出，可用高层反气旋流场来判断初夏孟加拉湾风暴移动方向。而 2 个秋季孟加拉湾风暴移动路径也与高层南压高压位置、引导气流有关，或许用高层流场来判断孟加拉湾风暴的移动方向是可行的，这也有待于进一步的研究证实。

3.4.3　影响云南降水差异的成因

3.4.3.1　环流特征分析

风暴 1 生成初期，10 月 26 日 08 时 500 hPa 环流形势图上（图略），低纬度地区西太平洋副高脊线位于 18°N 附近，588 dagpm 副高西伸脊点在 102°E，中南半岛和印度半岛为高压环流控制，中高纬度地区新疆脊发展东移，其前部低槽携带冷空气沿高原北侧东南移，对应低层 700 hPa 河套地区有冷高压生成东移，其东侧的东北气流与风暴外围的西南气流在川滇之间形成切变线缓慢南压，孟加拉湾风暴在孟加拉湾东部生成后加强向西北方向移动。10 月 27 日 20 时（图 3.34a）500 hPa 西风带低槽已移到高原东部，副高西脊点位于 110°E，700 hPa 切变线南压到滇东北，地面冷空气从四川盆地进入云南，孟加拉湾风暴外围的西南低空急流从中南半岛进入云南，冷暖气流在云南发生相互作用，激发出云南第一阶段强降水天气，大到暴雨落区位于切变线南侧的西南大风区中。随着高空槽的东移，29 日 08 时（图略）500 hPa 云南大部地区转为槽后的西北气流控制，低层冷空气和孟加拉湾风暴外围西南气流减弱，相应 29 日降雨明显减小。29 日 14 时西移的孟加拉湾风暴在印度半岛登陆，副高有所西伸，30 日 08 时（图 3.34b），588 dagpm 西伸脊点在 106°E，云南转为西南风控制，700 hPa 风暴外围与副高西侧的西南风迭加，在孟加拉湾、云南到贵州形成一条东北—西南向的大风速带，大于 14 m·s^{-1}的西南低空急流从缅甸进入云南，受其影响滇西出现大暴雨天气。与此同时 500 hPa 中高纬度巴尔喀什湖又有高空槽经向发展东移，到 31 日 20 时（图略)，在高空槽的引导下，700 hPa 切变和地面冷锋迅速南下移到云南哀牢山一线，冷空气和孟加拉湾风暴环流再次发生相互作用，使云南的强降水天气持续。11 月 1 日以后，冷空气变性减弱，孟加拉湾风暴也减弱为热带低压并在印度半岛高压东侧的东北气流引导下南移，云南的强降水天气逐渐减弱，但由于孟加拉湾风暴再次进入孟加拉湾海域，孟加拉湾至低纬高原仍为西南气流控制，有利于水汽和不稳定能量不断向云南输送，从而使云南降水天气持续。

风暴 2 生成初期 500 hPa 环流形势表现为西太平洋副高偏弱，脊线位于 20°N 附近，588 dagpm 线西伸脊点在 125°E 以东地区，孟加拉湾风暴中心位于 15°N 以南，低纬高原为偏西气流控制，云南大部地区无降雨。随着孟加拉湾风暴加强北上，西太平洋副高明显加强西伸北抬，13 日 20 时开始云南转为西南气流控制，14 日 20 时(图 3.34c)，孟加拉湾风暴中心已北移到 16°N、90°E 附近，西太平洋副高脊线位于 22°N 附近，588 dagpm 线西伸脊点至 108°E，低层云南西南风加强，14—15 日云南大部地区出现了小雨天气，风暴东侧低空急流的前方滇西、滇西北局部地区出现大到暴雨。15 日 23 时孟加拉湾风暴在孟加拉国登陆，西太平洋副高继续加强西伸，16 日 08 时(图 3.34d)588 dagpm 线西伸脊点到达 98°E，云南大部为西太平洋副高控制，风暴东侧低空急流的范围明显减小，并离开海面，风暴环流与海洋上的水汽通道断开，16 日的降水只出现在滇西、滇西北地区，西进的副高不仅阻挡了孟加拉湾风暴对云南的影响，同时也使风暴在登陆东移时迅速减弱消失。

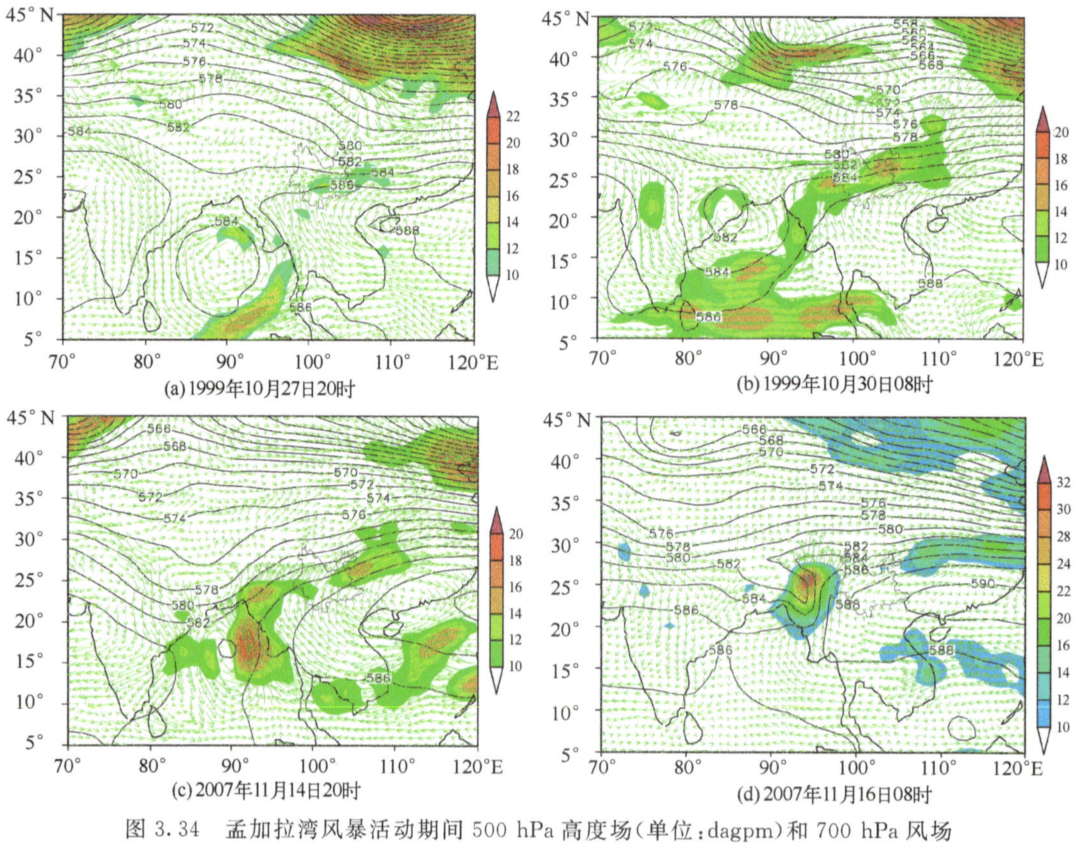

图 3.34　孟加拉湾风暴活动期间 500 hPa 高度场(单位：dagpm)和 700 hPa 风场

(阴影区≥10 m·s^{-1}全风速)

上述对比分析发现，风暴 1 发生时，西太平洋副高脊线稳定在 18°N 附近，588 dagpm 线西伸脊点在 105°～115°E，副高位置有利于风暴东部的西南急流向云南输送大量水汽和能量。而风暴 2 发生时，西太平洋副高有一个明显加强西伸过程，当 588 dagpm 线超过 98°E，切断了风暴东部西南气流对云南的水汽和能量输送。风暴 1 活动期间，500 hPa 有两次西风槽东移，引导低层切变和地面冷空气进入云南，造成了 10 月 27—28 日、31—11 月 1 日云南 4 d 的全省性大到暴雨天气过程；风暴 2 活动期间，青藏高原基本为平直的西风环流控制，无明显冷空气南下影响云南。孟加拉湾北部到云南始终维持强的西南气流，有利风暴中的水汽和能量源源不断的输送到云南，并且北方不断有冷空气进入云南，冷暖空气相互作用使降水持续增强，这是造成云南持续性降水原因。

3.4.3.2　水汽条件分析

水汽条件必须考虑两个方面：一是水汽不断向降水区输送，二是水汽能够在降水区辐合。图 3.35 给出了 2 个孟加拉湾风暴活动期间云南范围内(23°～28°N、97°～103°E，下同)平均水汽通量、水汽通量散度时间—高度剖面。可以看到 1999 年 10 月 26—11 月 3 日来自西南暖湿气流的水汽输送比较充沛，4×10^{-3} g · hPa^{-1} · s^{-1} · m^{-1} 的水汽通量达到 500 hPa，700 hPa 以下始终维持水汽通量散度辐合区，这是云南持续阴雨天气的原因之一，但与强降水过程吻合的是水汽的强烈辐合，10 月 27—28 日、10 月 30—11 月 1 日 5 d 全省性大到暴雨天气过程均对应水汽通量散度强辐合区，且辐合层次到 600 hPa(图 3.35a)；而 2007 年 11 月 11—11 月 16 日西南暖湿气流的水汽输送相对较弱(图 3.35b)，14 日孟加拉湾风暴移过 15°N，风暴东侧的西南急流北上，之后云南的水汽通量增大，14—15 日在低层出现明显的水汽辐合，造成云南 2 d 全省性降水天气过程，16 日滇西北仍有降水外；其余时段低层为水汽通量散度辐散区，云南大部地区无降水。

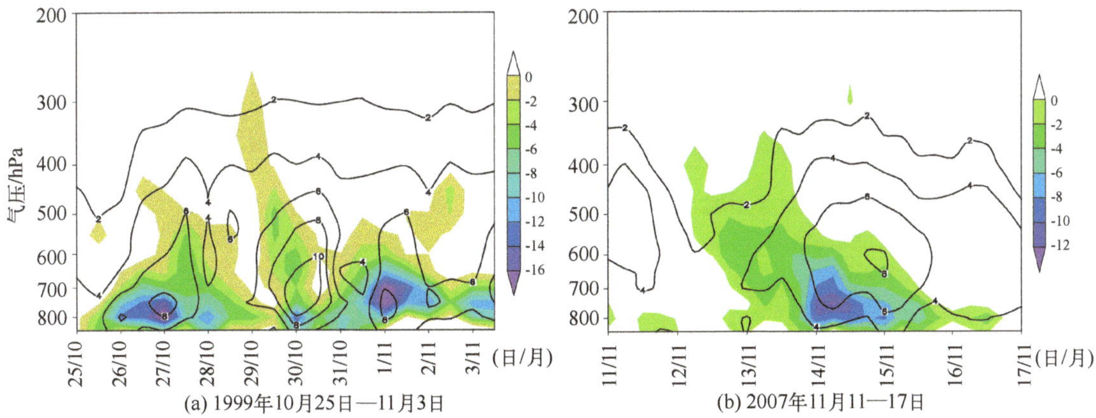

图 3.35　孟加拉湾风暴活动期间 23°～28°N、97°～103°E 区域平均水汽通量(实线单位：10^{-3} g · cm^{-1} · s^{-1} · hPa^{-1})和水汽通量散度辐合区(阴影区单位：10^{-7} g · cm^{-2} · s^{-1} · hPa^{-1})的时间高度剖面图

对比分析可知：由于受西太平洋副高位置、西南风强度的影响，孟加拉湾风暴对云南的水汽输送、水汽辐合强度和维持时间存在差异；风暴 1 水汽输送、水汽辐合强于风暴 2，且低层一直维持水汽辐合，由此造成风暴 1 影响云南降水较风暴 2 持续时间长、强度大的特点。

3.4.3.3　低空急流分析

低空急流被认为是对暴雨和强对流天气提供热力和动力条件的重要天气系统，分析发现低空急流的发展和持续与云南降水有明显的对应关系。图 3.36 为两个孟加拉湾风暴活动期间 700 hPa 全风速大值区和散度的纬度时间演变。前面形势分析表明，风暴 1 活动期间，从孟加拉湾东部到云南基本维持强的西南气流，从而造成云南持续阴雨天气。图 3.36a 可见 10 月 26—28 日、30 日、11 月 1--2 日有低空急流进入云南，急流中心的前部有明显的辐合中心，相对应云南出现了大到暴雨天气，其中急流较强时段(27—28 日、30 日)，云南出现了全省性暴雨天气过程，强降水落区与辐合区相对应，大风中心和辐合中心基本位于 25°N 以南地区，这是强降水为何主要出现在滇南的原因之一。而风暴 2 活动期间，孟加拉湾风暴前的低空急流从 14 日开始进入云南，其前部出现强的辐合中心，随着孟加拉湾风暴登陆北移，急流和辐合中心也明显北抬，降水出现的时段和范围与急流前的辐合中心一致(图 3.36b)。与图 3.35 相对应，在低空急流形成时段，云南出现了强水汽通量和水汽通量散度的辐合区。表明风暴前西南低空急流对强降水的形成具有重要的作用，它一方面起着输送水汽和能量的作用，另一方面又有助于维持必要的动力学条件，表现为风暴东侧西南大风区进入云南的同时就有明显降水发生，低空急流加强时，降水强度加大。

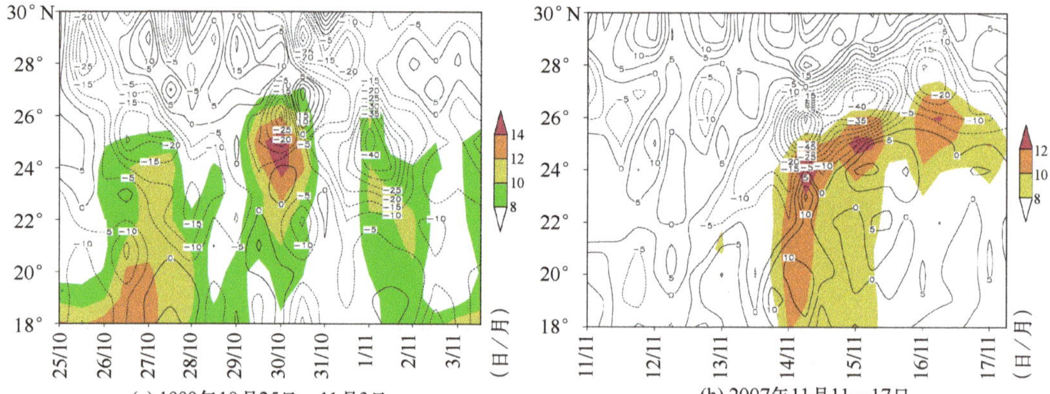

(a) 1999年10月25日—11月3日　　(b) 2007年11月11—17日

图 3.36　孟加拉湾风暴活动期间 97°～102°E 范围内 700 hPa 平均全风速(阴影区：≥8 m·s^{-1})、散度(单位：10^{-6}s^{-1})的纬度—时间演变

3.4.3.4　冷空气分析

强降水的产生和发展常常与冷暖空气的相互作用有关，用北风的强弱来表征冷空气活动强弱(姚秀萍等，2005)。图 3.37 为两个孟加拉湾风暴活动期间 700 hPa 经向风的纬度时间演变。图 3.37a 可见，风暴 1 于 10 月 25 日生成后西北移，其东侧的强西南风北上，26 日云南(22°～28°N)上空转为较强偏南风，四川盆地为北风控制，27—28 日，北风中心南移，表明冷空气南下进入云南，冷暖空气交汇造成云南连续 2 d 的全省性暴雨天气过程，强降水发生在暖湿气流一侧，27 日北风到达 26°N 附近，大到暴雨落区出现在 25°N 以南地区，28 日北风南下到 24°N，大到暴雨落区也南移到 23°N 以南地区。29 日冷空气变性减弱，云南转为弱偏南风控制，大到暴雨天气结束，最大日降水量为 19.2 mm。30 日由于风暴东南侧西南气流与副高外围的西南气流叠加，形成西南低空急流，在 24°N 附近出现 7 m·s^{-1}南风中心，全

风速达 14 m·s⁻¹(图略),大到暴雨落区则出现在低空急流前部(25°～26°N 之间),31 日—1 日,又有北风南移进入云南,冷暖空气再次在云南交汇造成全省性大到暴雨天气过程。风暴 2 活动期间,云南大部地区一直为南风控制(图 3.37b),无明显冷空气进入云南,仅 15—16 日在 29°～30°N 之间出现弱的北风,弱冷空气和孟加拉湾风暴相互作用,造成滇西北北部德钦、贡山 2 个气象站连续 2 d 的大到暴雨(雪)天气,由于 14—15 日南风明显北抬,大于 10 m·s⁻¹的强风速中心位于 23°～26°N,云南出现全省性小雨天气过程。

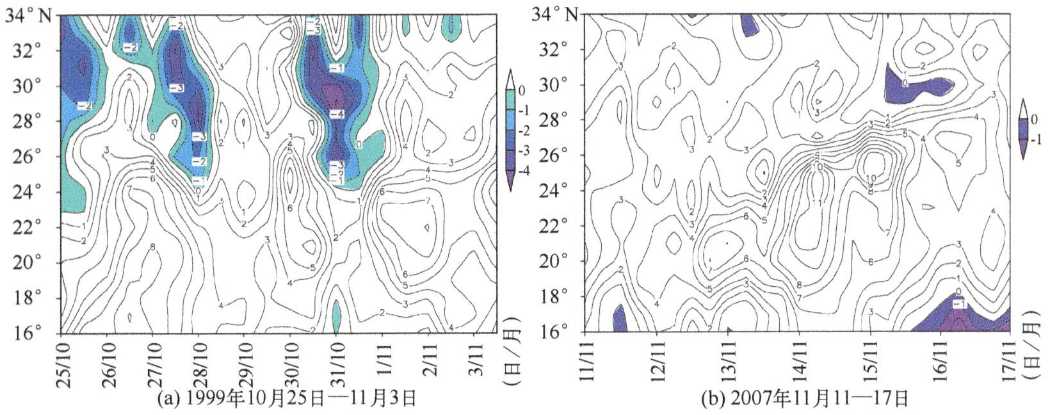

图 3.37 孟加拉湾风暴活动期间 98°～103°E 范围内平均经向风的纬度一时间演变
(阴影:北风,单位:m·s⁻¹)

上述对比分析可知:在风暴 1 影响云南降水的过程中,有两个阶段存在冷空气与风暴环流的相互作用,而这两个阶段云南均出现了全省性大到暴雨天气过程;风暴 2 活动期间,无明显冷空气南下,云南未出现全省性大到暴雨天气过程,但滇西北北部的大到暴雨天气仍是弱冷空气与孟加拉湾风暴相互作用造成的,说明当有冷空气进入云南时,会加大孟加拉湾风暴影响时的降水量,孟加拉湾风暴环流与冷空气相互作用是产生云南强降水的重要机制之一。

为此分析了两个风暴影响期间,造成云南暴雨(雪)天气的等相当位温 θ_e 垂直剖面;图 3.38 为 1999 年 10 月 27—28 日暴雨过程沿 102°E 垂直剖面。暴雨开始前(26 日,图略),低层滇南上空为孟加拉湾风暴前较强的暖湿气团控制,$\frac{\partial \theta_e}{\partial p}>0$,大气层结为对流不稳定。此时,北方冷空气开始南下,其前锋 θ_e 密集带位于 30°N 附近。27 日 08 时 θ_e 密集带南移,在 26°～28°N 范围内形成 θ_e 陡峭密集锋区(图 3.38a),并向南侵入滇南湿对流不稳定区,它对暖湿气流起到了强迫抬升作用,引起凝结和位势不稳定释放。此后干冷空气 θ_e 密集带继续南下,暖湿对流不稳定空气进一步被抬升(图 3.38b)。29 日(图略)θ_e 陡峭密集带减弱消失,暴雨过程结束,30 日(图略)随着西南低空急流的加强,再次为云南输送了大量的不稳定能量,同时又有冷空气南下进入云南,10 月 31 日—11 月 1 日(图略)在云南再次形成 θ_e 陡峭密集带,相对应云南又出现了全省性大到暴雨天气。从图 3.38 中剖面环流可以看出,27—28 日,中低层(400～700 hPa)θ_e 陡立面南侧暖湿上升气流与北侧下沉的干冷气流形成了一个经向垂直环流圈,700 hPa 以下在 θ_e 密集带附近有一西南气流和东北气流形成的辐合线,经向垂直环流圈、辐合线使两种不同性质的气流充分交汇,对于不稳定能量的释放是十分有利的。

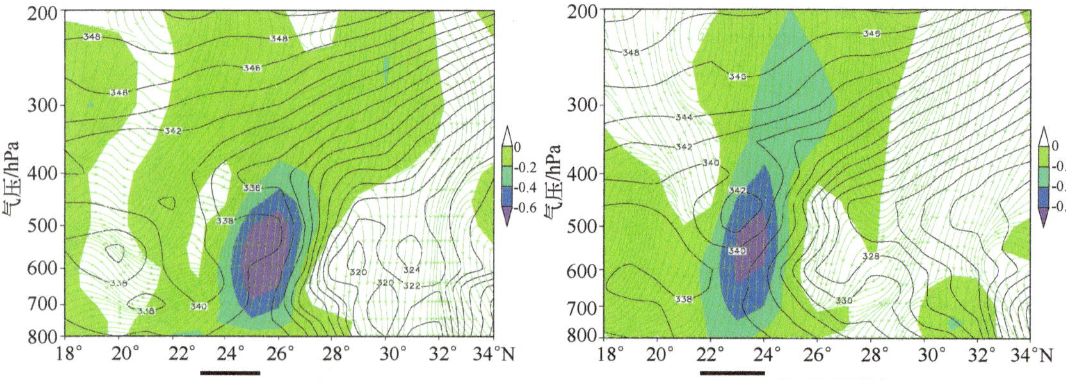

(a) 27日08时　　(b) 28日08时

图 3.38　1999 年 10 月 27—28 日沿 102°E 垂直剖面(实线 θ_e，单位：K；v(m·s^{-1})×ω(10^{-2} Pa·s^{-1}))
(阴影区为上升气流区，图下粗实线指示暴雨雪区的纬度跨度)

图 3.39 为风暴 2 影响过程中沿暴雨(雪)区 98°E 的等相当位温 θ_e 垂直剖面，2007 年 11 月 15 日 08 时(图 3.39a)，孟加拉湾风暴的暖湿气流向北倾斜上滑，与北侧冷空气之间形成自南向北倾斜的 θ_e 密集带，冷暖气流在倾斜的密集区交汇，且偏向暖湿气流区存在向北倾斜的上升运动区，暴雨(雪)区与强上升运动中心相对应；16 日 08 时(图 3.39b)，随着暖湿气流不断北上，θ_e 密集北抬变得陡峭，降水区仍维持向北倾斜的上升运动，暴雨(雪)天气持续，17 日(图略)强降水区上空的密集区减弱消失，暴雨雪天气结束，形势分析表明，此次孟加拉湾风暴活动期间，由于冷空气较弱，故显示的 θ_e 陡峭密集区随高度向北倾斜。

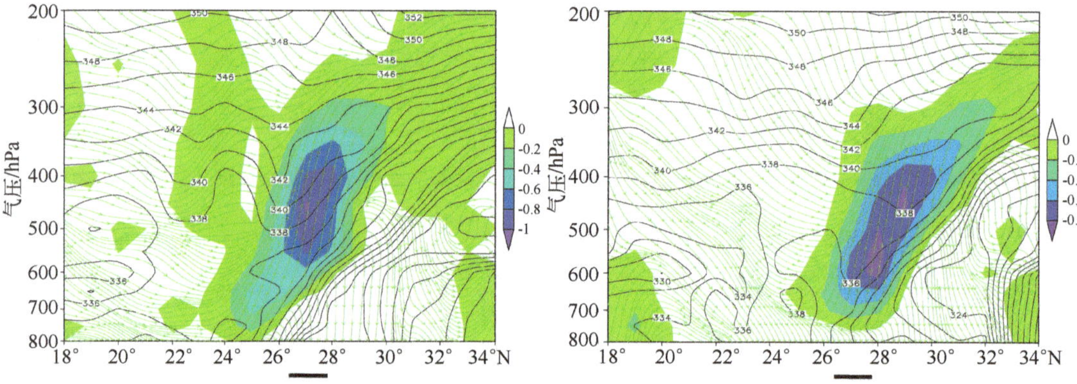

(a) 15日08时　　(b) 16日08时

图 3.39　2007 年 11 月 15—16 日沿 98°E 垂直剖面(实线 θ_e，单位：K；v(m·s^{-1})×ω(10^{-2} Pa·s^{-1}))
(阴影区为上升运动区，图下粗实线指示暴雨雪区的纬度跨度)

上述分析表明在强降水过程中，锋生机制发挥了重要作用，冷空气与孟加拉湾风暴前部的暖湿空气交汇形成了 θ_e 密集锋区，根据倾斜涡度发展理论，θ_e 面陡立密集时，有利于垂直涡度的显著发展，而倾斜涡度发展造成的上升运动又有利于强降水的产生。所不同的是风暴 1 活动期间，θ_e 陡峭密集区是由于南下的冷锋切变与风暴前部的暖湿对流不稳定空气交汇形成的，锋具有冷锋的特点，由于锋生作用，上升的暖湿气流和下沉的干冷气流形成的垂直环流，引起凝结和位势不稳定释放，产生暴雨天气。而风暴 2 在北上的过程中，暖湿的风暴气团向冷气团爬升，锋具有暖锋的特点，冷空气的强迫以及高原地形的抬升作用加强了风暴暖湿气流中的上升运动，从而导致暴雨雪天气。

3.4.3.5　动力条件分析

图 3.40 和图 3.41 是云南上空区域平均散度和垂直速度高度一时间演变图，图中可见风暴 1 和风暴 2 影响云南降水存在明显的动力差异。首先看辐合辐散情况：风暴 1 低层 700 hPa 以下一直都有辐合，全省性大到暴雨过程时段（10 月 27—28 日、10 月 30 日—11 月 1 日）为低层强辐合、高层强辐散结构，辐合层伸展至 500 hPa；风暴 2 影响云南主要降水时段（11 月 14—15 日）为低层辐合、中层辐散、高层辐合结构。其次从垂直速度看：风暴 1 活动期间，除 10 月 29 日外，其他时段 800～200 hPa 为整层的上升运动区，负大值中心出现在 600～400 hPa 高度上，而风暴 2 的上升运动仅到达 400 hPa，中心最大值 -0.21×10^{-2} $\mathrm{Pa\cdot s^{-1}}$ 出现在 650 hPa 高度上。前面形势分析可知，风暴 1 生成后，高层南亚高压位置偏西、强度偏强，南亚高压中的高空辐散场与低空辐合场形成的动力结构非常有利于垂直运动的发展。而风暴 2 生成后，高层云南处于槽前西南气流的辐合区中，中层由于副高的加强西伸，14—15 日在云南出现强辐散区，中层辐散和低层辐合引起垂直环流，垂直上升运动的高度明显偏低，其降水强度也就明显偏弱。

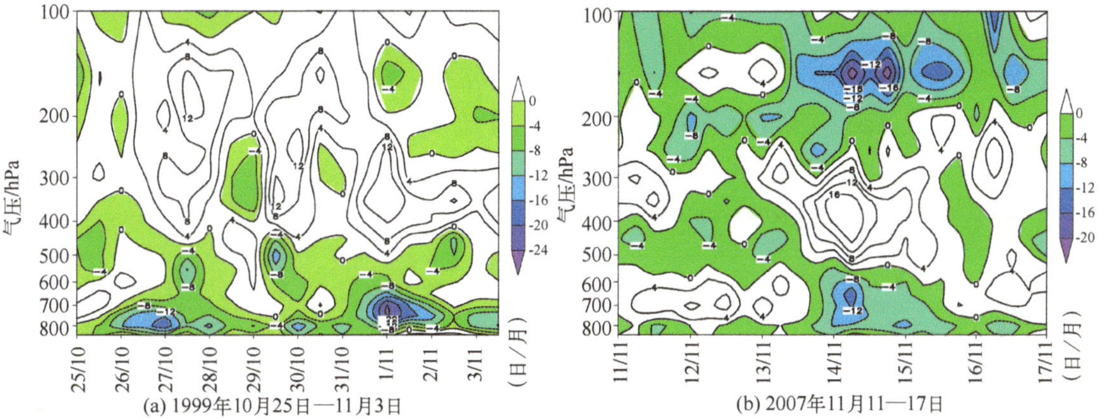

图 3.40　孟加拉湾风暴活动期间区域（23°～28°N、97°～103°E）平均散度的时间一高度剖面图（阴影区为辐合区，单位：$10^{-6}\,\mathrm{s^{-1}}$）

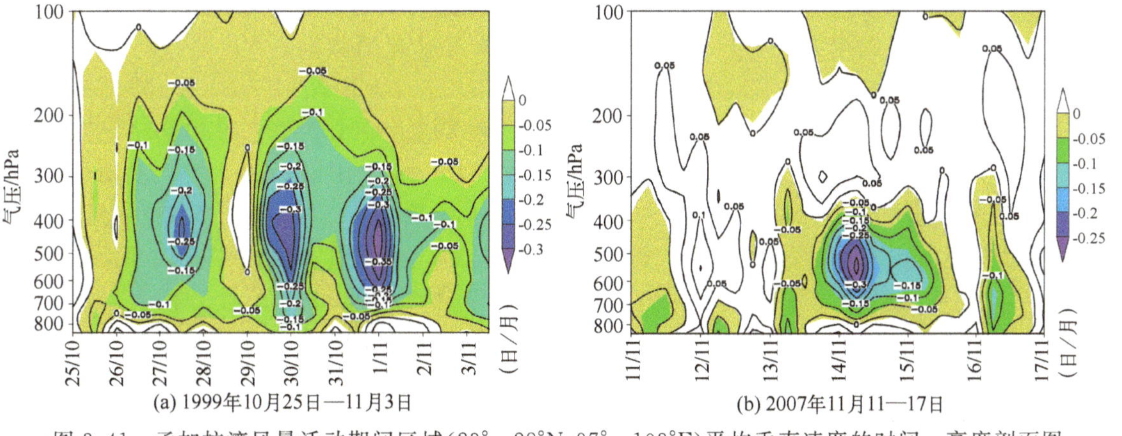

图 3.41　孟加拉湾风暴活动期间区域（23°～28°N、97°～103°E）平均垂直速度的时间一高度剖面图（阴影区为上升运动区，单位：$10^{-2}\,\mathrm{Pa\cdot s^{-1}}$）

由此可见：高低空不同的环流配置导致了风暴影响云南时的动力结构、垂直运动等方面存在明显差异，而这些差异是两个风暴造成云南不同降水分布特征的重要原因。

3.4.4 小结

对两个秋季强孟加拉湾风暴影响云南降水进行对比分析，得到以下结论：

(1)高层 200 hPa 南亚高压位置、引导气流的差异导致了孟加拉湾风暴移动路径和登陆位置不同；或许用高层的引导气流来判断孟加拉湾风暴的移动方向是可行的。

(2)500 hPa 西太平洋副高位置、西伸脊点的不同，对孟加拉湾风暴水汽输送则存在差异；当西太平洋副高脊线在 18°～22°N，588 dagpm 线西伸脊点在 105°～115°E 之间，有利于风暴东部的西南气流向云南输送大量水汽和能量，造成云南降水天气；当副高位置偏北偏西，588 dagpm 线西伸脊点超过 98°E，切断了风暴东部西南气流对云南的水汽和能量输送，不利于云南产生降水。

(3)当有冷空气进入云南时，会加大孟加拉湾风暴影响时的降水量，孟加拉湾风暴环流与冷空气相互作用是产生云南强降水的重要机制，当两者中的一方减弱时，降水天气也减弱。低层孟加拉湾风暴东侧西南大风区的移动对降水的形成也具有重要的作用，它一方面携带孟加拉湾风暴云系东北移，将风暴中的水汽和能量输送到云南，另一方面大风区的风速辐合又有助于维持必要的动力学条件。

(4)高低空不同的环流形势导致了风暴影响云南时的动力结构、垂直运动等方面存在明显差异，而这些差异是风暴造成云南不同降水分布特征的重要原因。

3.5 云南受风暴影响的站点降水统计和环流特征

本章第 2 节讨论了孟加拉湾风暴过程对高原地区降水的影响，以面上网格降水量的大小来表述。在实际预报业务中，降水过程的大小是用站点降水量大小以及站点数来衡量的。本节用站点降水统计云南受风暴影响程度及分析合成的环流特征。

3.5.1 平均站数及降水过程频数

表 3.4 统计了 1980—2010 年孟加拉湾风暴不同路径(图 1.6)登陆当天，云南各降水等级平均站数及造成全省性小—中雨过程和大—暴雨过程的频数。NE 路径登陆风暴影响时出现小雨的平均站数为 72.01 个、中雨站数 16.02 个、大雨站数 7.08 个、暴雨站次数 1.73 个；小—中雨过程频数达 73.48%、大—暴雨过程频数为 14.28%。NW 路径登陆风暴影响时出现小雨的平均站数为 50.68 个、中雨站数 5.05 个、大雨站数 1.33 个、暴雨站次数 0.27 个；小—中雨过程频数达 25.81%、大—暴雨过程频数为 1.34%。偏 W 路径登陆风暴影响时出现小雨的平均站数为 34.66 个、中雨站数 2.46 个、大雨站数 0.71 个、暴雨站次数 0.14 个；小—中雨过程频数达 14.78%、大—暴雨过程频数为 0.0%。统计分析表明，NE 路径孟加拉湾风暴对云南影响最大，NW 路径次之，偏 W 路径影响最小，与节 3.2 的结论一致。

表 3.4　1980—2010 年期间孟加拉湾风暴影响下云南各降水等级平均站数及降水过程频数

登陆路径	影响天数(d)	小雨平均站数	中雨平均站数	大雨平均站数	暴雨平均站次数	小—中雨过程频数(%)	大—暴雨过程频数(%)
NE	147	72.01	16.02	7.08	1.73	73.48	14.28
NW	93	50.68	5.05	1.33	0.27	25.81	1.34
W	224	34.66	2.46	0.71	0.14	14.78	0

3.5.2　NE 路径与云南降水站数的关系

1980—2010 年 NE 方向登陆的孟加拉湾风暴有 43 个，取风暴登陆前后 3 d 最强的一个降水日的暴雨、大雨，中雨和小雨站数，则统计结果如图 3.42。结果表明，NE 路径登陆风暴易造成云南出现强降水天气过程，其中，大—暴雨站数(大雨站数＋暴雨站数)平均为 14.3 站，小—中雨站数(小雨站数＋中雨站数)平均为 89.8 站。

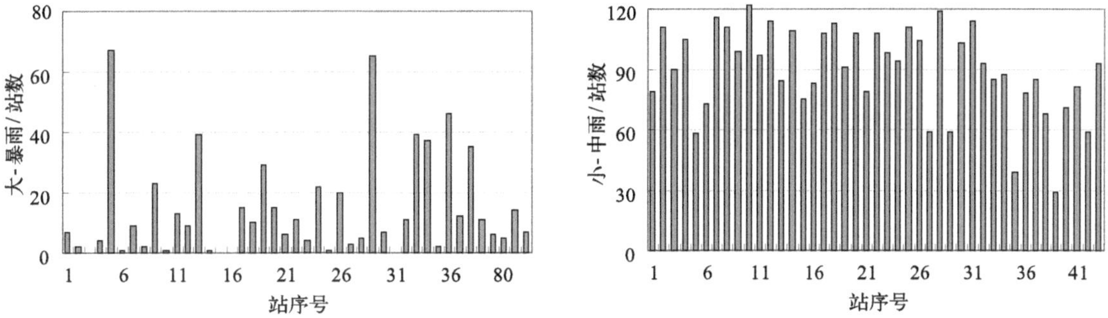

图 3.42　1980—2010 年 43 个 NE 路径登陆风暴与云南降水站数的关系

风暴导致的最强降水过程是 1997 年的 9 月 25—28 日，云南连续 4 d 出现大—暴雨天气，大—暴雨站数分别为 38、65、23 和 22 个；其次是 2004 年 5 月 18—20 日(大—暴雨站数分别为 69、66 和 33 个)、1983 年 11 月 9—11 日(大—暴雨站数分别为 15、47 和 36 个)和 1999 年 10 月 30 日—11 月 1 日(大—暴雨站数分别为 27、31 和 39 个)的连续 3 d 的大—暴雨天气，以及 2003 年 5 月 19—20 日(大—暴雨站数分别为 46 和 25 个)连续 2 d 的大—暴雨天气。

3.5.3　风暴不同登陆路径与云南强降水的关系

从云南降雨(日降雨量≥0.1 mm)频数空间分布看(图略)，风暴在 NE 路径登陆，云南大部地区降水频率在 60%以上，尤其滇西地区的降水频率高达 80%以上；其他路径登陆时对云南的影响明显较小，降水频数较大的区域主要在滇西、滇西南地区。

从云南大—暴雨频数空间分布看(图 3.43)，NE 路径登陆风暴造成的影响最大，尤其是在哀牢山以西的迎风坡地区频数较高，频数可达 10%～20%，其他区域为 5%～10%，北部地区 1%～5%(图 3.43a)；NW 路径登陆风暴造成的影响大幅下降，滇西河滇南部分地区频数为 4%～8%，滇中和滇东部分地区 1%～4%，其他区域很少出现大～暴雨(图 3.43b)；偏西路径登陆风暴造成云南大—暴雨，处滇南地区频数为1%～4%外，其他地区出现的概率很小(图3.43c)。

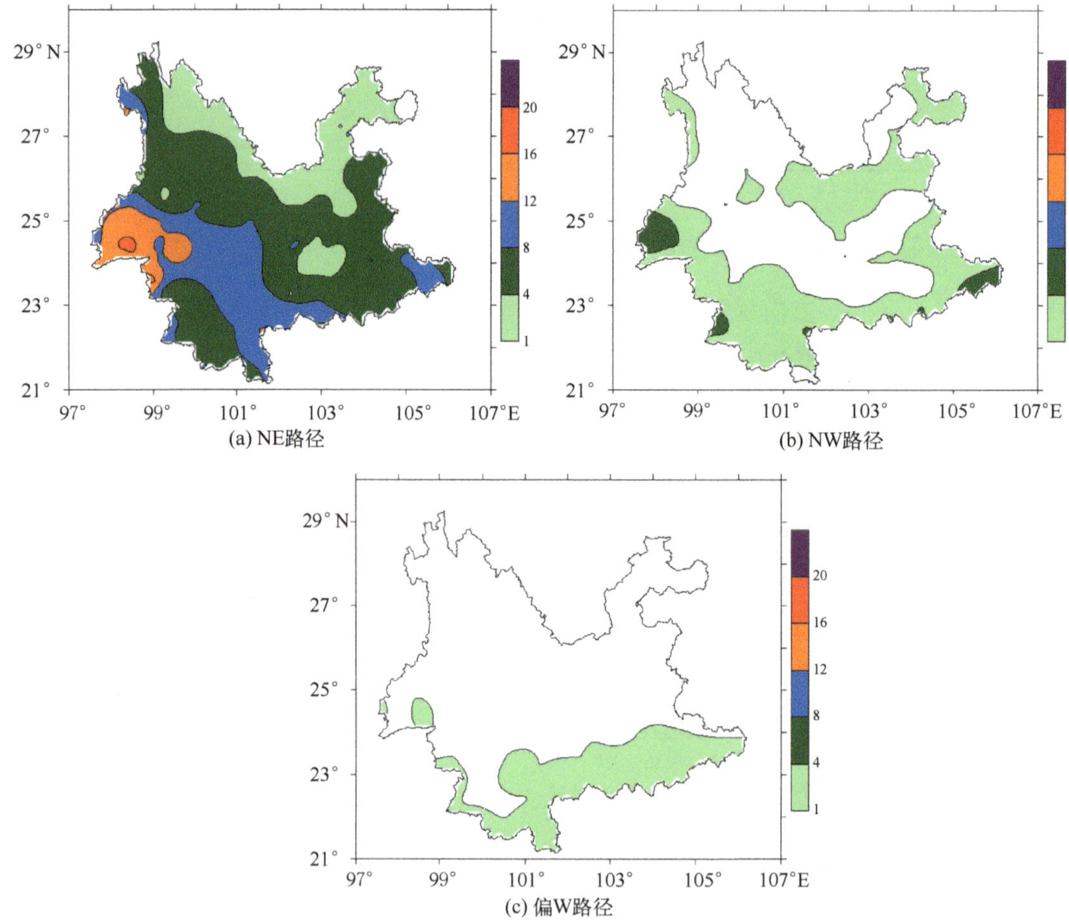

图3.43　1980—2010年孟加拉湾风暴不同登陆路径产生云南大—暴雨空间频数分布(%)
(a)NE路径；(b)NW路径；(c)偏W路径

表3.5统计了1980—2010年风暴不同路径登陆后3 d云南出现降水的情况。NE路径登陆风暴造成的降水对云南影响最大，其中第1天降水最强，云南平均出现小雨65.4站次、中雨20.7站次、大雨10.4站次、暴雨3.2站次，出现小雨、大雨、暴雨过程的频数分别为75.5%、26.5%，和8.2%，与未登陆前相比，云南出现强降雨和强降雨过程的概率明显增大，随着时间的推移，其影响逐渐减小；NW路径登陆风暴造成的降水对云南影响明显减小，但登陆后第3天对云南的影响最大，云南平均出现小雨67.4站次、中雨14.8站次、大雨5.6站次、暴雨0.7站次，出现小雨、大雨过程频数为61.2%和6.0%，无暴雨过程出现；偏W路径登陆风暴对云南影响最小，几乎不会造成全省性的降雨天气过程。

图3.44给出了风暴NE路径登陆后第1天和NW路径登陆后第3天降雨频数空间分布。可以看出，除了NE路径登陆风暴造成的降水大于NW路径外，NE路径登陆风暴对云南造成的降水，其强度以东—西分布为主，而NW路径则以南—北分布为主。

表 3.5　1980—2010 年期间风暴登陆后 3 d 降水站次数和降水过程频数

	NE 路径			NW 路径			偏 W 路径		
	第 1 天	第 2 天	第 3 天	第 1 天	第 2 天	第 3 天	第 1 天	第 2 天	第 3 天
平均小雨站数	65.4	72.0	60.5	53.5	62.4	67.4	25.1	20.3	22.0
平均中雨站数	20.7	12.7	9.5	6.1	12.7	14.8	0.8	0.1	0.3
平均大雨站数	10.4	6.0	4.3	1.1	2.4	5.6	0.2	0.1	0
平均暴雨站数	3.2	1.2	0.9	0.2	0.7	0.7	0	0	0
小雨过程频数(%)	75.5	61.2	51.0	27.8	50.0	61.2	0	0	0
大雨过程频数(%)	26.5	14.3	6.1	0	0	6.0	0	0	0
暴雨过程频数(%)	8.2	4.1	2.0	0	0	0	0	0	0

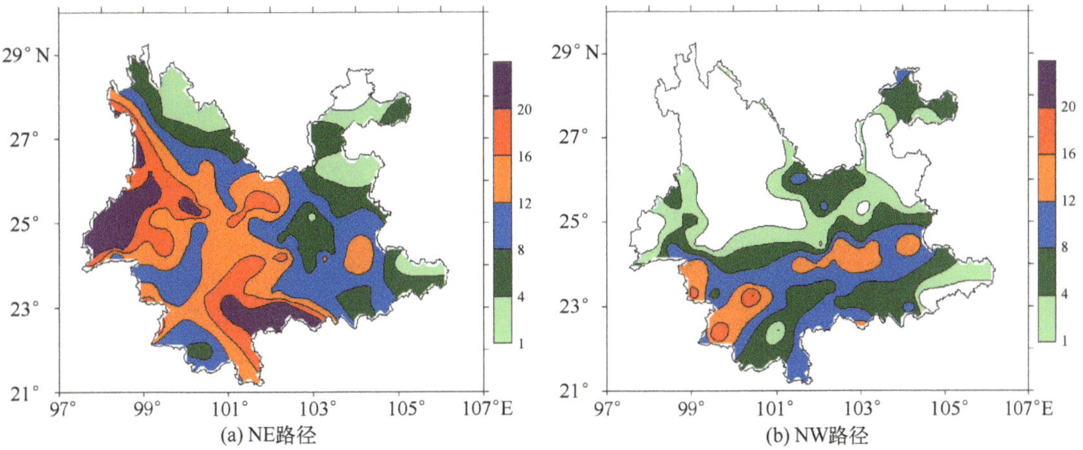

图 3.44　1980—2010 年风暴登陆后降水最强一天空间频数分布(%)

3.5.4　孟加拉湾风暴造成云南降雨过程环流特征

上述统计分析表明 NE 路径登陆风暴对云南的影响最大，选取 NE 路径登陆风暴造成云南全省性暴雨过程(日降雨量≥50 mm 的站数大于 10 站)、全省性小雨过程(日降雨量≥50 mm 的站数大于 83 站，且日降雨量≥25 mm 的站数小于 3 站)和全省性无降雨天气过程(日降雨量≥0.1 mm 的站数小于 40 站)各 10 次个例，合成分析天气过程发生前 12 h 的环流形势。从暴雨过程开始前 500 hPa 合成的高度场来看(图 3.45a)，主要特征表现为中高纬度地区贝加尔湖到高原北部为高压脊区，脊前高原东部有较强的西北气流，有利于引导低层冷空气从四川盆地南下进入云南，西太平洋副高脊线位于 15°～20 °N 之间，孟加拉湾为低压槽区，槽前西南气流和副高外围的西南气流形成了有利风暴东北移的强西南引导气流。全省性小雨过程的环流特征表现为：中高纬度地区贝加尔湖以东为高压脊区，脊前西北气流偏东，表明冷空气主力偏东移动，西太平洋副高偏弱，西脊点偏东，云南仅处于孟加拉湾低压槽前的西南气流控制，引导气流相对较弱，受风暴外围云系的影响云南只出现小雨天气(图 3.45b)。当青藏高原到云南上空的气流平直或为西北风时,不利于风暴影响云南(图 3.45c)。

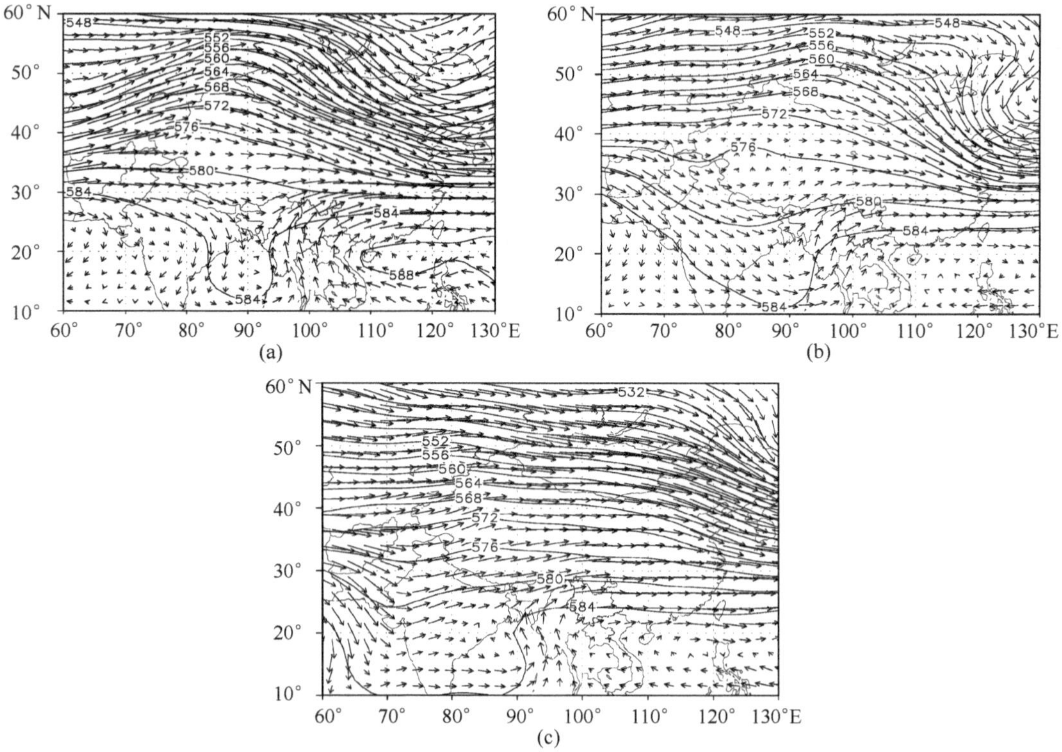

图 3.45　NE 路径登陆风暴造成云南全省性暴雨过程(a)、
全省性小雨过程(b)以及无全省性降雨过程(c)时的 500 hPa 高度场
(实线,单位:dagpm)和风场(箭矢,单位:m·s^{-1})合成图

分析表明,孟加拉湾风暴影响云南大多与孟加拉湾到低纬高原上空的西南风有关。当孟加拉湾到低纬高原上空的气流平直或为西北风时,一般不利于风暴东北移影响云南。进一步分析低层环流,发现低层孟加拉湾风暴环流呈不对称或椭圆型结构时,有利于降雨过程的出现,低空西南大风区与强降雨有较好的对应关系。图 3.46a 为云南暴雨过程发生前700 hPa 风场和风速大值区合成图,来自孟加拉湾风暴东侧和来自副高外围的偏南气流在中南半岛和云南南部形成了西南风的大值区,强降雨区与西南大风区相对应;对于小雨过程而言,西南大风区位于风暴南侧的孟加拉湾南部,由于副高位置偏东,云南仅为风暴外围的西南气流控制,因此造成的降水相对较小(图 3.46b);当孟加拉湾风暴呈对称的圆型结构,中南半岛为高压环流控制,阻挡了来自风暴的水汽和能量,云南难以出现降雨天气过程(图 3.46c)。

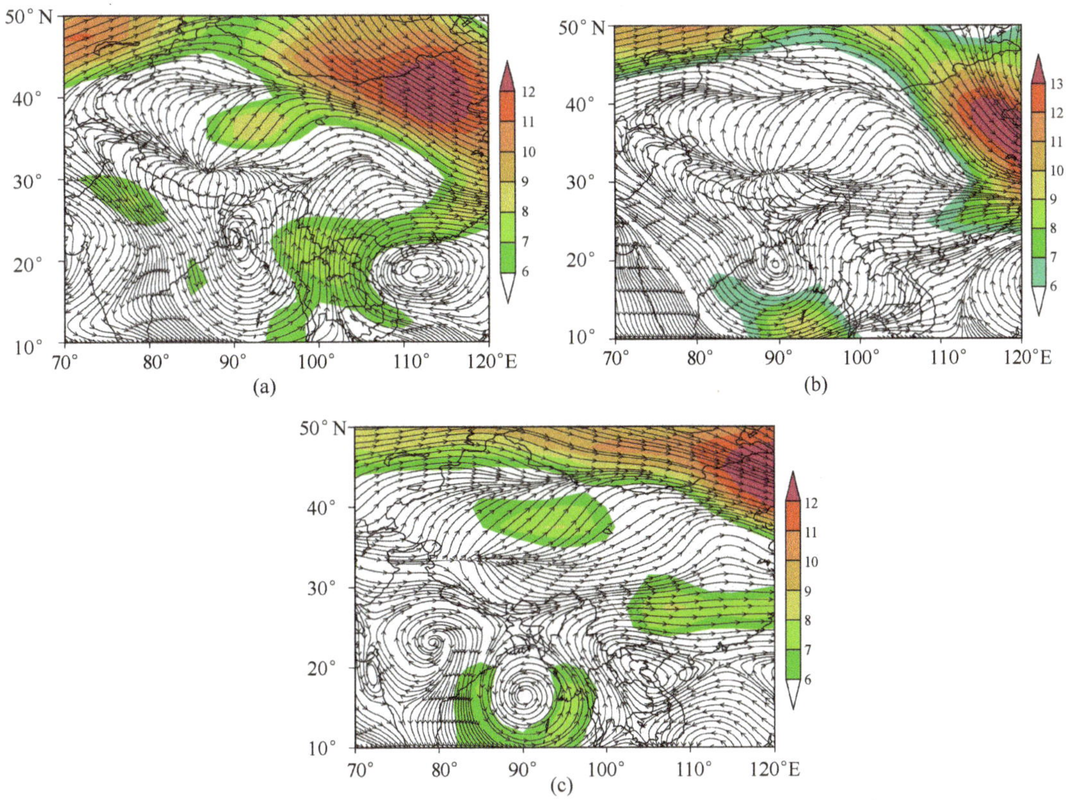

图 3.46　NE 路径登陆风暴造成云南全省性暴雨过程(a)、全省性小雨过程(b)以及无全省性降雨过程(c)时的 700 hPa 流场(阴影区为大于 6 $m \cdot s^{-1}$ 的全风速)合成图

3.5.5　小结

(1)不同登陆路径的孟加拉湾风暴对云南降水的影响不同,NE 路径登陆风暴对云南的影响最大,NW 路径影响次之,偏 W 路径影响最小。

(2)孟加拉湾风暴影响云南时,滇西、滇西南发生强降雨的概率最大。

(3)NE 路径登陆风暴登陆后第 1 天对云南的影响最大,与未登陆前相比,云南出现强降雨和强降雨过程的概率明显增大;NW 路径登陆风暴登陆后第 3 天对云南的影响最大。

(4)孟加拉湾风暴在不同的环流背景下,影响云南降雨的强弱不同,西太平洋副高脊线位于 15°～20°N 之间,云南处于孟加拉湾风暴东侧和副高外围的强西南气流控制,有利于造成云南的强降雨天气过程。

(5)孟加拉湾风暴东侧西南低空大风区的移动对强降水的形成具有重要的作用,它一方面起着输送水汽和能量的作用,另一方面又有助于维持必要的动力学条件。因此我们在分析风暴的大尺度环境流场时要特别注意来自其东侧西南风的强度及其变化。

3.6 风暴"Akash"对我国西南地区的影响

印度洋孟加拉湾地区是全球热带气旋频繁活动的海域之一。孟加拉湾热带风暴，常对周围邻近国家或地区造成严重影响。如其偏北移动，可使孟加拉国出现大海潮，青藏高原产生暴风雪；偏东移动，常对缅甸、中南半岛和我国西南地区有较大影响；偏西移动则可对印度、斯里兰卡等国造成重大影响(段旭等，2009)。近年来带来严重灾害的孟加拉湾风暴并不少，如，1991 年 4 月 29 日，孟加拉湾风暴(9102)登陆，致使孟加拉国的四分之一沦为汪洋，近 1000 万人受灾(施国强，1995)。2007 年 11 月 15 日孟加拉湾风暴"锡德"(Sidr)横扫孟加拉国南部海岸，给当地带来暴雨和洪水，云南香格里拉县普降暴雪。2008 年 5 月 2 日，孟加拉湾风暴"纳尔吉斯"(Nargis)在缅甸的伊洛瓦底江口登陆，造成了自 1991 年 4 月以来孟加拉湾风暴最惨重灾害。还有 2010 年 5 月，孟加拉湾风暴"莱拉"(Laila)在印度东部安得拉邦的巴帕特拉市登陆，引发了洪水，同时我国西藏东南部出现强降水。可见孟加拉湾风暴的影响十分严重。

关于孟加拉湾风暴的活动和影响有不少研究。北京大学地球物理系热带天气研究组和国家海洋局预报总台热带天气预报研究组(1974)初步统计了孟加拉湾风暴活动特征及其对我国天气的影响；李玉柱(1981)统计分析了初夏孟加拉湾风暴的若干特征；王友恒等(1988；1989)发现孟加拉湾风暴主要出现在春秋两季的双峰型特征，分析了北印度洋热带风暴与我国西藏地区降水的关系；王允宽等(1996)研究了青藏高原地形对孟加拉湾风暴降水的影响。杨祖芳等(2000)对比分析两个孟加拉湾风暴对我国降水的影响，发现降水落区和强度的差别主要决定于中纬度冷空气活动及中低纬系统的相互作用。我国西南地区降水与孟加拉湾风暴活动关系十分密切。陈于湘等(1985)指出云南旱雨季开始与孟加拉湾风暴首次出现时间有关。韦革宁等(2000)研究了孟加拉湾风暴对广西降水影响。李英等(2003a；2003b)对初夏孟加拉湾对流云团北上低纬高原的动力学条件及其影响下高原强降水的发生机制进行了分析。段旭等(2004)分析了 6 个影响低纬高原的孟加拉湾风暴，认为孟加拉湾风暴、副热带高压和南支槽的位置和强度对低纬高原的降水影响很大；张腾飞等(2006)、鲁亚斌等(2006)发现孟加拉湾风暴以分裂中尺度对流云团、外围云系以及本身减弱云系沿孟加拉湾槽前和副热带高压外围的西南气流北上影响云南。近年中尺度数值模式被广泛应用于孟加拉湾风暴的研究。Mohanty 等(2004)用 MM5 模式模拟了奥里萨邦超级风暴(1999)。Pattanayak和 Mohanty(2008)发现 WRF 比 MM5 对印度洋热带风暴的模拟效果更好。许美玲等(2007)、王曼等(2009)分别对登陆孟加拉湾风暴结构的演变特征进行数值模拟，并与西太平洋登陆台风的结构变化做了比较。董海萍等(2007)、王曼等(2011)针对低纬高原地形对孟加拉湾风暴及其强降水影响进行了数值试验。

尽管关于孟加拉湾风暴活动特征及其影响机理已取得一定认识，但对孟加拉湾风暴影响低纬高原的物理过程及其强降水的产生机制仍不十分清楚。本节以 2007 年孟加拉湾风暴"Akash"(0701)影响云南、广西等地发生的持续性强降水过程为例，研究孟加拉湾风暴对我国西南地区的影响方式、与中纬度系统的相互作用以及强降水发生机理。采用 NCEP/NCAR 每 6 h 一次 1°×1°的再分析格点资料、全球降水观测资料以及日本气象厅(JMA)云顶亮温(TBB)资料进行分析。

3.6.1　孟加拉湾风暴“Akash”活动、环流背景和云图特征

3.6.1.1　风暴活动和降水

2007 年第一个孟加拉湾风暴“Akash”于 5 月 13 日 00 时(本节使用世界时)在孟加拉湾北部 14.4 °N、91.2°E 附近海面上生成(图 3.47),近中心最大风速 25 m · s^{-1},近中心海平面最低气压 1000 hPa,并偏北缓慢移动。13 日 18 时,北移到 16.30°N 附近,最大风速增强至 35 m · s^{-1},最低气压减小至 997 hPa,加强为热带风暴。14 日 18 时,最大风速加强为 65 m · s^{-1},最低气压减小为 976 hPa,进一步加强为强热带风暴。此后继续偏北移动,强度减弱。于 14 日 20 时在孟加拉国东南部吉大港区科克斯巴扎尔附近登陆,最大风速 30 m · s^{-1}。登陆后北移减弱,于 16 日向北并入青藏高原南侧西风槽。

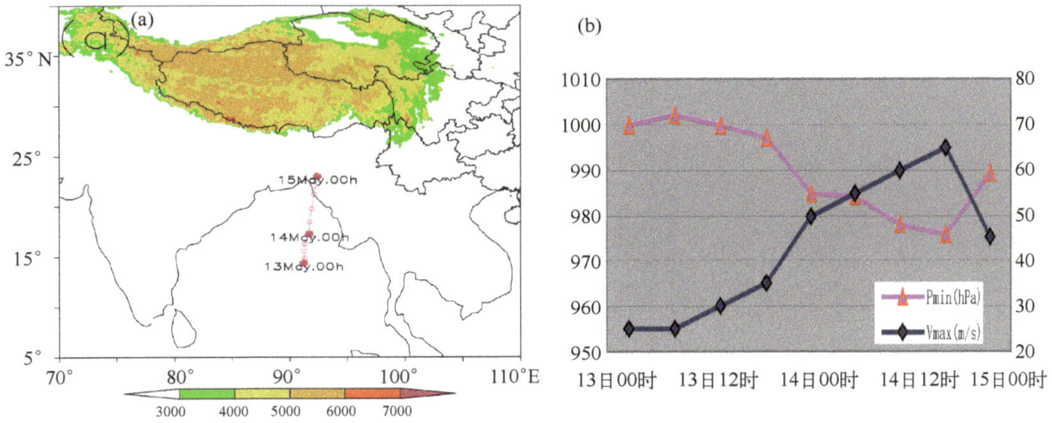

图 3.47　(a)孟加拉湾风暴“Akash”移动路径
(b)孟加拉湾风暴“Akash”近中心海平面最低气压(P_{min},单位: hPa)和近中心最大风速
(V_{max},单位:m · s^{-1})的时间演变图(5 月 13 日 00 时—15 日 00 时)

“Akash”活动过程中,我国西南地区发生一次长时间大范围强降水过程。图 3.48a 给出“Akash”影响期间 2007 年 5 月 14 日 00 时—18 日 00 时累计降水分布,可见此间强降水主要出现在中南半岛、孟加拉湾北部至青藏高原南部、我国西南和华南地区。逐日 24 h 累计降水分布(图 3.48b—d)显示,风暴生成和发展期间,我国西南地区的降水不明显,仅出现在云南西北部(图略)。西南地区降水主要发生在 15 日 00 时以后,对应风暴登陆后减弱阶段,图 3.48b 显示。15 日 00 时到 16 日 00 时,云南大部分地区以及周围西藏东南部、四川南部、贵州西部为一强降水区,最大日降水量超过 60 mm(图 3.48b)。16 日 00 时到 17 日(图 3.48c),风暴并入西风槽,强降水区域向东南移动,呈东西向带状,降水中心分别位于云南南部和广西北部,日降水量仍达 60 mm。18 日 00 时,风暴消失,降水带南压断裂,范围和强度明显减小(图 3.48d)。此后西南地区降水消失。由此可见,孟加拉湾风暴登陆之后及并入西风槽期间,从 15 日 00 时至 18 日 00 时,我国西南地区自北向南出现一次强降水过程。

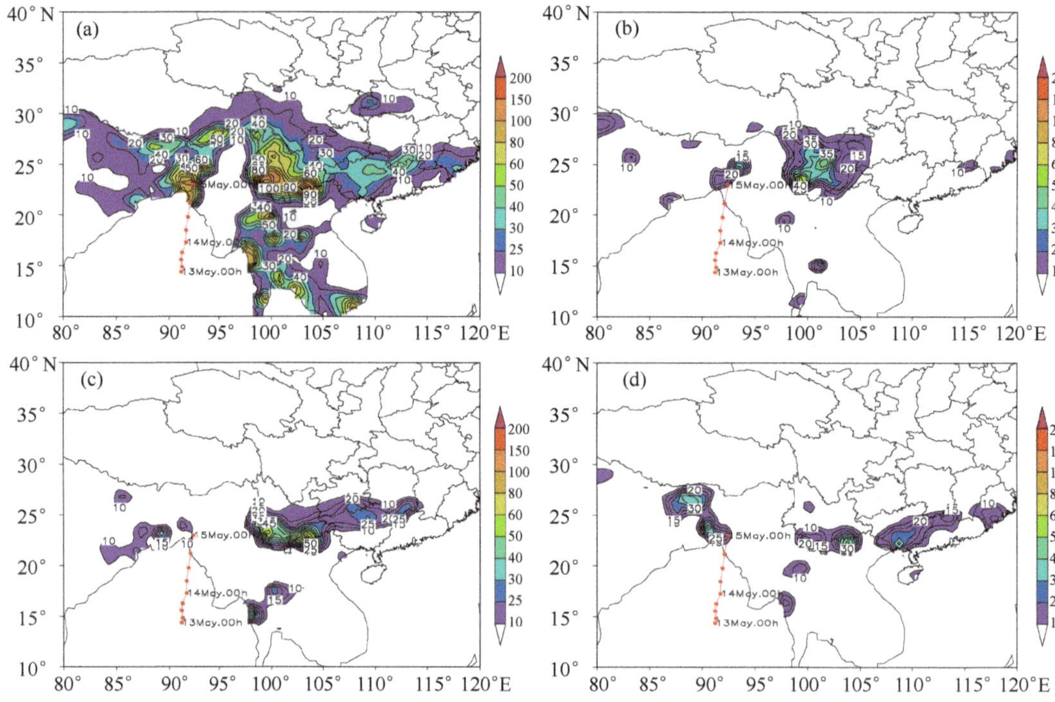

图 3.48　2007 年 5 月 14 日 00 时—18 日 00 时累计降水量(a)
以及 16—18 日逐日 24 h 累计降水分布(b—d)(单位：mm)
(a. 14 日 00 时—18 日 00 时；b. 16 日 00 时；c. 17 日 00 时，d：18 日 00 时。●：风暴中心位置)

3.6.1.2　环流背景和云图特征

500 hPa 高度场显示(图 3.49a～c)，孟加拉湾风暴"Akash"活动期间中高纬西风槽活动频繁。13 日 00 时(图略)，孟加拉湾风暴"Akash"在阿拉伯副热带高压和西北太平洋副热带高压之间生成，并沿副高西侧偏南气流向北移动。同时在其北方青藏高原上也有一闭合低压活动。14 日 00 时(图 3.49a)，青藏高原上的低压东移至 100°E 附近，其余留的槽区与北上的风暴趋于合并。孟加拉湾风暴外围西南气流与副高外围的西南气流叠加后加强，控制云南上空。15 日 00 时(图 3.49b)，风暴登陆北上至 25°N 附近，500 hPa 上低压环流与副高之间形成的西南气流控制云南，而高原槽继续东移，冷空气和西南暖湿气流交汇于川滇之间，而地面冷锋已经进入云南(图略)，冷空气侵入暖湿气流内，形成了有利的降水形势。16 日 00 时(图 3.49c)，风暴明显减弱，我国西南地区仍为其低压环流与副高之间形成的西南气流控制，地面冷锋快速向南推进至滇西南。

从卫星 TBB 分布看(图 3.49d—f)。13 日开始(图略)，孟加拉湾就有低压云团发展，风暴初生时云系结构不对称，南侧云系发展旺盛，而北侧较弱，云团分散，有中尺度对流云团沿副高外围向东北移动，但除滇西边缘地区出现降水外，西南地区无降水。此时青藏高原上对应低压系统也有云系发展。14 日 00 时(图 3.49d)，风暴加强，气旋性环流半径约 500 km，其对流云团紧凑，趋于对称，其北侧也有云带发展，但未影响到云南。而受高原低槽东移影响，在西藏东部与四川一带可见东北—西南向带状槽前云系。风暴登陆后(图 3.49e)，云系减弱，结构松散，其对流云团在强偏南气流引导下北上并入低槽云带，并得到强烈发展加强。

这一混合云带位于川滇之间，随后南压进入云南。16 日(图 3.49f)，孟加拉湾风暴主体的云系减弱消失，但其残留对流云团与高原云系形成的混合云带仍然维持在云贵高原上空，并南压影响西南地区。

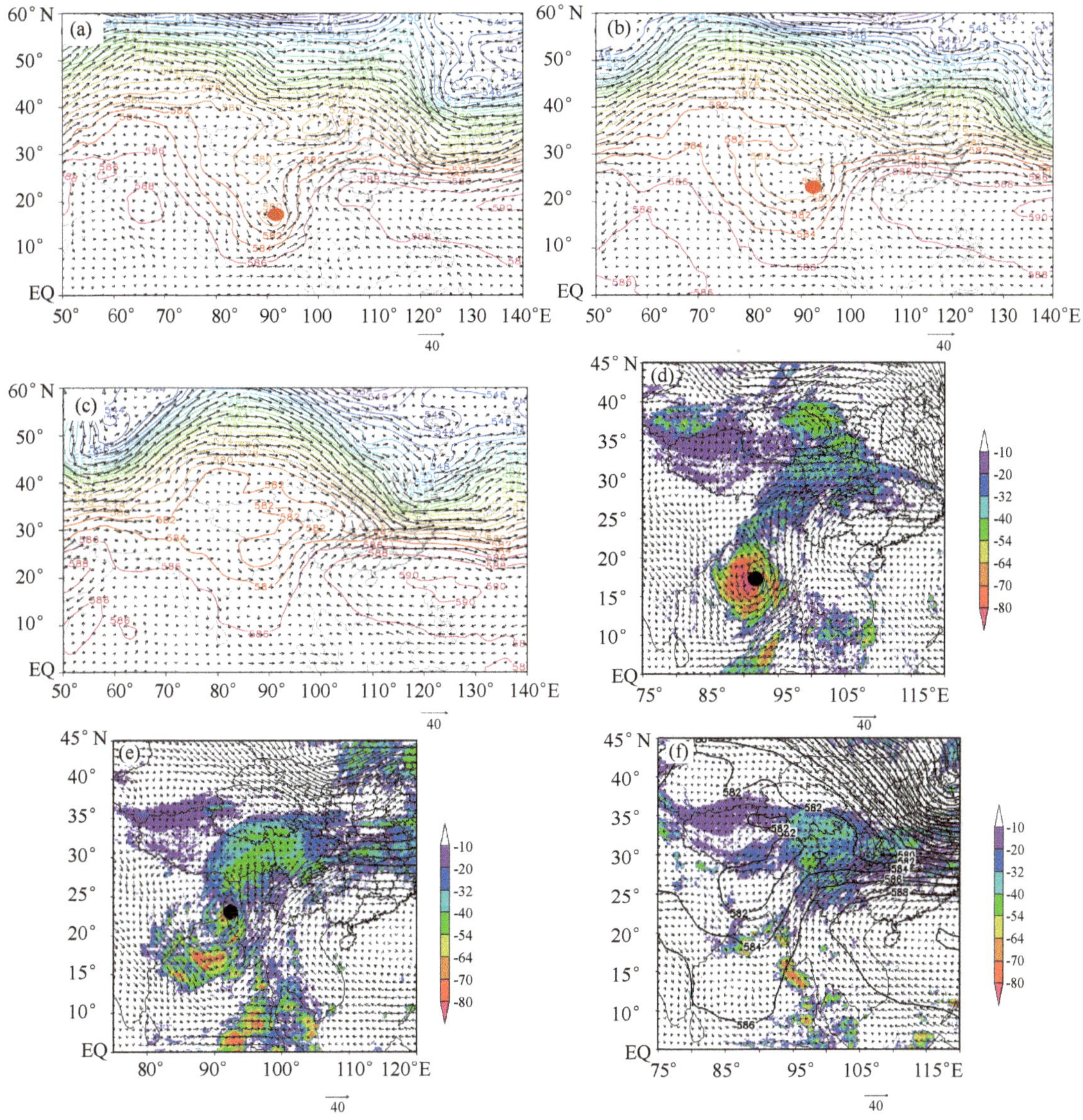

图 3.49　2007 年 5 月 14—16 日期间 500 hPa 风场与位势高度(a—c)(等值线，单位：dagpm)以及 TBB(阴影，单位：℃)合成图(d—f)(a,d. 14 日 00 时；b,e. 15 日 00 时；c,f. 16 日 00 时。●：风暴中心位置)

由此可见，我国西南这次强降水过程与孟加拉湾风暴“Akash”的活动密切相关，发生在风暴与青藏高原低压系统相互配合的形势下。孟加拉湾风暴减弱期间其对流云团移上低纬高原，使低槽云系得到强烈发展加强，引发西南地区强降水。

3.6.2　孟加拉湾风暴对低纬高原的影响

3.6.2.1　孟加拉湾风暴对高原地区高低空流场的影响

200 hPa 高空环流和风速场显示（阴影表示水平风散度），风暴生成之前南亚高压环流中心位于中南半岛上空。13 日（图略），孟加拉湾风暴在 14.4°N、91.2°E 附近生成，高空有较强辐散。南亚高压中心位于其东北侧 18°N、99°E 附近。14 日 00 时（图 3.50a），南亚高压范围有所扩大，中南半岛至孟加拉湾北部均为反气旋环流区，中心位于 20°N、100°E 附近（图中 所示），其西侧由于孟加拉湾风暴发展，高层强辐散，中心值达到 7×10^{-5} s^{-1}，这有利于南亚高压的加强。15 日 00 时（图 3.50b），随着孟加拉湾风暴北移，南亚高压环流主体也东北移，中心位于云南南部，强度有所加强，24 h 位势高度升高了 20 gpm。17 日之后，高压减弱西退至孟加拉湾地区。可见，随着孟加拉湾风暴的发展，南亚高压有所加强，并北上控制我国西南上空，这增强了强降水区的高空辐散，有利于低层辐合加强，上升运动发展。

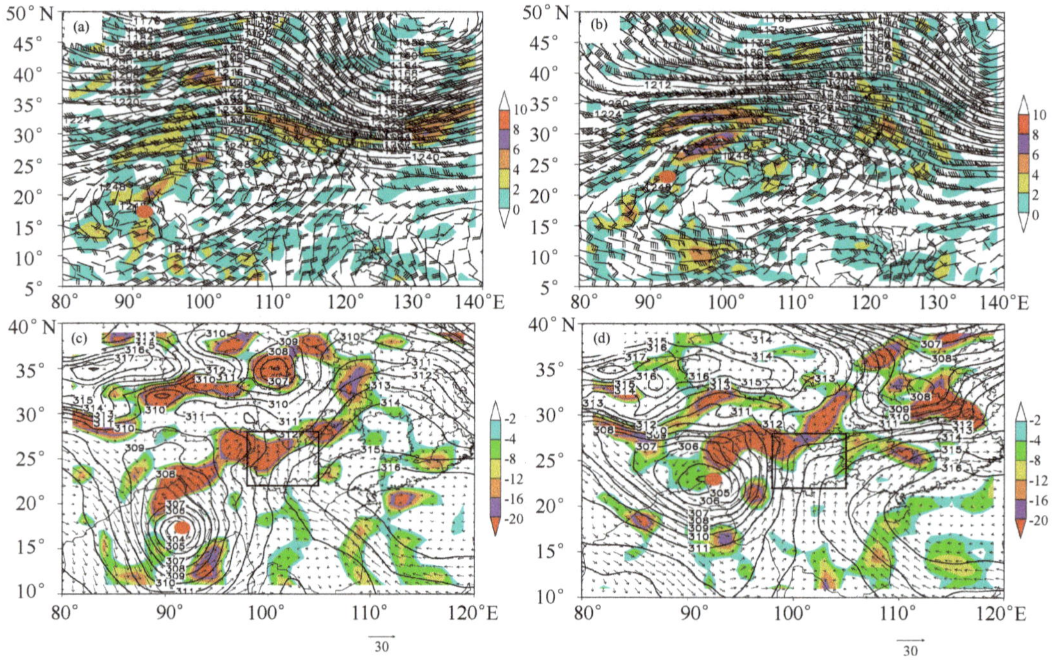

图 3.50　200 hPa（a，b）和 700 hPa（c，d）风场、散度（单位：$10^{-5}s^{-1}$）和位势高度（单位：dagpm）分布图
（阴影表示散度，200 hPa 仅给出正值，700 hPa 仅给出负值，a、b 中“G”表示高压环流中心，
c、d 中方框表示主要暴雨区）
（a，c. 14 日 00 时；b，d. 15 日 00 时，“ ”风暴中心位置）

从 700 hPa 风场分布来看（图 3.50c，d），14 日（图 3.50c），强风速区位于风暴附近以及副高外围。副高外围的强东南气流从南中国海经过越南、泰国到达我国云南地区，与风暴东侧的较强偏南气流在云南与缅甸交界地区汇合。随着风暴北上影响，15 日 00 时（图 3.50d），滇西南风速明显加强，风速达到 20 m · s^{-1} 以上。风暴与副高之间形成强偏南气流，并与南下偏北气流交汇，在滇西北形成了东西向辐合带，16 日之后辐合带南压影响西南地区（图略）。

3.6.2.2　孟加拉湾风暴对高原地区的水汽输送

从 13 日 00 时至 16 日 00 时 700 hPa 水汽通量场可以看出(图 3.51)，与低层强风速分布对应，强降水区水汽来源有两个，一是副高西南侧的水汽通道，将南海等地的水汽输送至降水区；二是来自风暴环流从孟加拉湾海面卷入的水汽，其强度比副高外围东南气流带来的明显大。13 日到 14 日(图 3.51a)，降水区的水汽输送以副高边缘的东南气流为主，此时降水并不明显。随着孟加拉湾风暴登陆，副高东退，以孟加拉湾风暴输送的水汽占主导。14 日至 15 日(图 3.51b)，强水汽通量值中心位于云南，值均过 24 $g\cdot cm^{-1}\cdot hPa\cdot s^{-1}$，出现持续性强降水。说明孟加拉湾风暴为这次低纬高原强降水提供了主要水汽供应。

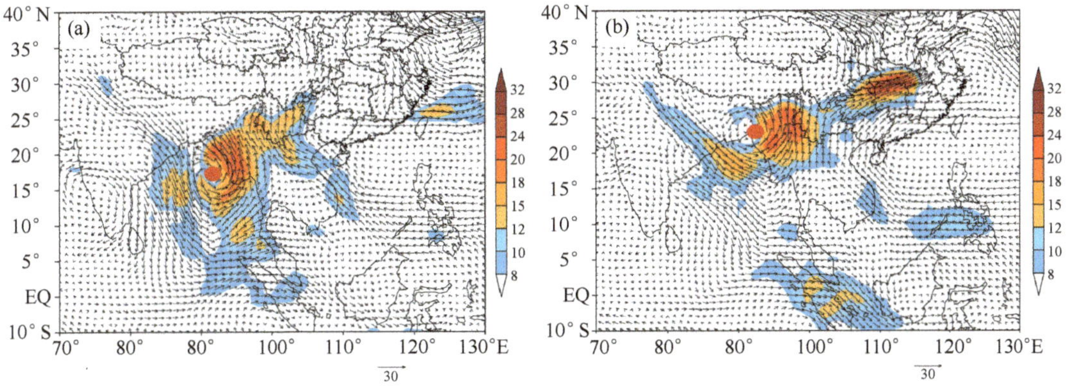

图 3.51　700 hPa 风场(矢量)、水汽通量(阴影)(单位：$g\cdot cm^{-1}\cdot hPa\cdot s^{-1}$)分布图

(a. 14 日 00 时；b. 15 日 00 时；●：风暴中心位置)

上述分析表明，孟加拉湾风暴一方面增强了我国西南地区上空的上升运动条件，另一方面提供了充足的水汽输送，两者均有利于强降水的发生。

3.6.3　孟加拉湾风暴对强降水条件的贡献

3.6.3.1　孟加拉湾风暴对暴雨区水汽收支的影响

源源不断的水汽供应是持续性强降水的一个重要条件，取暴雨区域为(图 3.50c、d 中方框所示)22°～28°N、98°～105°E，计算四个方向截面的水汽收支。计算公式如下(东、南、西、北四个方向分别用 F_E、F_S、F_W、F_N表示，总的用 F 表示)：

$$F_S = \int_{\lambda 1}^{\lambda 2} \frac{1}{g} \int_{Ps}^{P0} qv \mathrm{d}p \mathrm{d}\lambda \tag{3.10}$$

$$F_N = -\int_{\lambda 1}^{\lambda 2} \frac{1}{g} \int_{Ps}^{P0} qv \mathrm{d}p \mathrm{d}\lambda \tag{3.11}$$

$$F_E = -\int_{\varphi 1}^{\varphi 2} \frac{1}{g} \int_{Ps}^{P0} qu \mathrm{d}p \mathrm{d}\varphi \tag{3.12}$$

$$F_W = \int_{\varphi 1}^{\varphi 2} \frac{1}{g} \int_{Ps}^{P0} qu \mathrm{d}p \mathrm{d}\varphi \tag{3.13}$$

其中 P_s为地面气压，P_0为 100 hPa，λ 为经度，φ 为纬度；总的水汽通量公式为：

$$F = F_S + F_N + F_W + F_E \tag{3.14}$$

正值表示水汽流入暴雨区，负值表示水汽从暴雨区流出。

图 3.52 显示强降水区四个边界的水汽水平通量及其总和。从四个方向的水汽收支来看，降水区南边界（点虚线）主要为水汽流入，从 13 日到 16 日均为较强正值，3 个峰值分别在 14 日、15 日、16 日。北边界（长虚线）13 日到 14 日 18 时为负值，之后变为正值，这与北风进入暴雨区有关。降水区水汽的流出主要在西边界（长短虚线），13—18 日均为较强负值，东边界（短虚线）次之，降水过程中以负值为主。从四个边界水汽通量总和（实线）来看，15 日以前，降水区总的水汽收支为负，有水汽净流出，15－17 日迅速增大转为正值，说明有水汽净流入，15 日、16 日有两个明显的峰值，与强降水发生时间对应，17 日之后又减弱。可见降水区水汽净流入对强降水发生非常重要，而其主要来自南方的水汽流入，与孟加拉湾风暴北上带来的水汽供应密切相关。

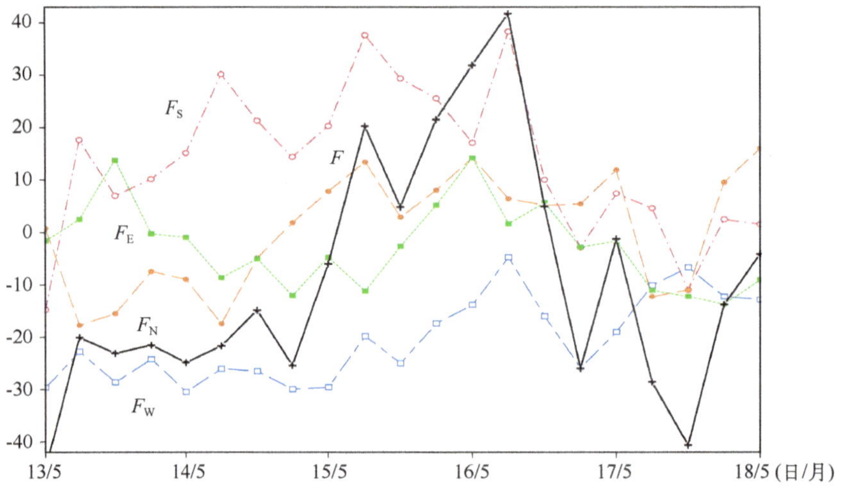

图 3.52　2007 年 5 月 13 日 00 时—18 日 00 时强降水区四个边界的水汽水平通量及其总和（从地表积分到 100 hPa）（单位：$10^4\ g \cdot cm^{-1} \cdot hPa^{-1} \cdot s^{-1}$）
（短虚线、长短虚线、点虚线、长虚线分别代表东、西、南、北四个边界，实线代表四个边界总和）

3.6.3.2　孟加拉湾风暴对暴雨区锋生的影响

上述分析表明，这次降水过程发生在孟加拉湾风暴与高原西风槽相互作用下。孟加拉湾风暴暖湿气流与槽后冷空气相交汇，有强烈的锋生。分析强降水区域 700 hPa 相当位温 θ_e 分布图可以发现（图 3.53a、b）。13 日（图略），青藏高原小槽后部的冷空气与副高暖空气相遇，在云南北部形成弱锋区。虽然已经存在锋区，但是高原上还没有降水出现。14 日 00 时（图 3.53a），锋区相当位温经向梯度（阴影区）为－2～－4 K·(100 km)$^{-1}$，此时暖湿中心位于孟加拉湾风暴西侧，西南地区降水不明显。15 日 00 时（图 3.53b），随孟加拉湾风暴登陆，暖湿气流主体到达云南，同时北方冷空气侵入云南，冷暖空气的交汇有利于锋区加强，之后开始出现降水。16 日 00 时，强锋区移至滇中地区（图略），锋区明显加强，相当位温经向梯度增强为－8～－10 K·(100 km)$^{-1}$，高原上的降水范围扩大，强度加强。17 日之后，锋面减弱并南移至云南南部（图略），降水带也随之南移，降水强度减弱。15—16 日的强烈锋生，为到达的暖湿空气提供了抬升条件，是孟加拉湾风暴与冷空气相互作用的一个表现。

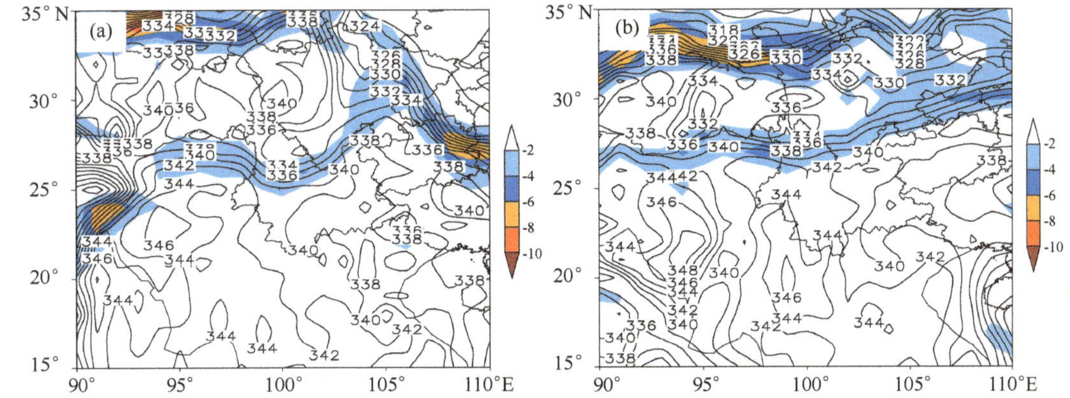

图 3.53　2007 年 5 月 14—15 日 700 hPa θ_e（等值线，单位：K）及经向梯度（阴影，单位：K/100 km）（a. 14 日 00 时；b. 15 日 00 时）

沿强降水区的经向流场（用纬向风 u 与 $-100\times\omega$ 制作）和相当位温垂直剖图可以进一步分析冷空气与孟加拉湾风暴输送暖湿空气的相互作用，图 3.54 显示，强降水发生前（图 3.54a），24°～27°N 就存在上升气流，但没有强降水发生，这与低层仍然被冷空气占据，层结呈垂直对流稳定有关。15 日 00 时（图 3.54b），孟加拉湾风暴输送的暖湿空气到达云南，同时冷空气南下侵入加强，冷暖空气对峙处（26°～28°N）等相当位温线密集区趋于陡立。说明冷、暖空气交汇激烈，大气对流稳定度降低。15—16 日在 23°～28°N 区域暴雨发生。17 日之后，孟加拉湾风暴减弱消失，西南地区上空被北方冷空气的下沉运动占据（图略），降水分散、减弱。可见孟加拉湾风暴输送的暖湿气流对加强锋面触发降水十分关键。

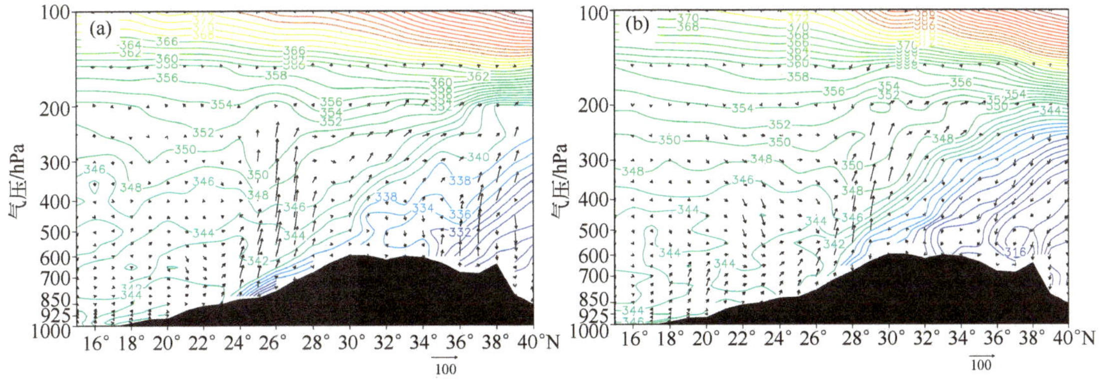

图 3.54　2007 年 5 月 14—15 日沿 102°E 垂直环流和 θ_e 垂直剖面图（经向风速单位：m · s^{-1}，垂直速度单位：0.01 hPa · s^{-1}，黑色阴影表示地形）（a. 14 日 00 时；b. 15 日 00 时）

尽管暖湿气流的交汇使大气垂直对流稳定度减弱，但受冷锋影响，大部分降水区仍以对流稳定层结为主。下面对斜压不稳定性进行分析。Bennetts 和 Hoskins（1979）的研究指出，湿位涡（MPV）小于零是大气发生条件性对称不稳定的充分必要条件。图 3.55 显示过强降水中心（102°E）的湿位涡经向垂直剖面图，13 日 00 时（图略），22°～26°N 云南省大部分区域主要为 MPV 正值，说明大气层结以稳定为主，且斜压性很弱（MPV2 较小），同时在北方 34°N 以北中高层有 MPV2 的强负值中心。14 日 00 时(图 3.55a)28°～32°N 区域出现 MPV 强负值。15 日 00 时(图 3.55b),MPV 负值向南伸展至 26°N。16 日 00 时(图略)MPV 负值进一步南下,24°～30°N 都为强的 MPV 负值。而此间 25°N 以北低层大气是垂直对流稳定的,说明条件性对称不稳定得到发展。从 MPV2 的分布(等值线)看出,MPV 负值的增强伴随着 MPV2 负值增强,说明强烈的斜压不稳定与湿斜压性显著增强有关。15—16 日的强 MPV 负值对应强降水。此后,低纬高原 MPV 强负值带减弱消失,强降水也随之减弱消失。

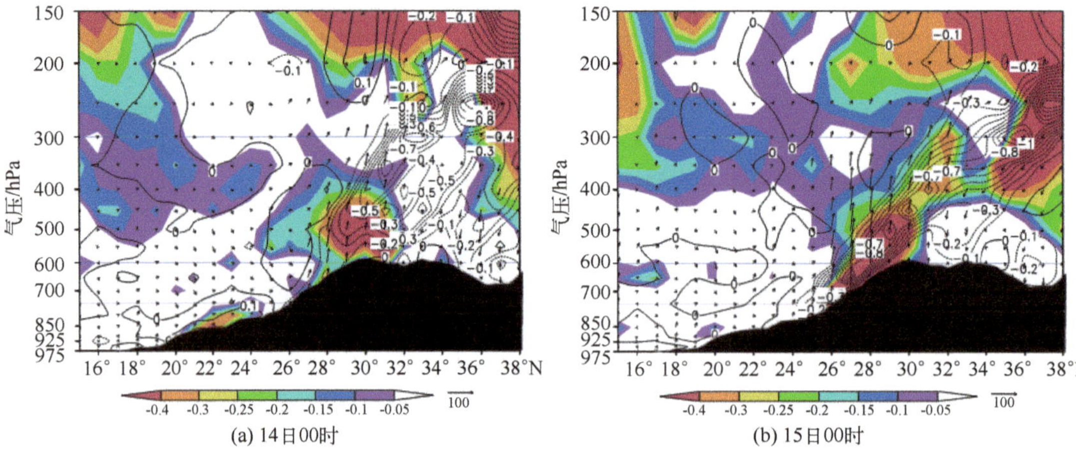

图 3.55　2007 年 5 月 14—15 日过 102°E 的 MPV 及 MPV2(单位:PVU,1PVU=10^{-6} $m^2 \cdot k \cdot s^{-1} \cdot kg^{-1}$)经向垂直剖面图(阴影表示 MPV 负值,等值线表示 MPV2)

由此可见,这次强降水主要与条件性对称不稳定有关,湿斜压性的发展起重要作用。而孟加拉湾风暴暖湿气流的贡献在于加强锋生、使斜压性发展。王子谦等(2010)利用湿位涡诊断分析和倾斜涡度发展理论,研究了孟加拉湾风暴 Sidr(0704)北上造成的青藏高原暴雪天气,发现条件性对称不稳定是暴雪发生、发展的一种重要机制。

3.6.4　孟加拉湾风暴影响下地形对偏南气流的强迫

强降水与地形有着密切的关系,气流越过山脉时会引起波动,迎风坡上升,背风坡下沉。一些模拟试验(高坤等(1994)、贝耐芳等(2005)、韩志伟等(1999)、王鹏云(1998))也证实了山脉迎风坡的强迫抬升作用,喇叭口地形的辐合作用,以及地形通过影响某些物理过程对降水产生增幅作用等,从而对强降水的落区及降水量产生影响。那么,孟加拉湾风暴偏南气流在地形影响下对强降水的产生有何作用呢?

孟加拉国大部分是冲积平原,其西为印度的东高止山脉,东为缅甸的阿拉干山脉,北为喜马拉雅山脉。孟加拉陆地仅高出海平面 1.5 m,而我国云贵高原平均海拔在 1000 m 以上。因此,从孟加拉湾到我国低纬高原海拔高度不断升高,存在明显的海拔梯度。大地形对气流有一定的强迫抬升作用,地形强迫垂直运动 w_f 的计算公式为

$$w_f = u_s \cdot \nabla h \tag{3.15}$$

其中,u_s 是地表风速矢量,h 是地形高度。参考 Wu 等(2002)做法,将 u_s 取为 $\sigma = 0.995$ 的风矢量来计算 w_f。图 3.56a 和 b 显示了强降水区域平均的 w_f 和 w 以及经向风的时间演变,

可以看出地形强迫作用与风向有密切关系，孟加拉湾风暴影响期间，经向风由北风（13—14日00时）转为南风（15—16日），地形强迫由下沉运动变为上升运动。w_f在0.10～0.50 m·s^{-1}之间变化，均超过相应时刻的总垂直运动w，最强w_f出现在15日18时，数值约为0.50 m·s^{-1}，而w仅为0.20 m·s^{-1}。16日00时—17日00时，由于北风南下，降水区区域平均经向风转为北风，w_f为负值，地形强迫出下沉运动，此时强降水出现在云南南部。

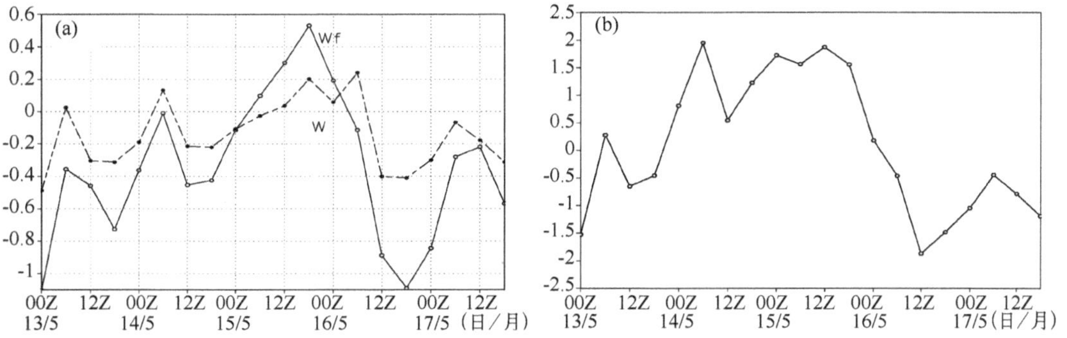

图3.56 2007年5月13日00Z—17日18Z强降水区区域平均的地形强迫垂直运动w_f和总垂直运动w(a)以及经向风(b)时间演变（单位：m·s^{-1}）

由此可见孟加拉湾风暴偏南暖湿气流在低纬高原地形的强迫下，上升运动加强，有利于产生强降水。董美莹等（2011）研究发现台风“Talim”（0513）强降水期间大别山区地形强迫垂直运动速度所占比重在50%左右，Wu等（2002）研究得到台风“Herb”（9608）造成强降水时台湾岛中央山脉地形强迫垂直速度约占60%比重。

3.6.5 结论与讨论

通过对2007年5月15—17日孟加拉湾风暴“Akash”（0701）影响下我国西南地区一次强降水天气过程的分析，得到以下认识：

（1）这次强降水过程发生在孟加拉湾风暴与青藏高原低槽密切配合的形势下。“Akash”登陆减弱期间其对流云团移上青藏高原，与南下冷空气相互作用，加强槽前云系引发强降水。

（2）受北上孟加拉湾风暴高层辐散影响，南亚高压加强北上控制我国西南地区，从而增强了降水区的高空辐散，有利于上升运动发展。同时风暴为降水区提供了充足的水汽输送。

（3）源源不断的水汽输送、湿斜压性增长以及强烈条件性对称不稳定，是这次强降水的产生的有利条件。而孟加拉湾风暴在水汽供应、激发斜压不稳定中起着重要作用。

（4）低纬高原地形对孟加拉湾风暴影响下出现的偏南风强迫抬升加剧了降水区暖湿气流的上升运动，有助于这次强降水的产生。

第 4 章　孟加拉湾风暴结构特征

本章选取 2001—2010 年孟加拉湾出现的东北路径和西北路径登陆风暴作为研究对象，利用 NCEP/NCAR 1°×1°再分析资料、TBB 数据、TRMM 降水变分订正数据(3.1 节)，对孟加拉湾风暴结构特征进行分析研究(本章均使用北京时)。

4.1　东北路径登陆风暴典型个例

4.1.1　"Akash"风暴

2007 年 5 月 14 日 02 时在孟加拉湾北部生成了一个热带风暴(命名"Akash")，15 日 02 时增强为飓风(H1)，并在孟加拉国东南沿海登陆，15 日 08 时减弱为 TS 后消失(图 4.1)。

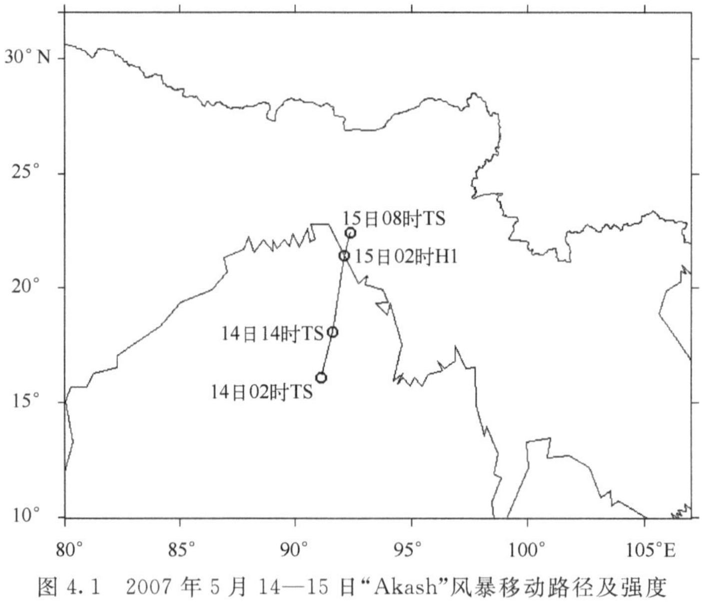

图 4.1　2007 年 5 月 14—15 日"Akash"风暴移动路径及强度

从卫星云图上看，"Akash"风暴云系对青藏高原东部和云贵高原地区造成了较大影响，外围云系甚至影响到了长江下游至东海区域(图 4.2)。

图 4.3 给出了 2007 年 5 月 14—17 日共 4 d 的累计降水量，青藏高原东部和云贵高原降水量普遍达到 50～100 mm，藏东南和滇西北部分地区超过 100 mm。

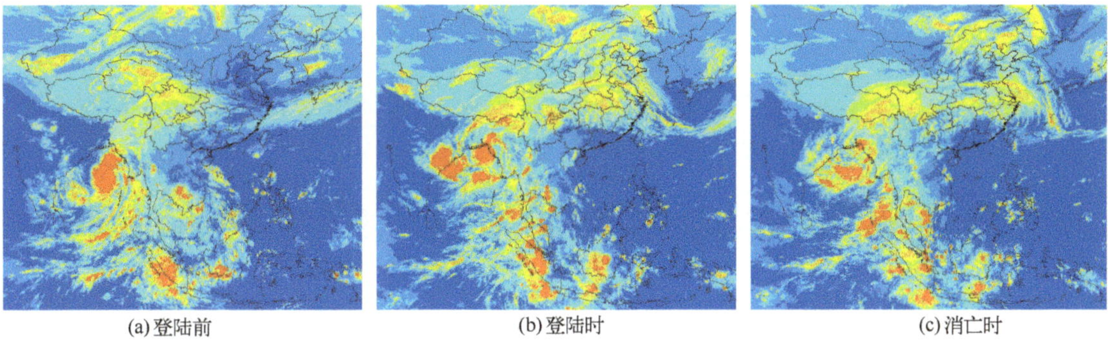

图 4.2　2007 年 5 月“Akash”风暴卫星云图
（TBB 数据。a. 14 日 02 时；b. 15 日 02 时；c. 15 日 08 时）

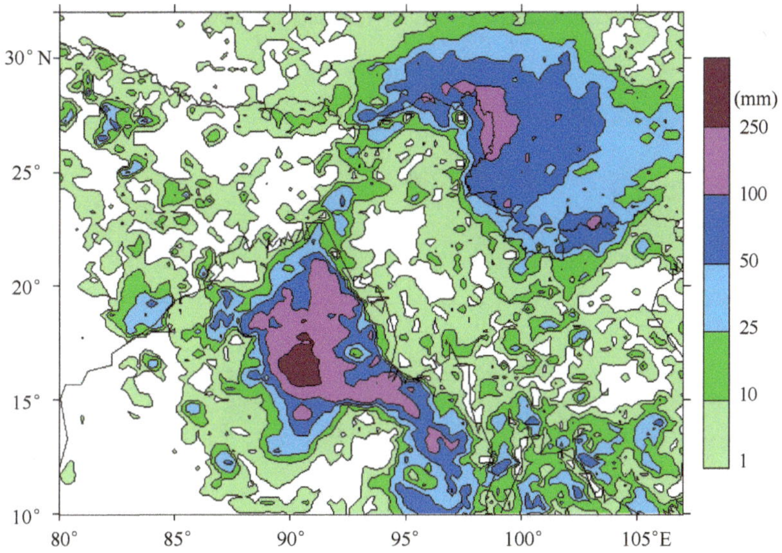

图 4.3　2007 年 5 月 14—17 日累计降水分布（单位：mm）

4.1.1.1　水平流场

图 4.4 给出了“Akash”风暴登陆前的水平流场。在对流层底层的 925 hPa 上（图 4.4a），水平流场为准“圆形”对称性气旋流场，气流从中心到外围呈一致性气旋流入，表明风暴底层涡旋结构完整。到了对流层低层的 700 hPa 等压面上（图 4.4b），水平流场变为“椭圆形”非对称性气旋流场，风暴中心区域气流变为气旋性流出，与外围的气旋性流入之间形成一个环形辐合带。在对流层中层的 500 hPa 等压面上（图 4.4c），环形辐合带消失，气流从风暴中心到外围为一致性气旋流出，除了风暴中心区域仍维持闭合气旋外，外围环流已变为低槽形势。到了对流层高层的 200 hPa 等压面上（图 4.4d），风暴中心闭合气旋消失。从水平流场分析，“Akash”风暴结构较完整的厚度约为洋面—500 hPa，其中洋面—700 hPa 的厚度空间，风暴流场的螺旋对称性、气流从中心到外围呈流入的一致性结构最为完整。

从图 4.1 可知，“Akash”风暴登陆时强度增强（由 TS 增强为 H1），图 4.5 给出了“Akash”风暴登陆时的水平流场。在对流层底层的 975 hPa 上（图 4.5a），水平流场基本呈“椭圆形”对称性气旋流场，气流从中心到外围呈一致性气旋流入。虽然“Akash”风暴登陆

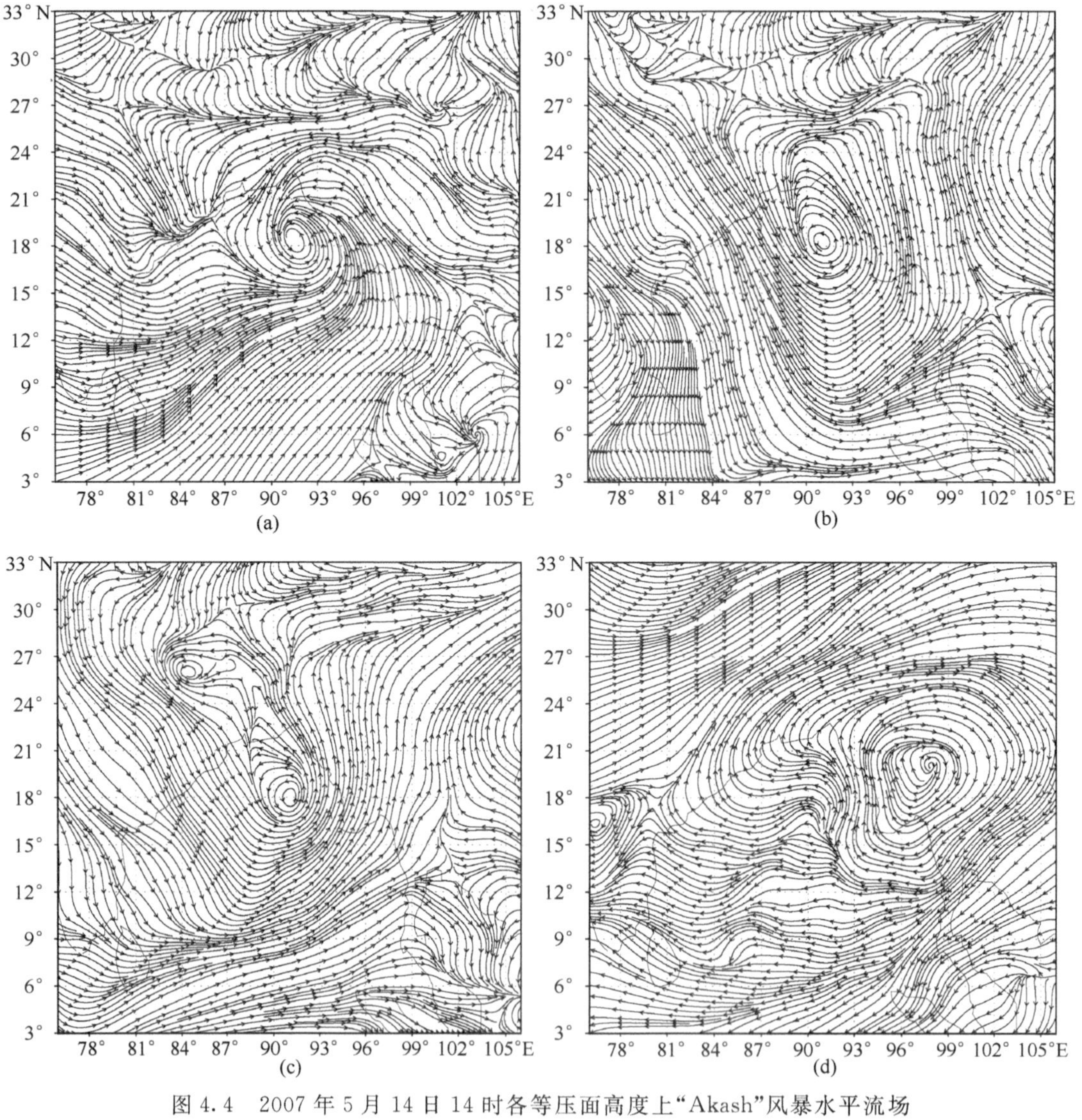

图 4.4　2007 年 5 月 14 日 14 时各等压面高度上“Akash”风暴水平流场

(a. 925 hPa；b. 700 hPa；c. 500 hPa；d. 200 hPa)

时强度由 TS 增强为 H1(图 4.1)，但在高原大地形的阻挡和摩擦作用下，其涡旋结构的完整性受到了影响。仅到 900 hPa 上(图 4.5b)，风暴中心区域气流变为气旋性流出，与外围的气旋性流入之间形成一个环形辐合带至 500 hPa，风暴水平流场变为“椭圆形”非对称性气旋流场，但与登陆前(图 4.4b)相比“椭圆形”长短轴之比较小，这主要是风暴增强的缘故。在对流层中层的 500 hPa 等压面上(图 4.5c)，水平流场受高原大地形影响的减小，从低层“椭圆形”非对称性气旋流场变为“圆形”对称性气旋流场，但环形辐合带消失，气流从中心到外围呈一致性气旋流出。到了对流层高层的 200 hPa 等压面上(图 4.5d)，风暴中心闭合气旋消失。

比较“Akash”风暴登陆前后水平流场变化可知，高原大地形对风暴的结构影响较大。登陆前，风暴受地形影响较小，虽然强度较弱，对流层中低层水平流场结构仍然比较完整。登陆时，风暴虽然有所增强，但受到地形的作用也在增加，对流层低层对称性气旋流场受到较大影响，中层影响较小。

图 4.5　2007 年 5 月 15 日 02 时各等压面高度上“Akash”风暴水平流场

(a. 975 hPa；b. 900 hPa；c. 500 hPa；d. 200 hPa)

4.1.1.2　垂直环流

图 4.6 给出了“Akash”风暴登陆前(风暴中心位置：18.1°N，91.6°E)垂直环流。沿纬向的垂直剖面图上(图 4.6a)，风暴中心区域为垂直上升气流，风速较小，中心区域相邻两侧为较强上升气流，两侧的外围为明显的下沉气流，与典型的热带气旋垂直环流形态大致相同。所不同的是，风暴中心上升气流区仅达到 200 hPa 附近，表明风暴系统深厚程度未达到对流层顶；风暴中心区域东侧为范围较大的下沉气流(超过 12 个经距)，西侧下沉气流范围较小(大约 5 个经距)，但在 200～300 hPa 之间有一个气旋次级环流，对维持风暴西侧下沉气流有利。

沿经向的垂直剖面图上(图 4.6b)，风暴中心及两侧区域均为大范围上升气流，特别是北侧的上升气流较大，这显然与高原大地形的抬升作用有关。北侧距中心 12～15 个纬距的区域对流层中高层有下沉气流，南侧距中心 9～12 个纬距的区域对流层中低层也有一支下沉气流；显然，与维持风暴生存的强上升气流（风暴中心周围）和强下沉气流（风暴两侧）的结构不一致。

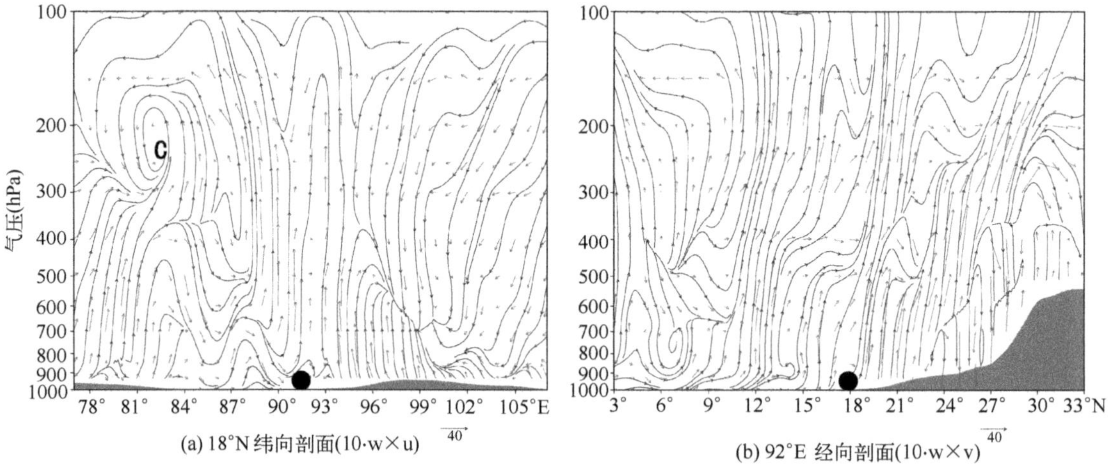

图 4.6　2007 年 5 月 14 日 14 时沿“Akash”风暴中心的纬向(a)和经向(b)垂直剖面环流

（矢量单位：m · s^{-1}，“●”为风暴中心位置）

图 4.7 给出了“Akash”风暴登陆时（风暴中心位置：21.4°N，92.1°E）的垂直环流。沿纬向的垂直剖面图上（图 4.7a），风暴中心区域为较强的垂直上升气流，上升气流达到近 100 hPa 高度，比风暴登陆前（图 4.6a）强盛，但两侧下沉气流的强度和对称性均不如登陆前，这预示着风暴将会减弱或消失。

沿经向的垂直剖面图上（图 4.7b），风暴中心及两侧区域均为大范围上升气流，几乎没有下沉气流，已经没有了风暴系统的垂直结构特征，表明此时风暴南北向的对称性受到了破坏。与登陆前一样，受高原大地形抬升作用的影响，风暴北侧的上升气流较大。

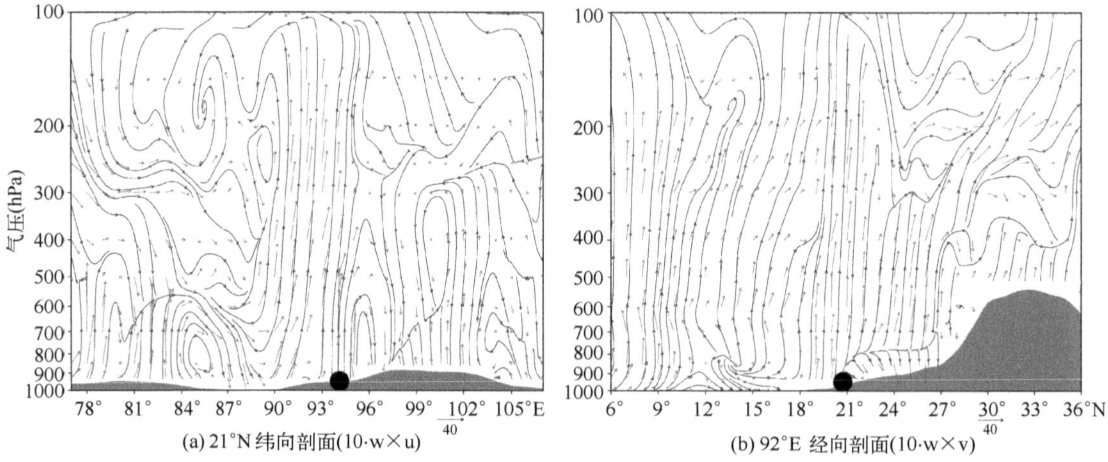

图 4.7　2007 年 5 月 15 日 02 时沿“Akash”风暴中心的纬向(a)和经向(b)垂直剖面环流

（矢量单位：m · s^{-1}，“●”为风暴中心位置）

4.1.1.3　动力结构

“Akash”风暴登陆前，在反映大气旋转运动强度的涡度场上，对流层内各层涡旋中心明显。图 4.8 给出了 500 hPa 和涡旋中心顶层的水平涡度场，可以看出“Akash”风暴水平涡旋场呈“圆形”对称性结构，涡旋的水平尺度高低层也基本一致。沿风暴中心垂直剖面涡度分布上，无论是纬向剖面(图 4.9a)、还是经向剖面(图 4.9b)，涡旋柱都比较垂直，表明风暴的螺旋结构完整对称，但涡旋旋转强度和涡旋闭合中心到达的高度，纬向比经向大。

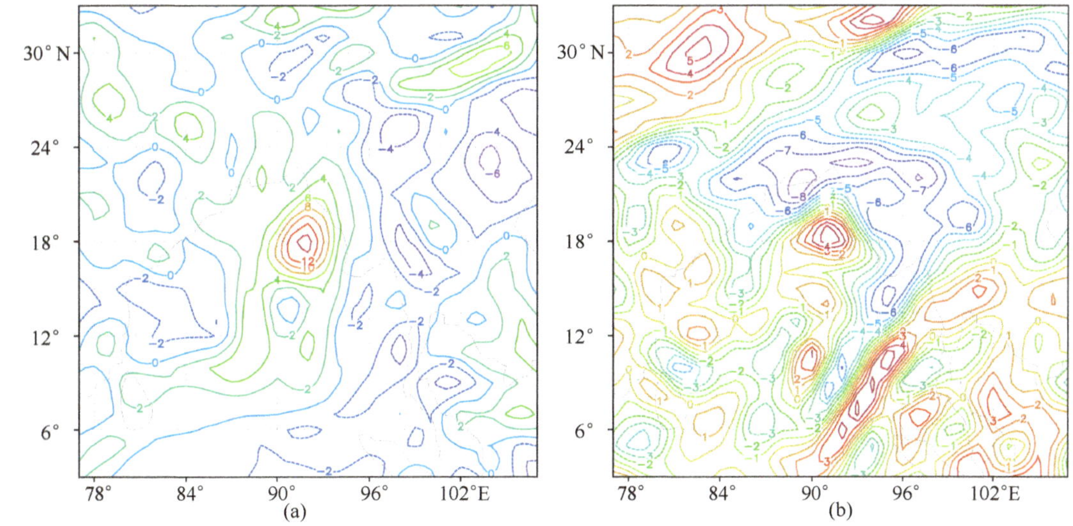

图 4.8　2007 年 5 月 14 日 14 时 500 hPa(a)和 150 hPa(b)等压面上“Akash”风暴水平涡度场(单位：$10^{-5}\ s^{-1}$)

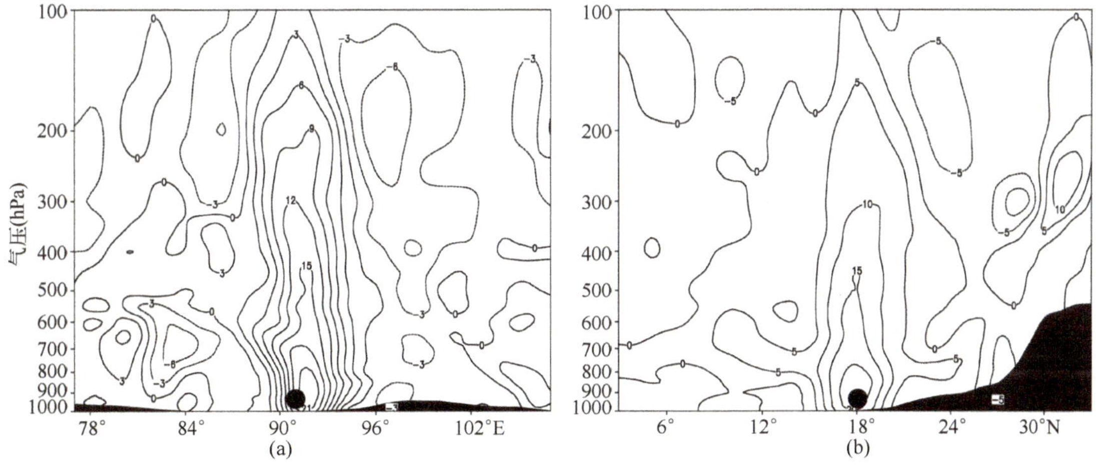

图 4.9　2007 年 5 月 14 日 14 时沿 18°N“Akash”风暴中心的纬向(a)和沿 92°E 经向(b)垂直剖面涡度分布(单位：$10^{-5}\ s^{-1}$，“●”为风暴中心位置)

“Akash”风暴登陆前，在标志气流辐合辐散强度的散度场上，对流层底层 900 hPa 以下层闭合辐合区域与风暴中心区域位置基本吻合(图 4.10a)，900 hPa 以上层，气流辐合中心明显偏离风暴中心；如在 700 hPa 上(图 4.10b)，气流辐合中心已偏离风暴中心西北方向约 2～3 个经纬距，且由对流层底层的“圆形”闭合区域变为了“带状形”区域，此辐合带状区域保持到近 200 hPa 高度才消失。沿风暴中心垂直剖面散度分布上，气流辐合柱分别向西(图 4.11a)和向北(图 4.11b)倾斜，与水平场反映情况一致。

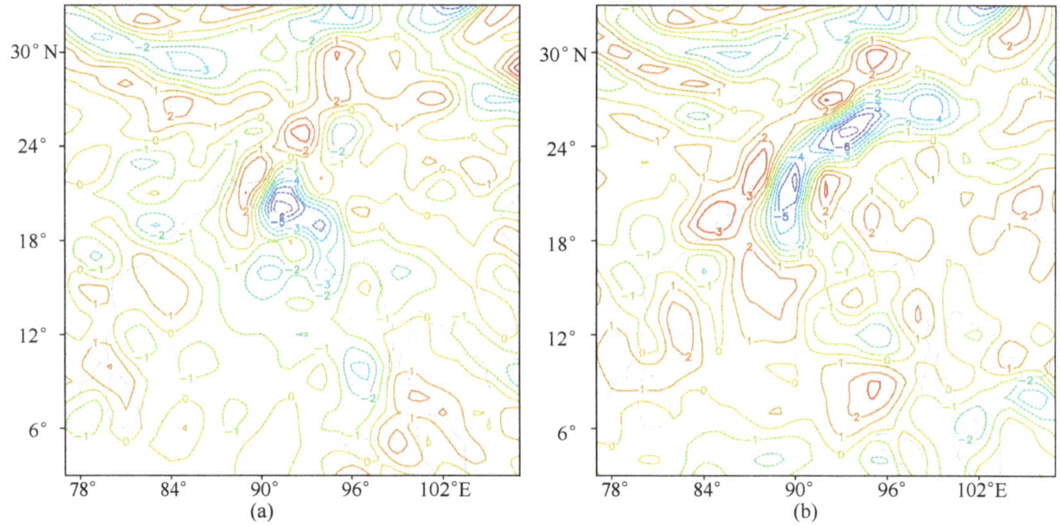

图 4.10　2007 年 5 月 14 日 14 时 900 hPa(a)和 700 hPa(b)等压面上“Akash”风暴水平散度场(单位：10^{-5} s^{-1})

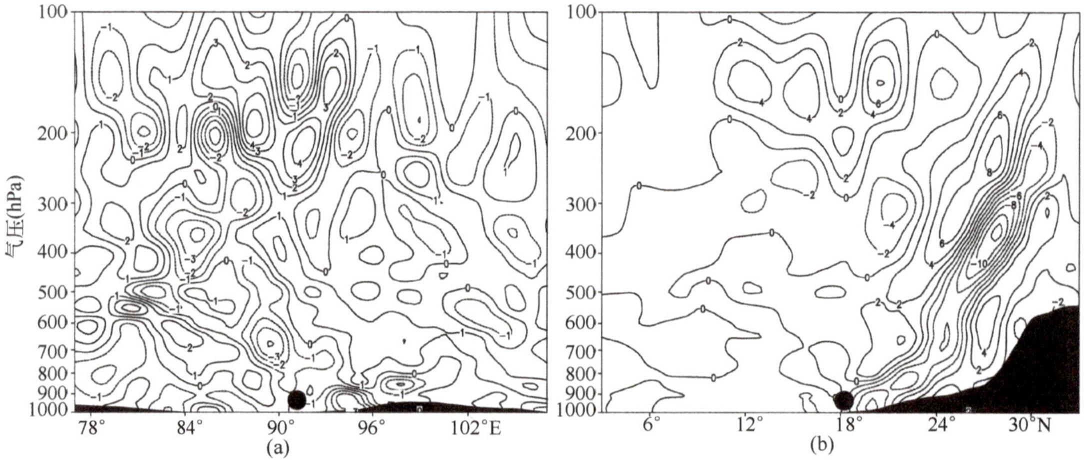

图 4.11　2007 年 5 月 14 日 14 时沿 18°N“Akash”风暴中心的纬向(a)和沿 92°E 经向(b)垂直剖面散度分布(单位：10^{-5} s^{-1}，“●”为风暴中心位置)

“Akash”风暴登陆时，对流层内各层涡旋闭合中心明显(图 4.12)，但涡旋对称性各层不一致。地面—800 hPa 上涡旋呈东西向“椭圆型”非对称性结构(图 4.12a)，750～500 hPa 上涡旋呈东西向“圆型”对称性结构(图 4.12b)，450～200 hPa 上涡旋呈南北向“椭圆型”非对称性结构(图 4.12c)，200 hPa 以上层涡旋中心消失。图 4.13 给出了沿风暴中心垂直剖面涡度分布上，无论是纬向剖面(图 4.13a)、还是经向剖面(图 4.13b)，涡旋柱都比较垂直，表明风暴的螺旋结构完整对称，但涡旋旋转强度和涡旋闭合中心到达的高度，纬向比经向大。

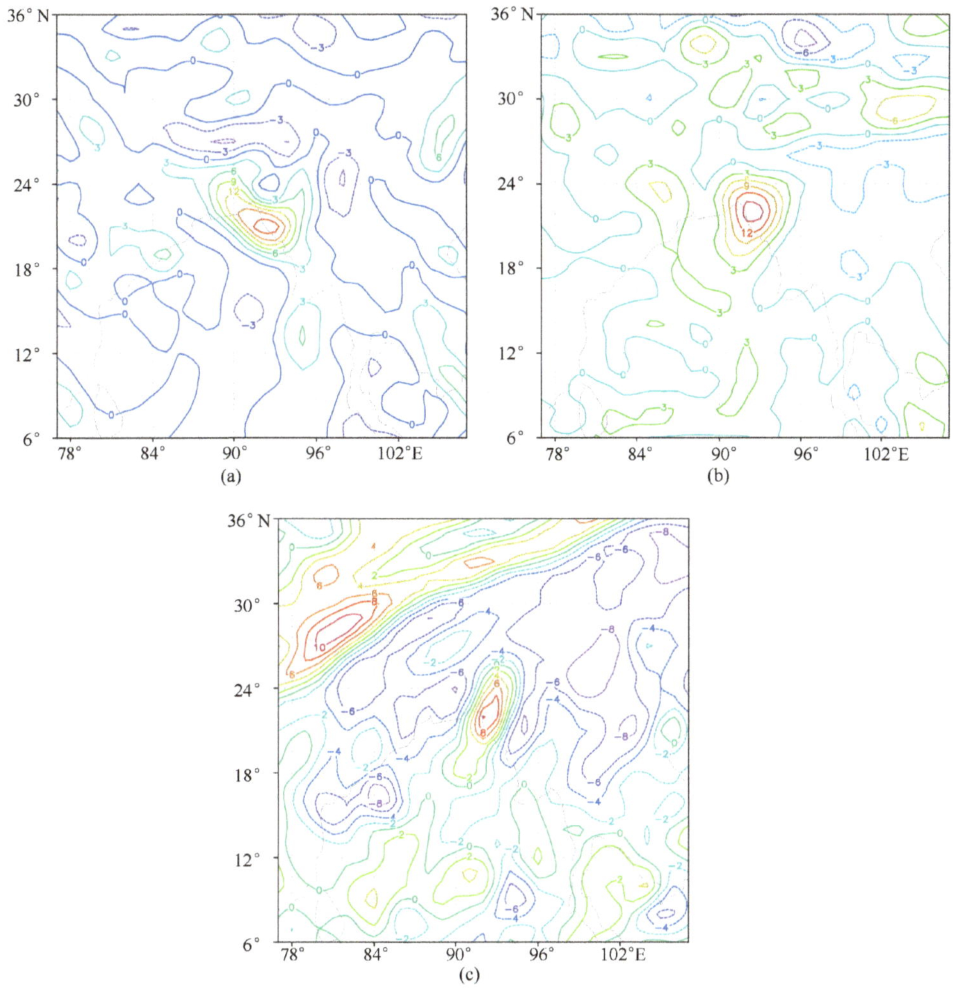

图 4.12　2007 年 5 月 15 日 02 时各等压面高度上“Akash”风暴水平涡度场(单位:10^{-5} s^{-1})
(a. 800 hPa; b. 500 hPa; c. 200 hPa)

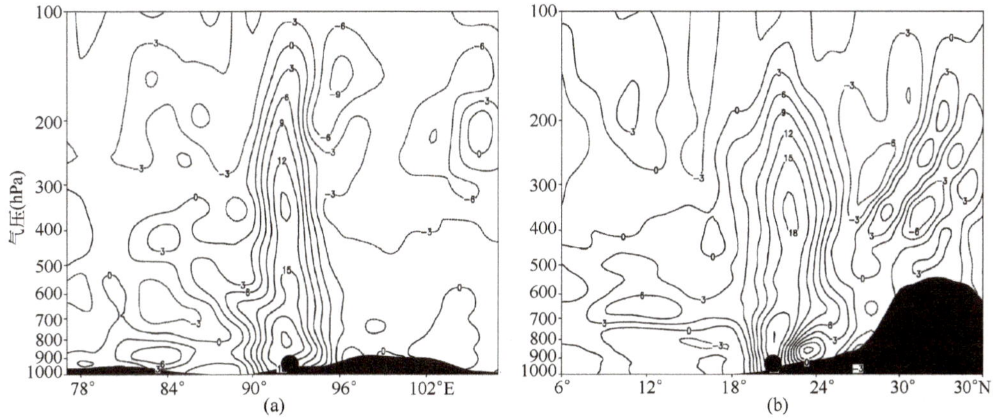

图 4.13　2007 年 5 月 15 日 02 时沿 21°N“Akash”风暴中心的纬向(a)和沿 92°E 经向(b)垂直剖面涡度分布
(单位:10^{-5} s^{-1},“●”为风暴中心位置)

"Akash"风暴登陆时，近地面层(1000～975 hPa)散度(负值)闭合辐合区域与风暴中心和涡旋中心(图 4.5 和图 4.12)区域位置基本吻合(图 4.14a)。但在 950 hPa 以上层，气流辐合中心明显与风暴中心分离，如在 500 hPa 上(图 4.14b)，风暴中心散度场数值几乎为零，四周的几个辐合中心明显与风暴无关。沿风暴中心纬向垂直剖面散度分布图(图 4.15a)上，除了对流层低层有气流辐合区外，对流层整层没有气流辐合；沿风暴中心经向垂直剖面散度分布图(图 4.15b)上，气流辐合区呈向北柱状分布，与登陆前的情况基本一致。

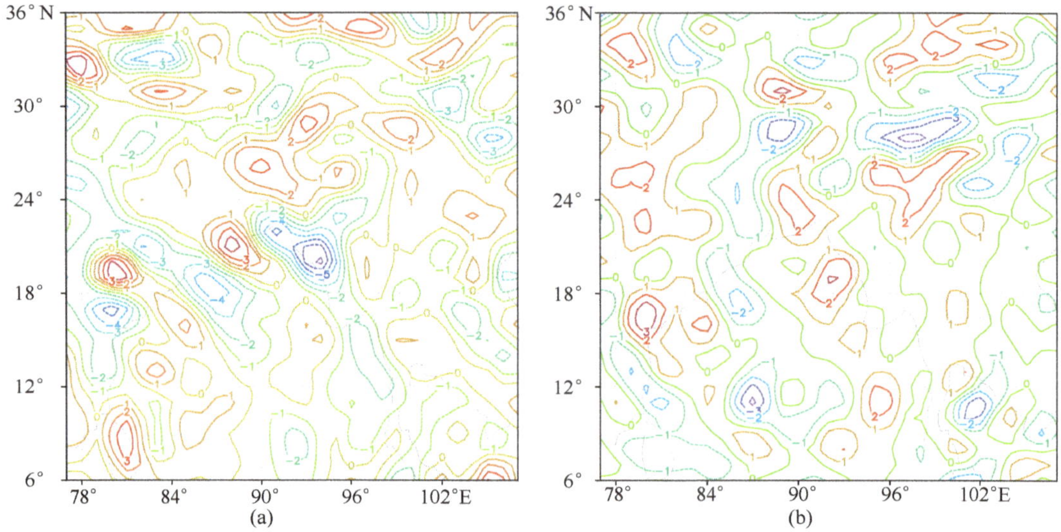

图 4.14　2007 年 5 月 15 日 02 时 975 hPa(a)和 500 hPa(b)等压面上"Akash"风暴水平散度场(单位：10^{-5} s^{-1})

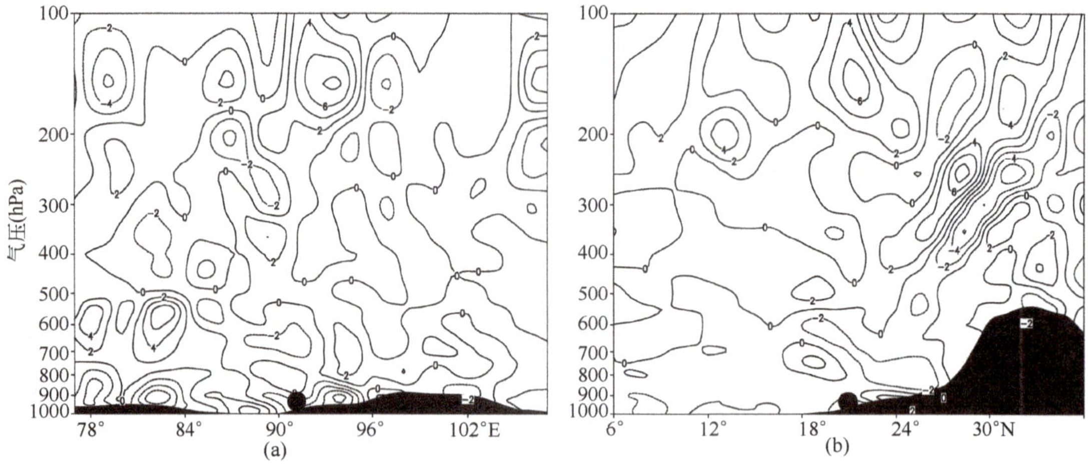

图 4.15　2007 年 5 月 15 日 02 时沿 21°N"Akash"风暴中心的纬向(a)和沿 92°E 经向(b)垂直剖面散度分布(单位：10^{-5} s^{-1}，"●"为风暴中心位置)

4.1.2 "Mala"风暴

2006 年 4 月 25 日 02 时在孟加拉湾南部生成了一个热带风暴(命名"Mala")，27 日 14 时增强为飓风(H1)，29 日 02 时增强为超级飓风(H4)，29 日 14 时在缅甸西南沿海登陆，登陆时减弱为强飓风(H3),29 日 20 时减弱为飓风(H1)后消失(图 4.16)。

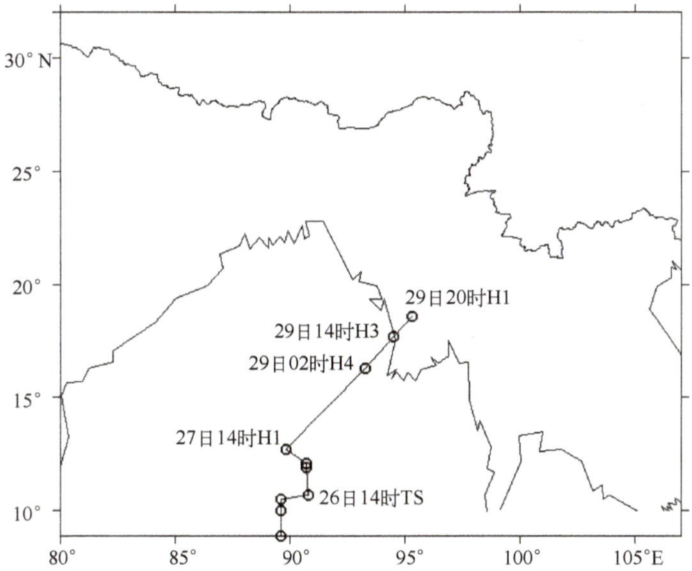

图 4.16　2006 年 4 月 24—29 日“Mala”风暴移动路径及强度

从卫星云图上看,“Mala”风暴云系对云贵高原地区造成了较大影响,外围云系甚至影响到了长江下游至东海区域(图 4.17)。

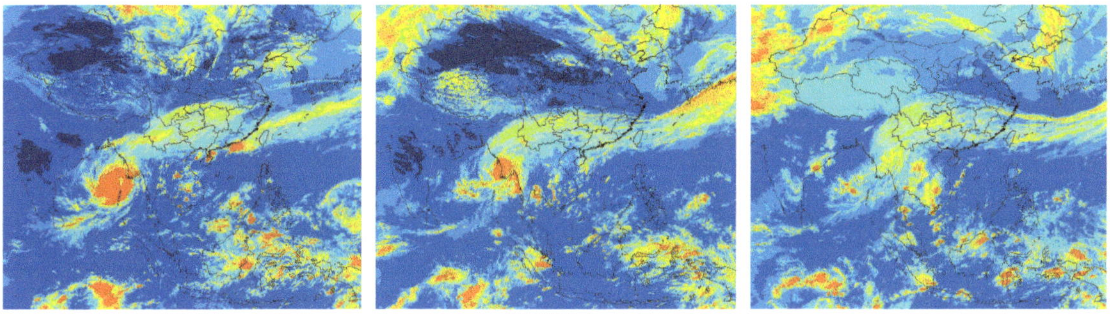

图 4.17　2006 年 4 月“Mala”风暴卫星云图
(TBB 数据。a. 28 日 14 时;b. 29 日 14 时;c. 30 日 02 时)

图 4.18 给出了 2006 年 4 月 28 日—5 月 1 日共 4 d 的累计降水量,云贵高原南部降水量达到 50～100 mm,云贵高原其他地区和青藏高原南部边缘地区降水量普遍为 10～25 mm。

4.1.2.1　水平流场

图 4.19 给出了“Mala”风暴登陆前的水平流场。在对流层底层的 925 hPa 上(图 4.19a),水平流场为准“圆形”对称性气旋流场,气流从中心到外围呈一致性气旋流入,表明风暴底层涡旋结构完整。到了对流层低层的 750 hPa 等压面上(图 4.19b),水平流场基本保持“圆形”对称性气旋流场,但风暴中心区域气流变为气旋性流出,与外围的气旋性流入之间形成一个环形辐合带。在对流层中层的 500 hPa 等压面上(图 4.19c),除了风暴中心区域仍维持闭合气旋外,外围环流已变为低槽形势,环形辐合带消失,气流从中心到外围呈一致性

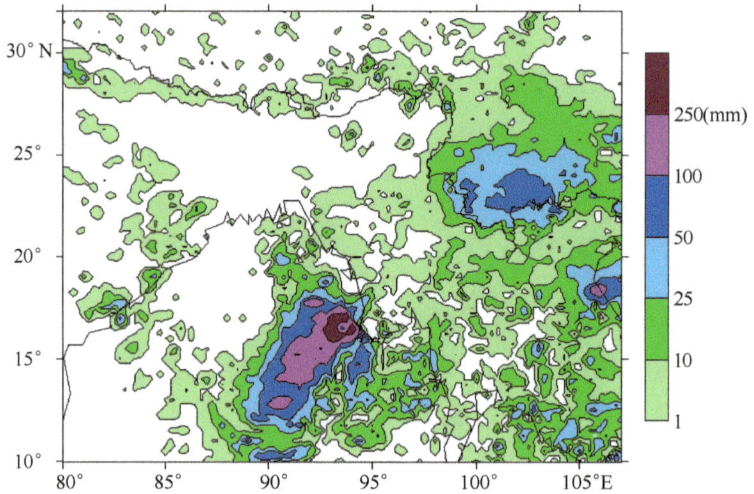

图 4.18　2006 年 4 月 28 日—5 月 1 日“Mala”风暴期间累计降水分布

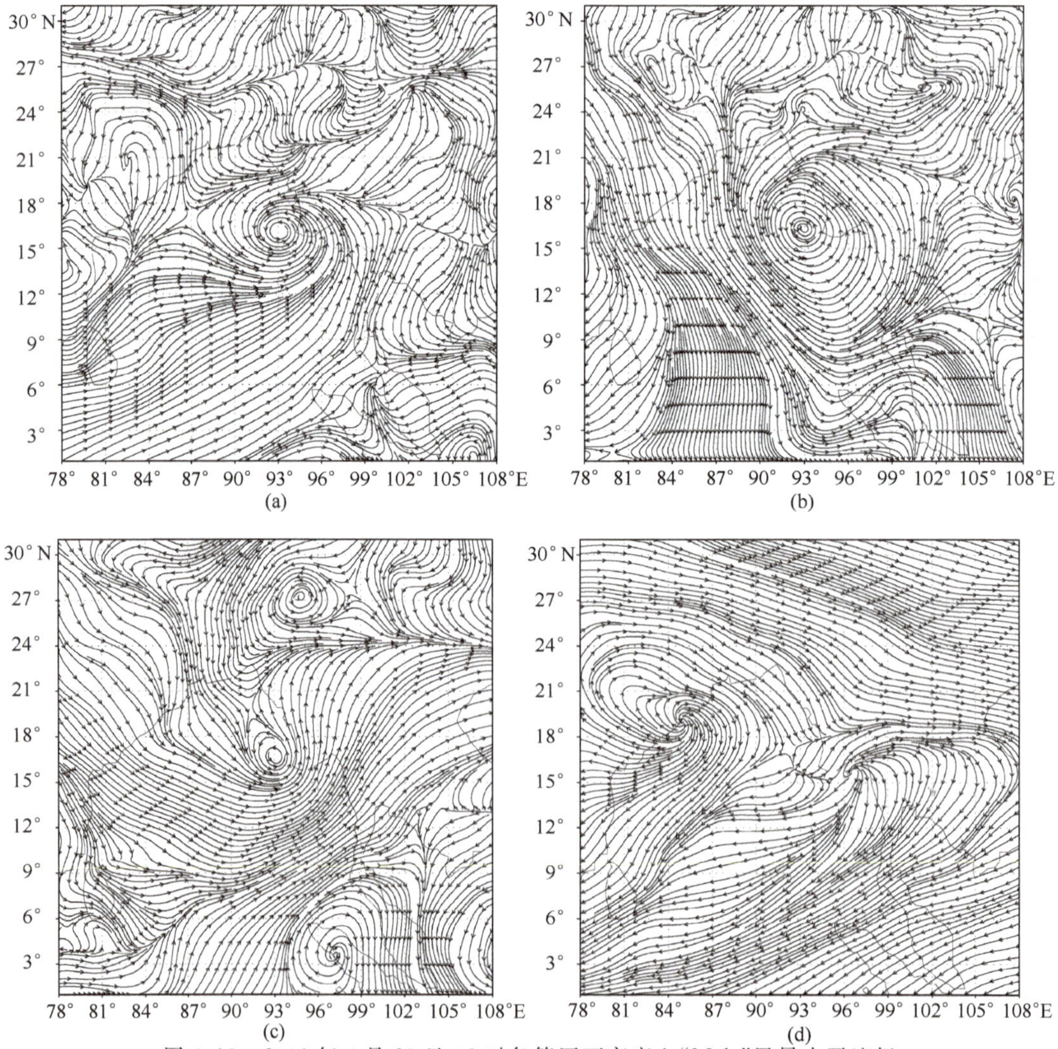

图 4.19　2006 年 4 月 29 日 02 时各等压面高度上“Mala”风暴水平流场

(a. 925 hPa；b. 750 hPa；c. 500 hPa；d. 100 hPa)

气旋流出。到了对流层高层的 100 hPa 等压面上(图 4.19d),风暴中心闭合气旋消失。从水平流场分析,“Mala”风暴结构较完整的厚度约为洋面～500 hPa,其中洋面～700 hPa 的厚度空间,风暴流场的螺旋对称性、气流从中心到外围呈流入的一致性结构最为完整。与“Akash”风暴登陆前相比,“Mala”风暴水平气旋流场保持到了更高的高度,表明后者系统的垂直厚度比前者深厚。

图 4.20 给出了“Mala”风暴登陆时的水平流场。在对流层底层的 950 hPa 上(图 4.20a),水平流场为“圆形”对称性气旋流场,气流从中心到外围呈一致性气旋流入。到 850 hPa上(图 4.20b),风暴中心区域气流变为气旋性流出,与外围的气旋性流入之间形成一个环形辐合带至 600 hPa。在对流层中层的 600 hPa 等压面上(图 4.20c),水平流场变为“椭圆形”非对称性气旋流场,环形辐合带消失,气流从中心到外围呈一致性气旋流出。到了 500 hPa 等压面上(图 4.20d),风暴中心闭合气旋消失。与登陆前相比,风暴水平流场的对称性、环形辐合带、气旋闭合等的高度均明显降低,表明风暴虽然很强,但减弱的速度很快。

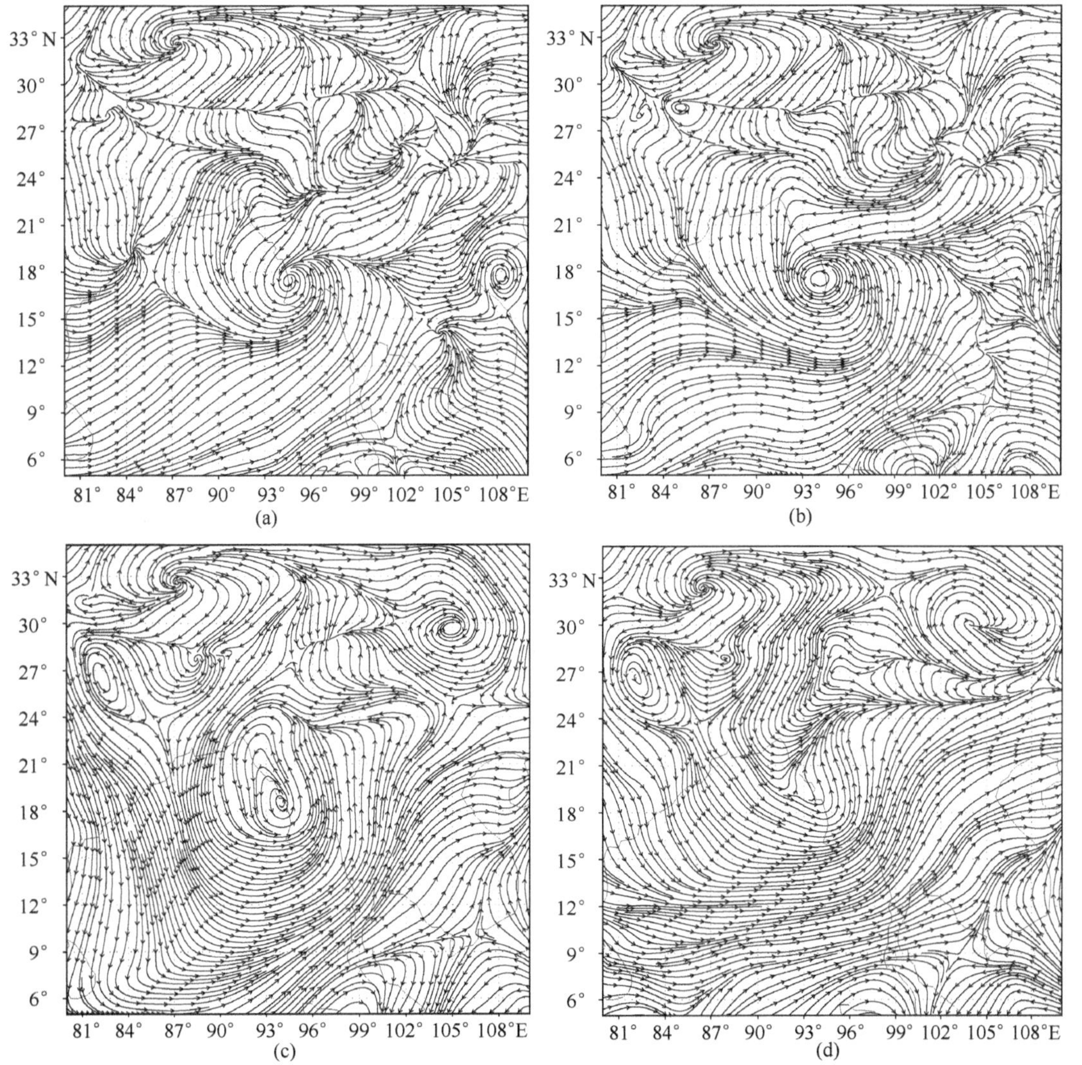

图 4.20　2006 年 4 月 29 日 14 时各等压面高度上“Mala”风暴水平流场

(a. 950 hPa;b. 850 hPa;c. 600 hPa;d. 500 hPa)

“Mala”风暴与“Akash”风暴水平流场比较，登陆前，“Mala”风暴水平流场的对称性、环形辐合带、气旋闭合等的高度层均比“Akash”风暴高；登陆后，后者的水平流场结构的高度下降幅度较大，最终导致其对高原地区降水程度的差异。

4.1.2.2 垂直环流

图 4.21 给出了“Mala”风暴登陆前（风暴中心位置：16.3°N，93.3°E）垂直环流。沿纬向的垂直剖面图上（图 4.21a），风暴中心区域为垂直上升气流，风速较大，上升高度超过 200 hPa，两侧的外围为明显的下沉气流，与典型的热带气旋垂直环流形态大致相同。但东侧的下沉气流区范围较小（距中心 5～8 个经距），且所达高度在 400 hPa 以下；西侧为范围较大的下沉气流（超过 12 个经距），对风暴的维持有利。

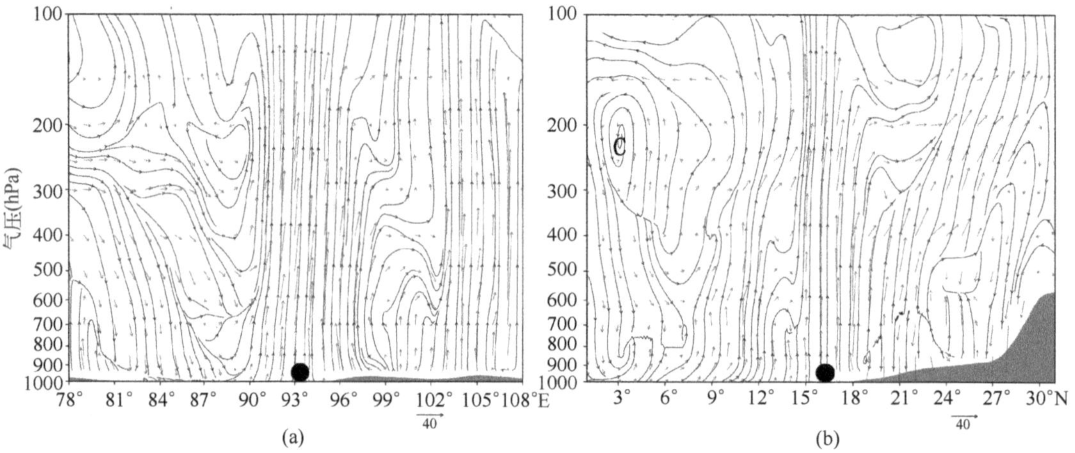

图 4.21　2006 年 4 月 29 日 02 时沿 16°N“Mala”风暴中心的纬向(a)和沿 93°E 经向(b)垂直剖面环流（矢量单位：m·s^{-1}，“●”为风暴中心位置）

沿经向的垂直剖面图上（图 4.21b），风暴中心及两侧区域均为大范围上升气流，特别是北侧的上升气流较大，这显然与高原大地形的抬升作用有关。北侧距中心 6～15 个纬距的区域对流层中有下沉气流；南侧距中心 9～12 个纬距的区域对流层中低层也有一支下沉气流，风速较小，但在 200～300 hPa 之间有一个气旋次级环流，对维持风暴西侧下沉气流有利。

图 4.22 给出了“Mala”风暴登陆时（风暴中心位置：17.7°N，94.5°E）垂直环流。沿纬向的垂直剖面图上（图 4.22a），风暴中心区域为较强的垂直上升气流，上升气流达到近100 hPa 高度，与风暴登陆前相当（图 4.21a）强盛，但两侧下沉气流的强度不如登陆前，且对流层低层已转为下沉气流，这预示着风暴将会减弱或消失。

沿经向的垂直剖面图上（图 4.22b），风暴中心及两侧区域均为大范围上升气流，仅靠风暴中心南侧的一个气旋次级环流维持着弱的下沉气流，表明此时风暴南北向的对称性受到了破坏。与登陆前一样，受高原大地形抬升作用的影响，风暴北侧的上升气流较大。

通过“Mala”风暴和“Akash”风暴的垂直结构分析可以看出，孟加拉湾风暴两侧的下沉气流一致性较差。

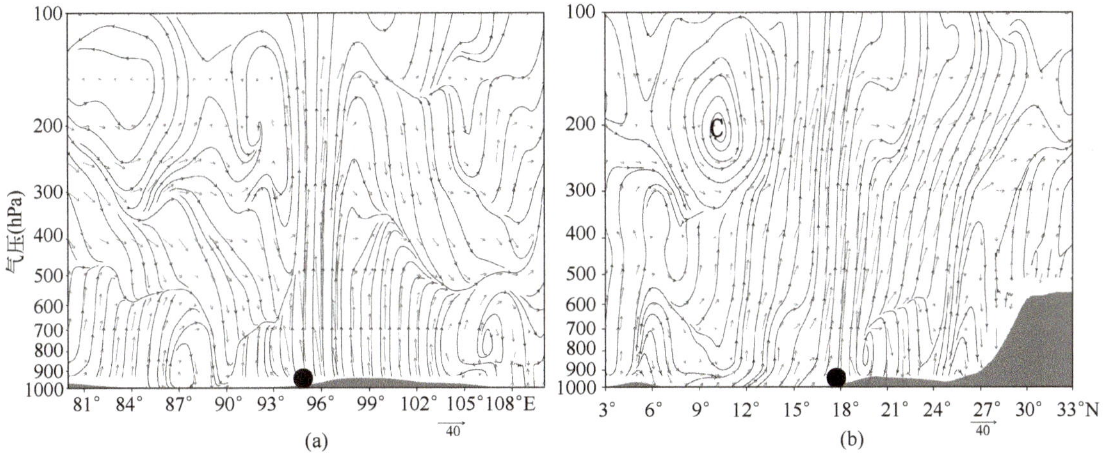

图 4.22　2006 年 4 月 29 日 14 时沿 18°N“Mala”风暴中心的纬向(a)和沿 95°E 经向(b)垂直剖面环流(矢量单位:m · s^{-1},“●”为风暴中心位置)

4.1.2.3　**动力结构**

“Mala”风暴登陆前,在反映大气旋转运动强度的涡度场上,对流层内各层涡旋中心明显。图 4.23 给出了 500 hPa 和涡旋中心顶层的水平涡度场,可以看出“Mala”风暴水平涡旋场从低层到高层均呈“圆形”对称性结构,涡旋的水平尺度高低层也基本一致。沿风暴中心垂直剖面涡度分布上,无论是纬向剖面(图 4.24a)、还是经向剖面(图 4.24b),涡旋柱都比较垂直,表明风暴的螺旋结构完整对称。由于“Mala”风暴登陆前强度较强,在对流层上层仍维持较强涡旋闭合中心,比“Akash”风暴的涡旋结构明显偏强(图 4.9)。

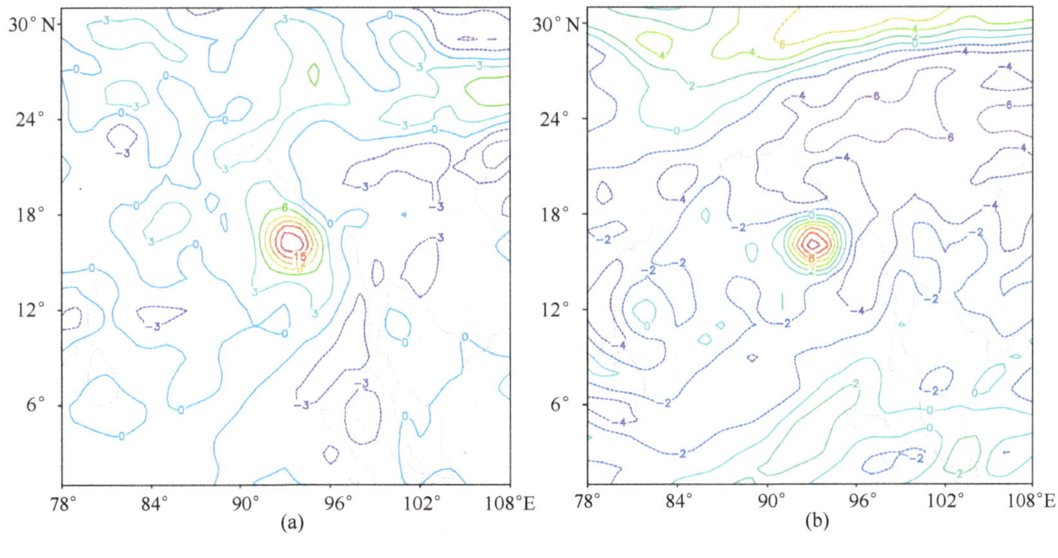

图 4.23　2006 年 4 月 29 日 02 时 500 hPa(a)和 150 hPa(b)等压面上“Mala”风暴水平涡度场(单位:$10^{-5}\ s^{-1}$)

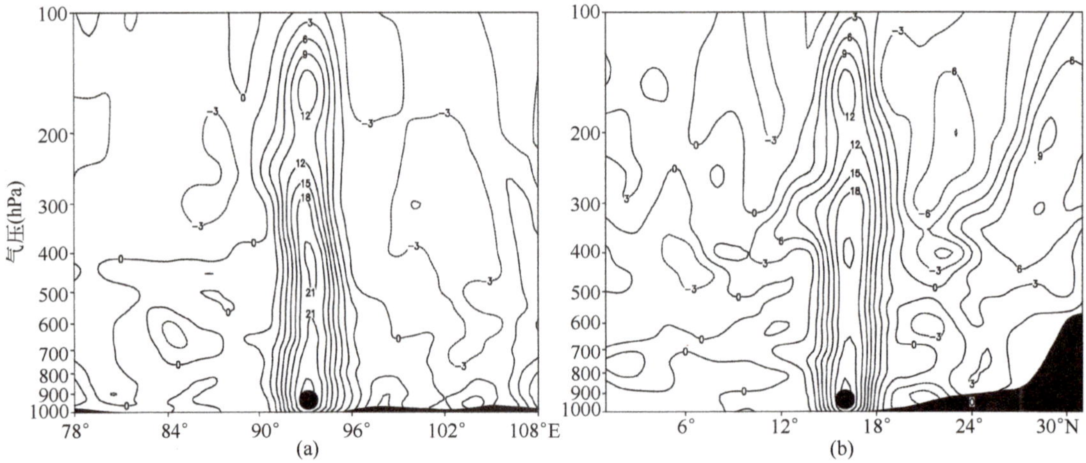

4.24　2006 年 4 月 29 日 02 时沿 16°N“Mala”风暴中心的纬向(a)和沿 93°E 经向(b)垂直剖面涡度分布(单位:$10^{-5}\ s^{-1}$,“●”为风暴中心位置)

“Mala”风暴登陆前,在标志气流辐合辐散强度的散度场上,对流层底层 900 hPa 以下层闭合辐合区域与风暴中心区域位置基本吻合(图 4.25a),900 hPa 以上层,气流辐合中心明显偏离风暴中心;如在 700 hPa 上(图 4.25b),气流辐合中心已偏离风暴中心偏北方向约 3～4 个纬距,且由对流层底层的准“圆形”闭合区域变为了东西向“带状形”区域,此辐合带状区域随高度一直向东北方向偏移,保持到近 300 hPa 高度才消失。沿“Mala”风暴中心纬向垂直剖面散度分布图上(图 4.26a),气流辐合柱较弱(仅达到 500 hPa 高度),略向西倾斜;经向垂直剖面上(图 4.26b),气流辐合柱较强(达到 100 hPa 高度),但向北倾斜较大,100 hPa 上已偏离风暴中心 12 个纬距,与水平场反映情况一致,表明辐合场极不对称。

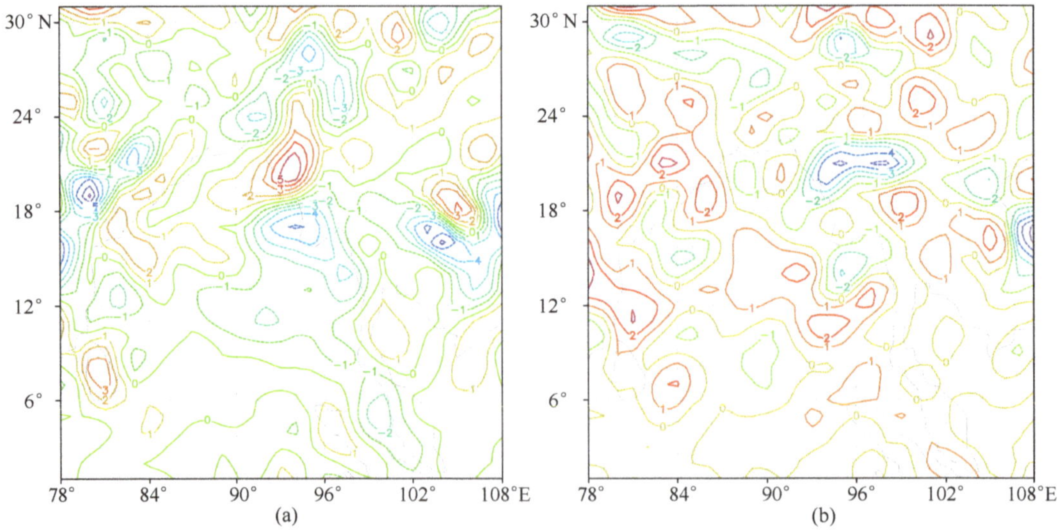

图 4.25　2006 年 4 月 29 日 02 时在 950 hPa(a)和 700 hPa(b)等压面上“Mala”风暴水平散度场(单位:$10^{-5}\ s^{-1}$)

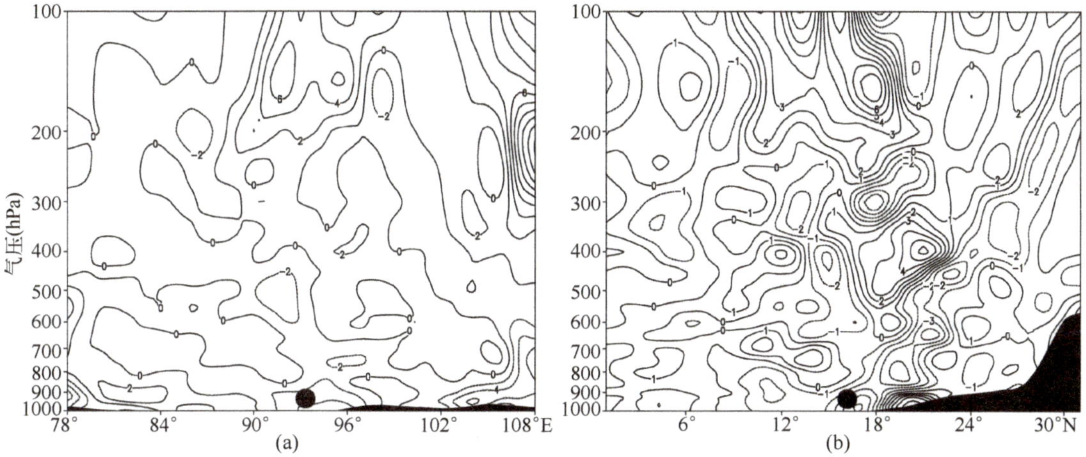

图 4.26　2006 年 4 月 29 日 02 时沿 16°N"Mala"风暴中心的纬向(a)和沿 93°E 经向(b)垂直剖面散度分布（单位：$10^{-5}\ s^{-1}$，"●"为风暴中心位置）

"Mala"风暴登陆时，对流层内各层涡旋闭合中心明显(图 4.27)。850 hPa 以下层涡旋呈"圆型"对称性结构(图 4.27a)，850 hPa 以上层涡旋逐步变为南北向"椭圆型"非对称性结构(图 4.27b)，较强的涡旋闭合中心保持到 100 hPa。与登陆前相比，涡旋的对称性结构明显受到破坏。沿风暴中心垂直剖面涡度分布上，无论是纬向剖面(图 4.28a)、还是经向剖面(图 4.28b)，涡旋柱都比较垂直，表明风暴的螺旋结构完整，与登陆前相比，涡旋强度有所减弱。由于"Mala"风暴登陆前强度较强，在对流层上层仍维持较强涡旋闭合中心，比"Akash"风暴的涡旋结构明显偏强(图 4.13)。

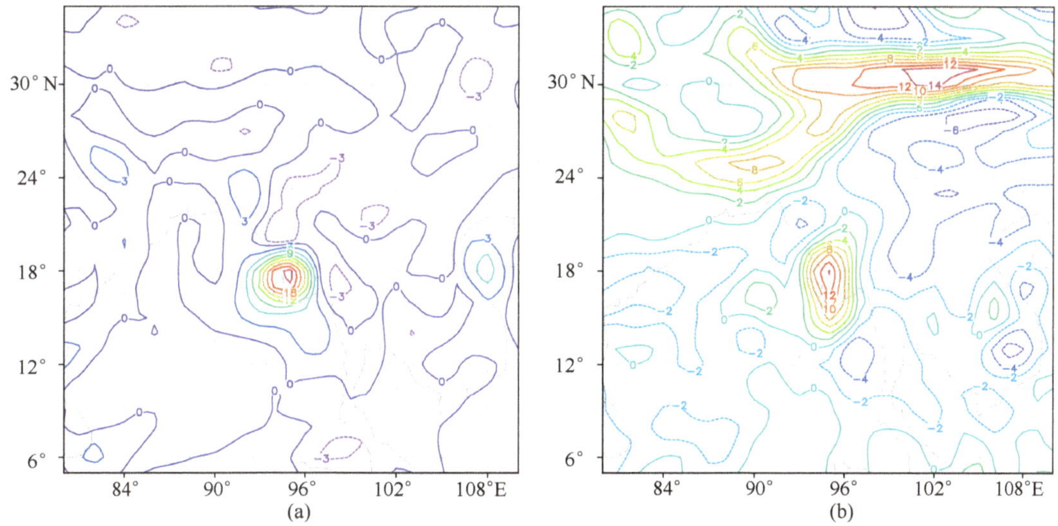

图 4.27　2006 年 4 月 29 日 14 时 850 hPa(a)和 300 hPa(b)等压面上"Mala"风暴水平涡度场（单位：$10^{-5}\ s^{-1}$）

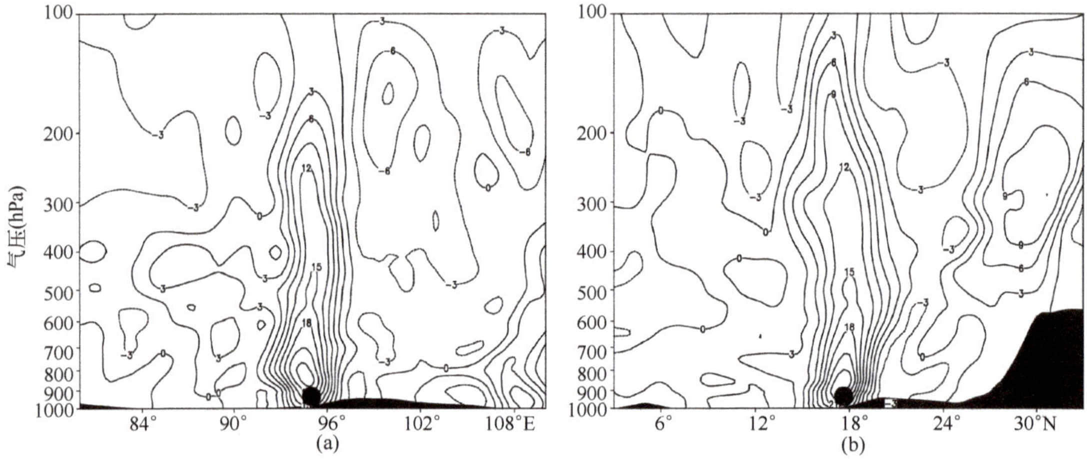

图 4.28　2006 年 4 月 29 日 14 时沿 18°N“Mala”风暴中心的纬向(a)和沿 95°E 经向(b)垂直剖面涡度分布(单位:10^{-5} s^{-1},“●”为风暴中心位置)

“Mala”风暴登陆时,对流层低层 800 hPa 以下散度(负值)闭合辐合区域与风暴中心和涡旋中心区域位置基本吻合(图 4.29a)。但在 800 hPa 以上层,气流辐合中心明显与风暴中心分离,如在 500 hPa 上(图 4.29b),风暴中心散度场数值几乎变为了较弱的辐合场,辐合中心明显偏离地面风暴中心,向东北方向倾斜了 5～6 个经纬距。沿风暴中心纬向垂直剖面散度分布图(图 4.30a)上,除了对流层低层有气流辐合区外,对流层整层没有气流辐合;沿风暴中心经向垂直剖面散度分布图(图 4.30b)上,气流辐合区呈向北的柱状分布,比登陆前更加倾斜。

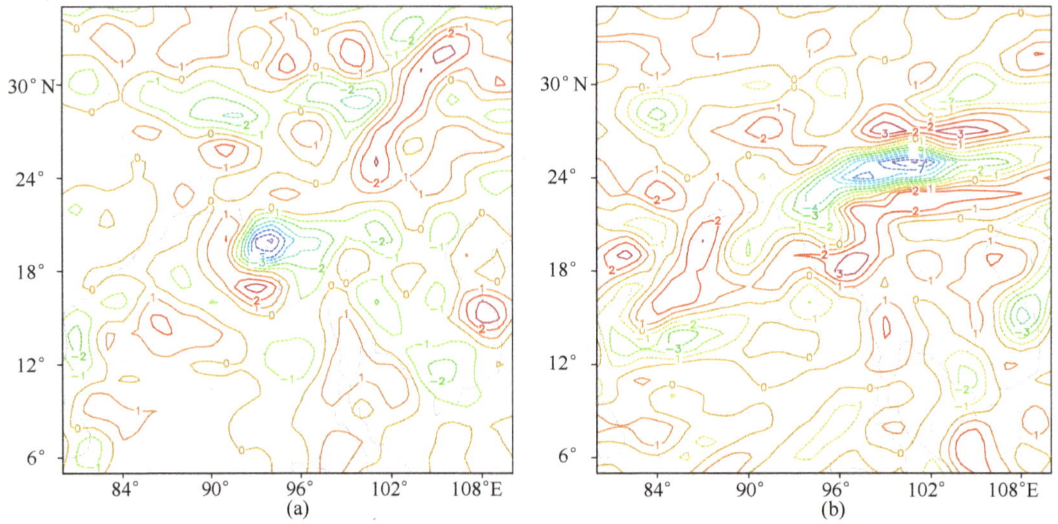

图 4.29　2006 年 4 月 29 日 14 时 800 hPa(a)和 500 hPa(b)等压面上“Mala”风暴水平散度场(单位:10^{-5} s^{-1})

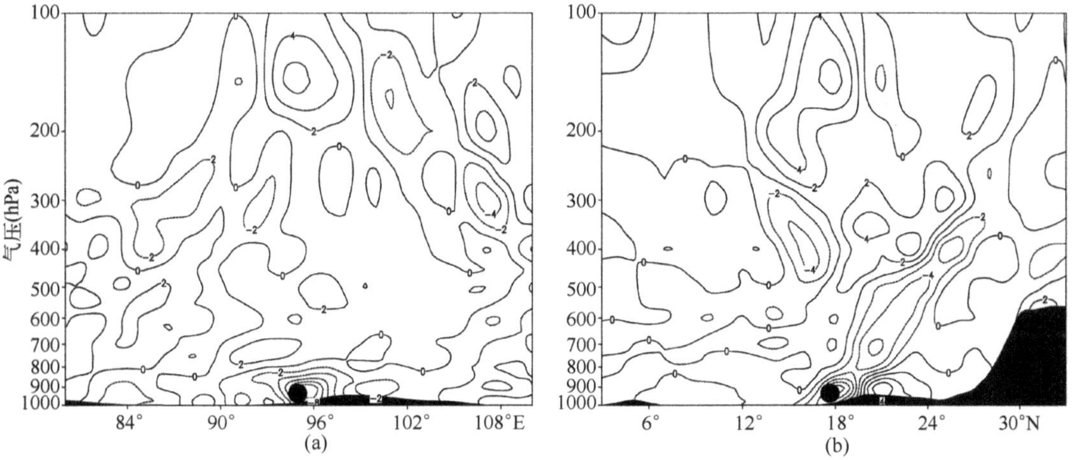

图 4.30　2006 年 4 月 29 日 14 时沿 18°N“Mala”风暴中心的纬向(a)和沿 95°E 经向(b)垂直剖面散度分布(单位：10^{-5} s^{-1}，“●”为风暴中心位置)

4.2　西北路径登陆风暴典型个例

4.2.1　“05B”风暴

2006 年 9 月 28 日 20 时在孟加拉湾北部生成了一个热带风暴(命名“05B”)，强度为 TS。29 日 08—20 时之间在印度东北部沿海登陆，并同时减弱消失(图 4.31)。

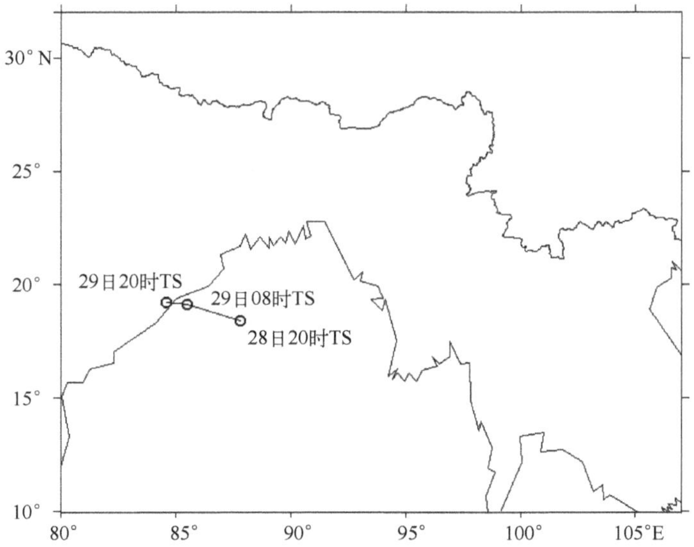

图 4.31　2006 年 9 月 28—29 日“05B”风暴移动路径及强度

从卫星云图上看，“05B”风暴云系对青藏高原地区南侧和云贵高原地区西侧造成了影响(图 4.32)。

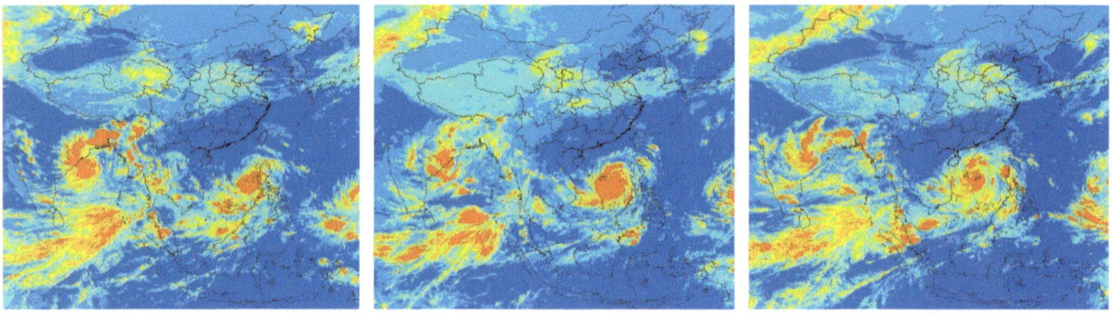

(a)登陆前　(b)登陆时　(c)消亡时

图 4.32　2006 年 9 月“05B”风暴卫星云图

(TBB 数据。a. 28 日 20 时；b. 29 日 08 时；c. 29 日 20 时)

图 4.33 给出了 2006 年 9 月 28 日—10 月 1 日共 4 d 的累计降水量，青藏高原东部和南部、云贵高原北部和西部降水量普遍为 20～25 mm，局部地区达 50～100 mm。

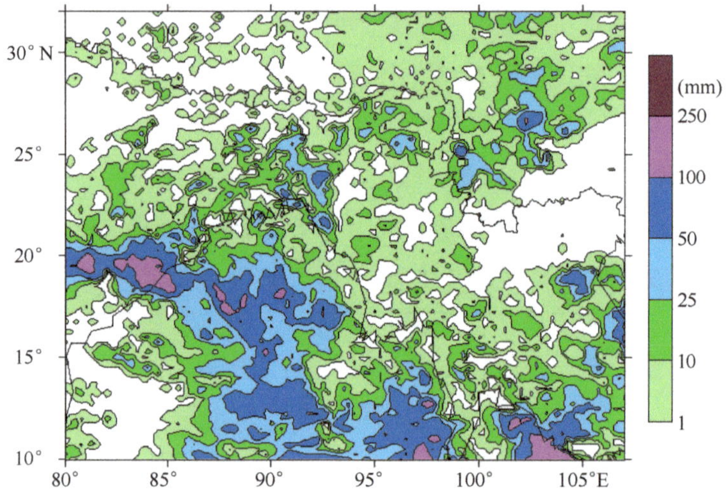

图 4.33　2006 年 9 月 28 日—10 月 1 日“05B”风暴期间累计降水分布

4.2.1.1　水平流场

图 4.34 给出了“05B”风暴登陆前的水平流场。在对流层底层的 950 hPa 上(图 4.34a)，水平流场为准“圆形”对称性气旋流场，气流从中心到外围呈一致性气旋流入，表明风暴底层涡旋结构完整。到了对流层低层的 850 hPa 等压面上(图 4.34b)，水平流场仍为“圆形”对称性气旋流场，风暴中心区域气流变为气旋性流出，与外围的气旋性流入之间形成一个环形辐合带。在对流层中层的 400 hPa 等压面上(图 4.34c)，环形辐合带消失，气流从风暴中心到外围为一致性气旋流出，水平流场变为了“椭圆形”非对称性气旋流场。到了对流层高层的 300 hPa 等压面上(图 4.34d)，风暴中心闭合气旋消失。从水平流场分析，“05B”风暴结构较完整的厚度约为洋面～400 hPa，其中洋面～850 hPa 的厚度空间，风暴流场的螺旋对称性、气流从中心到外围呈流入的一致性结构最为完整。

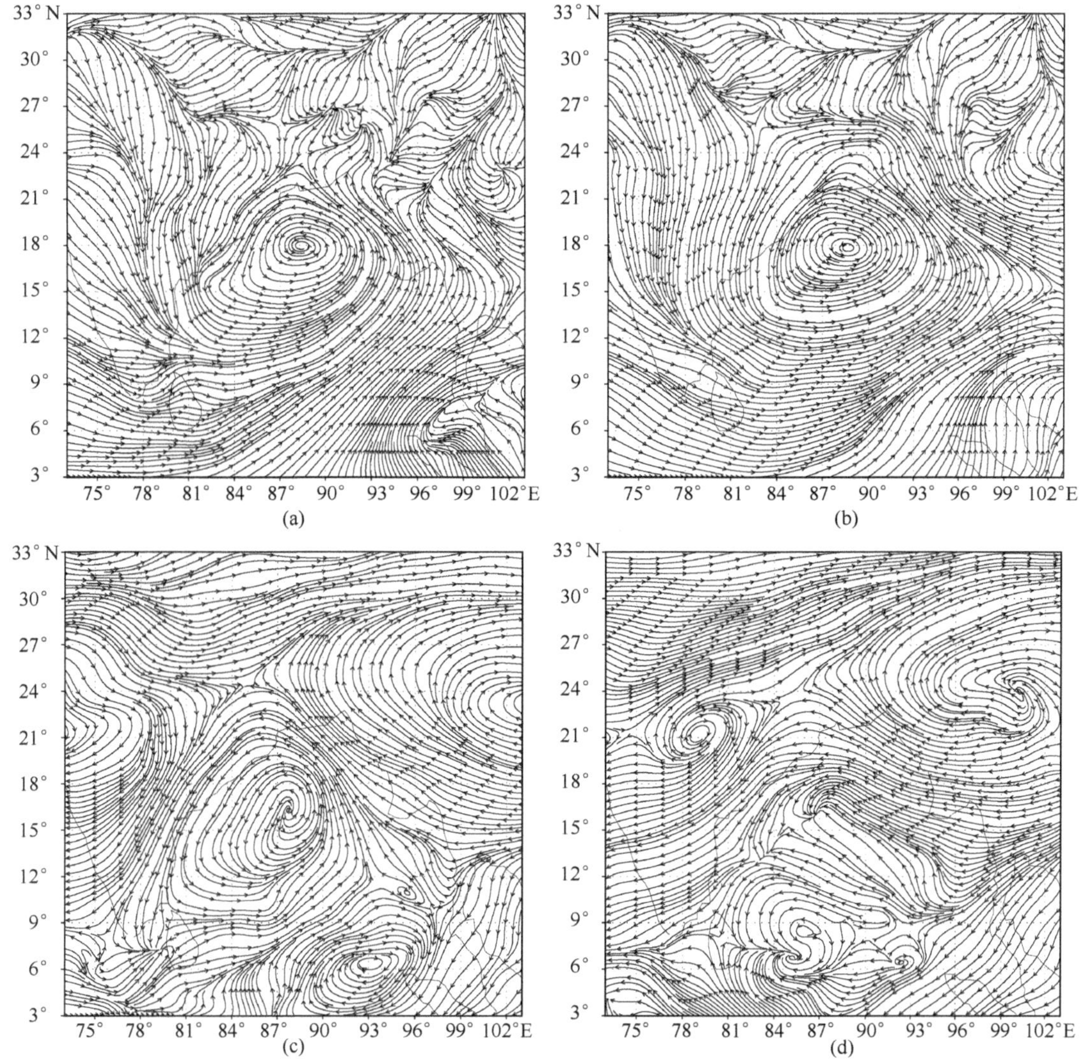

图 4.34　2006 年 9 月 28 日 20 时各等压面高度上“05B”风暴水平流场
(a. 950 hPa；b. 850 hPa；c. 400 hPa；d. 300 hPa)

图 4.35 给出了“05B”风暴登陆时的水平流场。在对流层底层的 950 hPa 上(图 4.35a)，水平流场呈“圆形”对称性气旋流场，气流从中心到外围呈一致性气旋流入。到了 850 hPa 上(图 4.35b)，水平流场仍为“圆形”对称性气旋流场，风暴中心区域气流变为气旋性流出，与外围的气旋性流入之间形成一个环形辐合带至 500 hPa，在对流层中层的 500 hPa 等压面上(图 4.35c)，水平流场变为了“椭圆形”非对称性气旋流场，环形辐合带消失，气流从中心到外围呈一致性气旋流出。到了对流层中层的 400 hPa 等压面上(图 4.35d)，风暴中心闭合气旋消失。

比较“05B”风暴登陆前后水平流场变化可知，高原大地形对风暴的结构影响较大。登陆前，风暴受地形影响较小，虽然强度较弱，对流层中低层水平流场结构仍然比较完整。登陆时，对流层低层对称性气旋流场受到较大影响，环形辐合带高度降低。

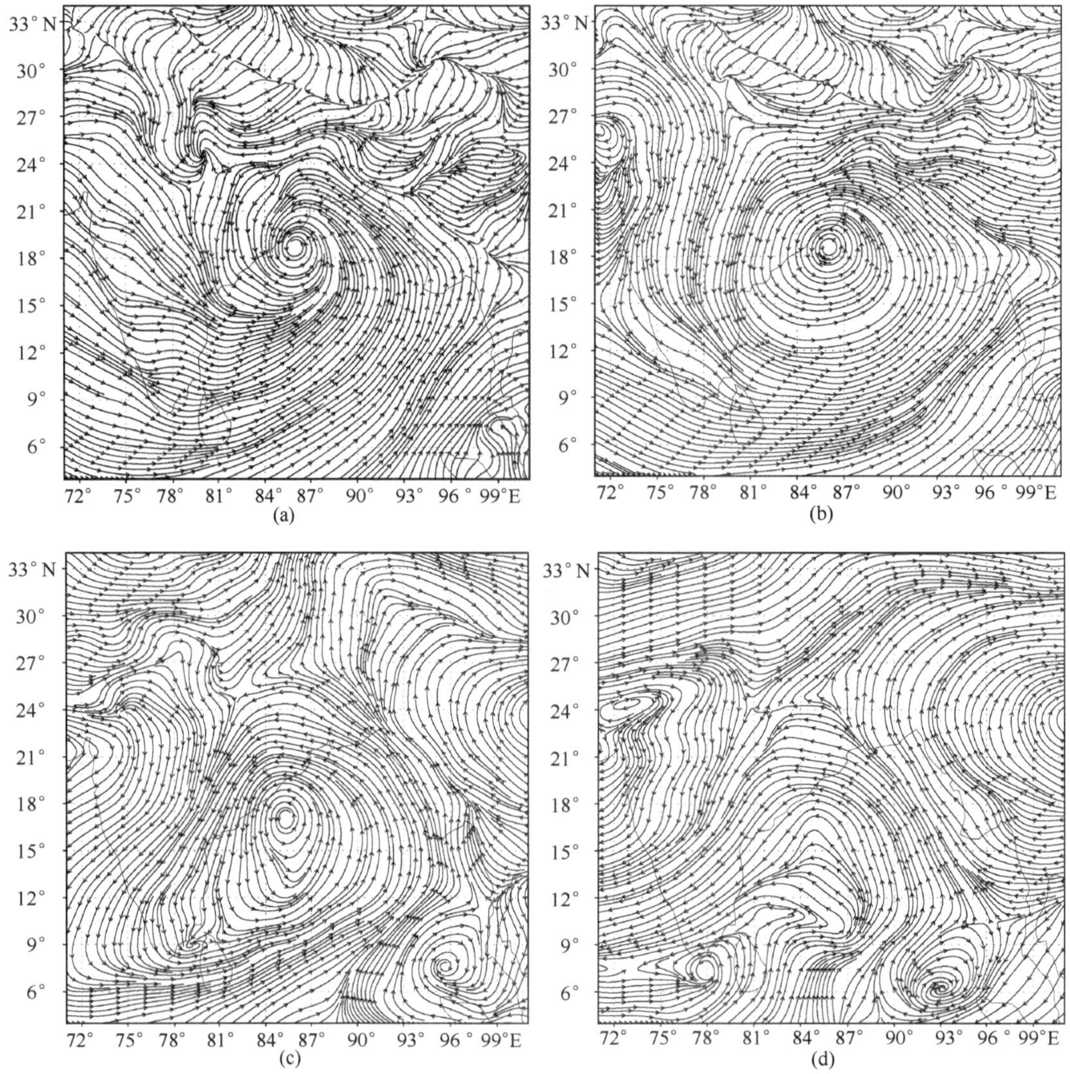

图 4.35　2006 年 9 月 29 日 08 时各等压面高度上“05B”风暴水平流场

(a. 950 hPa；b. 900 hPa；c. 500 hPa；d. 400 hPa)

4.2.1.2　垂直环流

图 4.36 给出了“05B”风暴登陆前(风暴中心位置：18.4°N，87.8°E)垂直环流。沿纬向的垂直剖面图上(图 4.36a)，风暴中心及相邻区域为垂直上升气流，风速较大，两侧的外围的下沉气流不明显，但风速较小，与典型的热带气旋垂直环流形态不太相同，风暴中心上升气流区仅达到 150 hPa 附近，表明风暴系统深厚程度未达到对流层顶；风暴中心区域两侧(东侧 9～12 个经距范围、西侧 3～5 个经距范围)中低层分别有弱的下沉气流，维持着较弱的风暴西行。

沿经向的垂直剖面图上(图 4.36b)，风暴中心及邻近区域为大范围上升气流，上升速度虽不及纬向剖面，但风暴中心两侧有明显的下沉气流；北侧距中心 6～10 个纬距的区域对流层内有下沉气流，南侧距中心 3～8 个纬距的区域内也有一支下沉气流。显然，与纬向剖面相比，风暴垂直结构特征更为明显。

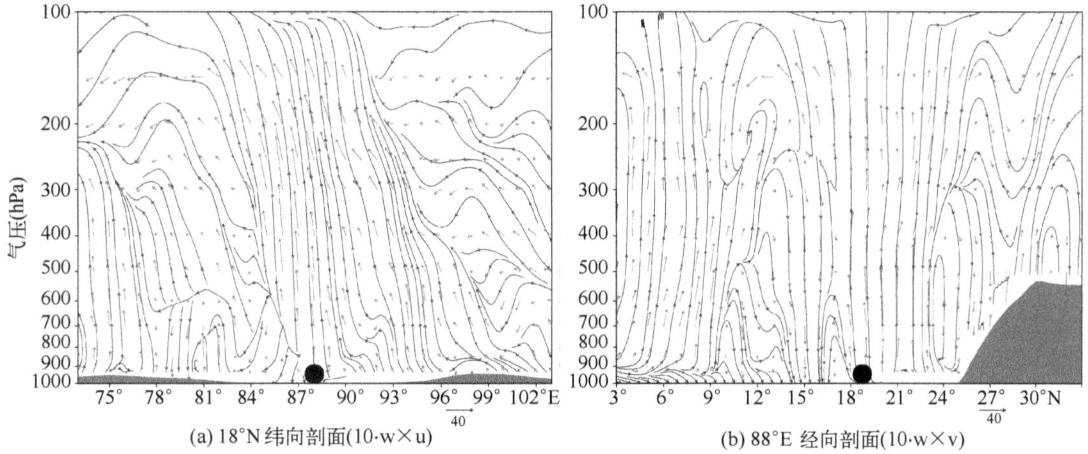

(a) 18°N纬向剖面(10·w×u)　　(b) 88°E 经向剖面(10·w×v)

图 4.36　2006 年 9 月 28 日 20 时沿“05B”风暴中心的纬向(a)和经向(b)垂直剖面环流
(矢量单位:m·s^{-1},“●”为风暴中心位置)

图 4.37 给出了“05B”风暴登陆时(风暴中心位置:19.1°N,85.5°E)垂直环流。沿纬向的垂直剖面图上(图 4.37a),风暴中心区域为较强的垂直上升气流,上升气流下降至 200 hPa 高度,比风暴登陆前(图 4.36a)减弱些,两侧下沉气流强度虽比登陆前略强,但对称性不一致,西侧的下沉气流区主要集中在对流层中高层,东侧的下沉气流区主要集中在对流层中低层。

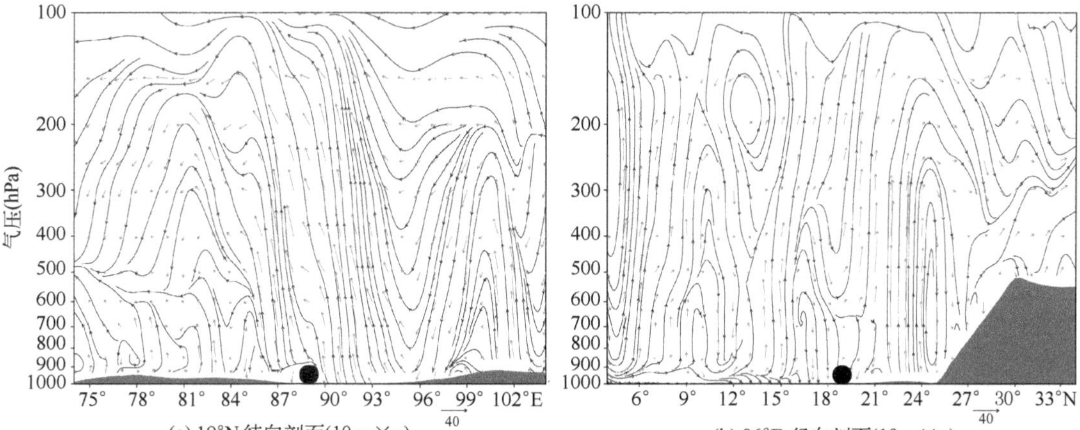

(a) 19°N纬向剖面(10·w×u)　　(b) 86°E 经向剖面(10·w×v)

图 4.37　2006 年 9 月 29 日 08 时沿“05B”风暴中心的纬向(a)和经向(b)垂直剖面环流
(矢量单位:m·s^{-1},“●”为风暴中心位置)

沿经向的垂直剖面图上(图 4.37b),风暴中心及邻近区域为上升气流,但风速明显减小,北侧上升气流区风速比南侧大,与青藏高原几乎垂直的大地形作用有关。强上升气流的密集型结构消失,表明此时风暴将减弱消亡。

4.2.1.3　动力结构

“05B”风暴登陆前,在反映大气旋转运动强度的涡度场上,对流层内各层涡旋中心明显。

图 4.38a 给出了 500 hPa 水平涡度场，可以看出“05B”风暴水平涡旋场呈“圆形”对称性结构。但到了 250 hPa 上(图 4.38b)，涡旋的“圆形”对称性结构发生了变化，呈“椭圆形”形状。沿风暴中心垂直剖面涡度分布上，无论是纬向剖面(图 4.39a)、还是经向剖面(图 4.39b)，涡旋柱相对比较垂直，表明风暴的螺旋结构完整对称，但涡旋旋转强度和涡旋闭合中心到达的高度均在 250 hPa 以下。

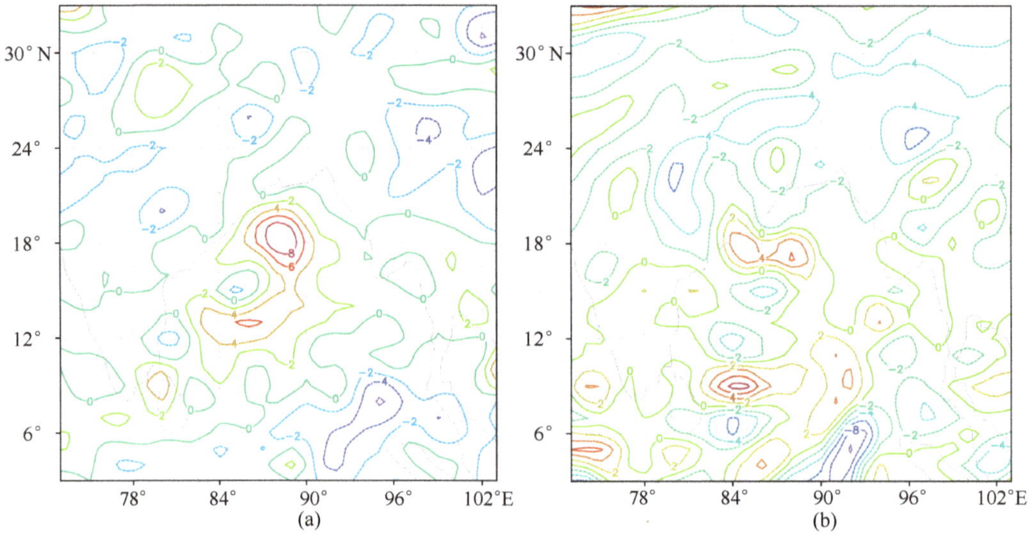

图 4.38　2006 年 9 月 28 日 20 时 500 hPa(a)和 250 hPa(b)等压面上“05B”风暴水平涡度场(单位：10^{-5} s^{-1})

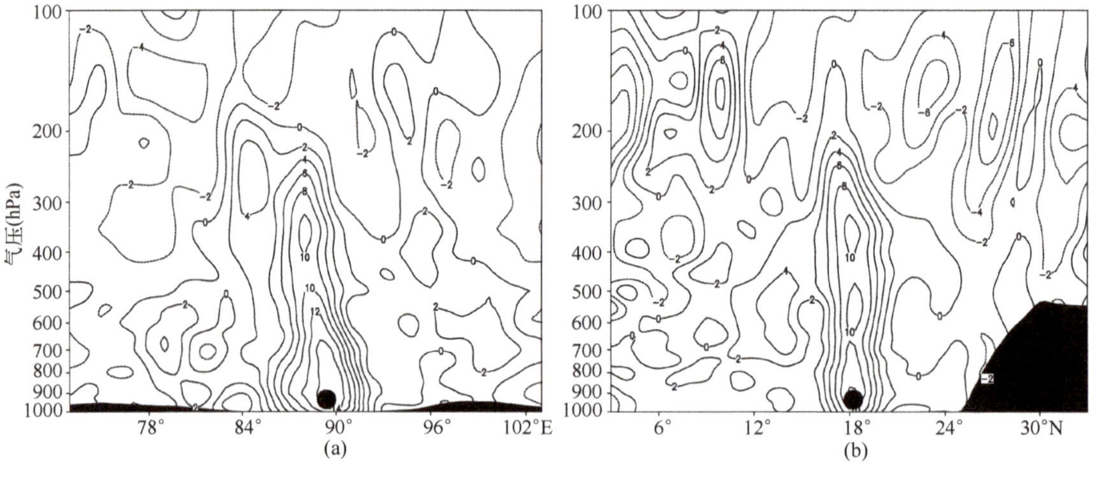

图 4.39　2006 年 9 月 28 日 20 时沿 18°N“05B”风暴中心的纬向(a)和沿 88°E 经向(b)垂直剖面涡度分布(单位：10^{-5} s^{-1}，“●”为风暴中心位置)

“05B”风暴登陆前，在标志气流辐合辐散强度的散度场上，对流层中低层 850 hPa 以下层辐合中心不明显(图 4.40a)，这与热带气旋下层辐合上层辐散的结构不符，反而在 300 hPa 上风暴中心位置有较强的气流辐合中心(图 4.40b)。高低空这种反位相的辐散辐合形态显然不是风暴的结构。在散度的垂直剖面图上(图 4.41)看，风暴结构的辐合气柱明显向西(图 4.41a)和向北(图 4.41b)倾斜，导致水平场上反映不出风暴闭合的辐合辐散结构。综合涡度和散度场分析，"05B"风暴的涡旋结构相对较为完整，气流辐合倾斜度较大。

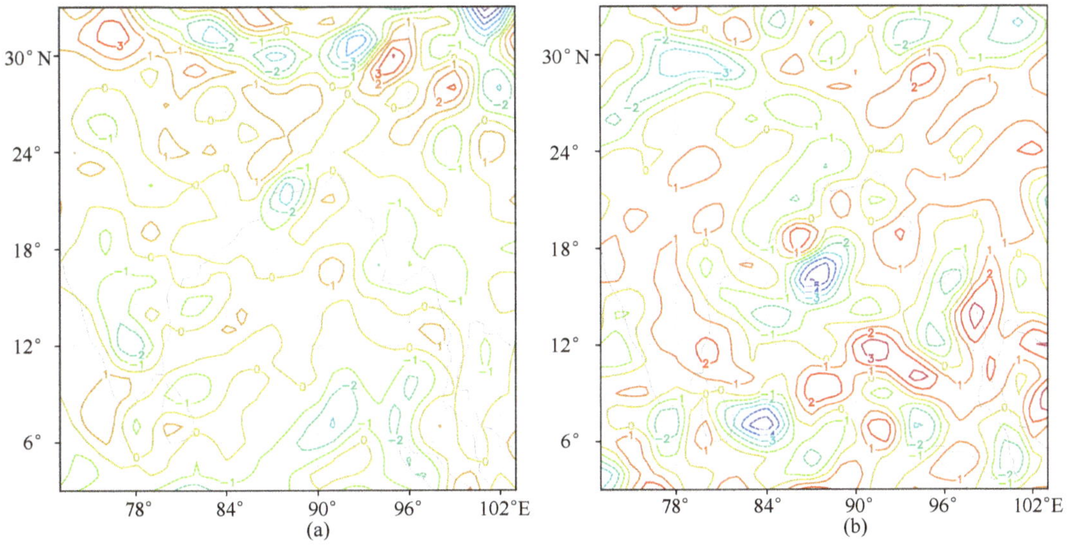

图 4.40　2006 年 9 月 28 日 20 时 850 hPa(a)和 300 hPa(b)等压面上"05B"风暴水平散度场(单位：$10^{-5}\ s^{-1}$)

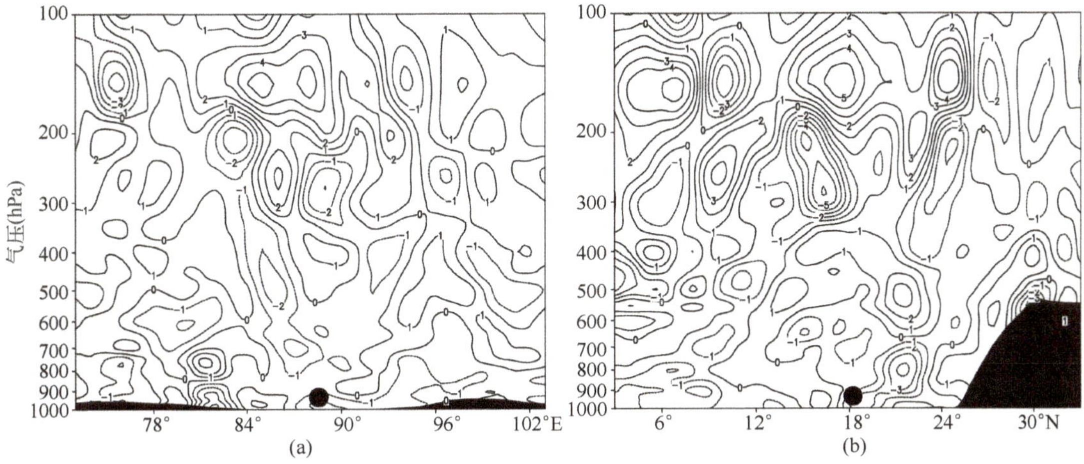

图 4.41　2006 年 9 月 28 日 20 时沿 18°N"05B"风暴中心的纬向(a)和沿 88°E 经向(b)垂直剖面散度分布(单位：$10^{-5}\ s^{-1}$，"●"为风暴中心位置)

"05B"风暴登陆时，对流层内各层涡旋闭合中心明显(图 4.42)。从对流层低层到高层涡旋呈"圆型"对称性结构(图 4.42a)，850 hPa 以上层涡旋中心逐步稍向西北倾斜，较强的涡旋闭合中心保持到 250 hPa(图 4.42b)上空。与登陆前相比，涡旋的对称性结构和垂直结构变化不大。沿风暴中心垂直剖面涡度分布上，无论是纬向剖面(图 4.43a)、还是经向剖面(图 4.43b)，涡旋柱都比较明显，但强中心均处于 250～300 hPa 以下层，表明风暴在减弱。与登陆前相比，一方面涡旋强度有所减弱，另一方面涡旋柱向偏西方向倾斜，与水平场描述的一致。

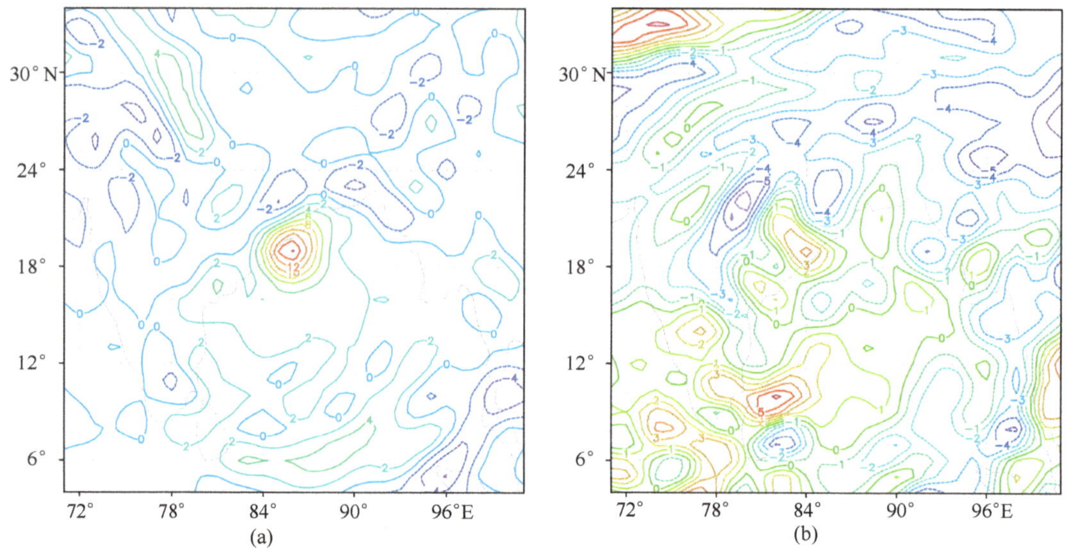

图 4.42　2006 年 9 月 29 日 08 时 850 hPa(a)和 250 hPa(b)等压面上“05B”风暴水平涡度场(单位:10^{-5} s^{-1})

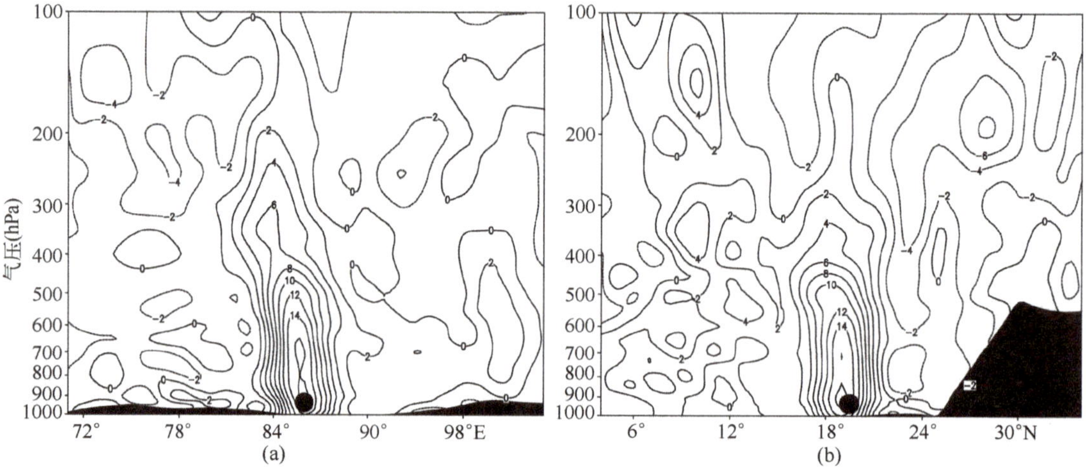

图 4.43　2006 年 9 月 29 日 08 时沿 19°N“05B”风暴中心的纬向(a)和沿 86°E 经向(b)垂直剖面涡度分布(单位:10^{-5} s^{-1},“●”为风暴中心位置)

“05B”风暴登陆时,对流层低层 800 hPa 以下散度(负值)闭合辐合区域与风暴中心和涡旋中心区域位置基本吻合(图 4.44a)。但在 800 hPa 以上层,气流辐合中心逐步向西偏离风暴中心,400 hPa 上(图 4.44b)已偏离了 2～3 个经距,350 hPa 以上气流辐合中消失。沿风暴中心纬向垂直剖面散度分布图(图 4.45a)上,除了对流层低层有气流辐合区外,对流层整层没有气流辐合;沿风暴中心经向垂直剖面散度分布图(图 4.45b)上,气流辐合区呈向北的柱状分布,比登陆前更加倾斜。

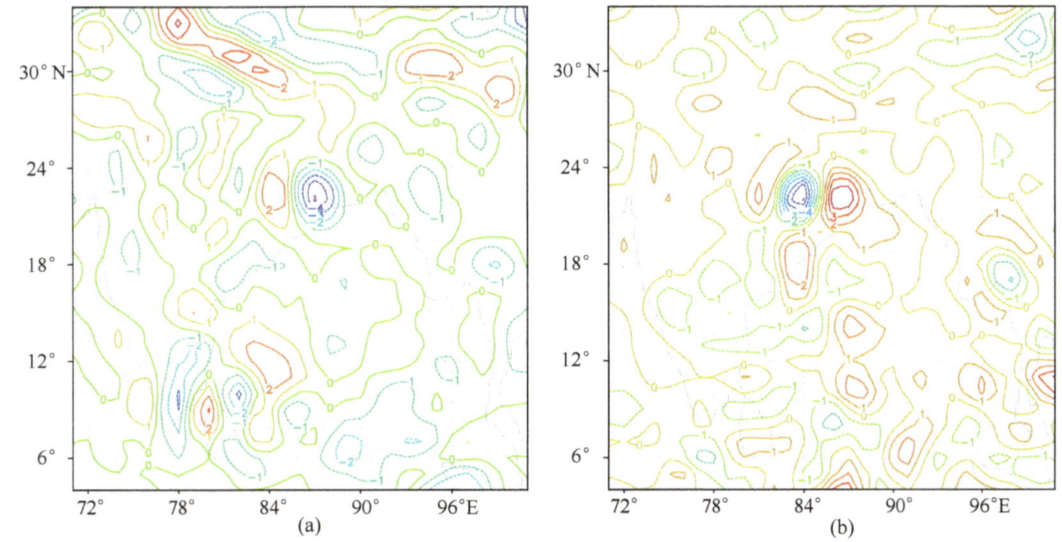

图 4.44　2006 年 9 月 29 日 08 时 850 hPa(a)和 400 hPa(b)等压面上“05B”风暴水平散度场(单位:$10^{-5}\ s^{-1}$)

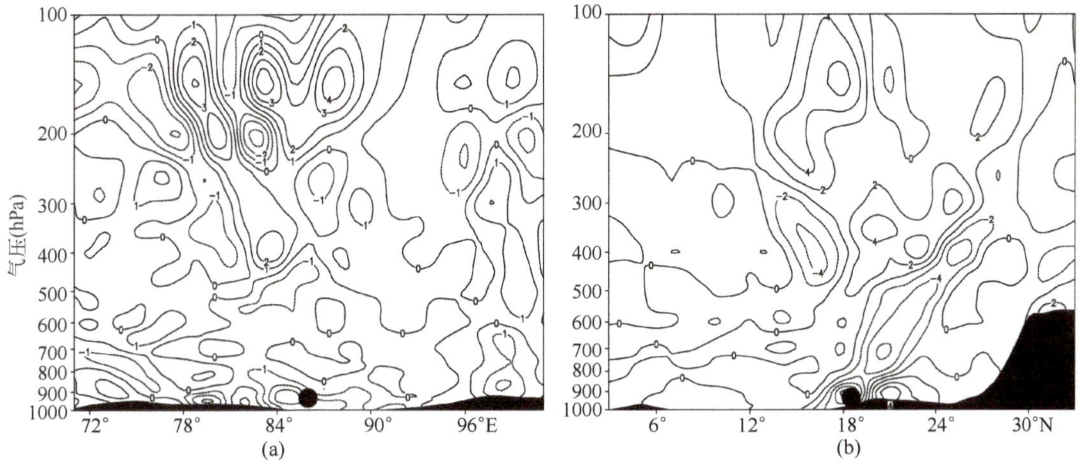

图 4.45　2006 年 9 月 29 日 08 时沿 19°N“05B”风暴中心的纬向(a)和沿 88°E 经向(b)垂直剖面散度分布(单位:$10^{-5}\ s^{-1}$,“●”为风暴中心位置)

4.2.2　“04B”风暴

2007 年 6 月 28 日 20 时在孟加拉湾北部生成了一个热带风暴(命名“04B”),29 日 08 时在印度东北沿海登陆,29 日 20 时减弱消失(图 4.46)。

从卫星云图上看,“04B”风暴云系对云贵高原地区造成了较大影响,外围云系甚至影响到了长江下游至东海区域(图 4.47)。

图 4.48 给出了 2007 年 6 月 28 日—7 月 1 日共 4 d 的累计降水量,青藏高原大部地区和云贵高原西南部地区降水量普遍为 25～50 mm,青藏高原南部地区局部达到 50～100 mm。

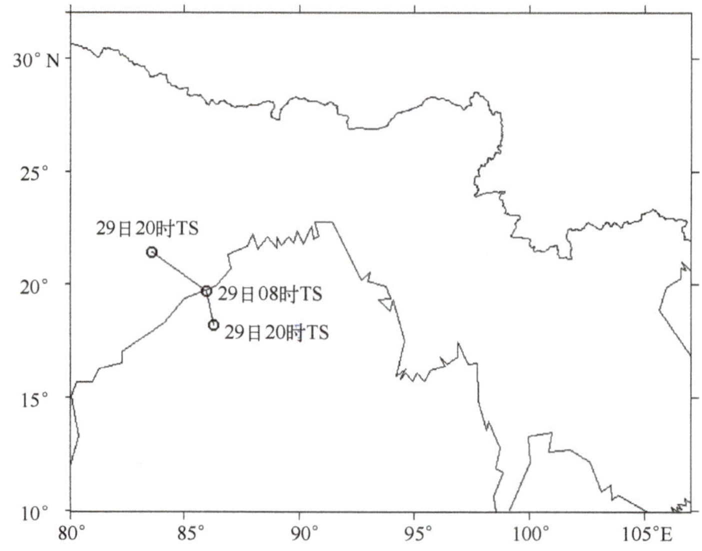

图 4.46　2007 年 6 月 28—29 日“04B”风暴移动路径及强度

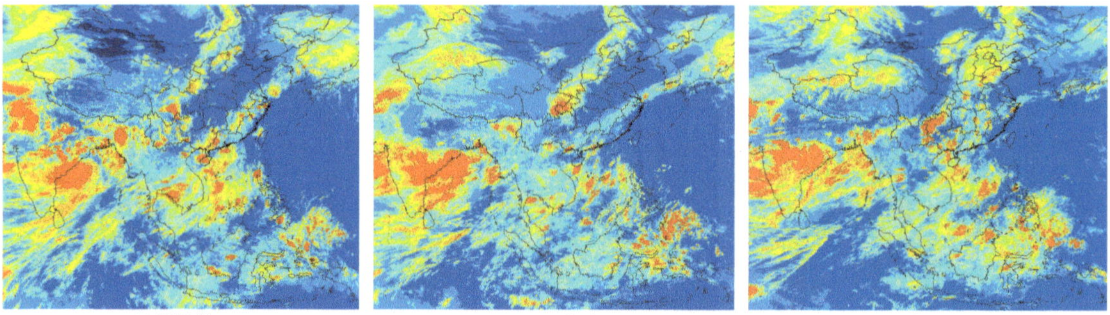

图 4.47　2007 年 6 月“04B”风暴卫星云图

（TBB 数据。a. 28 日 20 时；b. 29 日 08 时；c. 29 日 20 时）

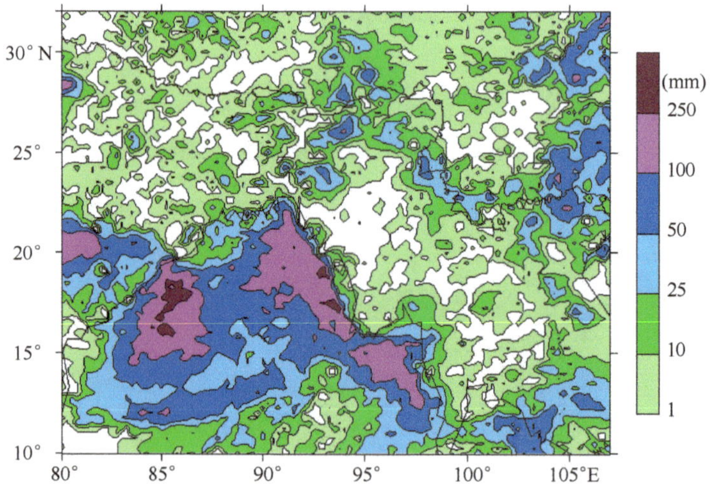

图 4.48　2007 年 6 月 28 日—7 月 1 日“04B”风暴期间累计降水分布

4.2.2.1　水平流场

图 4.49 给出了“04B”风暴登陆前的水平流场。在对流层底层的 950 hPa 上(图 4.49a),水平流场为“圆形”对称性气旋流场,气流从中心到外围呈一致性气旋流入,表明风暴底层涡旋结构完整。到了 900 hPa 等压面上(图 4.49b),“圆形”对称性气旋流场虽然变化不大,但风暴中心区域气流变为气旋性流出,与外围的气旋性流入之间形成一个环形辐合带。在对流层中层的 400 hPa 等压面上(图 4.49c),水平流场变为了“椭圆形”非对称性气旋流场,环形辐合带消失,气流从中心到外围呈一致性气旋流出。到了对流层高层的 250 hPa 等压面上(图 4.49d),风暴中心闭合气旋消失。与“05B”风暴水平流场(图 4.34)相比,“04B”风暴系统的垂直厚度略深厚。

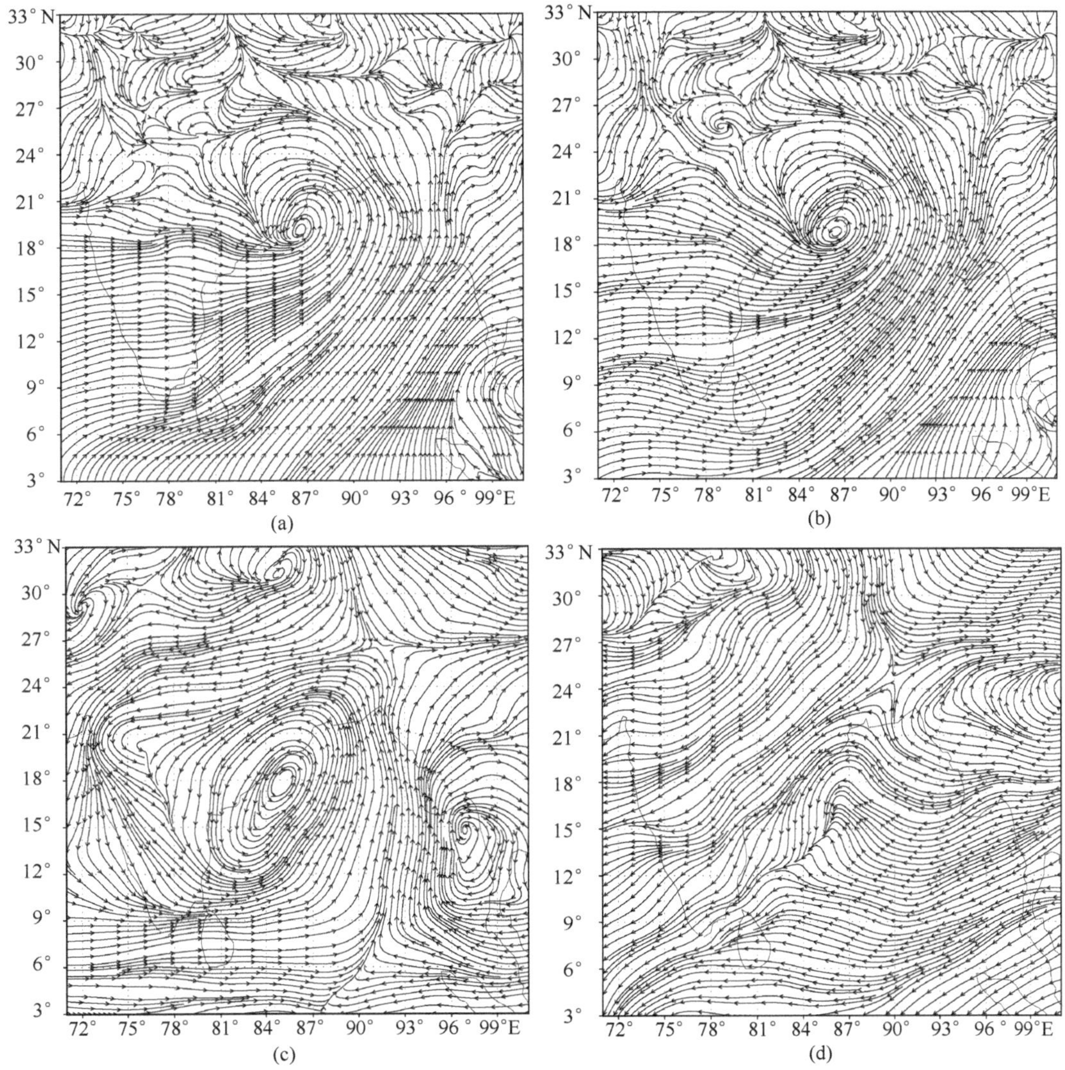

图 4.49　2007 年 6 月 28 日 20 时各等压面高度上“04B”风暴水平流场

(a. 950 hPa;b. 900 hPa;c. 400 hPa;d. 250 hPa)

图 4.50 给出了"04B"风暴登陆时的水平流场。在对流层底层的 950 hPa 上(图 4.50a)，水平流场为"圆形"对称性气旋流场，气流从中心到外围呈一致性气旋流入。到 900 hPa 上(图 4.50b)，风暴中心区域气流变为气旋性流出，与外围的气旋性流入之间形成一个环形辐合带至 600 hPa。在对流层中层的 400 hPa 等压面上(图 4.50c)，水平流场变为"椭圆形"非对称性气旋流场，环形辐合带消失，气流从中心到外围呈一致性气旋流出。到了 250 hPa 等压面上(图 4.50d)，风暴中心闭合气旋消失。与登陆前相比，风暴水平流场的对称性、环形辐合带、气旋闭合等的高度变化不大，表明风暴的减弱速度相对稍慢。

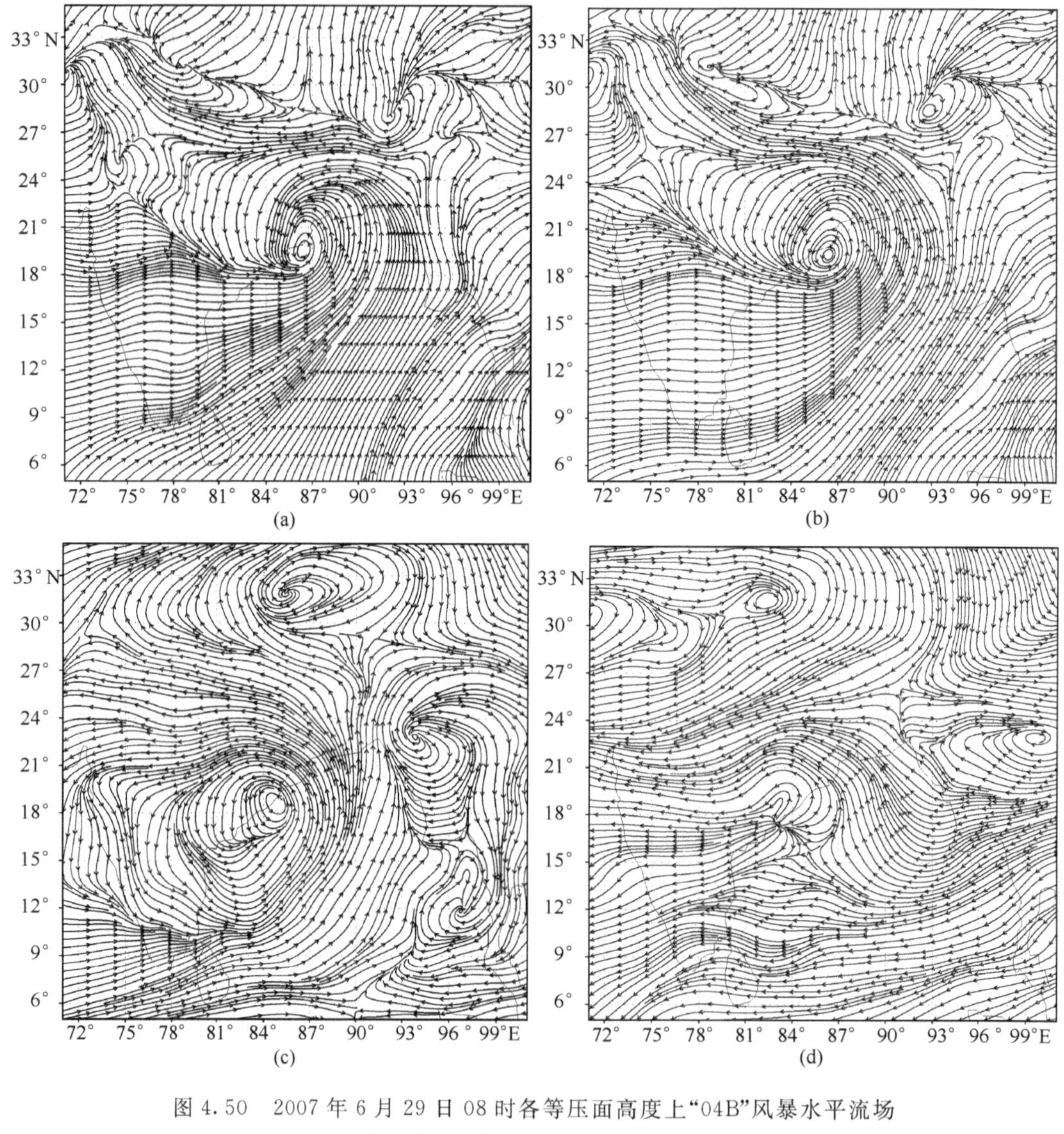

图 4.50　2007 年 6 月 29 日 08 时各等压面高度上"04B"风暴水平流场

(a. 950 hPa；b. 900 hPa；c. 400 hPa；d. 250 hPa)

"05B"风暴与"04b"风暴水平流场比较，水平流场的对称性和环形辐合带厚度相差不大，但后者的水平流场气旋闭合高度大于前者，使得登陆后维持的时间稍长，导致其对高原地区降水程度的差异。

4.2.2.2　垂直环流

图 4.51 给出了“04B”风暴登陆前(风暴中心位置:18.2°N,86.3°E)垂直环流。沿纬向的垂直剖面图上(图 4.51a),风暴中心区域为垂直上升气流,风速较大,上升高度超过 200 hPa,两侧的外围的下沉气流不对称,与典型的热带气旋垂直环流形态不大一致。东侧的下沉气流区主要集中在 300 hPa 以上层(距中心 6～12 个经距),距风暴中心 6 个经距的 400 hPa 附近有一次级气旋环流,对维持中层弱的下沉气流有利;西侧仅低层有下沉气流区(距风暴中心 3～9 个经距)。表明维持风暴的垂直结构较为脆弱。

沿经向的垂直剖面图上(图 4.51b),风暴中心区域均为大范围上升气流,风速较大,两侧为大范围的下沉气流,尽管风速较小,但与典型的热带气旋垂直环流形态基本一致。北侧高原大地形的抬升作用使得 500 hPa 以下层出现了小范围的上升气流,南侧距中心 9～12 个纬距、200～300 hPa 之间有一个气旋次级环流,对维持风暴的下沉气流有利。

图 4.52 给出了“04B”风暴登陆时(风暴中心位置:19.7°N,86.0°E)垂直环流。沿纬向的垂直剖面图上(图 4.52a),风暴中心区域并不是垂直上升气流区域,强上升气流区分别位于风暴中心两侧,表明此时风暴东西向结构已经解体,类似形成“双台风”结构。从卫星云图上看(图 47b),“04B”风暴云团为东西向的“椭圆型”状,“椭圆型”云团由类似两个中 α 对流云团组成。

沿经向的垂直剖面图上(图 4.52b),风暴中心区域及以南侧为大范围上升气流,北侧为下沉气流,表明此时风暴南北向的对称性受到了破坏。与登陆前一样,受高原大地形抬升作用的影响,风暴北侧的下沉气流区域中低层中也有上升气流,甚至形成了反气旋次级环流。

通过“05B”风暴和“04B”风暴的垂直结构分析可以看出,孟加拉湾风暴两侧的下沉气流一致性和对称性均较差。

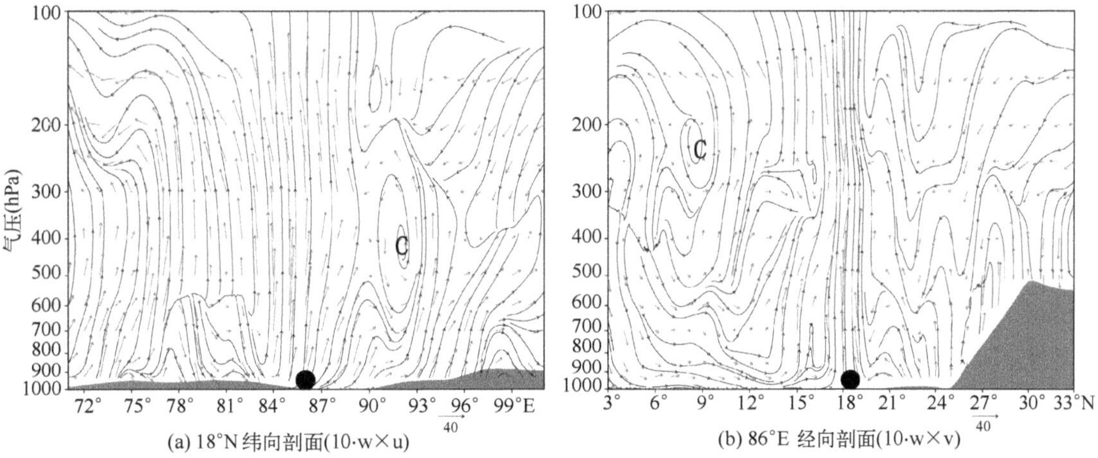

图 4.51　2007 年 6 月 28 日 20 时沿“04B”风暴中心的纬向(a)和经向(b)垂直剖面环流

(矢量单位:m · s^{-1},“●”为风暴中心位置)

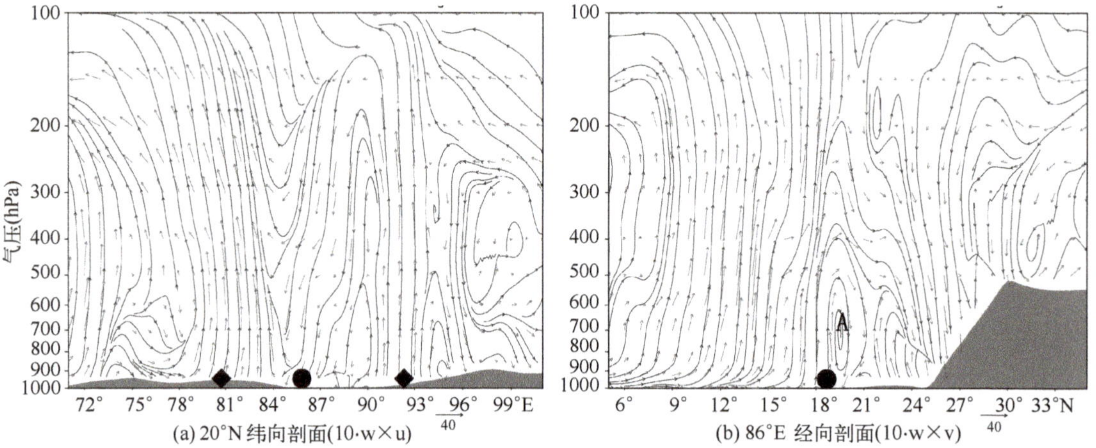

图 4.52　2007 年 6 月 29 日 08 时沿"04B"风暴中心的纬向(a)和经向(b)垂直剖面环流
(矢量单位:m·s^{-1},"●"为风暴中心位置,"◆"为上升气流最强位置)

4.2.2.3　*动力结构*

"04B"风暴登陆前,在反映大气旋转运动强度的涡度场上,对流层内各层涡旋中心明显。图 4.53a 给出了 750 hPa 水平涡度场,可以看出"04B"风暴水平涡旋场呈"圆形"对称性结构。但到了 250 hPa 上(图 4.53b),涡旋的"圆形"对称性结构发生了变化,呈"椭圆形"形状。沿风暴中心垂直剖面涡度分布上,无论是纬向剖面(图 4.54a)、还是经向剖面(图 4.54b),涡旋柱相对比较垂直,表明风暴的螺旋结构完整对称,但涡旋旋转强度和涡旋闭合中心到达的高度均在 200 hPa 以下。

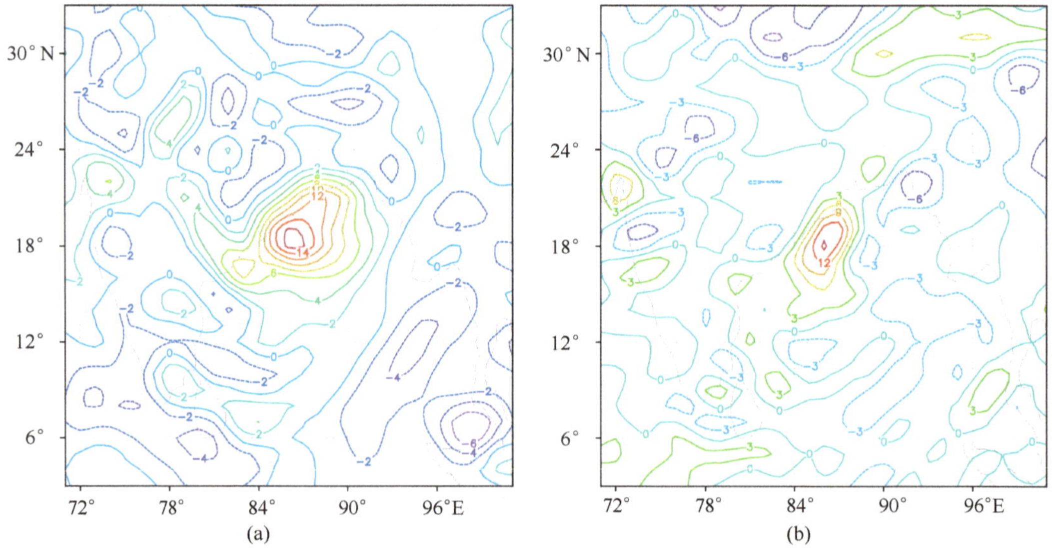

图 4.53　2007 年 6 月 28 日 20 时 750 hPa(a)和 250 hPa(b)等压面上
"04B"风暴水平涡度场(单位:10^{-5} s^{-1})

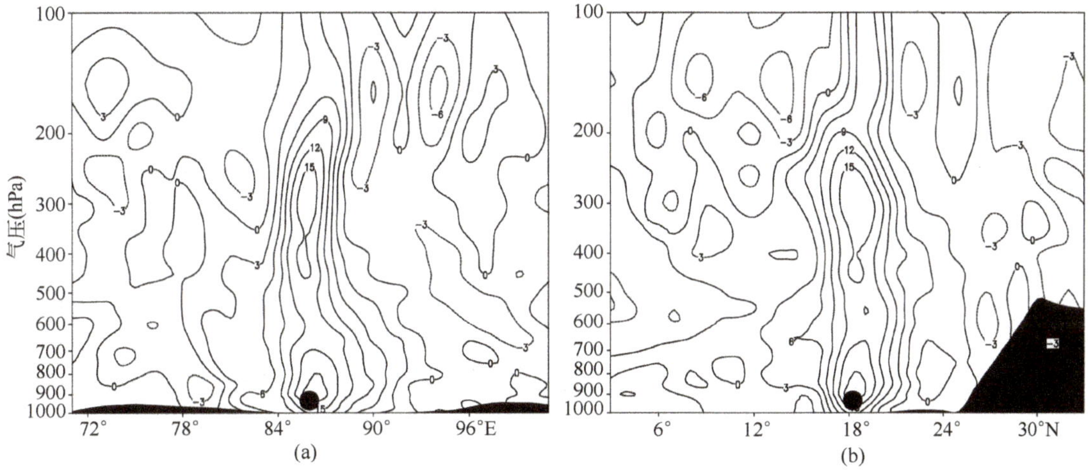

图 4.54　2007 年 6 月 28 日 20 时沿 18°N“04B”风暴中心的纬向(a)和沿 86°E 经向(b)垂直剖面涡度分布（单位：10^{-5} s^{-1}，“●”为风暴中心位置）

“04B”风暴登陆前，在标志气流辐合辐散强度的散度场上，对流层底层 925 hPa 以下层有较明显的气流辐合中心(图 4.55a)，与风暴中心基本吻合。900 hPa 以上层辐合中心逐渐减弱，750 hPa 以上层(图 4.55b)气流辐合中心消失。在散度的垂直剖面图上，气流辐合气柱明显向西(图 4.56a)和向北(图 4.56b)倾斜，且主要集中在对流层中低层，导致水平场上反映不出风暴闭合的辐合辐散结构。综合涡度和散度场分析，“04B”风暴的涡旋结构相对较为完整，气流辐合较弱。

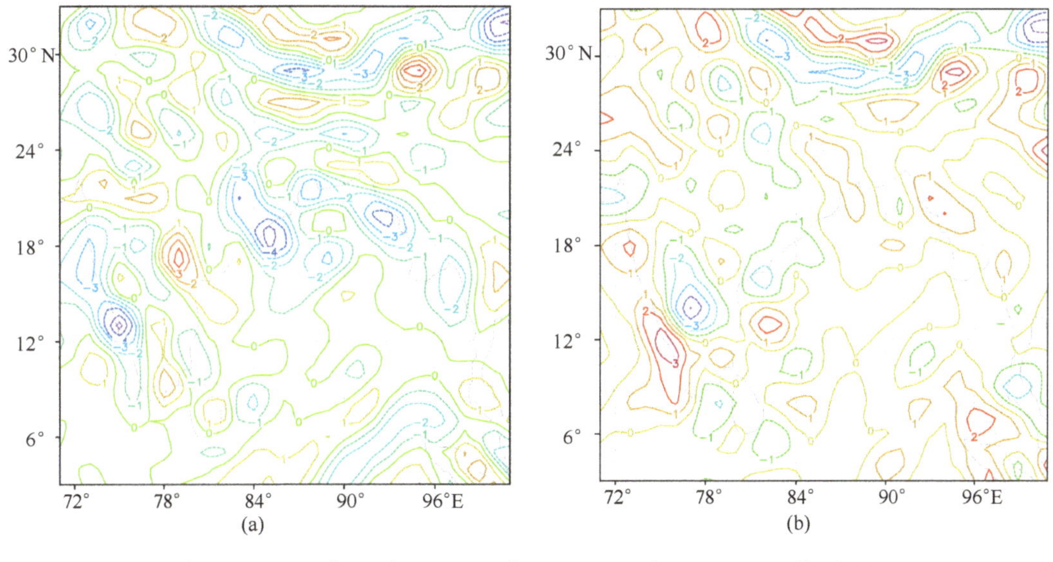

图 4.55　2007 年 6 月 28 日 20 时 925 hPa(a)和 750 hPa(b)等压面上“04B”风暴水平散度场(单位：10^{-5} s^{-1})

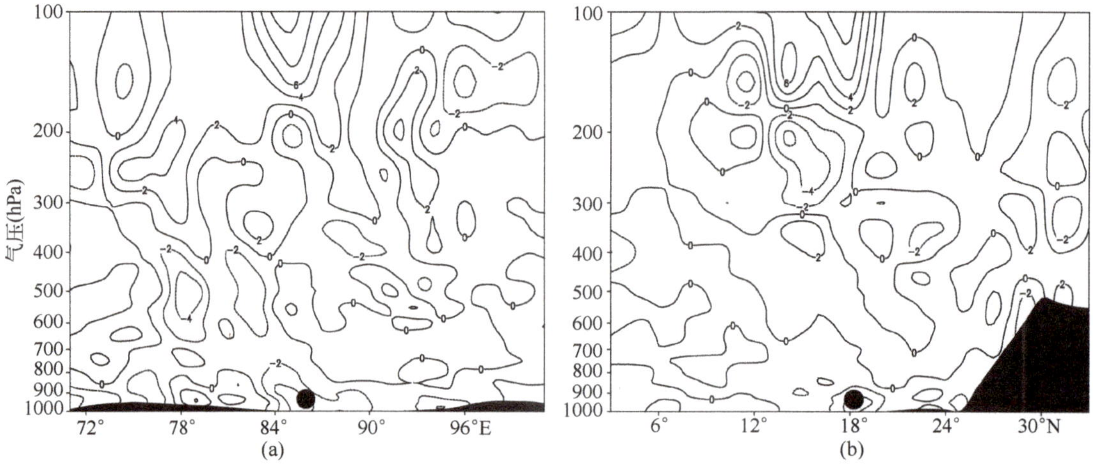

图 4.56　2007 年 6 月 28 日 20 时沿 18°N“04B”风暴中心的纬向(a)和沿 86°E 经向(b)垂直剖面散度分布（单位：$10^{-5}\ s^{-1}$，“●”为风暴中心位置）

“04B”风暴登陆时，对流层内各层涡旋闭合中心明显(图 4.57)。与登陆前比较低层涡旋中心位置变化不大，从对流层低层到高层涡旋基本呈“圆型”对称性结构(图 4.57a)，850 hPa 以上层涡旋中心逐步向西风暴中心靠近，到了 150 hPa 涡旋中心偏西风暴中心 1 个经距左右(图 4.57b)。与登陆前相比，涡旋的对称性结构和垂直结构变化不大。沿风暴中心垂直剖面涡度分布上，无论是纬向剖面(图 4.58a)、还是经向剖面(图 4.58b)，涡旋柱都比较明显，但强中心均处于 200～250 hPa 以下层，表明风暴在减弱。与登陆前相比，一方面涡旋强度有所减弱，另一方面涡旋柱向偏西方向倾斜，与水平场描述的一致。

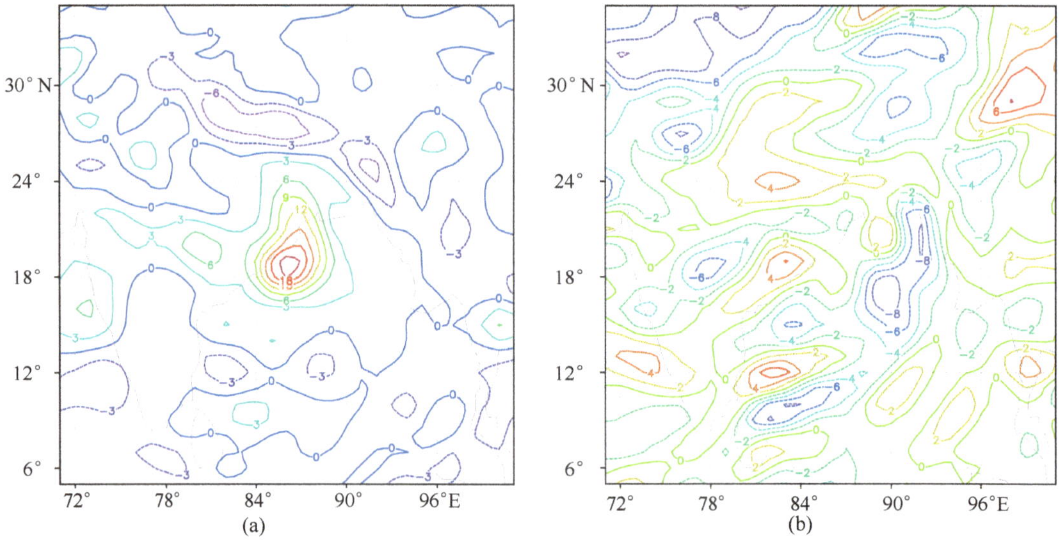

图 4.57　2007 年 6 月 29 日 08 时 850 hPa(a)和 150 hPa(b)等压面上“04B”风暴水平涡度场（单位：$10^{-5}\ s^{-1}$）

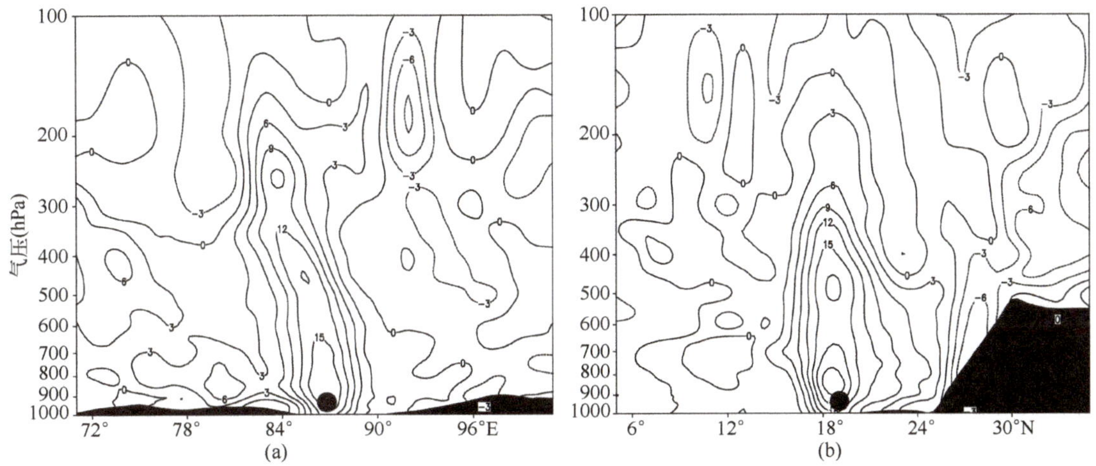

图 4.58　2007 年 6 月 29 日 08 时沿 20°N“04B”风暴中心的纬向(a)和沿 86°E 经向(b)垂直剖面涡度分布(单位：$10^{-5}\ s^{-1}$，“●”为风暴中心位置)

“04B”风暴登陆时，对流层低层 850 hPa 以下散度(负值)闭合辐合区域与风暴中心和涡旋中心区域位置基本吻合(图 4.59a)。但在 800 hPa 以上层，气流辐合中心逐步向南偏离风暴中心，400 hPa 上(图 4.59b)已偏离了 1～2 个纬距，350 hPa 以上气流辐合中心消失。沿风暴中心纬向垂直剖面散度分布图(图 4.60a)上，气流辐合区呈向西的柱状分布，比登陆前更加倾斜。沿风暴中心经向垂直剖面散度分布图(图 4.60b)上，除了对流层底层有气流辐合区外，对流层整层没有气流辐合。

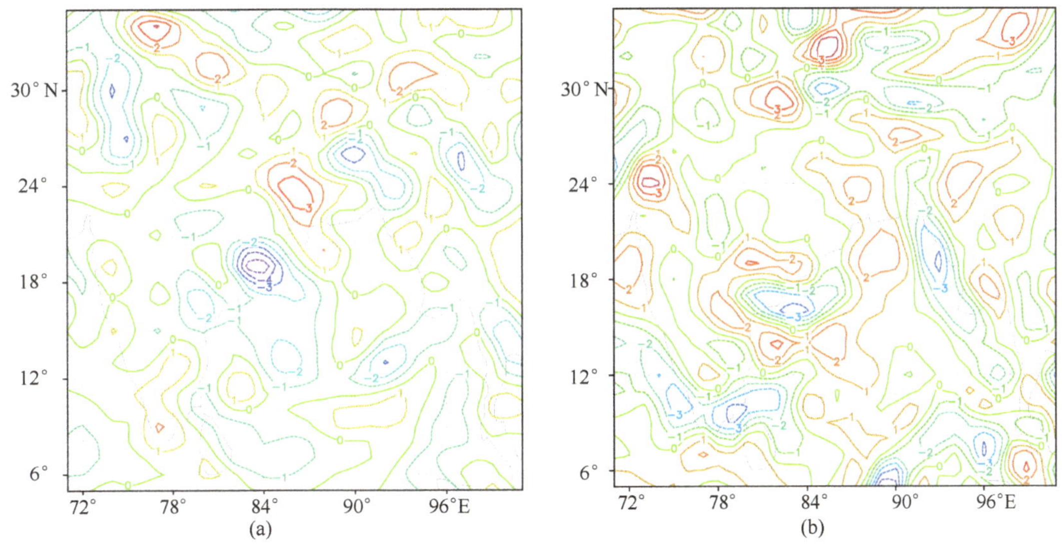

图 4.59　2007 年 6 月 29 日 08 时 850 hPa(a)和 400 hPa(b)等压面上“04B”风暴水平散度场(单位：$10^{-5}\ s^{-1}$)

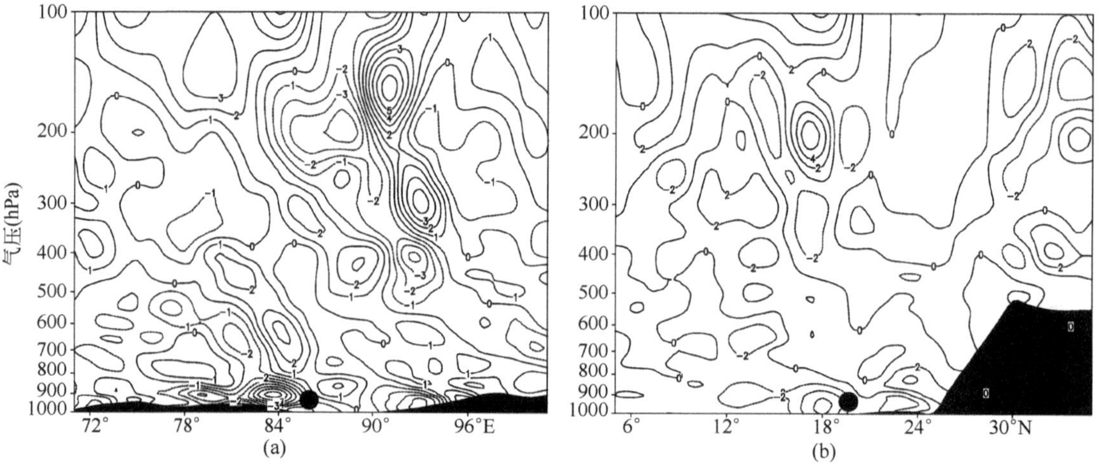

图 4.60　2007 年 6 月 29 日 08 时沿 20°N“04B”风暴中心的纬向(a)和沿 86°E 经向(b)垂直剖面散度分布(单位：$10^{-5}\ s^{-1}$，“●”为风暴中心位置)

4.3　东北路径登陆风暴合成分析

2001—2010 年孟加拉湾地区共出现热带风暴 32 个，平均每年 3.2 个，与图 1.3 统计的结果基本一致。32 个孟加拉湾风暴中，东北方向登陆 14 个，西北方向登陆 7 个，偏西方向登陆 6 个，未登陆 5 个。4.1 节对东北路径登陆的 2 个典型个例进行了分析，既有一些共性特征、又有不同的特点。为了深入认识东北(NE)路径登陆风暴的共性特征，建立风暴结构的概念模型，本节对 NE 路径登陆风暴进行合成分析。在 NE 方向登陆的 14 个风暴中，有 2 个风暴从生成、登陆、消亡，整个过程不足 6 h，对高原地区影响也不大，合成时取另外的 12 个个例。

图 4.61 给出了每个风暴活动和登陆路径，可以看出各不相同。合成分析时，以风暴中心为坐标原点(0,0)进行要素场的平均，经向(y 轴)负为南、正为北，纬向(x 轴)负为西、正为东。登陆前的合成场，是指各个风暴登陆前最强(风暴中心地面风速最大)时次的要素场进行平均。

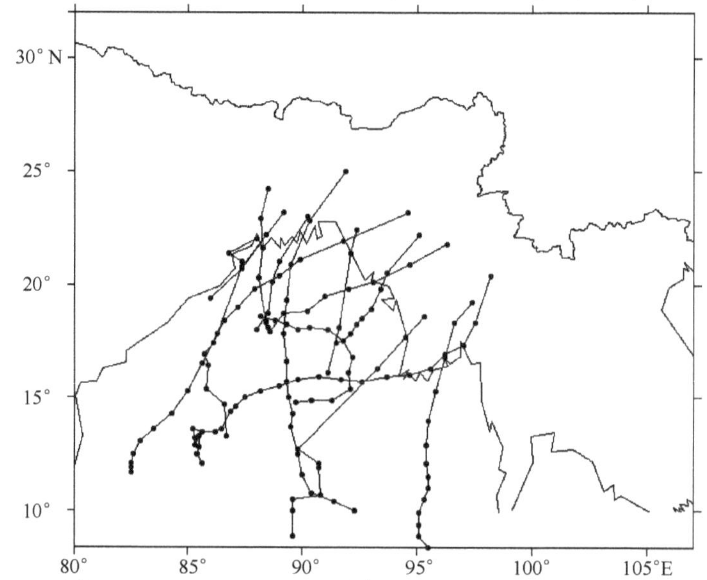

图 4.61　2001—2010 年孟加拉湾风暴 NE 方向登陆路径

4.3.1　水平流场

图 4.62 给出了孟加拉湾 NE 路径登陆前风暴合成的水平流场。从近地面层到对流层低层 900 hPa 上，水平流场为“圆形”对称性气旋闭合流场，气流从风暴中心到外围呈一致性的气旋性流入(图 4.62a)。850～550 hPa 各层，水平流场仍呈“圆形”对称性气旋闭合流场，风暴中心已变为气旋性流入，外围为气旋性流入(图 4.62b)，形成了一个环形的辐合带。到了 500 hPa 高度上，水平流场变为“椭圆形”非对称性气旋闭合流场，气流从风暴中心到外围为一致的气旋性流出(图 4.62c)。300 hPa 高度上风暴气旋闭合流场消失，变为了低压槽环流形势(图 4.62d)。

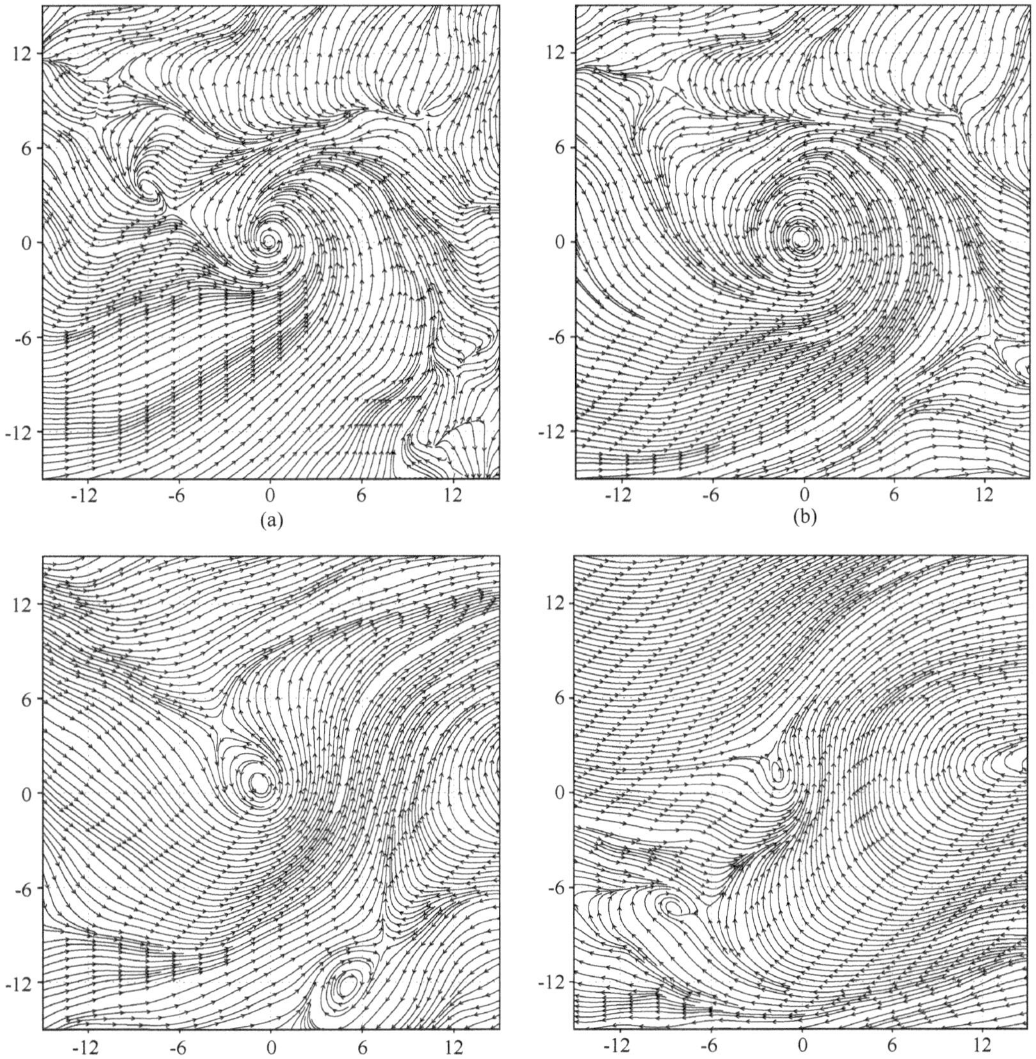

图 4.62　孟加拉湾 NE 路径风暴登陆前各等压面高度上的水平流场

(a. 975 hPa；b. 850 hPa；c. 500 hPa；d. 300 hPa)

孟加拉湾 NE 路径风暴登陆时，水平流场特征发生了一些变化（图 4.63）。900 hPa 以下各层水平流场与登陆前相似，水平流场为“圆形”对称性气旋闭合流场，气流从风暴中心到外围呈一致性的气旋性流入（图 4.63a）。从 850 hPa 开始流场发生了变化，首先水平流场由“圆形”对称性气旋闭合流场变为了“椭圆形”非对称性流场（图 4.63b）；第二，600 hPa 上风暴外围气流已变为气旋性流入出（图 4.63c），环形辐合带由登陆前 850～550 hPa 厚度下降为 850～750 hPa 厚度；第三，450 hPa 高度上风暴气旋闭合流场就消失了（图 4.63d），变为低压槽环流形势的高度由 300 hPa 下降到 450 hPa。综上分析，孟加拉湾 NE 路径风暴登陆后，热带气旋深厚系统减弱，具体表现为“圆形”对称性气旋流场和闭合流场层下降、环形辐合带厚度减小。

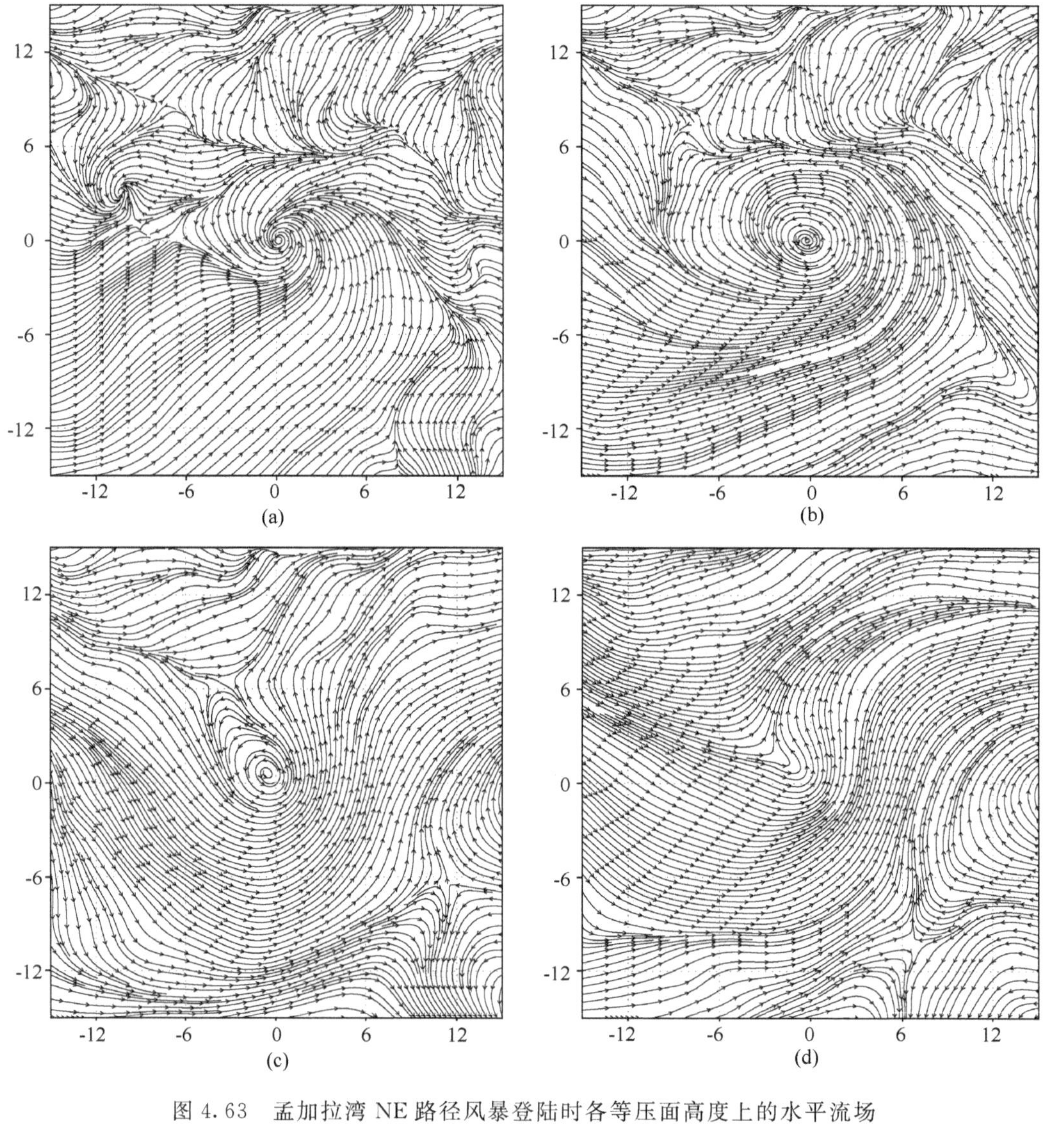

图 4.63　孟加拉湾 NE 路径风暴登陆时各等压面高度上的水平流场

（a. 975 hPa；b. 850 hPa；c. 600 hPa；d. 450 hPa）

4.3.2 垂直环流

图 4.64 给出了风暴登陆前的垂直环流。沿纬向的垂直剖面图上(图 4.64a),风暴中心和周围区域为深厚的垂直上升气流区,风暴中心东、西 3 个经距内风速较大。风暴西侧外围有明显的下沉气流,高层(200 hPa 附近)存在一个次级环流,有利于维持西侧的下沉气流。风暴东侧外围下沉气流不明显,在 350 hPa 附近也有一个次级环流,但尺度太小,仅在附近维持弱的下沉气流。风暴东西两侧的垂直环流与典型热带气旋结构基本相同,但不对称,这可能与孟加拉湾三面环陆、北面毗邻青藏高原大地形有关。

沿经向的垂直剖面图上(图 4.64b),风暴中心及两侧区域均为大范围上升气流,特别是北侧的上升气流较大、垂直上升气流向北倾斜,这显然与高原大地形的抬升作用有关。北侧 500 hPa 上,气流开始向外流出,距风暴中心 6～12 个纬距、400 hPa 以下层有明显的下沉气流;南侧到了 200 hPa 上,气流才开始向外流出,几乎无下沉气流。显然,风暴南北两侧的垂直环流极不对称。

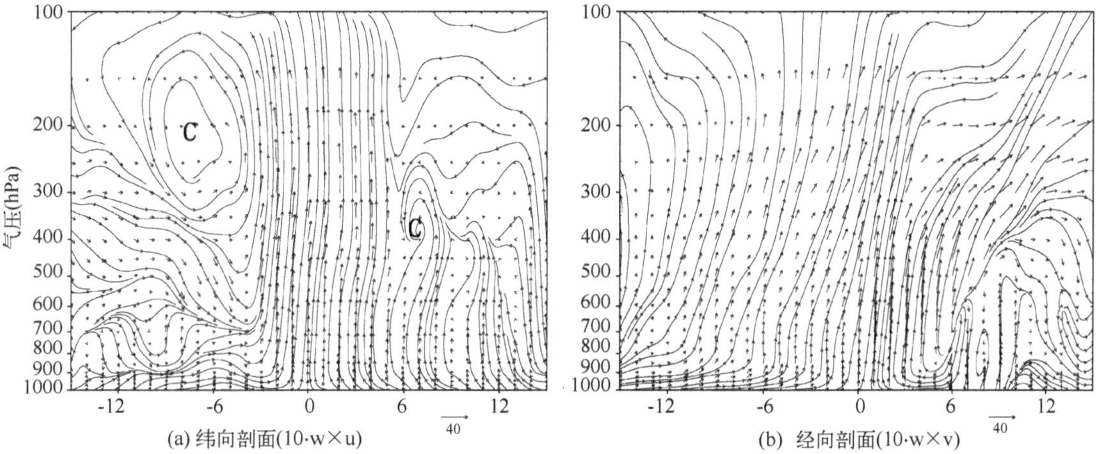

图 4.64　NE 路径登陆前沿风暴中心的纬向(a)和经向(b)垂直剖面环流(矢量单位:m · s^{-1})

图 4.65 给出了风暴登陆时的垂直环流。沿纬向的垂直剖面图上(图 4.65a),风暴中心和周围区域为深厚的垂直上升气流区,风暴中心东、西 2 个经距内风速较大。风暴西侧外围有明显的下沉气流,高层(150 hPa 附近)存在一个次级环流,有利于维持西侧的下沉气流。风暴东侧外围下沉气流主要集中在对流层中高层,低层在 850 hPa 附近有一个次级反环流,阻碍了下沉气流发生,不利于低层气流的流入。与登陆前比较,风暴中心和周围区域的深厚的垂直上升气流区范围变小、西侧次级环流减弱、东侧较弱的气旋次级环流消失、东侧低层出现次级反环流等,热带气旋结构有所改变。

沿经向的垂直剖面图上(图 4.65b),登陆时与登陆前结构大致相同,区别在于风暴中心和周围区域的深厚的垂直上升气流区范围变小,垂直上升气流更加向北倾斜,受青藏高原大地形影响,热带气旋结构明显改变。

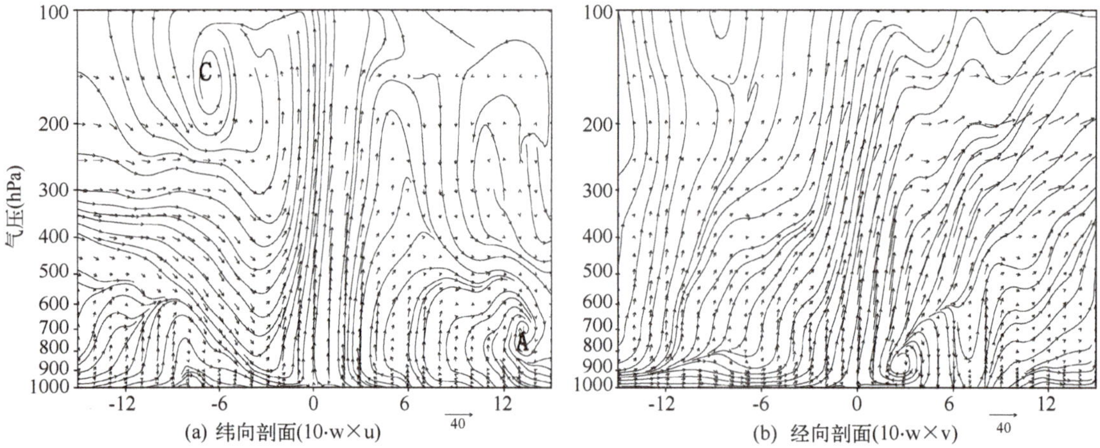

图 4.65　NE 路径登陆时沿风暴中心的纬向(a)和经向(b)垂直剖面环流(矢量单位:m·s^{-1})

4.3.3　动力结构

4.3.3.1　涡度场

NE 路径风暴登陆前,在反映大气旋转运动强度的涡度场上(图 4.66),对流层内各层涡旋中心明显,中低层水平涡旋场呈"圆形"对称性结构(图 4.66a～b),400 hPa 以上层变为准"圆形"对称性结构(图 4.66c),正涡度 3×10^{-5} s^{-1}闭合曲线长短轴之比约为 6∶5,涡旋闭合流场水平尺度高低层也基本一致,闭合涡旋一致维持到 150 hPa,100 hPa 上闭合涡旋消失(图 4.66d)。

在涡度垂直剖面图分布上,无论是纬向剖面(图 4.67a)、还是经向剖面(图 4.67b),对流层高低空涡旋结构对称、完整。不同的是涡旋柱纬向比经向略强,400 hPa 以下层涡旋柱强度几乎相等,以上层正涡度值约大 $0.5\sim0.8\times10^{-5}$ s^{-1}。

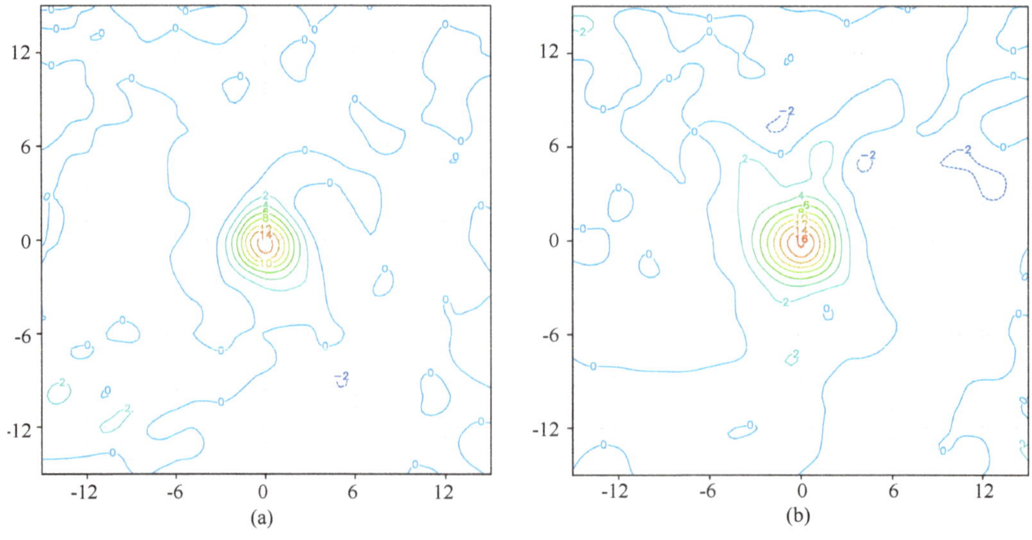

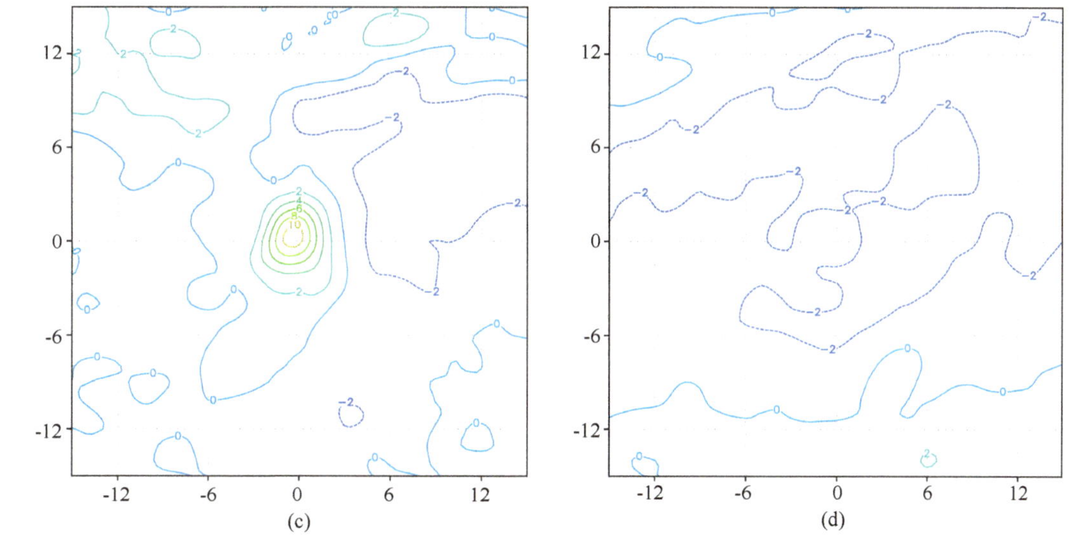

图 4.66　孟加拉湾 NE 路径风暴登陆前各等压面高度上的水平涡度场(单位:10^{-5} s^{-1})
(a. 1000 hPa;b. 700 hPa;c. 400 hPa;d. 100 hPa)

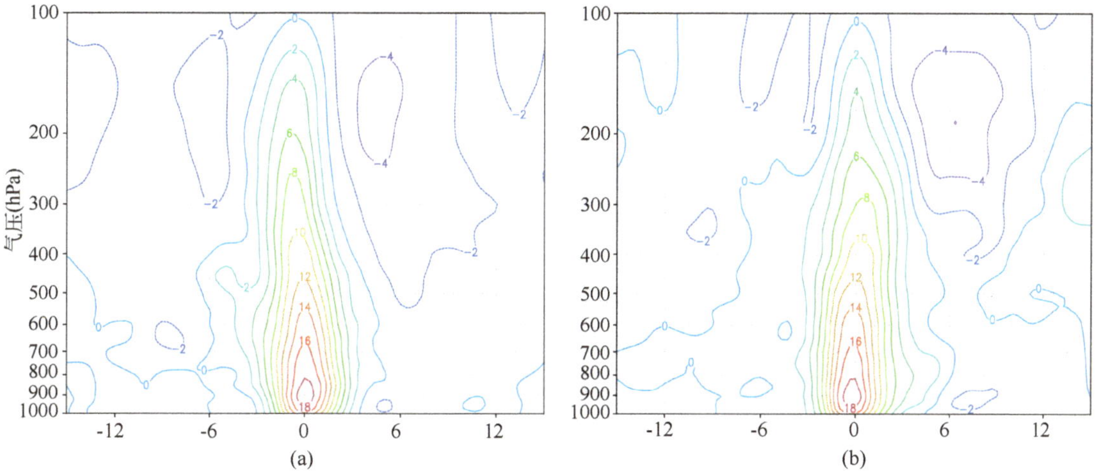

图 4.67　孟加拉湾 NE 路径风暴登陆前的纬向(a)和经向(b)垂直剖面涡度分布(单位:10^{-5} s^{-1})

登陆时,对流层内各层涡旋中心仍然比较明显,水平涡旋场各层均为准“圆形”对称性结构,长短轴之比约为 4∶3(图 4.68a～c),涡旋闭合流场水平尺度高低层也基本一致。闭合涡旋一致维持到 150 hPa,100 hPa 上闭合涡旋消失(图 4.68d)。与登陆前相比,一是中低层水平涡旋“圆形”结构变为了准“圆形”结构,二是各层闭合涡旋中心正涡度值均有明显减少,表明风暴的涡旋结构受到了削弱。

在涡度垂直剖面图分布上(图 4.69),对流层高低空涡旋结构对称、完整、中心轴垂直。与登陆前相比,中低层涡旋柱强度明显减弱,12×10^{-5} s^{-1} 等值线由 450 hPa 降低到 500 hPa,14×10^{-5} s^{-1} 等值线由 520 hPa 降低到 580 hPa;对流低层 950 hPa 以下层等值线密集,正涡度值下降迅速。表明风暴的涡旋结构开始改变。

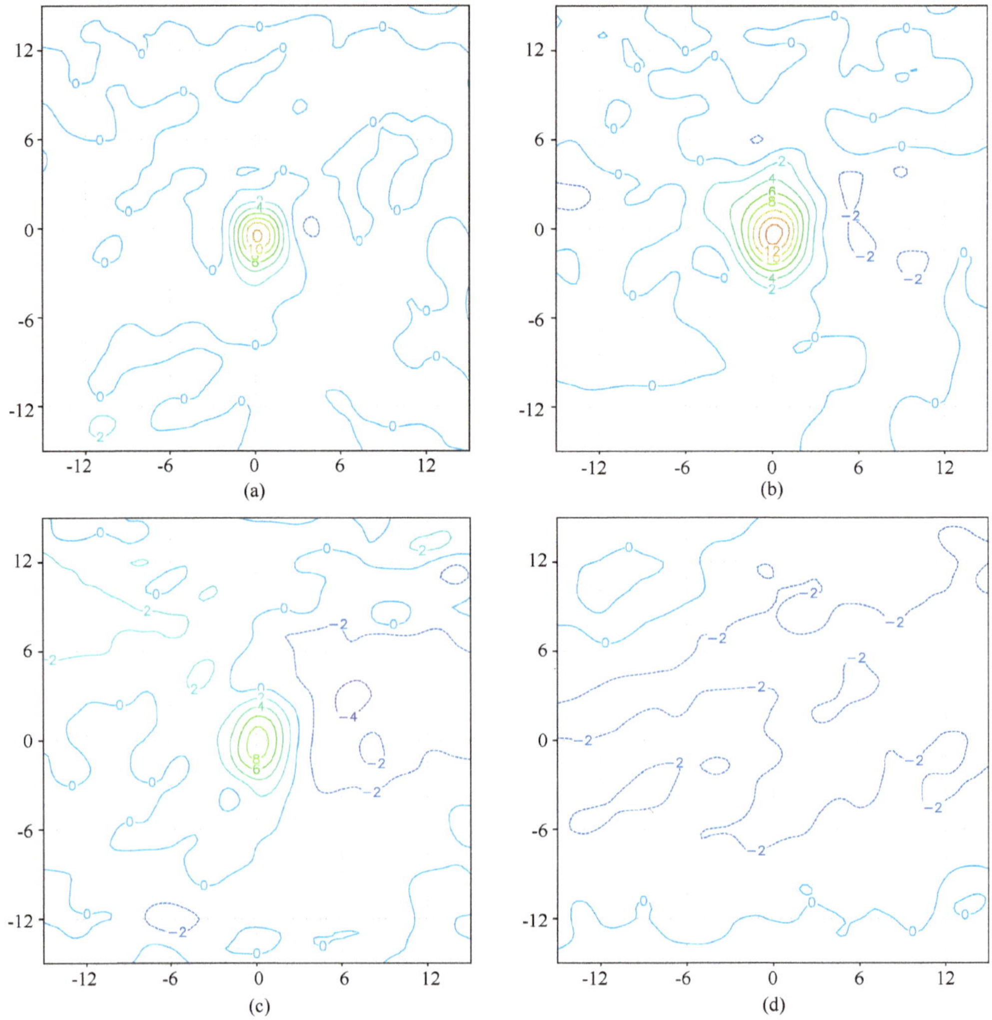

图 4.68　孟加拉湾 NE 路径风暴登陆时各等压面高度上的水平涡度场(单位:10^{-5} s^{-1})
(a. 975 hPa;b. 700 hPa;c. 400 hPa;d. 100 hPa)

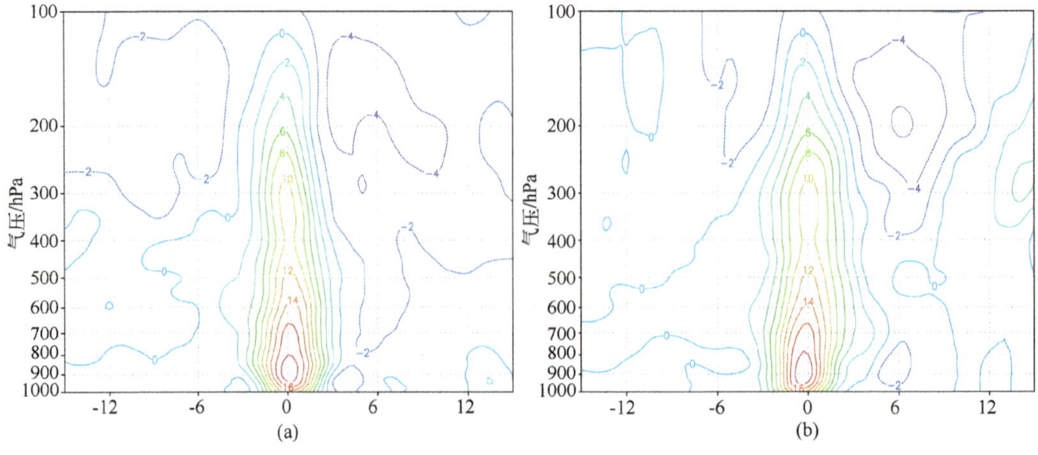

图 4.69　孟加拉湾 NE 路径风暴登陆时的纬向(a)和经向(b)垂直剖面涡度分布(单位:10^{-5} s^{-1})

4.3.3.2　散度场

在标志气流辐合辐散强度的散度场上，风暴登陆前，对流层底层 975 hPa 上，闭合辐合区与风暴中心位置基本吻合（图 4.70a）。随着高度的上升，闭合辐合区逐渐向北偏离风暴中心，850 hPa 上已偏离了 3 个纬距（图 4.70b），500 hPa 上已偏离了 7～8 个纬距（图 4.70c）。到了 250 hPa 上，风暴对应的闭合辐合区消失（图 4.70d）。从风暴位置垂直的高低空看，符合低层辐合、高层辐散的热带气旋结构，但辐合层不够深厚（仅在 850 hPa 以下），这是孟加拉湾风暴的结构特点。如果追踪气流辐合中心，则可以明显看出随高度向北倾斜。

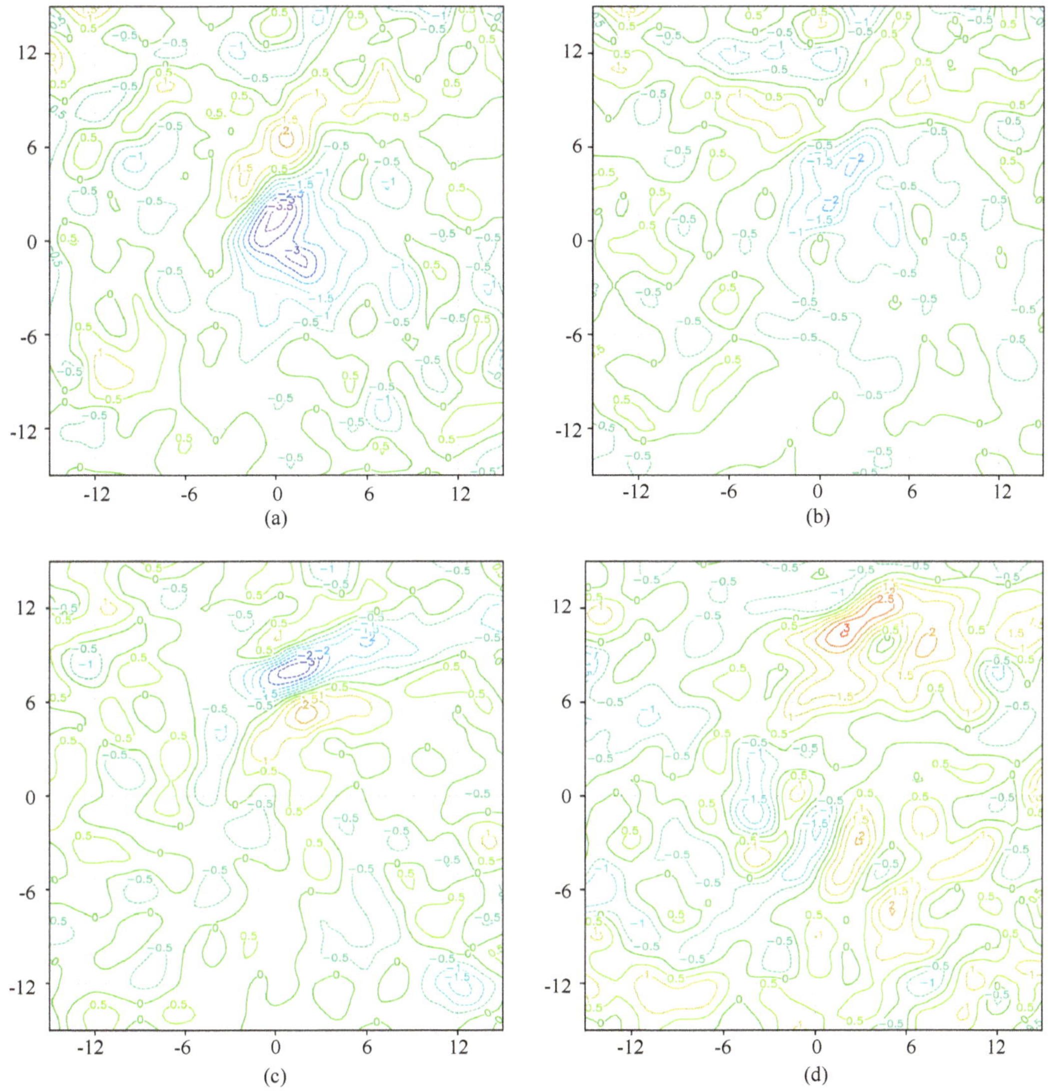

图 4.70　孟加拉湾 NE 路径风暴登陆前各等压面高度上的水平散度场（单位：$10^{-5}\ s^{-1}$）
（a. 975 hPa；b. 850 hPa；c. 500 hPa；d. 250 hPa）

在风暴登陆前垂直剖面图上（图 4.71），风暴中心周围邻近区域对流层底层为强的辐合区（仅在 850 hPa 以下），850～400 hPa 几乎为无辐散区，400～200 hPa 为弱的辐合区，200 hPa 以上层为强的辐散区，总体看风暴中低层的气流辐合强度较弱。另外，沿风暴中心经向垂直剖面图上(图 4.71b),有一明显向北倾斜的气流辐合柱状结构,顶端到达 300 hPa,与北部的高原陡峭大地形抬升作用有关。

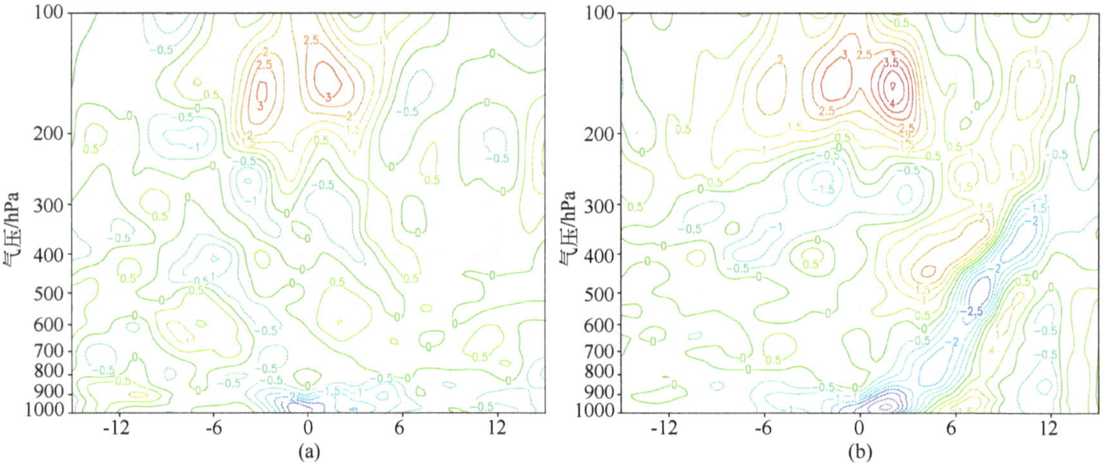

图 4.71　孟加拉湾 NE 路径风暴登陆前的纬向(a)和经向(b)垂直剖面散度分布(单位:10^{-5} s^{-1})

风暴登陆时,各层散度水平场的形态变化不大,但辐合辐散强度变化较大(图 4.72)。对流层底层 975 hPa 上气流辐合剧增(图 4.72a),这显然是风暴中心下垫面由海洋向陆地改变导致的,随着高度的上升,地形直接影响减弱。与登陆前一样,闭合辐合区逐渐向北偏离风暴中心,850 hPa 上已偏离了 3 个纬距(图 4.72b),500 hPa 上已偏离了 7～8 个纬距(图 4.72c),而且向东偏离更加明显。到了 250 hPa 上,风暴对应的闭合辐合区消失(图 4.72d)。从风暴位置垂直的高低空看,除了对流层底层辐合增强外、其他流层辐合辐散均减弱。

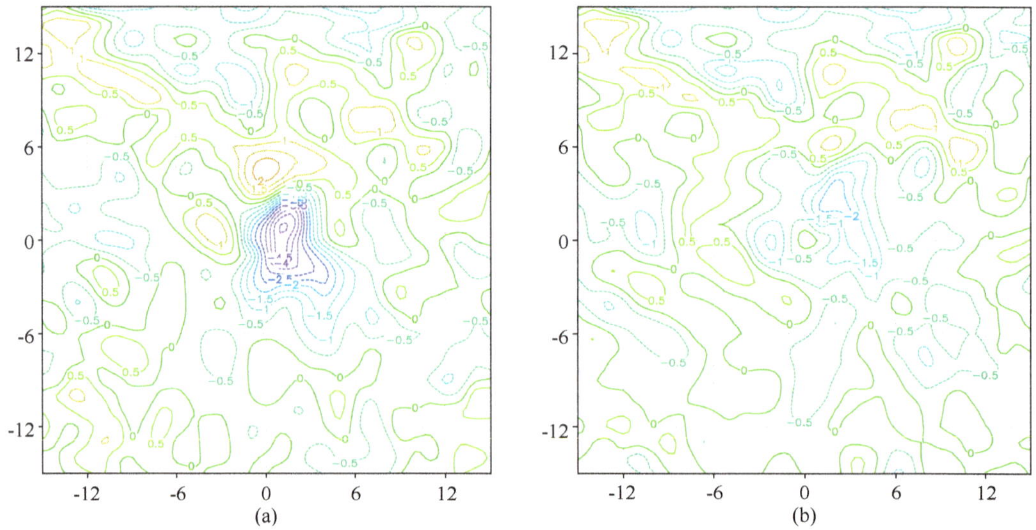

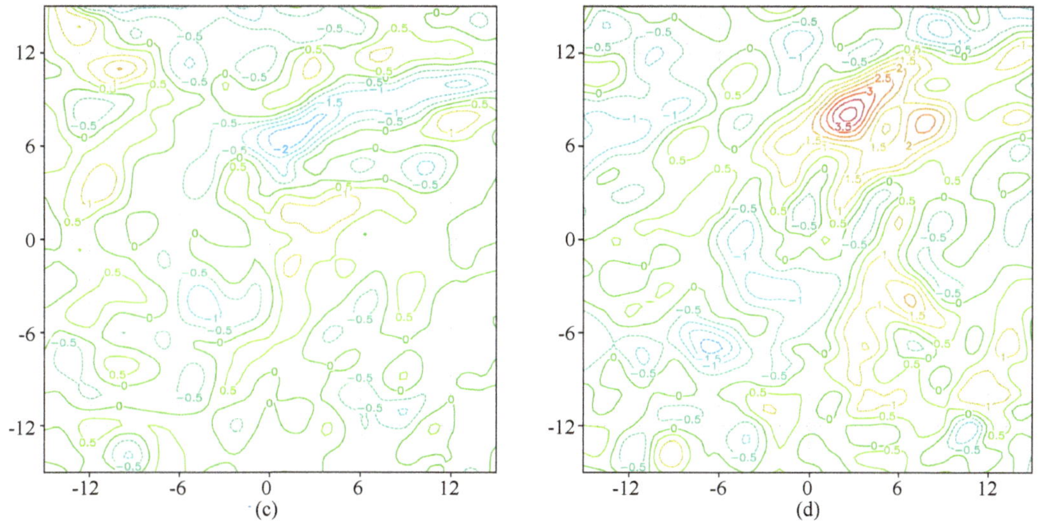

图 4.72　孟加拉湾 NE 路径风暴登陆时各等压面高度上的水平散度场(单位:$10^{-5}\ s^{-1}$)
(a. 975 hPa;b. 850 hPa;c. 500 hPa;d. 250 hPa)

从垂直剖面分布(图 4.73)上看,对流层低层气流辐合比登陆前明显增强;登陆前 400～200 hPa 的弱辐合区消失,850～200 hPa 演变为风暴中心西侧和南侧为辐合区、东侧和北侧为无辐散区,气流辐合辐散出现了不对称现象;200 hPa 以上层为强的辐散区有所减弱;向北倾斜的气流辐合柱仍然存在,但强度明显减弱。对比登陆前后,除近地层受地形摩擦作用气流辐合增强外,对流层整层的辐合、辐散均减弱;原无辐散区(850～400 hPa)和弱辐合区(400～200 hPa)变为了气流辐合辐散不对称结构。预示着风暴气流辐合辐散结构的消亡。

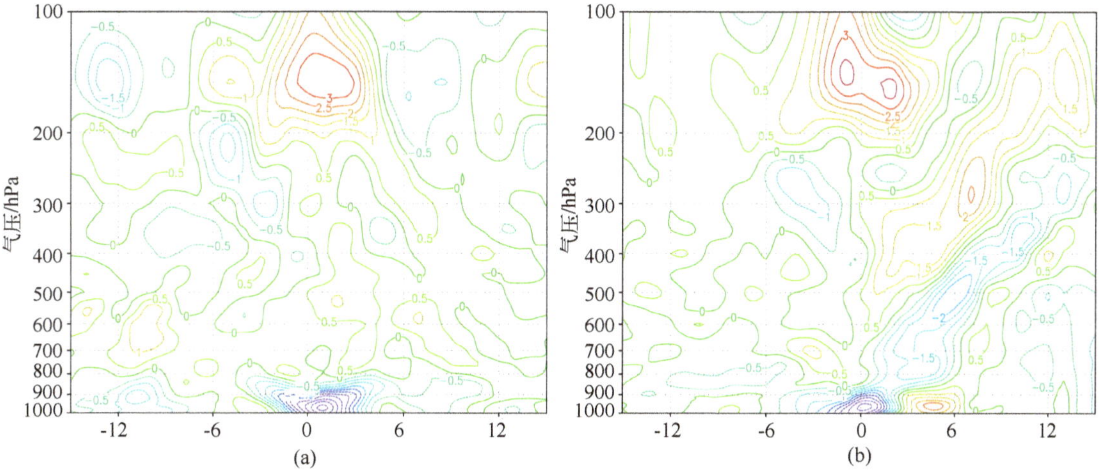

图 4.73　孟加拉湾 NE 路径风暴登陆时的纬向(a)和经向(b)垂直剖面散度分布(单位:$10^{-5}\ s^{-1}$)

4.3.3.3　垂直风切变

关于风速的垂直切变对热带气旋发生发展的影响已有不少的研究(陈联寿,1979;2002;薛秋芳,1993;Gray,1968),认为风速垂直切变对热带气旋的发展和维持影响很大,垂直切变能决定积云对流在对流层上层产生潜热的集中和暖心的形成。如果风速垂直切变很大,湍流扩散就很显著，热量不能在对流层上层集中，如果风速垂直切变小，由凝结潜热释放的热量始终加热同一气柱而很快可以形成暖心（李英，2004）。环境风垂直切变是影响热带气旋强度的一个重要因子，一般认为环境风垂直切变越小越有利于热带气旋的发展，相反，强的垂直切变对热带气旋的发展是不利的。

用 200 hPa 和 850 hPa 分别代表高层和低层，u、v 和 V 分别代表纬向风、经向风和全风速，则垂直风切变可用纬向风切变（$\Delta u = u_{200} - u_{850}$）、经向风切变（$\Delta v = v_{200} - v_{850}$）和全风速切变（$\Delta V = V_{200} - V_{850}$）表示。

NE 路径孟加拉湾风暴登陆前，Δu 分布呈纬向等值线形态（图 4.74a），风暴中心以北 Δu 逐渐正增大、以南逐渐负增大，风暴中心处于$-8\ \mathrm{m \cdot s^{-1}} \leqslant \Delta u \leqslant 8\ \mathrm{m \cdot s^{-1}}$的区域内，且位于垂直切变经向梯度最大的区域，环境风场有利于风暴的维持。同时可以看到，垂直切变梯度较大的区域位置比风暴中心略偏北，有利于风暴偏北方向移动。

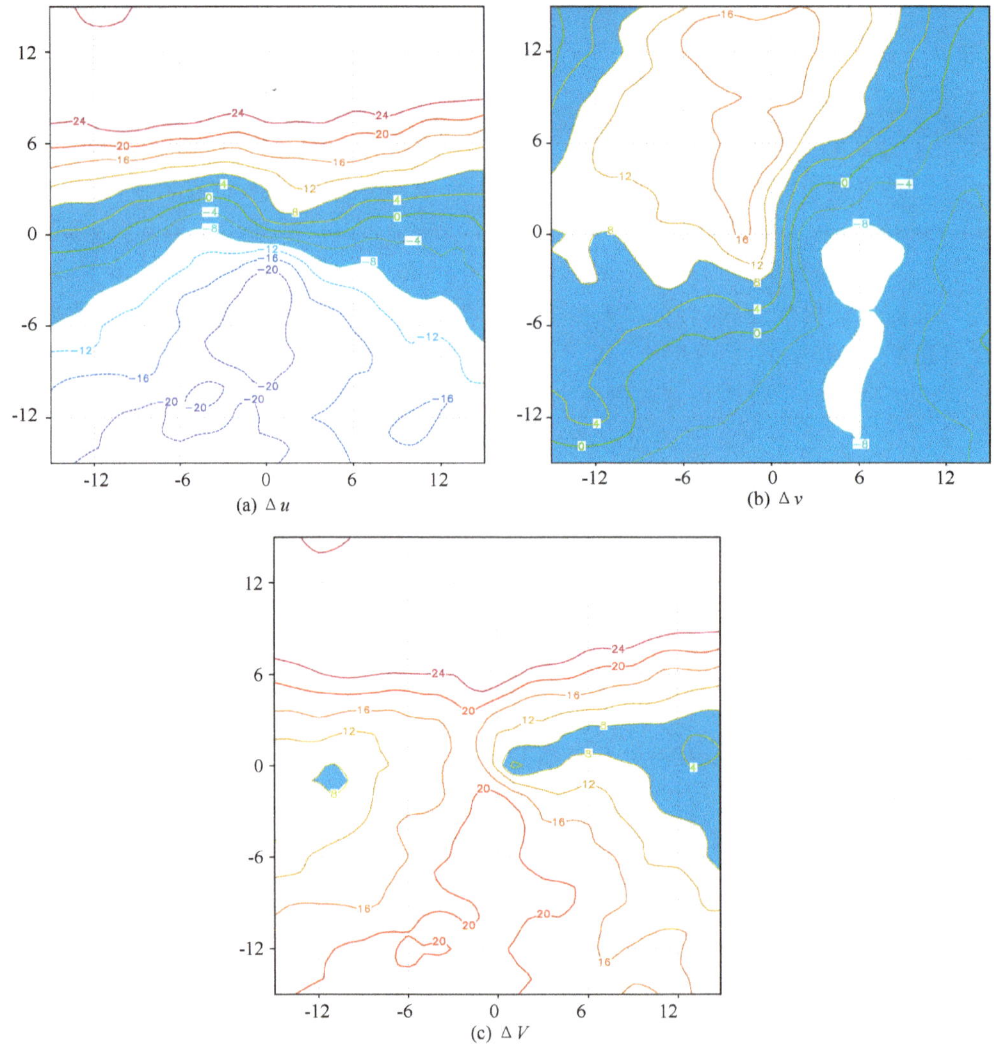

图 4.74　孟加拉湾 NE 路径风暴登陆前 200 hPa 和 850 hPa 等压面间的垂直风切变（单位：$\mathrm{m \cdot s^{-1}}$，阴影区为$\leqslant |\pm 8\ \mathrm{m \cdot s^{-1}}|$的区域）（a. 纬向风切变；b. 经向风切变；c. 全风速切变）

Δv 分布呈经向等值线形态(图 4.74b),风暴中心以西北 Δv 逐渐正增大、以东逐渐减小后有逐渐负增大,风暴中心处于 $-4\ \mathrm{m \cdot s^{-1}} \leqslant \Delta v \leqslant 12\ \mathrm{m \cdot s^{-1}}$ 的区域内区域西侧,垂直切变纬向梯度最大区域基本位于风暴中心略偏东的区域,环境风场基本有利于风暴的维持。同时可以看到,垂直切变梯度较大的区域位置比风暴中心略偏东,有利于风暴偏东方向移动。

ΔV 分布(图 4.74c)与 Δu 大致相同,表明在西风带或高原大地形作用下,纬向风起作用作用。风暴中心处于 $\Delta V \leqslant 12\ \mathrm{m \cdot s^{-1}}$ 的区域内,中心 ΔV 等值线闭合。

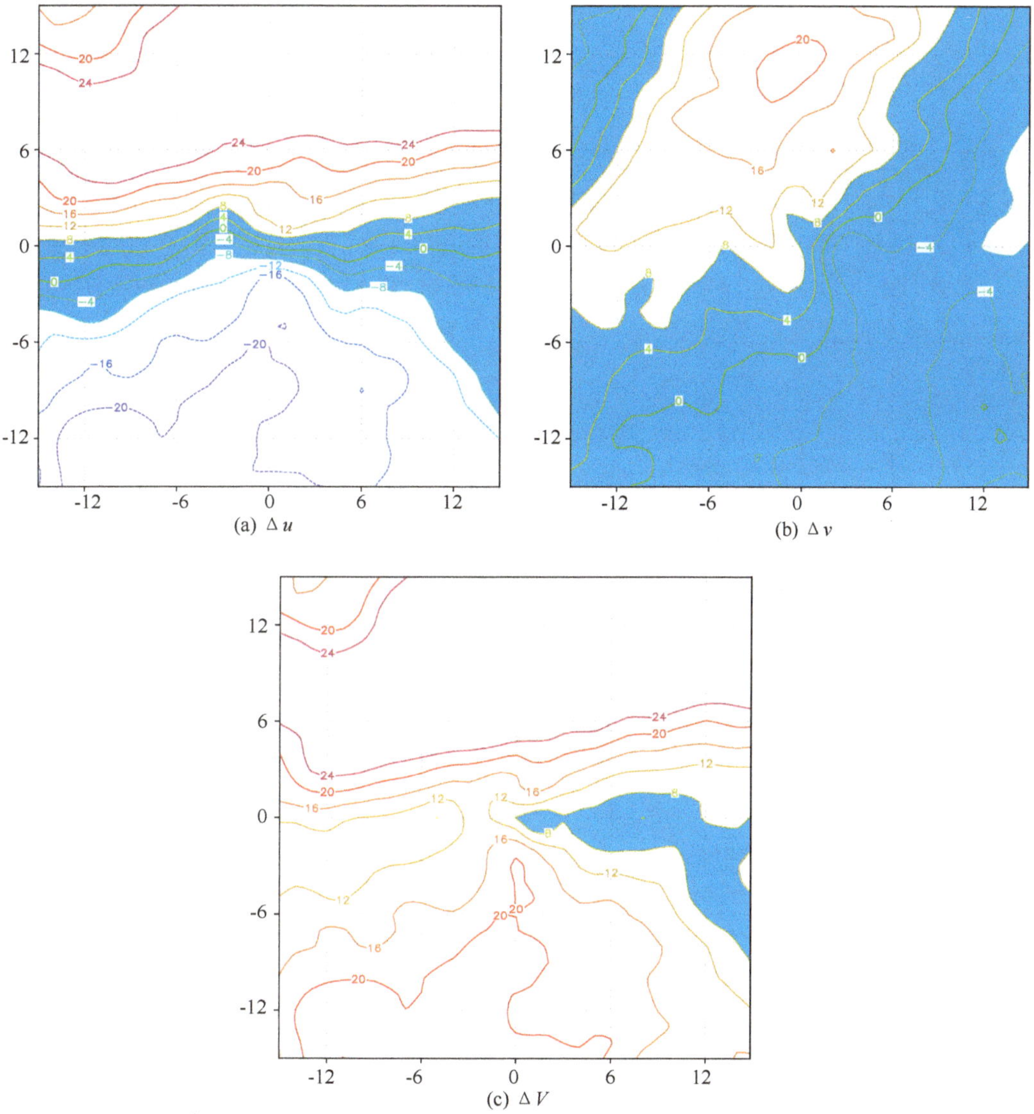

图 4.75　孟加拉湾 NE 路径风暴登陆时 200 hPa 和 850 hPa 等压面间垂直风切变(单位:$\mathrm{m \cdot s^{-1}}$,阴影区为 $\leqslant |\pm 8\ \mathrm{m \cdot s^{-1}}|$ 的区域)(a. 纬向压切变;b. 经向风切变;c. 全风速切变)

以上分析表明,NE 路径孟加拉湾风暴生存环境为垂直风切变较小($-8 \sim 12\ \mathrm{m \cdot s^{-1}}$)、梯度较大的区域内,风暴沿纬向或沿经向垂直风切变最大梯度位置移动。

NE 路径孟加拉湾风暴登陆时,垂直风切变环境有所改变。Δu 分布经向梯度最大的区域位于风暴中心的南侧(图 4.75a),也就是说随着风暴向东北方向移动,风暴逐渐脱离了有利于风暴维持的环境场。Δv 分布纬向梯度最大区域内等值线由登陆前的 5 条减少到 3 条(图 4.75b),梯度减弱速度极快。ΔV 分布风暴中心仍为闭合等值线区域明显减小(图 7.75c)。

综合分析,风暴登陆前后垂直风切变环境形态大致相同,但风暴向北移动逐渐脱离了有利的环境场,风暴中心周围的垂直风切变小值区面积减小、梯度减弱,表明环境场向不利于风暴维持的方向发展。

4.4 西北路径登陆风暴合成分析

2001—2010 年孟加拉湾地区共出现西北(NW)方向登陆风暴 7 个,其中 2 个风暴从生成、登陆、消亡,整个过程不足 6 h,对高原地区影响也不大,合成时取另外的 5 个个例。

图 4.76 给出了每个风暴活动和登陆路径,可以看出它们各不相同。合成分析时,以风暴中心为坐标原点(0,0)进行要素场的平均,经向(y 轴)负为南、正为北,纬向(x 轴)负为西、正为东。登陆前的合成场,是指各个风暴登陆前最强(风暴中心地面风速最大)时次的要素场进行平均。

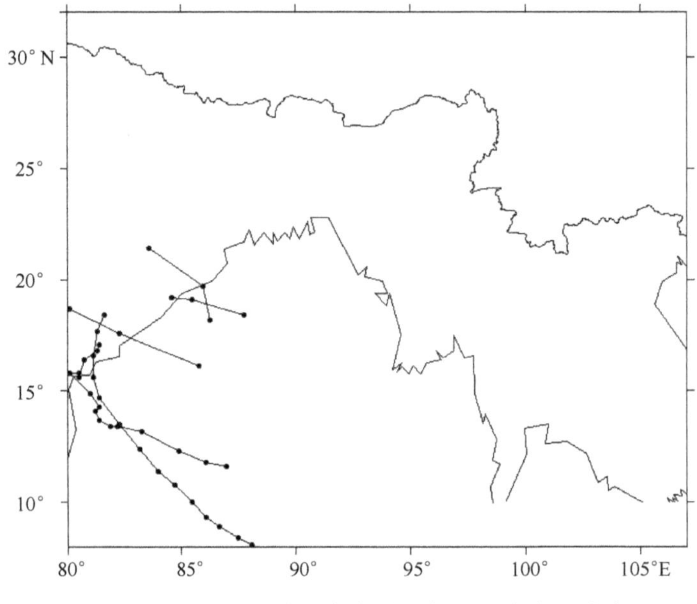

图 4.76　2001—2010 年孟加拉湾风暴 NW 方向登陆路径

4.4.1 水平流场

图 4.77 给出了孟加拉湾 NW 路径登陆前风暴合成的水平流场。从近地面层到对流层低层 900 hPa 以下,水平流场为"圆形"对称性气旋闭合流场,气流从风暴中心到外围呈一致性的气旋性流入(图 4.77a)。850～400 hPa 各层,水平流场仍呈"圆形"对称性气旋闭合流场,风暴中心已变为气旋性流入出,外围为气旋性流入(图 4.77b),形成了一个环形的辐合带。到了 350 hPa 高度上,水平流场变为"椭圆形"非对称性气旋闭合流场,气流从风暴中心

到外围为一致的气旋性流出(图 4.77c)。250 hPa 高度上风暴气旋闭合流场消失,变为了低压倒槽环流形势(图 4.77d)。与 NE 路径登陆风暴(图 4.62)相比,环形的复合带厚度增加、闭合流场保持到了更高的高度,表明 NW 路径登陆风暴环流结构较有利于维持。其原因,一是 NW 路径登陆风暴所处位置偏南、离青藏高原相对较远,二是登陆地印度半岛地形也相对较为平缓。

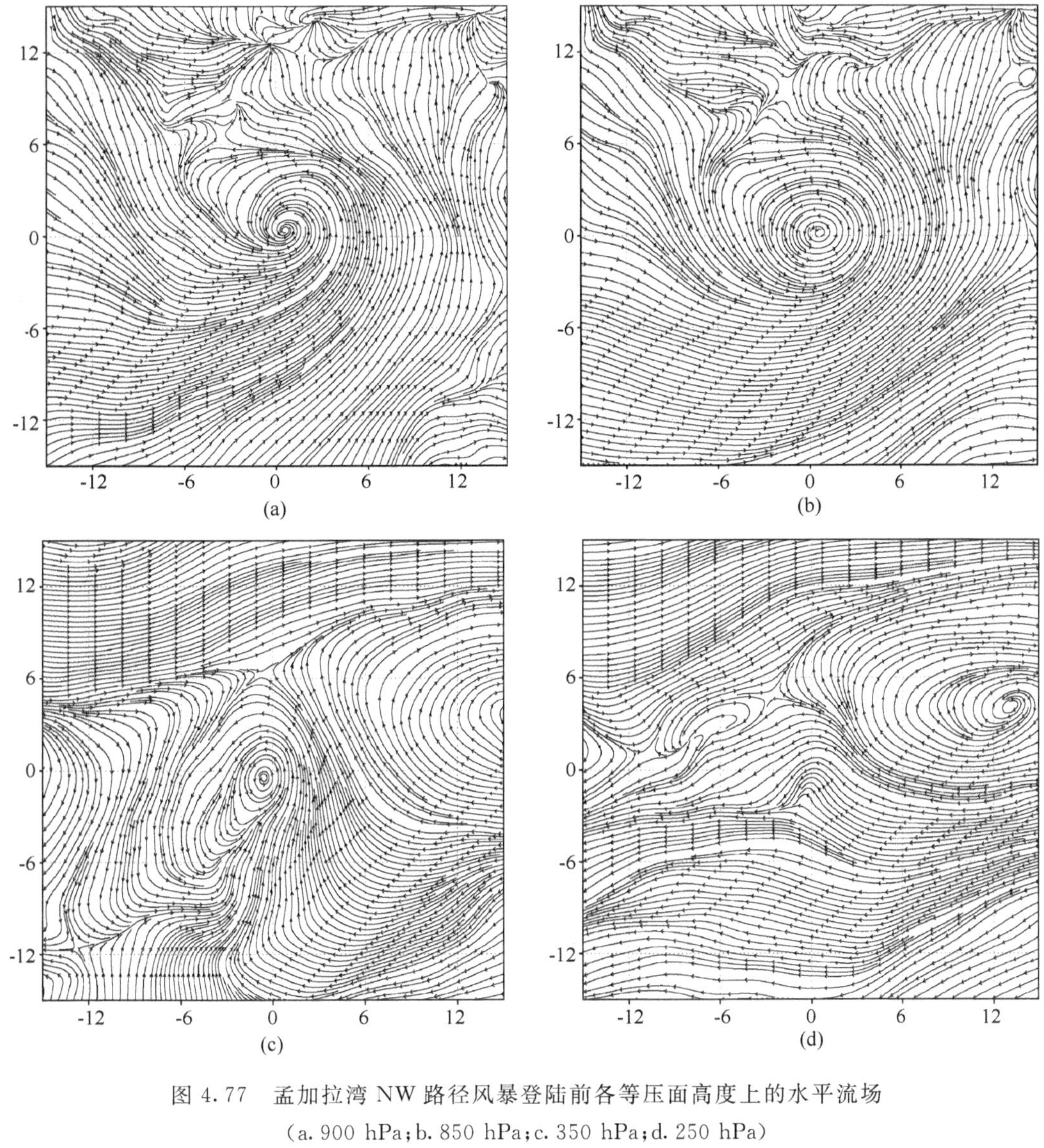

图 4.77　孟加拉湾 NW 路径风暴登陆前各等压面高度上的水平流场

(a. 900 hPa;b. 850 hPa;c. 350 hPa;d. 250 hPa)

孟加拉湾 NW 路径风暴登陆时,水平流场特征发生了一些变化(图 4.78)。900 hPa 以下各层水平流场与登陆前相似,水平流场为"圆形"对称性气旋闭合流场,气流从风暴中心到外围呈一致性的气旋性流入(图 4.78a)。850～650 hPa 各层,水平流场仍呈"圆形"对称性气旋闭合流场,风暴中心已变为气旋性流入出,外围为气旋性流入(图 4.78b),形成了一个环形的辐合带,比登陆前厚度明显减小。500 hPa 高度上,水平流场由"圆形"对称性气旋闭合流场变为了"椭圆形"非对称性流场(图 4.78c),风暴中心至外围气流变为一致性流出。300 hPa 高度上风暴气旋闭合流场消失,变为了低压倒槽环流形势(图 4.78d)。

图 4.78　孟加拉湾 NW 路径风暴登陆前各等压面高度上的水平流场

(a. 950 hPa; b. 850 hPa; c. 500 hPa; d. 300 hPa)

与登陆前相比,环形辐合带由 850～400 hPa 厚度下降为 850～650 hPa 厚度,水平流场"圆形"对称性变为"椭圆形"非对称性流场由 350 hPa 高度下降到 500 hPa 高度,风暴气旋闭合流场消失高度由 250 hPa 下降到 300 hPa。表明风暴登陆时其环流结构向减弱的方向发展。

4.4.2　垂直环流

图 4.79 给出了风暴登陆前的垂直环流。沿纬向的垂直剖面图上(图 4.79a),风暴中心和周围区域为深厚的垂直上升气流区,风暴中心东、西 3 个经距内风速较大。风暴西侧外围低层有明显的下沉气流,东侧外围下沉气流不明显,在对流层高层维持弱的下沉气流,但不对称,略向西倾斜。

沿经向的垂直剖面图上(图 4.79b),风暴中心及邻近区域均为大范围密集上升气流,南北两侧中高层下沉气流明显,垂直环流极比较对称,比沿纬向的垂直环流更符合典型热带气旋基本结构。

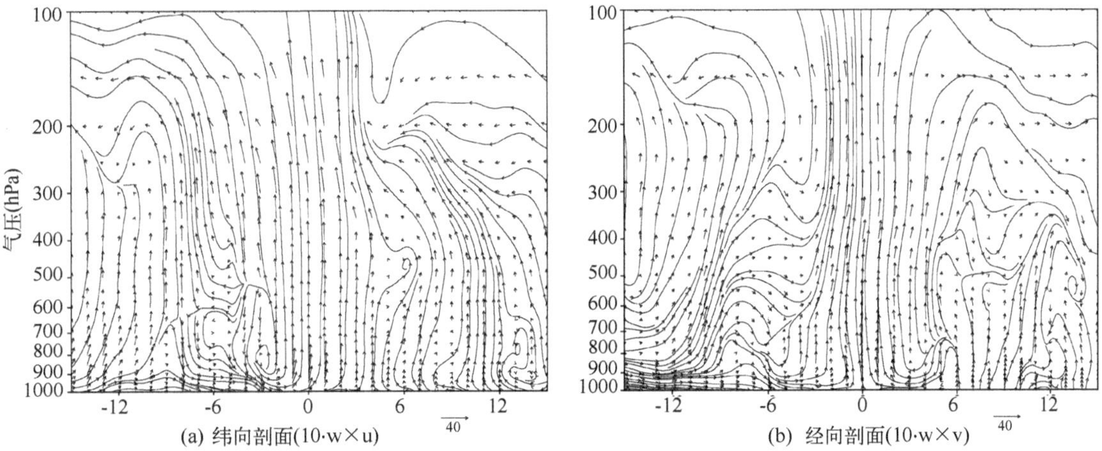

图 4.79　NW 路径登陆前沿风暴中心的纬向(a)和经向(b)垂直剖面环流(矢量单位:m · s^{-1})

与 NE 路径登陆风暴结构(图 4.64)相比,经纬向结构似乎互换。NW 路径经向垂直环流相似于 NE 路径纬向垂直环流,NW 路径纬向垂直环流相似于 NE 路径经纬向垂直环流。这可能与 NW 路径登陆风暴所处位置偏南、离青藏高原相对较远、离印度半岛较近有关。

图 4.80 给出了风暴登陆时的垂直环流。沿纬向的垂直剖面图上(图 4.80a),风暴中心和周围区域为深厚的垂直上升气流区,风暴中心东、西 4 个经距内风速较大。与登陆前比较,风暴中心和周围区域的深厚的垂直上升气流区范围变大、两侧风速大小不对称,向西倾斜度加大,整个热带气旋的结构有所改变。

沿经向的垂直剖面图上(图 4.80b),登陆时与登陆前结构大致相同,区别在于风暴中心和周围区域的深厚的垂直上升气流区范围变小,NW 方向移动登陆时,靠近青藏高原大地形,垂直上升气流开始向北倾斜,热带气旋结构明显不如登陆前。

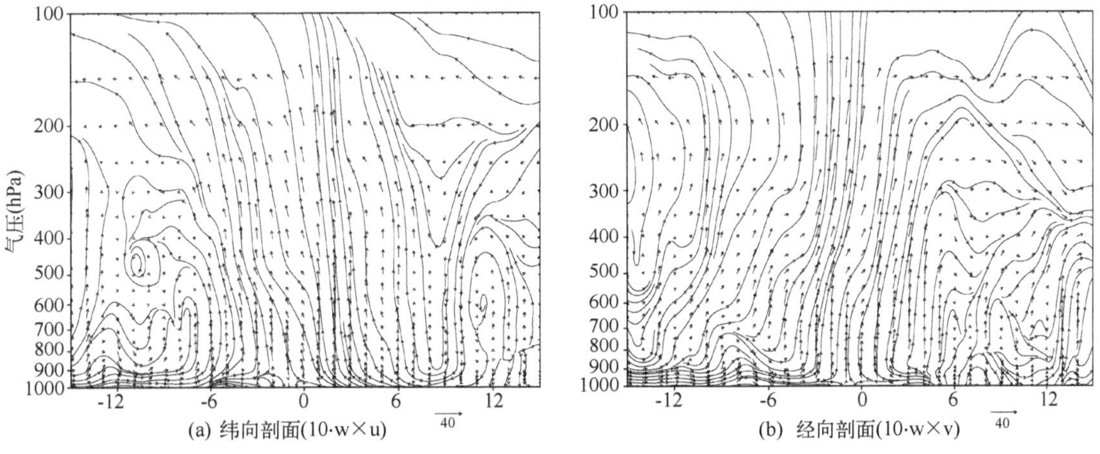

图 4.80　NW 路径登陆时沿风暴中心的纬向(a)和经向(b)垂直剖面环流(矢量单位:m · s^{-1})

4.4.3 动力结构

4.4.3.1 涡度场

NW 路径风暴登陆前，在反映大气旋转运动强度的涡度场上（图 4.81），对流层内各层涡旋中心明显，中低层水平涡旋场呈准“圆形”对称性结构（图 4.81a～b），正涡度 $2\times10^{-5}\ s^{-1}$ 闭合曲线长短轴之比约为 6∶5。400 hPa 以上层变为“椭圆形”非对称性结构（图 4.81c），正涡度 $2\times10^{-5}\ s^{-1}$ 闭合曲线长短轴之比约为 3∶2，涡旋闭合流场水平尺度高低层也基本一致，闭合涡旋一致维持到 200 hPa，150 hPa 上闭合涡旋消失（图 4.81d）。与 NE 路径登陆风暴（图 4.66）相比，涡旋中心强度较弱，闭合涡旋所达高度也较低。

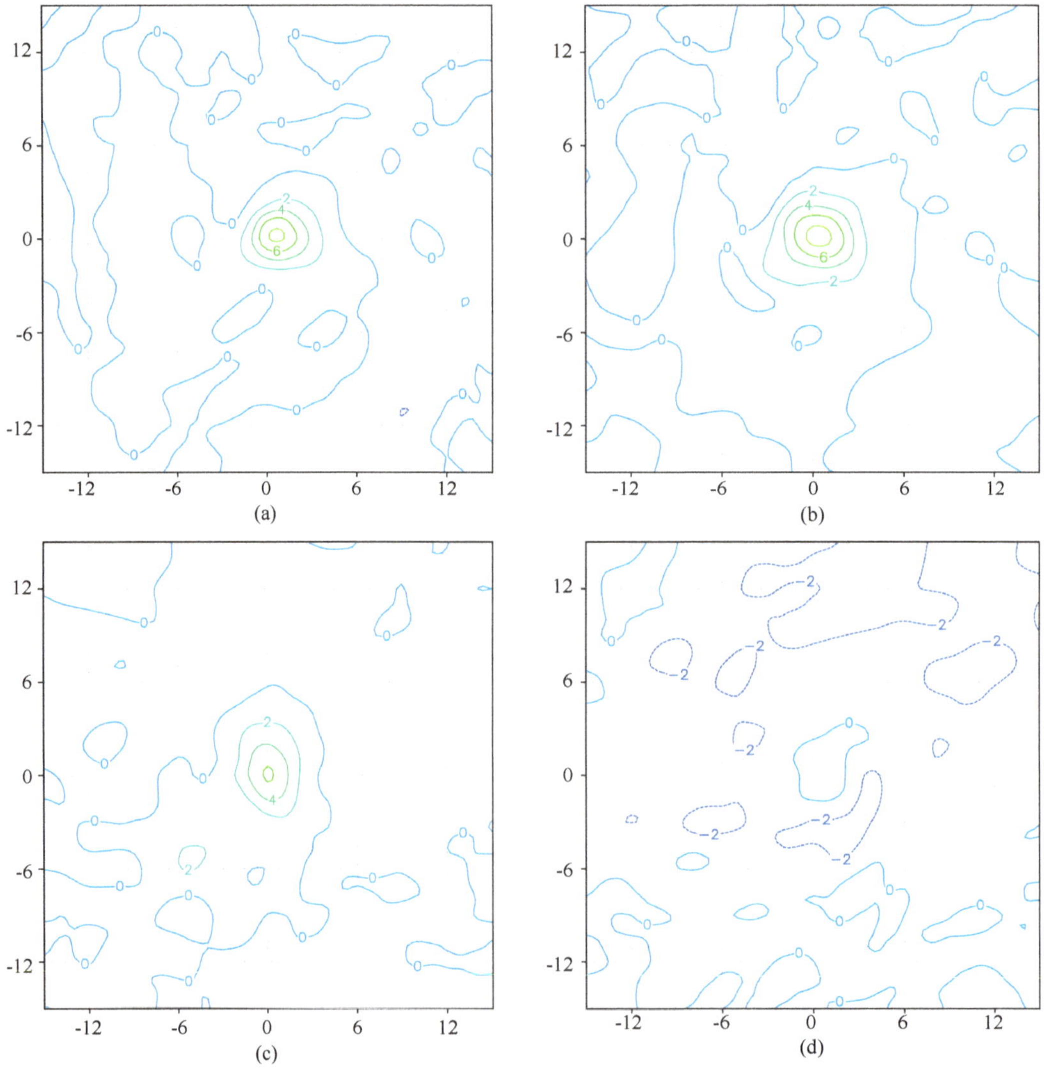

图 4.81 孟加拉湾 NW 路径风暴登陆前各等压面高度上的水平涡度场（单位：$10^{-5}\ s^{-1}$）
（a. 975 hPa；b. 750 hPa；c. 400 hPa；d. 150 hPa）

在涡度垂直剖面图分布上，无论是纬向剖面(图 4.82a)、还是经向剖面(图 4.82b)，对流层高低空涡旋结构对称、完整。与 NE 路径登陆风暴(图 8.67)相比，涡旋柱强度明显，其平均强度几乎小了一半。表明 NW 路径比 NE 路径登陆风暴的涡旋结构较弱。

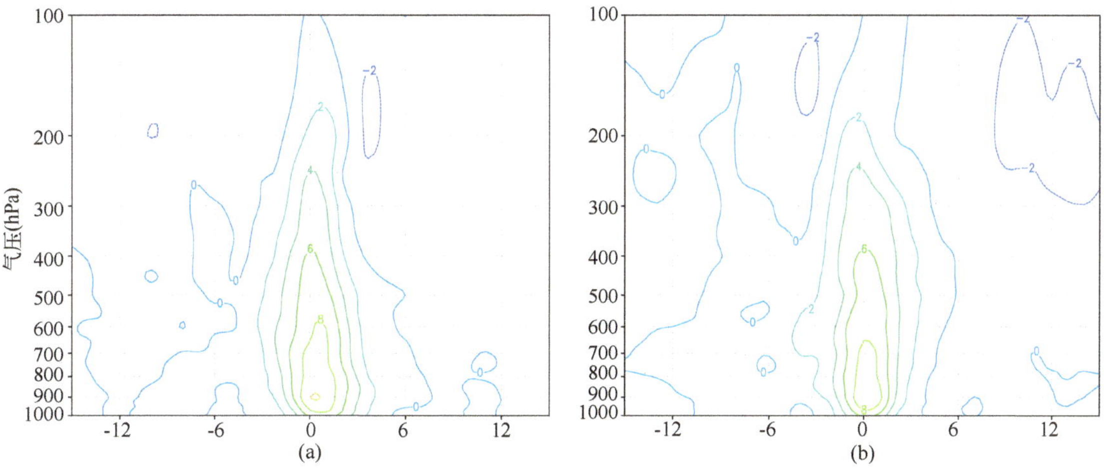

图 4.82　孟加拉湾 NW 路径风暴登陆前的纬向(a)和经向(b)垂直剖面涡度分布(单位：$10^{-5}\ s^{-1}$)

登陆时，对流层内各层涡旋中心仍然比较明显，水平涡旋场各层均为“圆形”对称性结构(图 4.83a～c)，涡旋闭合流场水平尺度高低层也基本一致。闭合涡旋一致维持到 250 hPa，200 hPa 上闭合涡旋消失(图 4.83d)。与登陆前(图 4.68)相比，各层闭合涡旋中心正涡度值均有明显减小，表明风暴的涡旋结构较弱。

在涡度垂直剖面图分布上(图 4.84)，对流层高低空涡旋结构对称、完整、中心轴垂直。与登陆前相比，中低层涡旋柱强度明显减弱，$2\times10^{-5}\ s^{-1}$ 等值线由 150 hPa 降低到 220 hPa，$4\times10^{-5}\ s^{-1}$等值线由 220 hPa 降低到 320 hPa，风暴的涡旋结构开始改变。

4.4.3.2　散度场

在标志气流辐合辐散强度的散度场上，风暴登陆前，对流层底层 975 hPa 上，闭合辐合区与风暴中心位置基本吻合(图 4.85a)。随着高度的上升，闭合辐合区逐渐向西北方向偏离风暴中心，900 hPa 上已偏离了约 2 个经纬距(图 4.85b)，800 hPa 上，风暴对应的闭合辐合区消失(图 4.85c)。在高层 150 hPa 上，风暴中心有相对较强的辐散区(图 4.85d)。从风暴位置垂直的高低空看，符合低层辐合、高层辐散的热带气旋结构，但辐合层不够深厚(仅在 900 hPa 以下)，这与 NE 路径登陆风暴相似，但比其还要浅薄。如果追踪气流辐合中心，则可以明显看出随高度向西北倾斜，与 NE 路径登陆风暴相同，即向风暴移动方向倾斜。

在风暴登陆前，沿纬向垂直剖面图上(图 4.86)，风暴中心周围邻近区域对流层底层为强的辐合区(仅在 900 hPa 以下)，850～400 hPa 几乎为无辐散区，400～250 hPa 为弱的辐合区，250 hPa 以上层为强的辐散区。虽然呈低层辐合、高层辐散结构，但中层气柱的无辐散区对高低空气流的交换不利，导致风暴气流辐合辐散结构较弱。与 NE 路径登陆风暴(图 4.71)相比，NW 路径的低层辐合和高层辐散的强度均较弱。

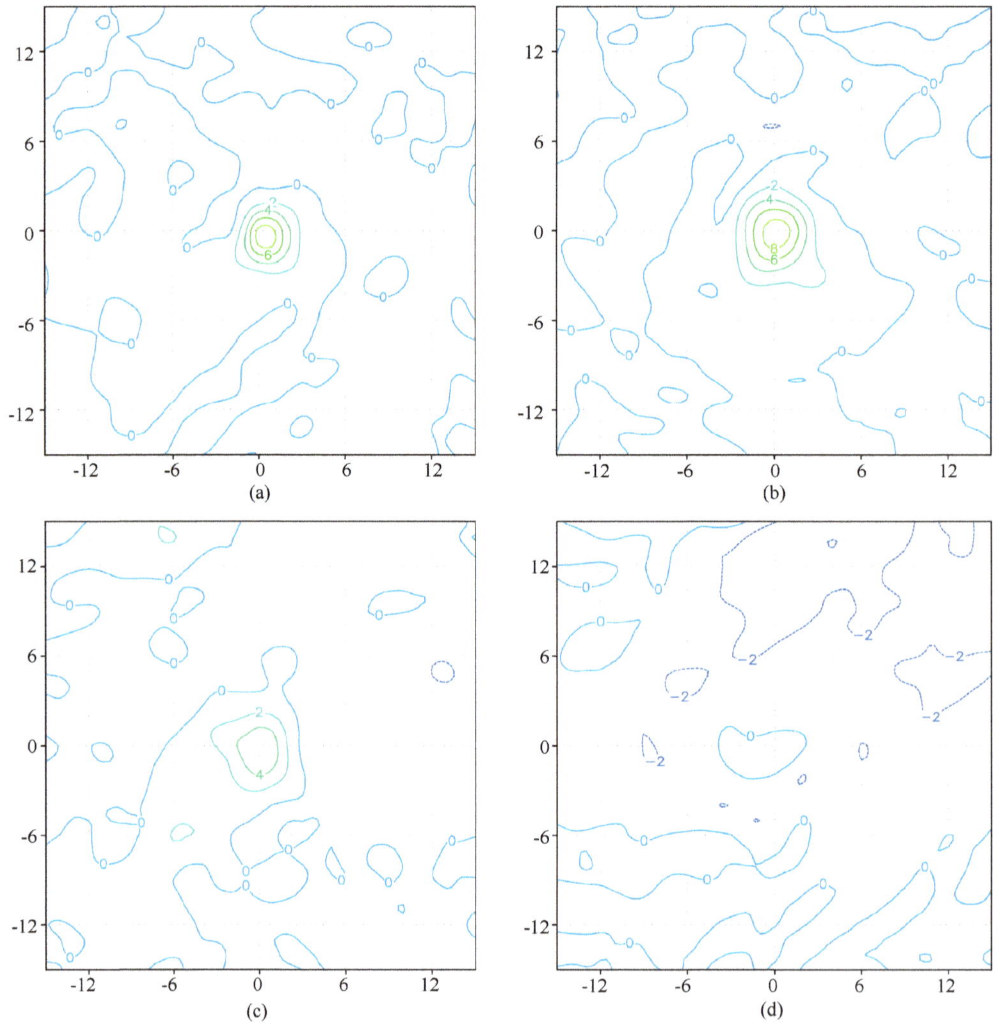

图 4.83　孟加拉湾 NW 路径风暴登陆时各等压面高度上的水平涡度场（单位：$10^{-5}\ s^{-1}$）
（a. 975 hPa；b. 700 hPa；c. 400 hPa；d. 200 hPa）

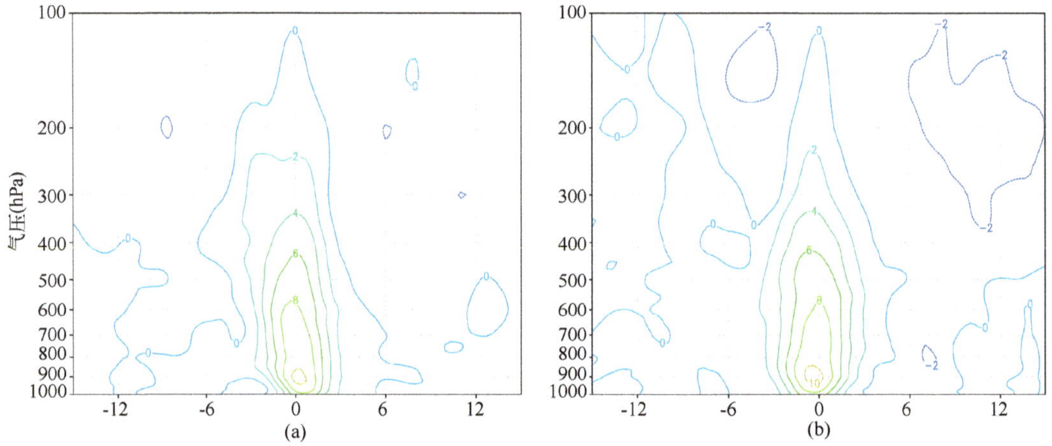

图 4.84　孟加拉湾 NW 路径风暴登陆时的纬向（a）和经向（b）垂直剖面涡度分布（单位：$10^{-5}\ s^{-1}$）

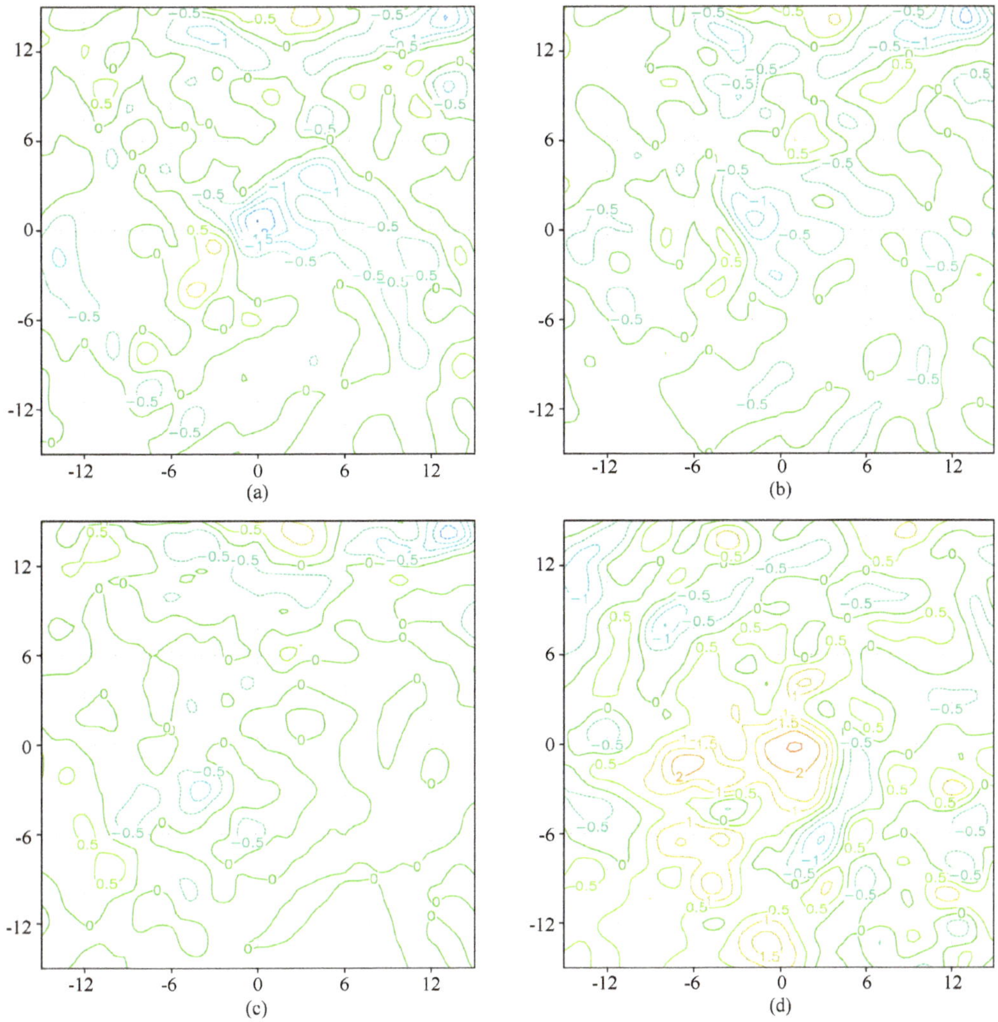

图 4.85　孟加拉湾 NW 路径风暴登陆前各等压面高度上的水平散度场(单位:10^{-5} s^{-1})
(a. 975 hPa;b. 900 hPa;c. 800 hPa;d. 150 hPa)

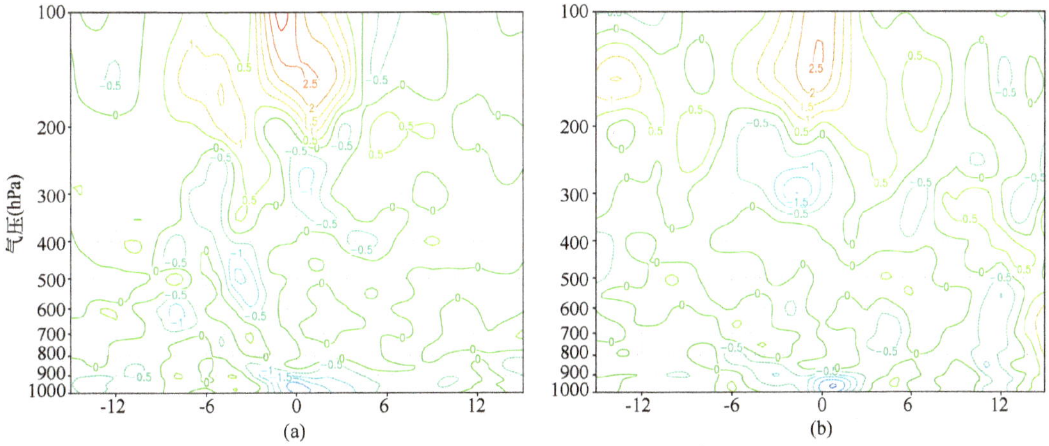

图 4.86　孟加拉湾 NW 路径风暴登陆时的纬向(a)和经向(b)垂直剖面散度分布(单位:10^{-5} s^{-1})

风暴登陆时，各层散度水平场的形态变化不大，但辐合辐散强度变化较大(图 4.87)。对流层底层 975 hPa 上气流辐合增强(图 4.87a)，这显然是风暴中心下垫面由海洋向陆地改变导致的，随着高度的上升，地形直接影响减弱。闭合辐合区逐渐向西南方向偏离风暴中心，850 hPa 上已偏离了 2 个经纬距(图 4.87b)。700 hPa 上已辐合中心消失(图 4.87c)。到了高层 250 hPa 上，风暴中心变为相对较强的辐散区(图 4.87d)。与登陆前比较，除了对流层底层辐合增强外、其他流层辐合辐散均减弱。

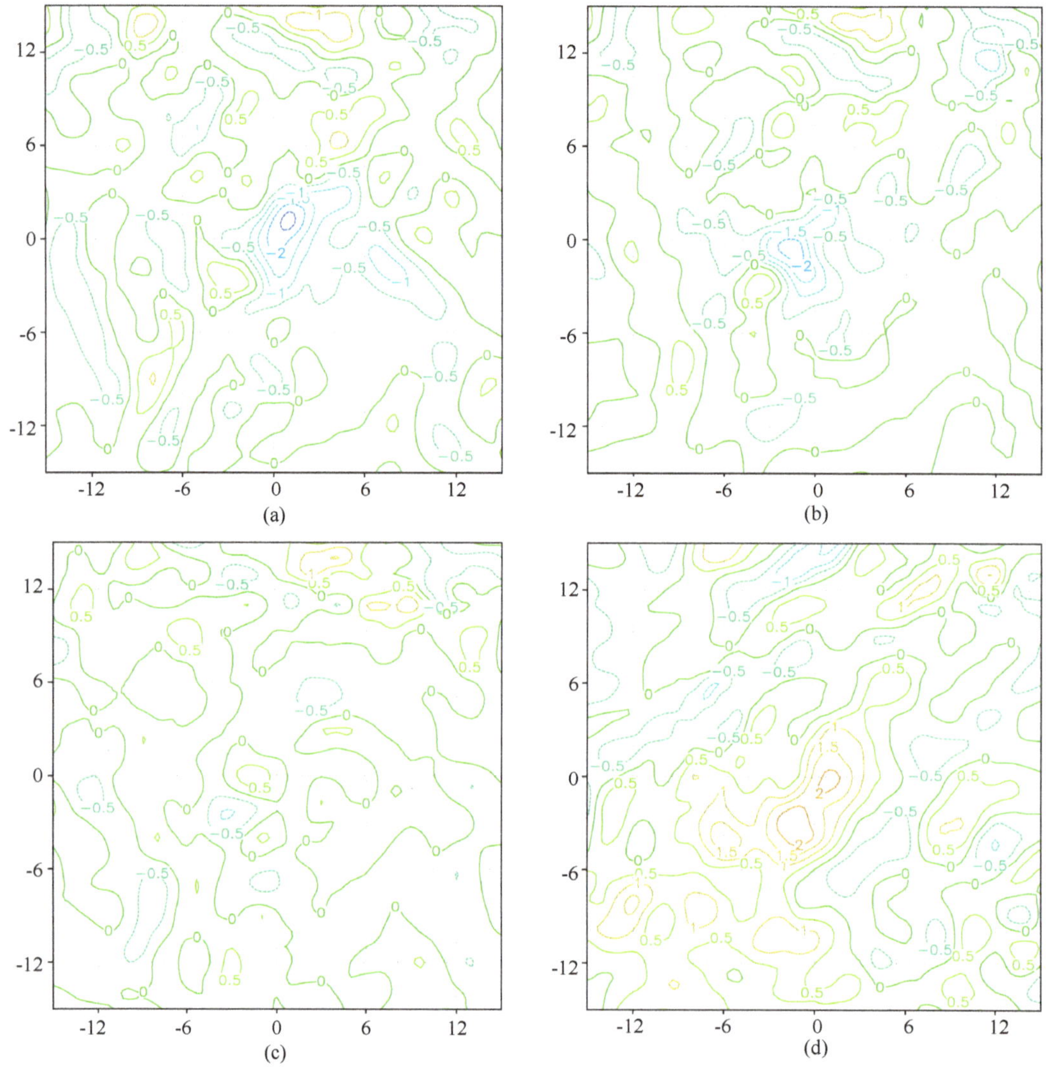

图 4.87　孟加拉湾 NW 路径风暴登陆时各等压面高度上的水平散度场(单位：$10^{-5}\ s^{-1}$)
(a. 975 hPa；b. 850 hPa；c. 700 hPa；d. 250 hPa)

从垂直剖面分布(图 4.88)上看，对流层低层气流辐合与登陆前相差不大。沿纬向垂直剖面图上(图 4.88a)，400～250 hPa 弱的辐合区消失；高层强的辐散区减弱。虽然呈低层辐合、高层辐散结构，但中层气柱的无辐散区对高低空气流的交换不利，导致风暴气流辐合辐散结构削弱，风暴难以维持。

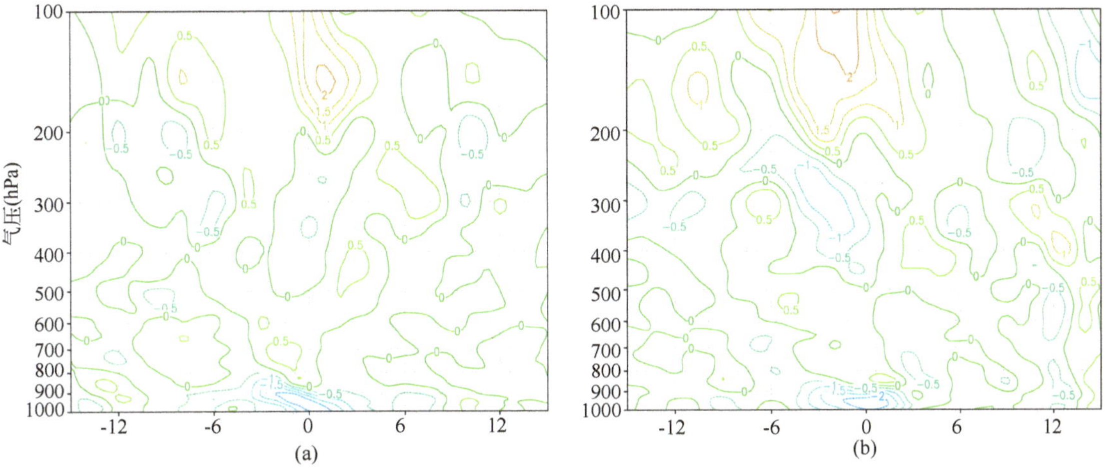

图 4.88　孟加拉湾 NW 路径风暴登陆时的纬向(a)和经向(b)垂直剖面散度分布(单位:10^{-5} s^{-1})

4.4.3.3　垂直风切变

环境风垂直切变是影响热带气旋强度的一个重要因子,一般认为环境风垂直切变越小越有利于热带气旋的发展,相反,强的垂直切变对热带气旋的发展是不利的。

用 200 hPa 和 850 hPa 分别代表高层和低层,u、v 和 V 分别代表纬向风、经向风和全风速,则垂直风切变可用纬向风切变($\Delta u = u_{200} - u_{850}$)、经向风切变($\Delta v = v_{200} - v_{850}$)和全风速切变($\Delta V = V_{200} - V_{850}$)表示。

NW 路径孟加拉湾风暴登陆前,Δu 分布呈纬向等值线形态(图 4.89a),风暴中心以北 Δu 逐渐正增大、以南逐渐负增大,风暴中心处于 $-12\ m \cdot s^{-1} \leqslant \Delta u \leqslant 8\ m \cdot s^{-1}$ 的区域内,且位于垂直切变经向梯度最大的区域,环境风场有利于风暴的维持。同时可以看到,垂直切变梯度较大的区域位置比风暴中心略偏北,有利于风暴偏北方向移动。

Δv 分布呈经向等值线形态(图 4.89b),风暴中心以西北 Δv 逐渐正增大、以东逐渐减小后有逐渐负增大,风暴中心处于 $-4\ m \cdot s^{-1} \leqslant \Delta v \leqslant 4\ m \cdot s^{-1}$ 的区域内区域西侧,垂直切变纬向梯度最大区域基本位于风暴中心略偏东的区域,环境风场基本有利于风暴的维持。同时可以看到,垂直切变梯度较大的区域位置比风暴中心略偏西,有利于风暴偏西方向移动。

ΔV 分布与 Δu 大致相同,表明在西风带或高原大地形作用下,纬向风起作用。风暴中心处于 $\Delta V \leqslant 12\ m \cdot s^{-1}$ 的区域内。

以上分析表明,NW 路径孟加拉湾风暴生存环境为垂直风切变较小($-12 \sim 8\ m \cdot s^{-1}$)、梯度较大的区域内,风暴沿纬向或沿经向垂直风切变最大梯度位置移动。

NW 路径孟加拉湾风暴登陆时(图 4.90),垂直风切变环境与登陆前大致相同,但风暴中心周围的垂直风切变小值区面积减小、梯度减弱,表明环境场向不利于风暴维持的方向发展。

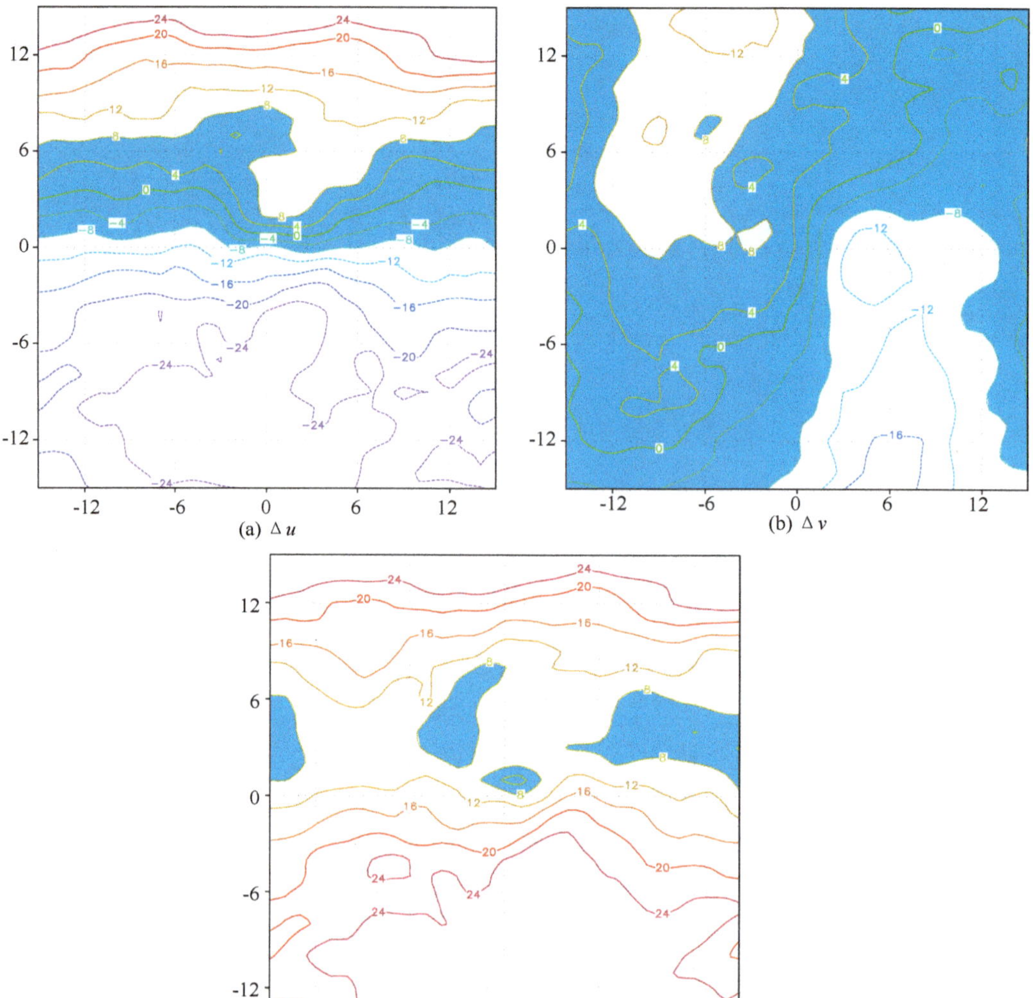

图 4.89　孟加拉湾 NW 路径风暴登陆前 200 hPa 和 850 hPa 等压面间的垂直风切变

（单位：$m \cdot s^{-1}$，阴影区为≤｜± 8 $m \cdot s^{-1}$｜的区域）

（a. 纬向风切变；b. 经向风切变；c. 全风速切变）

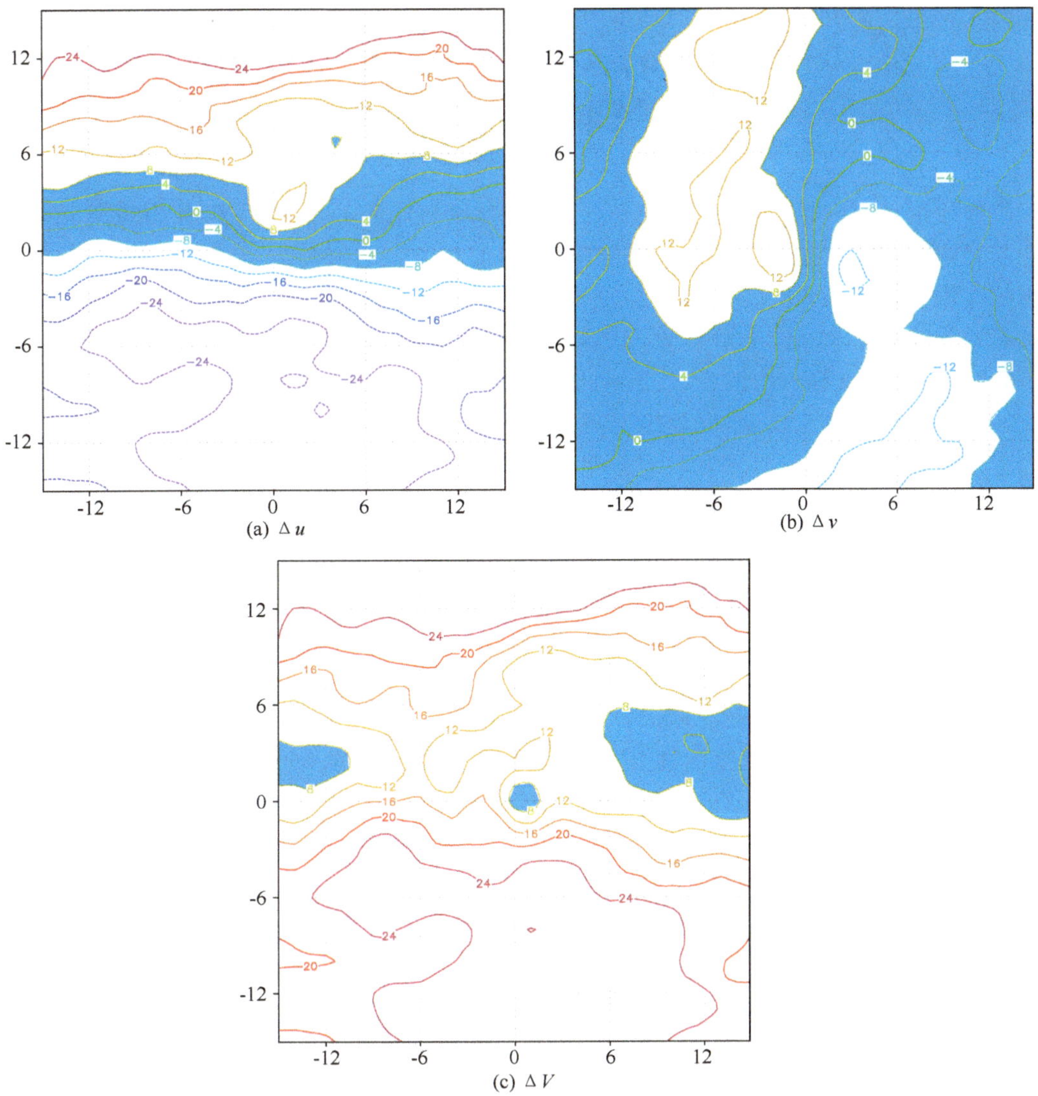

图 4.90　孟加拉湾 NW 路径风暴登陆时 200 hPa 和 850 hPa 等压面间的垂直风切变（单位：m · s^{-1}，阴影区为≤｜±8 m · s^{-1}｜的区域）

（a. 纬向风切变；b. 经向风切变；c. 全风速切变）

第5章　高原大地形对孟加拉湾风暴影响的数值模拟

孟加拉湾呈喇叭口形状，其北部、东北部为青藏高原和云贵高原，孟加拉湾风暴西北路径和东北路径登陆时受高原大地形影响很大，地形对风暴的结构变化、移动路径以及降水分布等的作用值得深入研究。有关孟加拉湾风暴登陆地形影响的研究较少，但其他海域的热带气旋登陆受海岸、山脉、岛屿等地形影响，其结构、强度、路径以及产生的降水等方面的变化研究较多，可以借鉴和比较。如：Powell等(1998)实例分析得到地形对登陆飓风风速的影响。地形粗糙度使风速减少，但陡峭地形也使风速增加。Tuleya(1994)用GFDL飓风模式进行地形参数敏感试验，结果表明地形粗糙度和陆地湿度的减少能加速飓风消亡。解以扬等(1993)通过对登陆台风数值试验研究表明，地形的动力和热力强迫对台风的运动可以产生较为显著影响，即地形动力强迫对登陆台风外围环流产生响应；陈联寿等(2002,2004)在登陆台风研究中，分析了地形强迫造成台风异常运动等问题。闫敬华等(2005)对台风"黄蜂"进行了数值模拟和我国东南沿海地形敏感试验研究，分析表明，地形对热带气旋的强度变化有重要影响。钮学新等(2005)对台风"森拉克"作了类似敏感试验，着重分析了地形对降水的影响，结果表明地形使迎风坡降水增加，背风坡降水减少，且降水分布不均匀。余贞寿等(2005)对台风"云娜"进行浙南、闽北范围的地形敏感试验，结果表明地形使台风路径右偏、强度变化明显、台风暴雨有增幅作用，且分布更不均匀。段丽等(2006)通过数值敏感试验研究海南五指山地形对热带风暴"菲特"结构和运动，结果表明，山脉地形能诱生小涡，从而改变风暴移动路径。冀春晓等(2007)对台风"云娜"在浙江、福建东部沿海一带进行有无地形的数值对比试验，着重讨论了台风登陆期间地形对台风降水、台风结构特征变化的影响，认为地形强迫有利于激发中尺度对流系统从而使降水增幅和降水分布不均并且改变台风的局部结构。以上研究表明海岸和山脉地形对热带气旋路径、强度和产生的降水有明显影响。台湾岛屿对登陆我国的台风影响也有大量研究，如孟智勇等(1996)的数值研究表明，台风接近台湾岛时，在岛屿的另一侧会有诱生涡旋，在适当条件下，台风原来的低层中心因地形的阻挡而消失，高层中心移过岛屿，其相应的正涡度中心与低层的诱生涡旋重合，使诱生涡旋得以发展加强而代替原来的台风。闫敬华等(1997)模拟了9017号台风经过台湾岛屿的过程，发现台风的结构和路径发生了复杂变化。余贞寿等(2007)对台风"海棠"异常路径进行了数值试验，表明台湾地形对台风路径产生直接影响。显然，岛屿地形对台风的结构和移动路径产生重要影响。那么，相比东部海岸和台湾岛屿地形对台风的影响，孟加拉湾及周围高原大地形对风暴的影响如何？本章将利用中尺度数值模式对近年来孟加拉湾登陆风暴进行数值模拟试验，侧重分析地形对风暴的路径、降水分布和结构变化的作用和影响。

本章数值模拟试验应用WRF(Weather Research and Forecasting)模式，采用2011年9月22日发布的3.3.1版本，模式基本参数如表5.1所示。

表 5.1　模式基本参数

项目	方案
区域	嵌套：三重格距分别为 27、9、3 km，一重中心为 26°N、99°E，三重格点数分别为 238×190、220×220、331×331
垂直层数	35 层(模式层顶 50 hPa)；
积云参数化	Betts Miller Janjic(第 2,3 重不用积云参数化方案)
边界层	Mellor－Yamada－Janjic TKE scheme；
辐射	Dudhia 短波和 RRTM 长波；
微物理过程	Morrison (2 moments)

为了讨论地形对风暴的影响，在其他模式参数保持不变的情况下，针对地形高度设计了三种模拟试验方案：(1)控制试验(CTL)，模式地形未作修改，保持模式原有的地形特征；(2)地形减半试验(HT)，把模拟区域的地形高度分别减小 1/2，即地形高度作减半处理；(3)地形为零试验(ZT)，把模拟区域的地形高度分别取值为 0 m。

5.1　2007 年“04B”风暴数值模拟

2007 年 6 月 28 日 12 时(世界时，下同)在孟加拉湾北部生成了一个热带风暴(命名“04B”)，29 日 06 时前后在印度东部沿海登陆，减弱后于 30 日 00 时消失。2007 年 6 月 28 日 00 时开始数值模拟，积分 48 h。

5.1.1　路径和降水

图 5.1 为“04B”孟加拉湾风暴路径和地形高度图，该风暴为西北路径。从路径看，风暴沿着地形高度相对低的区域移动。CTL 试验模拟风暴移动路径也为西北路径，同样风暴沿着地形高度相对低的区域移动，整个移动路径趋势接近实况，路径略偏东。从路径上看，WRF 模式对“04B”风暴具有较好的模拟能力，基本能模拟风暴的移动趋势。可以通过进行地形敏感试验，来分析地形对该登陆 TS 的影响。HT 试验模拟孟湾风暴的路径也为西北路径。但移动的速度较 CTL 试验慢，到 30 日 00 时，两种方案模拟风暴距离相差约 230 km。ZT 试验，“04B”风暴，除了 28 日 18 时刻为偏西北路径，其他时刻的移动方向为偏东北路径。地形高度的改变，对“04B”风暴移动路径的方向和速度改变较大。

图 5.2 给出了 2007 年 6 月 28 日 12 时—29 日 12 时实况和模拟降水。从降水实况看(图 5.2a)，风暴中心区域降水达到 300 mm 以上，风暴南部的降水面积较大。缅甸北部和印度东部出现大雨中心，云贵高原北部出现 100 mm 降水。CTL 模拟的降水(图 5.2b)，基本模拟出实况的 3 个大的降水中心。风暴中心降水强度较实况弱，只达到 100 mm 以上，缅甸北部和印度东部的降水模拟的强度和范围与实况一致。云贵高原北部出现了大到暴雨中心，强度较实况弱。总的来看，CTL 的强降水区域与实况较一致，降水中心强度较实况略弱。改变地形高度后与 CTL 的比较：HT(图 5.2c)模拟降水，地形减半后风暴中心及邻近地区降水增加，增量为 30～50 mm，风暴外围降水面积缩小，降水量变化不大；ZT(图 5.2d)模拟降水，当零地形时风暴中心及邻近地区降水量继续增强，风暴外围降水面积继续缩小，导致青藏高原和云贵高原降水量剧减，但云贵高原东部降水量却在增加。通过 HT 和 ZT 的降水

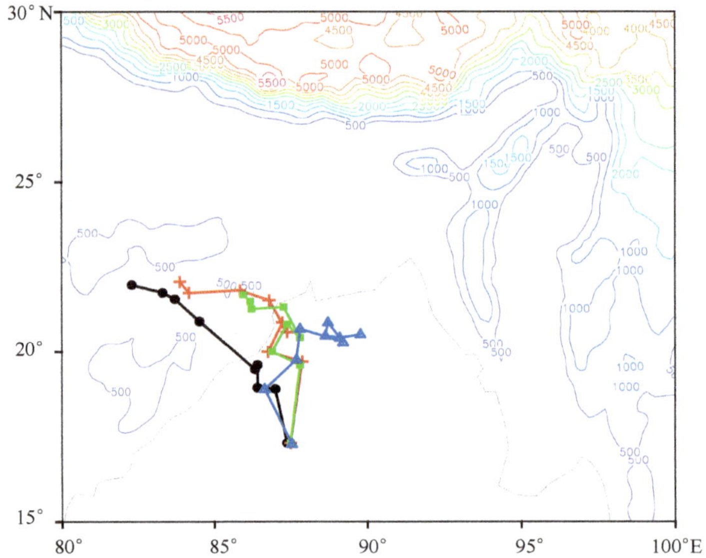

图 5.1　2007 年 6 月 28 日 00 时—30 日 00 时每 6 h 一次孟加拉湾风暴中心位置
(●观测，+CTL，■HT，▲ZT)和地形等高线(单位:m)

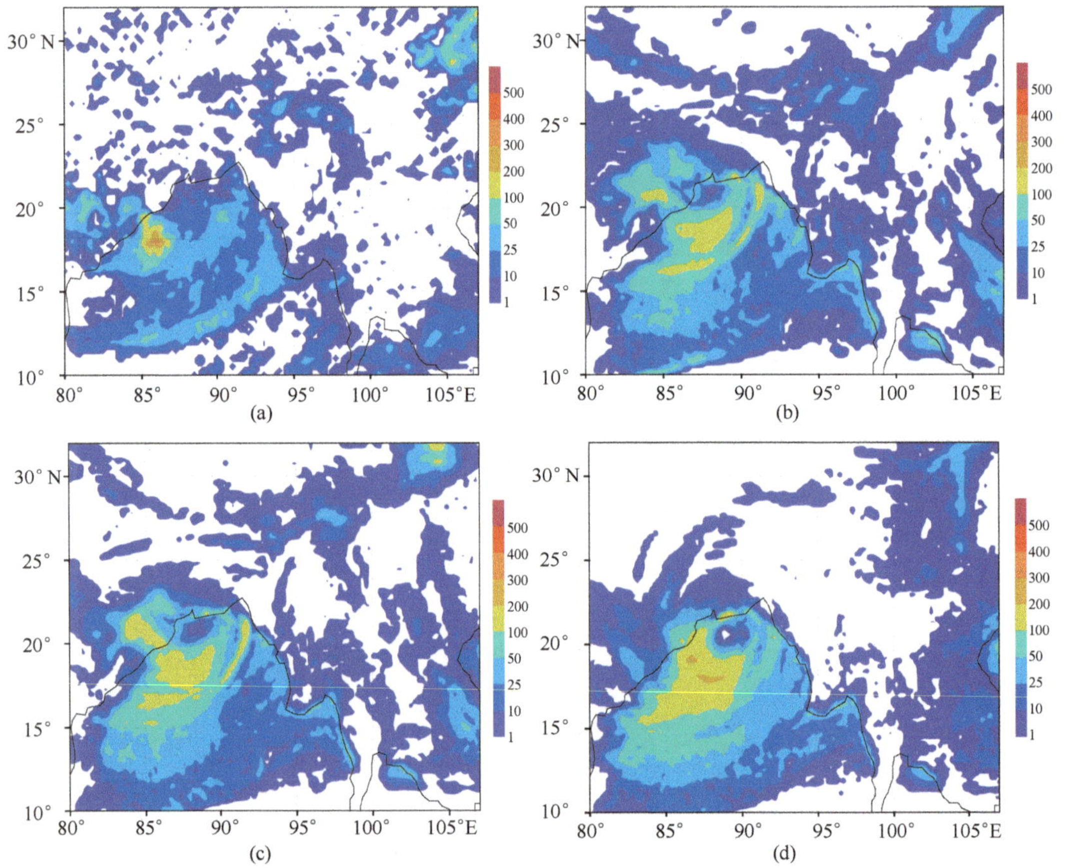

图 5.2　2007 年 6 月 28 日 12 时—29 日 12 时降水量分布(单位:mm)
(a. 观测;b. CTL 模拟;c. HT 模拟;d. ZT 模拟)

模拟试验可以看出，风暴在失去地形的作用下，强度不易减弱，中心及邻近范围降水增强，而外围的高原地区降水总体呈减弱状态。表明地形对风暴产生的阻挡和摩擦作用使得风暴产生的降水减弱，但抬升作用使得风暴产生的降水增强，两者作用相比，显然对降水而言地形抬升作用占主导。

5.1.2　垂直环流

图 5.3 给出了“04B”风暴 2007 年 6 月 29 日 12 时三种试验方案的沿纬向的垂直剖面图，CTL 模拟的风暴(图 5.3a)中心区域为垂直上升气流，风速较大，随着高度增加风速增大，上升气流达到 200 hPa 附近。风暴的东西侧有弱的下沉气流，西侧 900～600 hPa 之间有一个气旋次级环流，对维持风暴西侧下沉气流有利。东侧的下沉气流范围较小(5 个经距以内)。90°E 以东区域为弱上升气流和偏西气流，风暴处于减弱阶段。风暴结构特征不明显。HT 模拟的风暴(图 5.2b)中心区域为较宽广的上升气流区域，其中心附近强上升气流与 CTL 试验模拟结果类似，风速较大，随着高度增加风速增大，上升气流达到 200 hPa 附近。中心西侧同样存在一个气旋次级环流。环流存在的高度高于 CTL 的模拟。东侧 92°E 附近

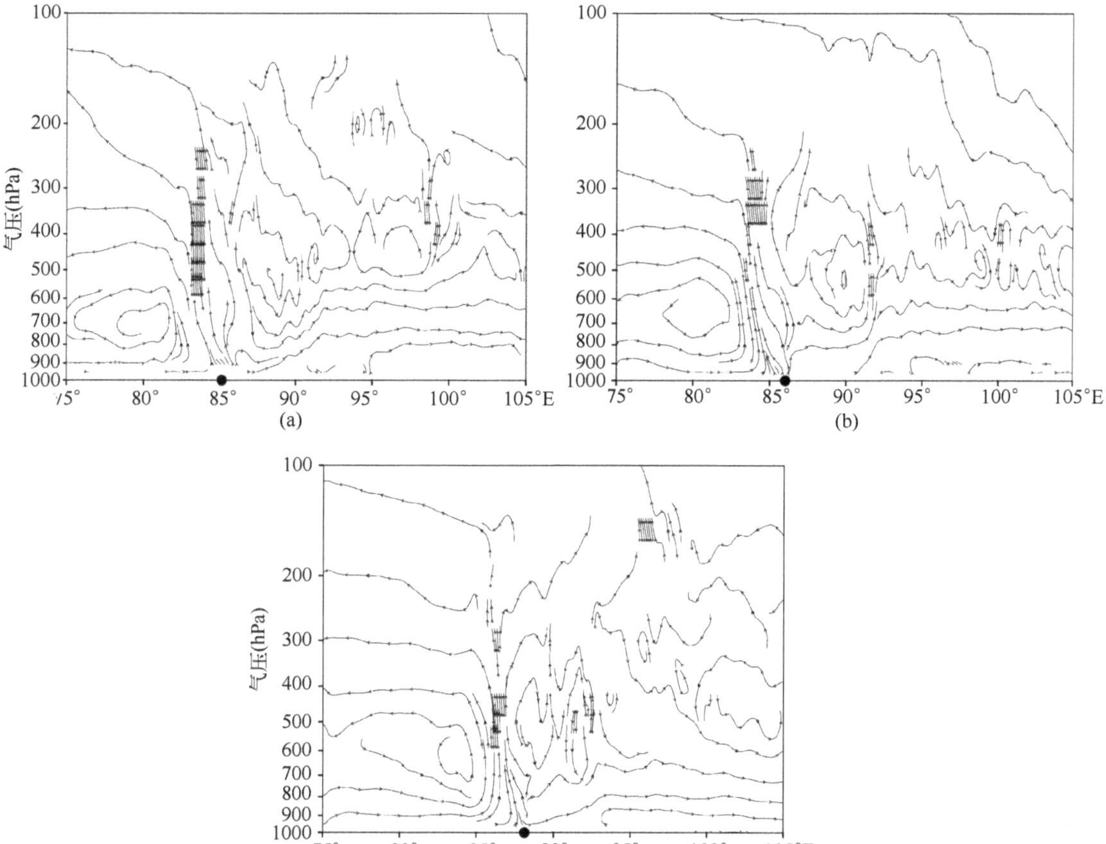

图 5.3　2007 年 6 月 29 日 12 时三种试验方案(a. CTL；b. HT；c. ZT)模拟风暴中心纬向环流垂直剖面(矢量单位：m · s^{-1}，“●”表示风暴中心)

有较强的上升气流。风暴结构特征较 CTL 的明显。ZT 模拟的风暴(图 5.3c)中心区域同样为上升气流,但中层 600～300 hPa 区域的上升速度最大,而到 200 hPa 附近上升速度反而减小,与 CTL 和 HT 均有所区别。中心西侧同样存在一个气旋次级环流。环流存在的高度高于 HT 的模拟。中心东侧的上升气流的区域较 HT 窄。风暴的结构相对更加明显。

图 5.4 给出了"04B"风暴 2007 年 6 月 29 日 12 时三种试验方案的沿经向的垂直剖面图。CTL 模拟风暴(图 5.4a),风暴中心及北侧区域均为大范围上升气流,几乎没有下沉气流,受 30°N 附近高原大地形抬升作用的影响,风暴北侧的上升气流较大。南侧为反气旋环流下沉气流,不利于维持风暴结构。HT 模拟风暴(图 5.4b),风暴中心及东西两侧区域均为大范围上升气流,上升气流范围较 CTL 的宽广。但试验为半地形,30°N 附近高原大地形抬升作用的影响相对小,上升气流明显没有 CTL 的强。ZT 模拟风暴(图 5.4c),风暴中心及东西两侧区域均为大范围上升气流,风暴中心的上升气流强度明显较 CTL 和 HT 强。风暴的强度明显强于 CTL 和 HT。风暴北侧无地形抬升作用,25°N 以北区域上升气流不明显。

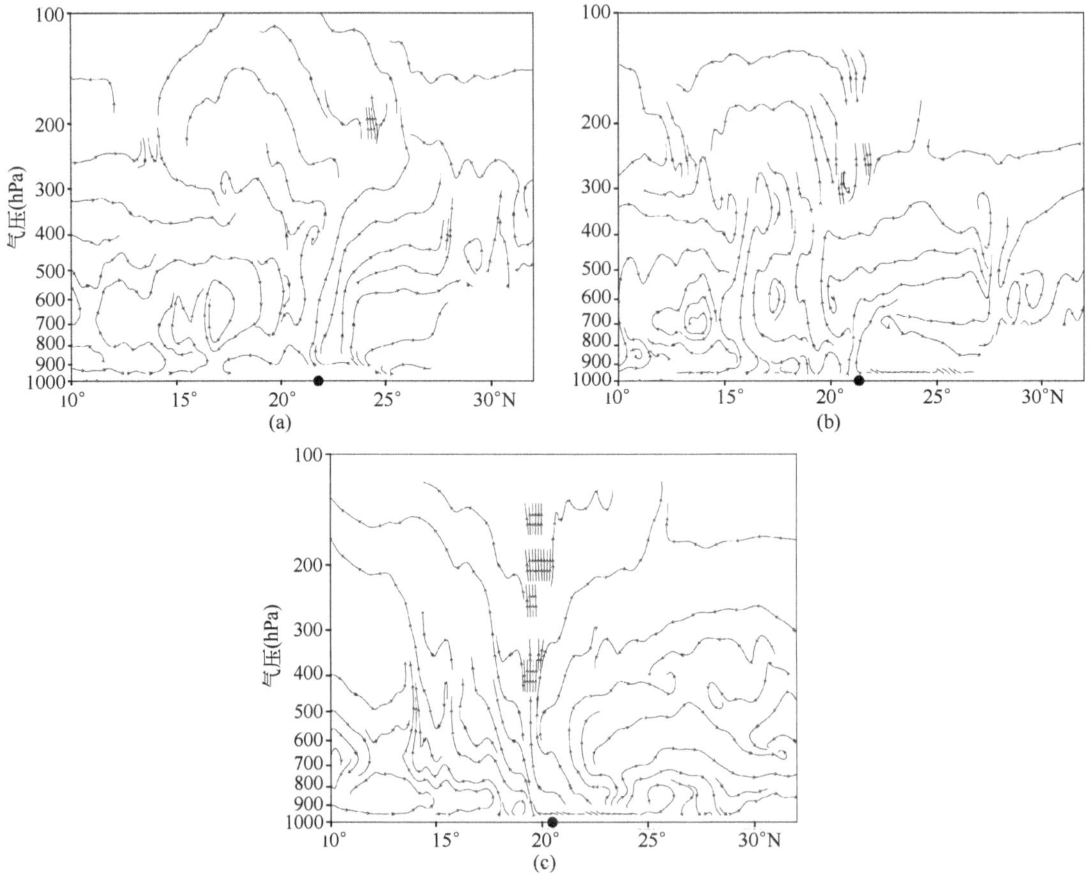

图 5.4　2007 年 6 月 29 日 12 时三种试验方案(a. CTL;b. HT;c. ZT)模拟风暴中心经向环流垂直剖面(矢量单位:m · s^{-1},"●"表示风暴中心)

综合分析看,无高原大地形的存在,风暴的垂直环流更加深厚和对称,表明地形对风暴起减弱和阻挡的作用。

5.1.3　动力结构

图 5.5 为登陆后 2007 年 6 月 29 日 12 时三种试验方案模拟风暴中心纬向涡度垂直剖面。CTL 模拟(图 5.5a)的涡旋柱向西倾斜,风暴中心的正涡度范围较大,涡度闭合中心达到 200 hPa 左右。正涡度中心为 $35\times10^{-5}\ s^{-1}$。HT 模拟(图 5.5b)的正涡旋区与 CTL 相似,低层正涡度中心强度也为 $35\times10^{-5}\ s^{-1}$,只是低层 $35\times10^{-5}\ s^{-1}$ 范围略宽。200～300 hPa 之间有 $25\times10^{-5}\ s^{-1}$ 的负涡度区,而 CTL 只有 $10\times10^{-5}\ s^{-1}$ 的负涡度区,且中心在 300 hPa 以下。相比 HT 的风暴涡旋强度略高于 CTL。ZT 模拟(图 5.5c)的涡旋柱比较垂直,范围比 CTL 窄。低层和 300 hPa 都有 $35\times10^{-5}\ s^{-1}$ 强的正涡度中心,表明风暴的涡旋结构比较完整、对称。纬向剖面上地形差别不大,三种地形试验模拟的涡度中心的强度基本无差别。涡旋闭合中心达到的高度和螺旋结构的完整程度有所不同。

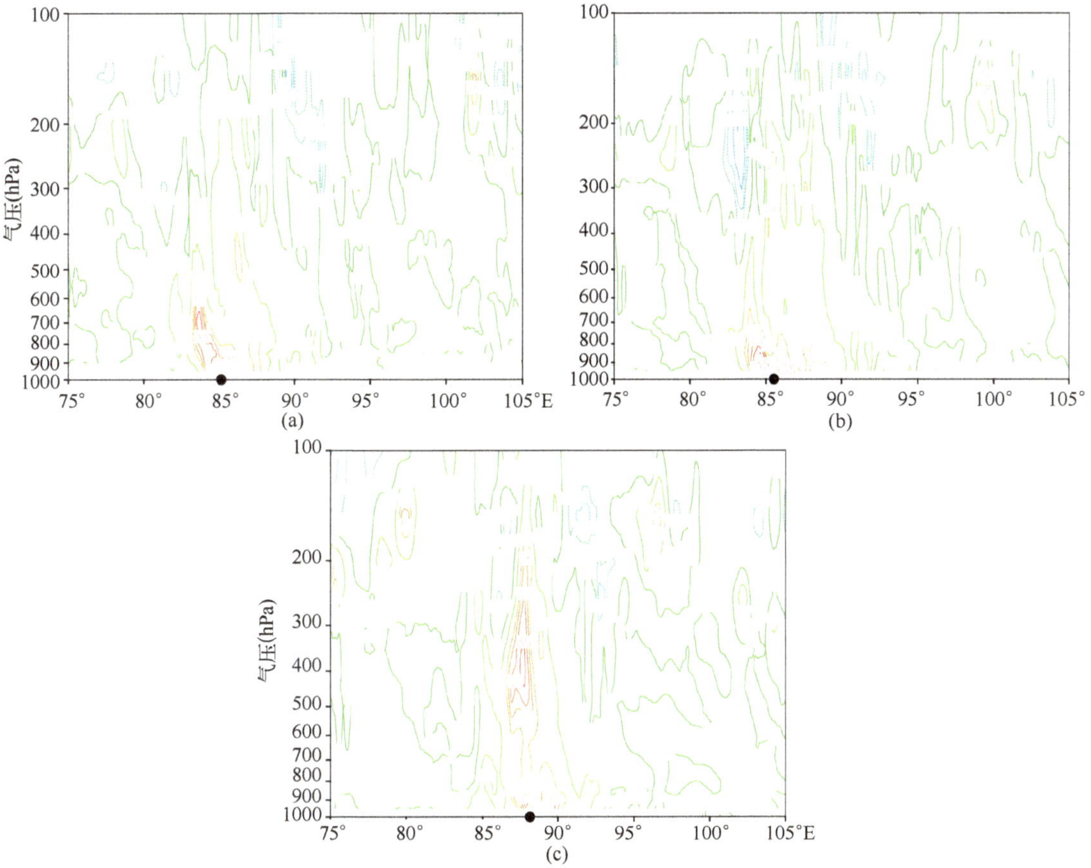

图 5.5　2007 年 6 月 29 日 12 时三种试验方案(a. CTL;b. HT;c. ZT)模拟风暴中心纬向涡度垂直剖面(单位:$10^{-5}\ s^{-1}$,"●"表示风暴中心)

图 5.6 为"04B"登陆后 2007 年 6 月 29 日 12 时三种试验方案模拟风暴中心经向涡度垂直剖面。CTL 试验模拟(图 5.6a)的涡旋柱相比纬向剖面垂直。风暴中心的正涡度范围较大,涡旋闭合中心达到 200 hPa 左右。正涡度中心为 $30\times10^{-5}\ s^{-1}$,低层和 400 hPa 有两个

强的正涡度中心。HT 模拟(图 5.6b)低层正涡度中心达 $60\times10^{-5}\ s^{-1}$，400 hPa 有正涡度中心，其值达 $30\times10^{-5}\ s^{-1}$。闭合涡度中心高度为 200～100 hPa 之间。ZT 模拟(图 5.6c)的涡旋柱比较垂直，低层涡度达 $75\times10^{-5}\ s^{-1}$。高层涡度闭合中心达到 100 hPa。表明风暴的螺旋结构相对完整对称。经向剖面上地形差别较大，三种地形试验模拟的涡度中心的强度差别大，差值最大达 $45\times10^{-5}\ s^{-1}$。从涡旋旋转强度和涡旋闭合中心到达的高度看，纬向比经向差别大。与地形在纬向比经向差别大一致。

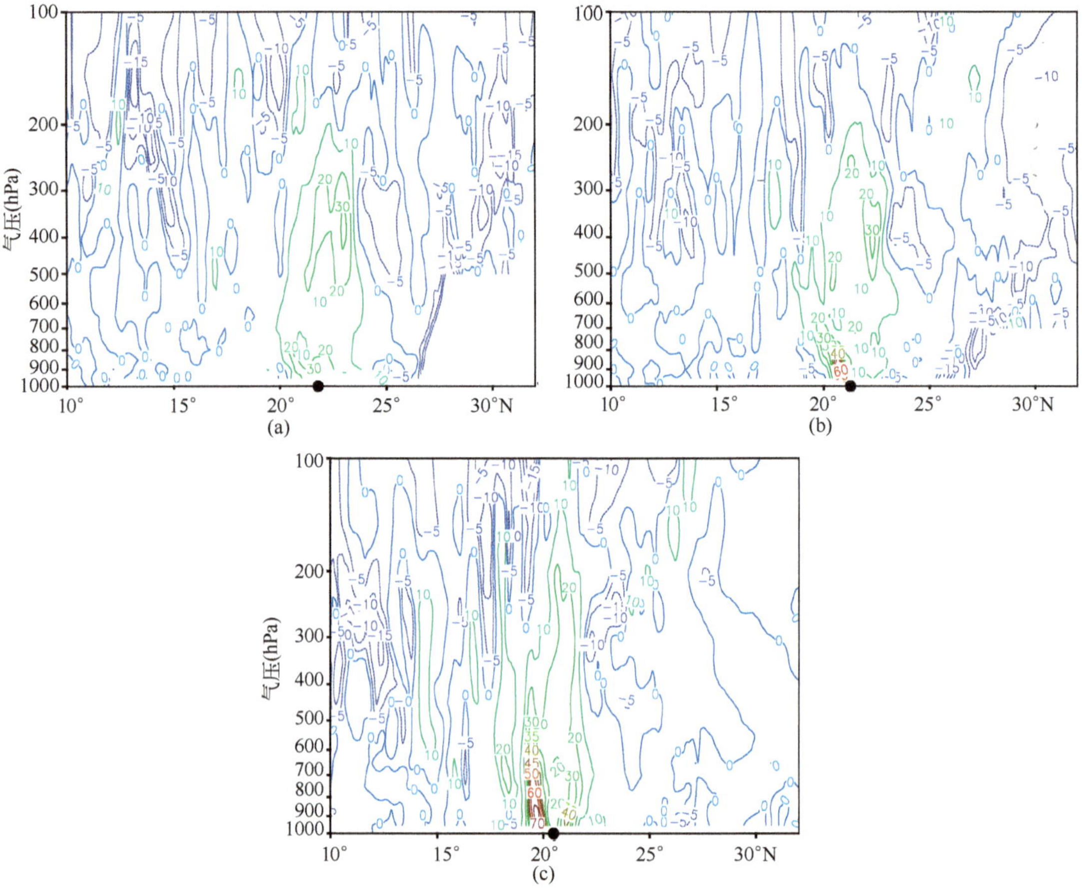

图 5.6　2007 年 6 月 29 日 12 时三种试验方案(a. CTL；b. HT；c. ZT)模拟风暴中心经向涡度垂直剖面(单位：$10^{-5}\ s^{-1}$，"●"表示风暴中心)

图 5.7 为"04B"2007 年 6 月 29 日 12 时三种试验方案模拟风暴中心纬向散度垂直剖面。CTL 模拟的散度场近地面层(1000～850 hPa)散度(负值)辐合区域与风暴涡旋中心区域位置基本吻合(图 5.7a)。但在 800 hPa 以上层，气流辐合柱向西倾斜，辐合高度到 600 hPa，600 hPa 以上区域为辐散区。HT 模拟的散度场(图 5.7b)风暴中心低层(1000～900 hPa)散度(负值)辐合区域。风暴中心西部也有大的辐合区，量值为 $10\times10^{-5}\ s^{-1}$。高度到 500～400 hPa 之间。400 hPa 以上为强的辐散区，强度达到 $30\times10^{-5}\ s^{-1}$。ZT 模拟的散度场(图 5.7c)风暴中心低层同样为辐合区，西侧有大的辐合区，水平范围较 HT 和 CTL 的宽。三种

试验方案模拟的风暴结构虽然均为低层辐合、高层辐散，但其强度有显著差别，HT 和 ZT 的辐合辐散强度比 CTL 的大，地形对风暴的影响较大。

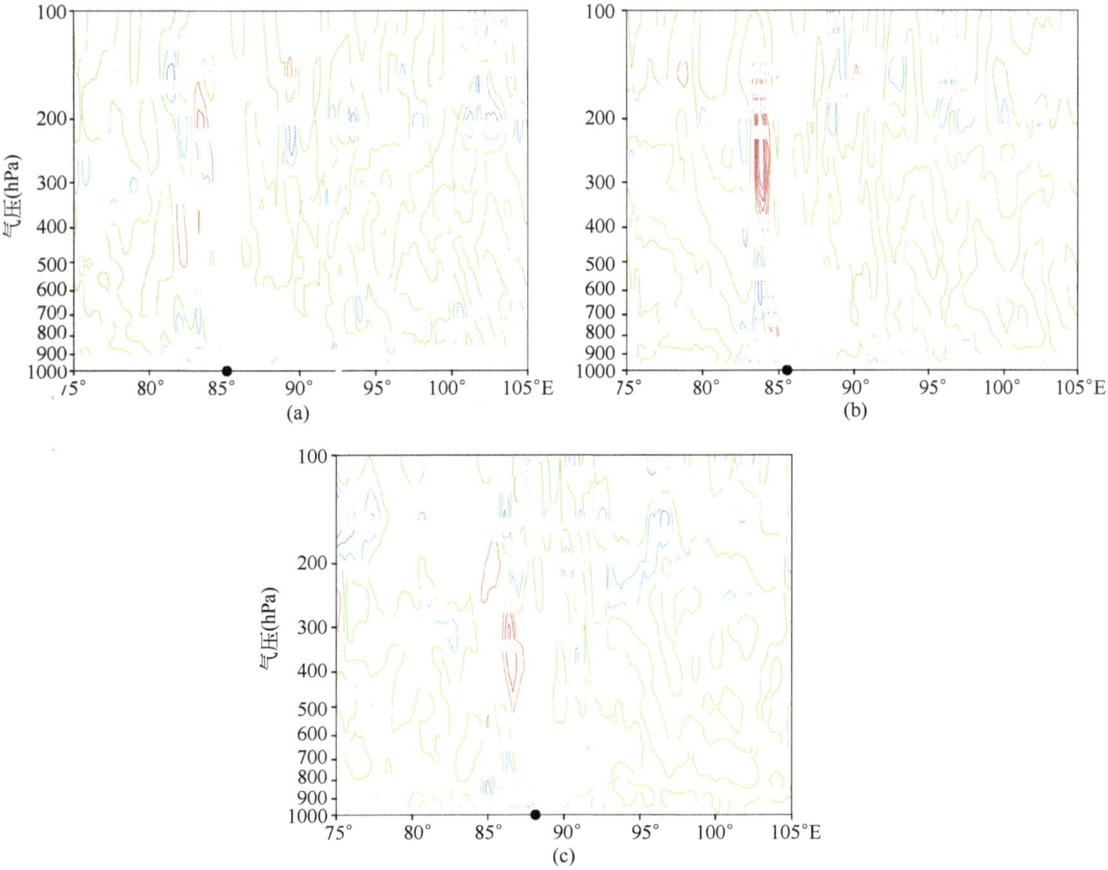

图 5.7　2007 年 6 月 29 日 12 时三种试验方案(a. CTL；b. HT；c. ZT)模拟风暴中心纬向散度垂直剖面(单位：10^{-5} s^{-1}，“●”表示风暴中心)

从沿风暴中心纬向和经向垂直分布剖面上的涡度和散度分布看，高原大地形对风暴的结构有较大的影响，无高原大地形时，风暴的涡旋柱和气流的辐合辐散结构更为完整。

图 5.8 为“04B”2007 年 6 月 29 日 12 时三种试验方案模拟风暴中心经向散度垂直剖面。CTL 模拟(图 5.8a)的散度场风暴中心附近和上空无辐合区，均为辐散和无辐合辐散区。HT 模拟的散度场(图 5.8b)风暴中心低层(1000～900 hPa)散度(负值)辐合区域。风暴中心南部也有大的辐合区，量值为 10×10^{-5} s^{-1}。高度到 400 hPa。风暴中心 900 hPa 以上为强的辐散区，强度达到 15×10^{-5} s^{-1}。ZT 模拟的散度场(图 5.8c)风暴中心低层同样为辐合区，南侧有大的辐合区，水平范围较 HT 和 CTL 的宽。经向剖面上，CTL 的散度场与其他二种试验方案差别较大。与地形在纬向上差别大一致。

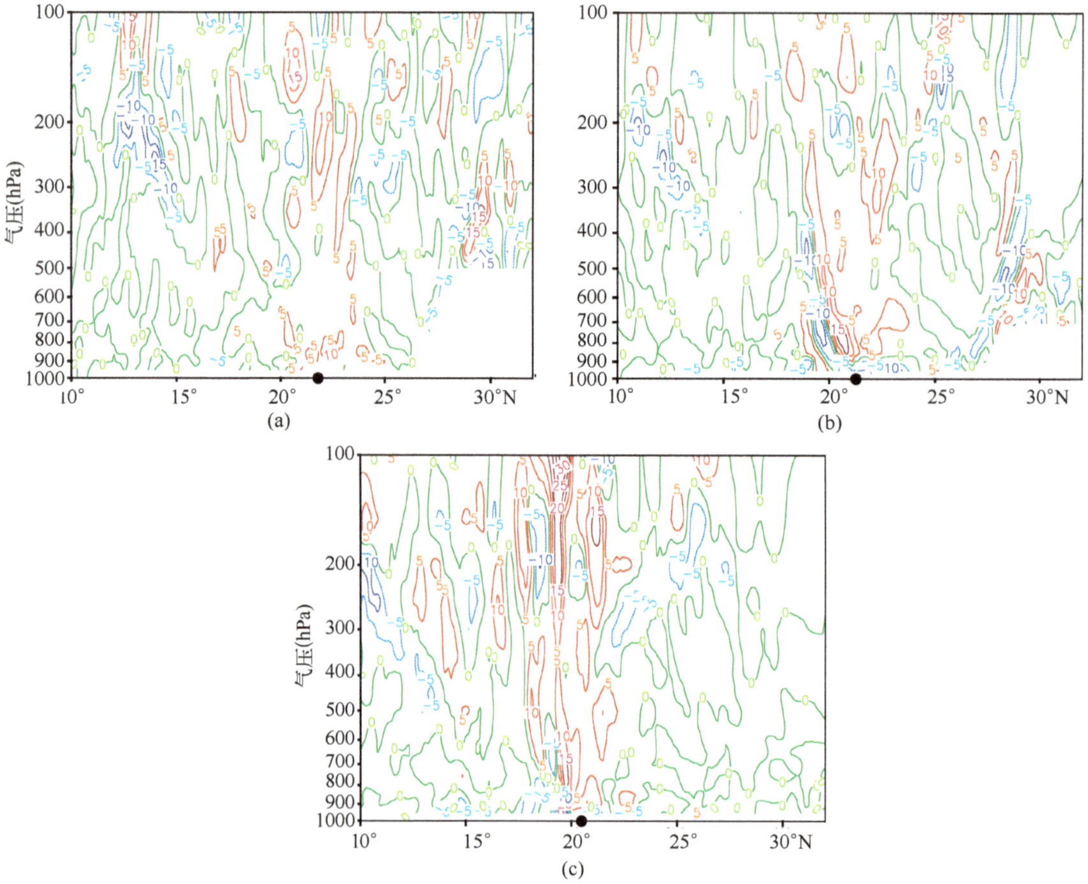

图 5.8　2007 年 6 月 29 日 12 时三种试验方案(a. CTL;b. HT;c. ZT)模拟风暴中心经向散度垂直剖面(单位:10^{-5} s^{-1},"●"表示风暴中心)

5.1.4　水汽输送

图 5.9 为 2007 年 6 月 29 日 00 时三种试验方案模拟的 700Pa 和 500 hPa 水汽通量。CTL 模拟的风暴水汽通量(图 5.9a、b),风暴中心周围为椭圆形大值区域,700 hPa 和500 hPa 最大值分别可达 3×10^{-3}g · s^{-1} · hPa^{-1} · m^{-1}和 1.5×10^{-3}g · s^{-1} · hPa^{-1} · m^{-1}以上。除了该大值区域以外,水汽输送较强的区域为风暴东部的中南半岛地区和云贵高原,700 hPa 和 500 hPa 最大值分别可达 1.5×10^{-3}g · s^{-1} · hPa^{-1} · m^{-1}和 0.8×10^{-3}g · s^{-1} · hPa^{-1} · m^{-1}以上。500 hPa 除了向东有明显水汽输送外,向北部的青藏高原也有一定强度的水汽输送(700 hPa 在青藏高原高度以下),输送强度超过 0.4×10^{-3}g · s^{-1} · hPa^{-1} · m^{-1}。

HT 模拟(图 5.9c、d)中,风暴中心周围椭圆形大值区域和强度维持,对东部的云贵高原地区水汽输送明显减弱,而中南半岛地区减弱不明显。同时 500 hPa 上,向北对青藏高原地区的水汽输送几乎消失。

ZT 模拟(图 5.9e、f)中,风暴中心周围椭圆形大值区域基本维持,中心强度位置偏南。对东部的云贵高原地区水汽输送继续明显减弱,500 hPa 上向北对青藏高原地区的水汽输送几乎为零。

对比三种试验方案的模拟，可以看出地形对风暴的水汽输送影响较大，高原大地形的存在加强了西南的水汽输送，其原因可能是高原的阻挡加速了风暴的减弱，使得风暴螺旋状云系也加速了扩散，导致西南水汽输送的增强。

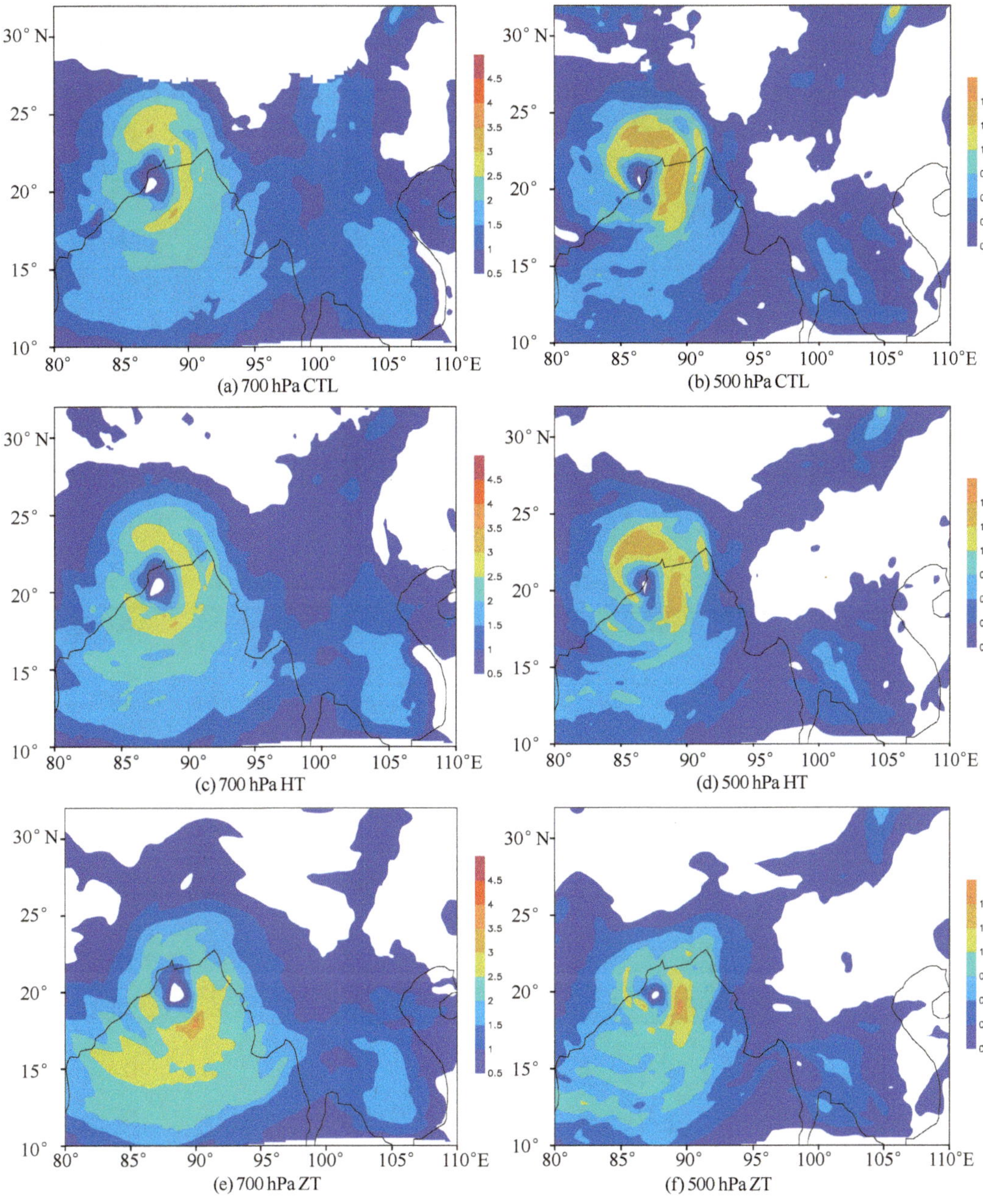

图 5.9　2007 年 6 月 29 日 00 时三种试验方案（上列 a，b：CTL；中列 c，d：HT；下列 e，f：ZT）模拟的 700 hPa（左半栏：a，c，e）和 500 hPa（右半栏：b，d，f）水汽通量分布（单位：10^{-3} g · s^{-1} · hPa^{-1} · m^{-1}）

图 5.9 模拟了风暴在地形变化下的水汽输送情况，初步发现地形对西北路径登陆风暴的西南水汽输送影响较小，为详细了解风暴西南水汽输送分布，取沿 25°N 纬向垂直剖面和沿 100°E 经向垂直剖面，来分析西南水汽输送随地形变化后的改变。

图 5.10 给出了 2007 年 6 月 29 日 00 时三种试验方案模拟沿 25°N 纬向垂直剖面上水汽输送分布及变化。CTL 模拟(图 5.10a)的水汽输送最强在对流层低层 90°E 附近，中心强度达 $1.5\times10^{-3}\,g\cdot s^{-1}\cdot hPa^{-1}\cdot m^{-1}$。向北的水汽输送在 87°～102°E 的高度达到 300 hPa。HT 模拟(图 5.10b)的水汽输送分布与 CTL 基本一致，只是水汽输送中心强度降为 $1\times10^{-3}g\cdot s^{-1}\cdot hPa^{-1}\cdot m^{-1}$。ZT 模拟(图 5.10c)的水汽输送中心仍为 $1\times10^{-3}\,g\cdot s^{-1}\cdot hPa^{-1}\cdot m^{-1}$，南风分量水汽输送的范围明显缩小。CTL、HT 和 ZT 的南风分量水汽输送分布比较有两个特点，一是高原大地形阻挡使得低层水汽输送增大，二是高原地形的抬升使得水汽输送的高度增加。

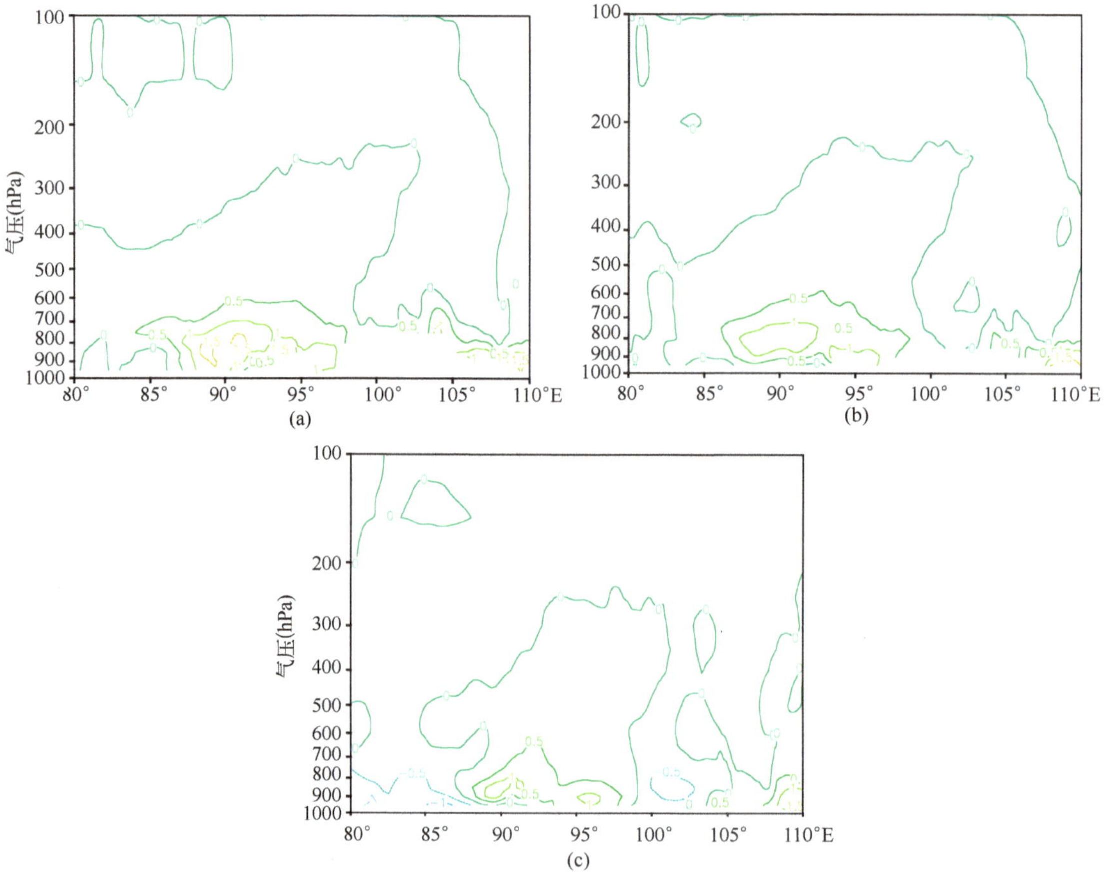

图 5.10　2007 年 6 月 29 日 00 时三种试验方案(a. CTL；b. HT；c. ZT)模拟沿 25°N 纬向水汽输送(qv)垂直剖面(单位：$10^{-3}g\cdot s^{-1}\cdot hPa^{-1}\cdot m^{-1}$)

图 5.11 为 2007 年 6 月 29 日 00 时三种试验方案模拟沿 100°E 经向剖面上水汽输送。CTL 模拟(图 5.11a)的水汽输送中心在 15°N 左右，强度为 $1.5\times10^{-3}g\cdot s^{-1}\cdot hPa^{-1}\cdot m^{-1}$。水汽输送的高度达到 400 hPa，约 23°N 以北随着地形高度的上升，水汽输送高度急剧上升，达到 100 hPa。HT 模拟(图 5.11b)的水汽输送特征与 CTL 一致，只是大的水汽输送中心强

度为 $1.8\times10^{-3}\,g\cdot s^{-1}\cdot hPa^{-1}\cdot m^{-1}$。ZT 模拟(图 5.11c)的水汽输送中心达到 $2.1\times10^{-3}\,g\cdot s^{-1}\cdot hPa^{-1}\cdot m^{-1}$。零地形情况下，23°N 以南水汽输送高度也为 400 hPa，23°～29°N 水汽输送的高度逐渐上升，到 29°N 以北高度急剧上升到 100 hPa。无地形抬升，23°～29°N 水汽输送的高度逐渐抬升，而有地形抬升作用，该区域水汽输送急剧上升到 100 hPa。相比地形越低，向东的水汽输送越大。

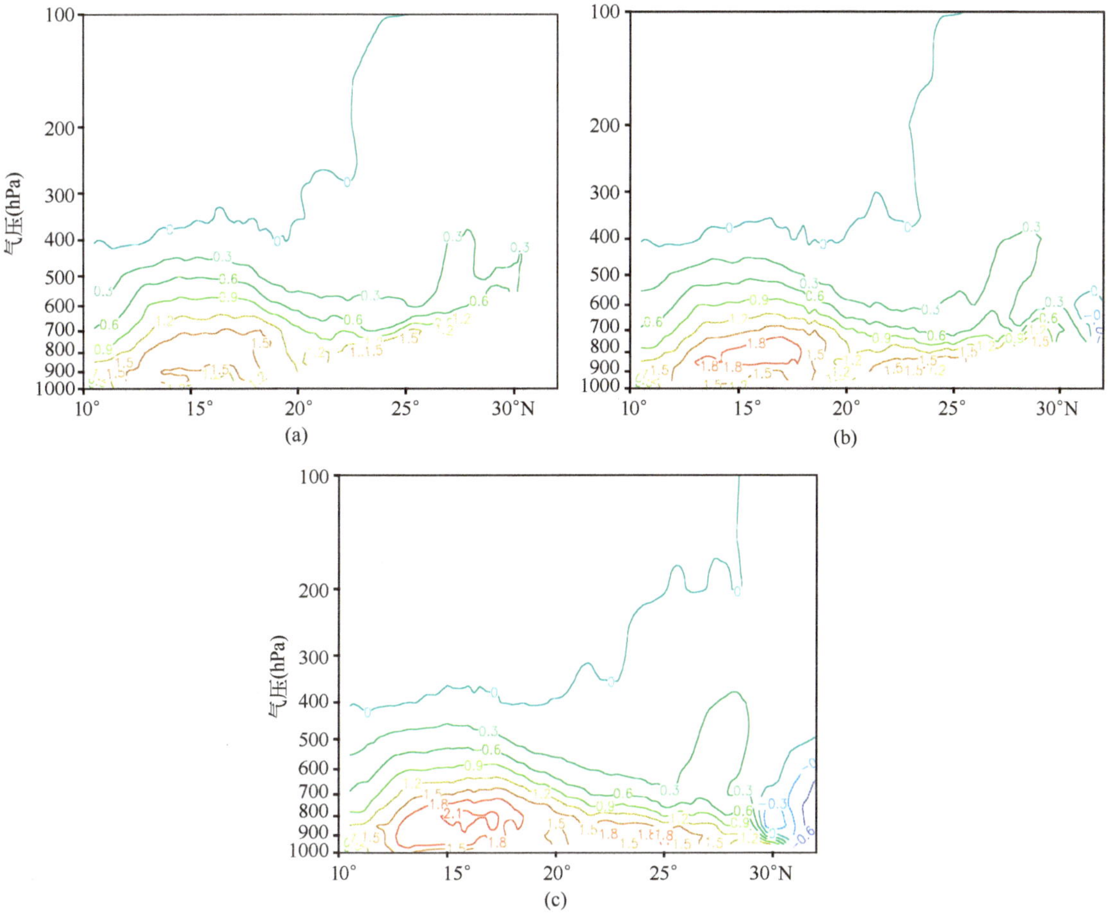

图 5.11　2007 年 6 月 29 日 12 时三种试验方案(a. CTL；b. HT；c. ZT)模拟沿 100°E 经向水汽输送(qu)垂直剖面(单位：$10^{-3}\,g\cdot s^{-1}\cdot hPa^{-1}\cdot m^{-1}$)

5.2　2013 年“Phailin”风暴数值模拟

5.2.1　路径和降水

2013 年 10 月 09 日 00 时在孟加拉湾北部生成了一个热带风暴(命名“Phailin”)，10 日 06 时增强为 H1，11 日 12 时增强为 H5，12 日 18 时左右印度东南沿海登陆，13 日 12 时减弱后消失(图 5.12)。模式 2013 年 10 月 11 日 00 点开始模拟，积分 60 h。

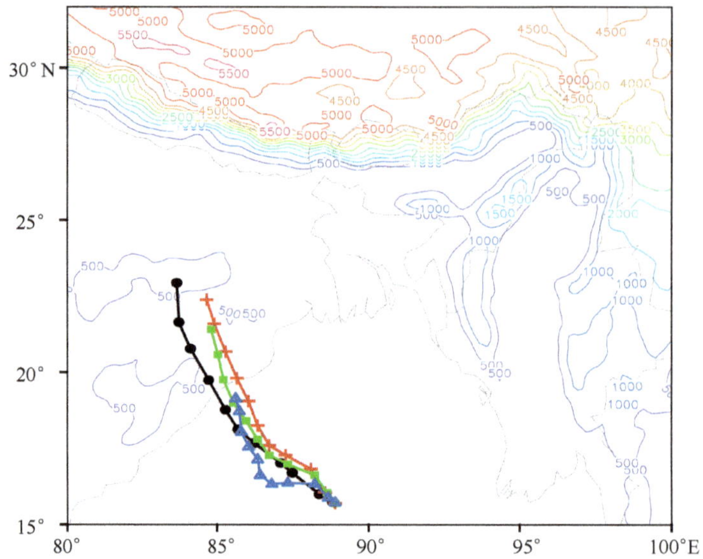

图 5.12　2013 年 10 月 11 日 00 时—13 日 12 时每 6 h 一次孟加拉湾风暴中心位置（●观测，+CTL，■HT，▲ZT）和地形等高线（单位：m）

从模拟的路径看，风暴为西北路径。风暴未沿着地形高度相对低的区域移动，说明该风暴的强度较强，地形阻挡对其移动路径的影响相对较小。CTL 试验模拟风暴移动路径为西北路径，同实况移动路径基本平行，位置略偏东。13 日 12 时，模拟的中心与实况相差约 124 km。从路径上看，WRF 模式对风暴“Phailin”具有较好的模拟能力，能模拟风暴的移动趋势。可以通过进行地形敏感试验来分析地形对该登陆 TS 的影响。

HT 试验模拟风暴的路径也为西北路径。但移动的速度较 CTL 试验慢，说明地形对风暴减弱起到一定作用。到 13 日 12 时，两种方案模拟风暴距离相差约 209 km。模拟第 12 h 后，风暴移动路径相对 CTL 更偏西。方向上更接近实况，但移动速度随着积分时间的增长越来越慢。

ZT 模拟风暴路径同样为西北路径，相对 CTL 模拟的更偏西，其中 11 日 18 时—12 日 18 时的路径较实况偏西，移动速度更慢，到 13 日 12 时模拟的风暴仍未登陆。“Phailin”风暴的移动路径随着地形高度的改变有较大改变。地形高度越低，模拟“Phailin”风暴移动速度越慢，移动方向更偏西。相比“04B”风暴（图 5.1），该风暴受地形影响相对小，当地形高度为零时，风暴移动方向仍为西北路径，而“04B”则改变为东北路径。由此可以认为，风暴强度越强，地形对它的影响就越小。

“Phailin”风暴维持的时间较长，这里取 2 d 的降水进行不同地形的比较，分别为图 5.13 和图 5.14。图 5.13 给出了 2013 年 10 月 11 日 12 时—12 日 12 时降水，3 种试验风暴中心和附近降水的强度一致，只是风暴的位置有所不同，强降水的位置有所差别。降水中心强度都达 500 mm 以上。主要的差别在 32°N 附近青藏高原南侧的降水，地形高度越高（CTL），模拟的降水越强，降水强度中心达到 100 mm 以上。而且强降水中心与高地形中心一致，说明地形抬升作用明显。HT 模拟在该区域也有强的降水区域，但降水中心强度明显减弱，强度只有 50 mm 以上。ZT 的模拟虽然风暴的强度较强，但在青藏高原南部区域基本无降水带。从风暴未登陆的降水看，地形对局地的降水抬升作用明显。图 5.14 为 10 月 12 日 12 时—13 日 12 时降水。3 种试验模拟的风暴中心及螺旋雨带的降水差别较大，CTL 模拟的降水中心只有 200 mm 以上，HT 为 300 mm 以上，而 ZT 模拟的中心降水仍有 500 mm 以上，从风暴中心降水看，地形对风暴的减弱作用明显。但在青藏高原南部 CTL 仍有小的强降水中心，强度达到 100 mm 以上。HT 模拟在该区域的降水范围更大，但强度较 CTL 弱，中心强度 50 mm 以上。ZT 的模拟在 HT 和 CTL 降水区域以东的区域有降水，降水强度只有 10 mm 以上。在青藏高原南部地区，地形高度越高，越容易产生局地的强降水，地形的抬升作用明显。

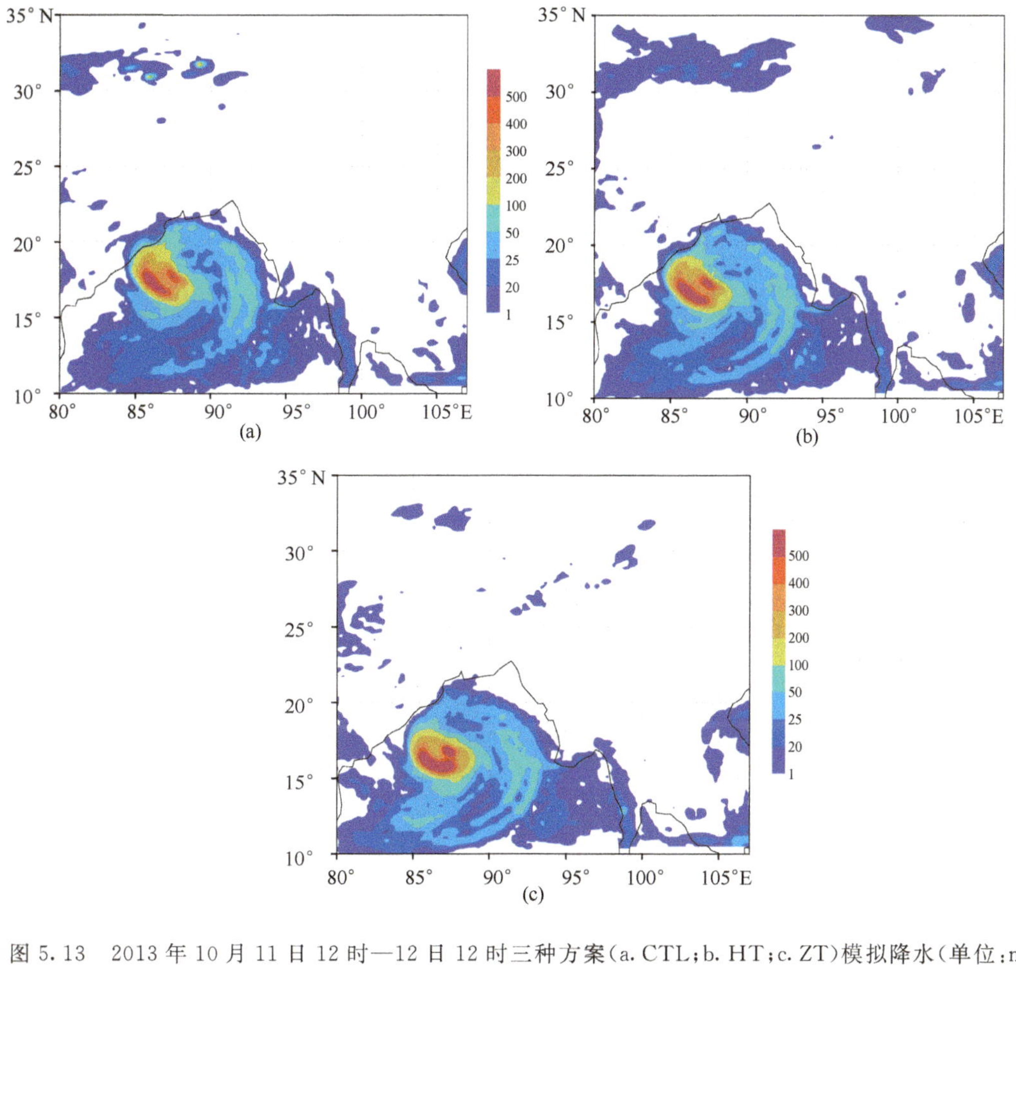

图 5.13　2013 年 10 月 11 日 12 时—12 日 12 时三种方案(a. CTL；b. HT；c. ZT)模拟降水(单位：mm)

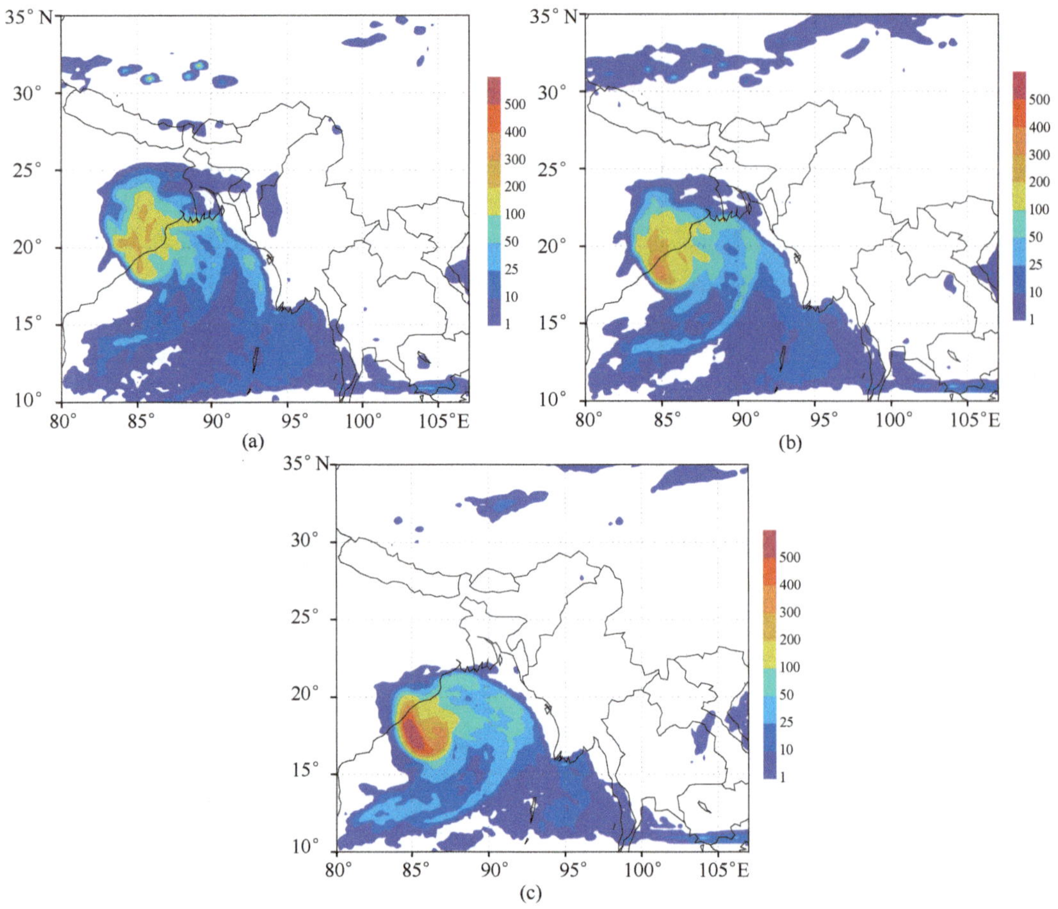

图 5.14　2013 年 10 月 12 日 12 时—13 日 12 时三种方案(a. CTL；b. HT；c. ZT)模拟降水(单位：mm)

5.2.2　垂直环流

图 5.15 给出了“Phailin”风暴 2013 年 10 月 13 日 00 时三种试验方案的沿纬向的垂直环流剖面分布。CTL 模拟的风暴(图 5.15a)中心区域为比较宽广上升气流，上升气流达到 200 hPa 以上。风暴的西侧有弱的下沉气流，西侧 900～500 hPa 之间有一个气旋次级环流，对维持风暴西侧下沉气流有利。东侧在 100°E 有弱的下沉气流，90°～100°E 以有一个反气旋次级环流。东西两侧的下沉气流都较弱，风暴处于减弱阶段。风暴结构特征不明显。HT 模拟的风暴(图 5.15b)与 CTL 的模拟类似。ZT 模拟的风暴(图 5.15c)垂直环流与 CTL 结构类似，只是东西两侧的次级环流的距离风暴中心近，风暴的强度略强。风暴东西向的地形差别很小，风暴的垂直环流差别也比较小。

图 5.16 给出了“Phailin”风暴 2013 年 10 月 13 日 00 时三种试验方案的沿经向的垂直剖面。CTL 模拟风暴(图 5.16a)，风暴中心为下沉气流，中心两侧为宽广的上升气流。上升气

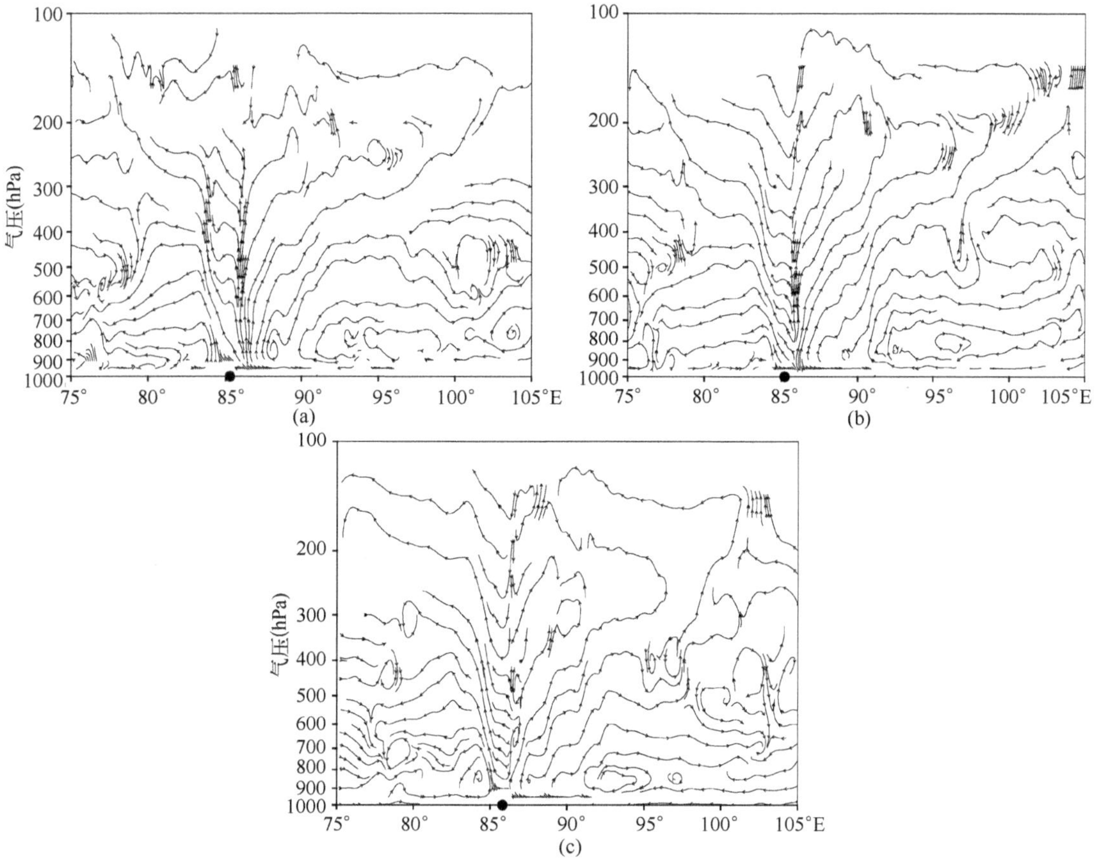

图 5.15　2013 年 10 月 13 日 00 时三种试验方案(a. CTL;b. HT;c. ZT)模拟风暴中心纬向环流垂直剖面
(矢量单位:m · s^{-1},"●"表示风暴中心)

流区域底层南北两侧有次级环流维持下沉气流。在北侧地形高的地方为下沉气流。风暴中心的上升环流相对东西方向强。HT 模拟风暴垂直环流(图 5.16b)与 CTL 的类似,风暴中心南侧 500～300 hPa 的上升气流更旺盛。在北侧地形高的地方仍然维持下沉气流。地形的对气流的抬升作用小。ZT 模拟风暴(图 5.16c),风暴中心的下沉气流从低层到高层更明显。南北两侧区域均为大范围上升气流,风暴中心南侧的上升气流强度明显较 CTL 和 HT 强。风暴的强度明显强于 CTL 和 HT。南北方向地形高度差别较大,三种试验方案模拟风暴的垂直环流差别也较大。

综合分析看,无高原大地形的存在,风暴的垂直环流更加深厚和对称,表明地形对风暴起减弱和阻挡的作用。

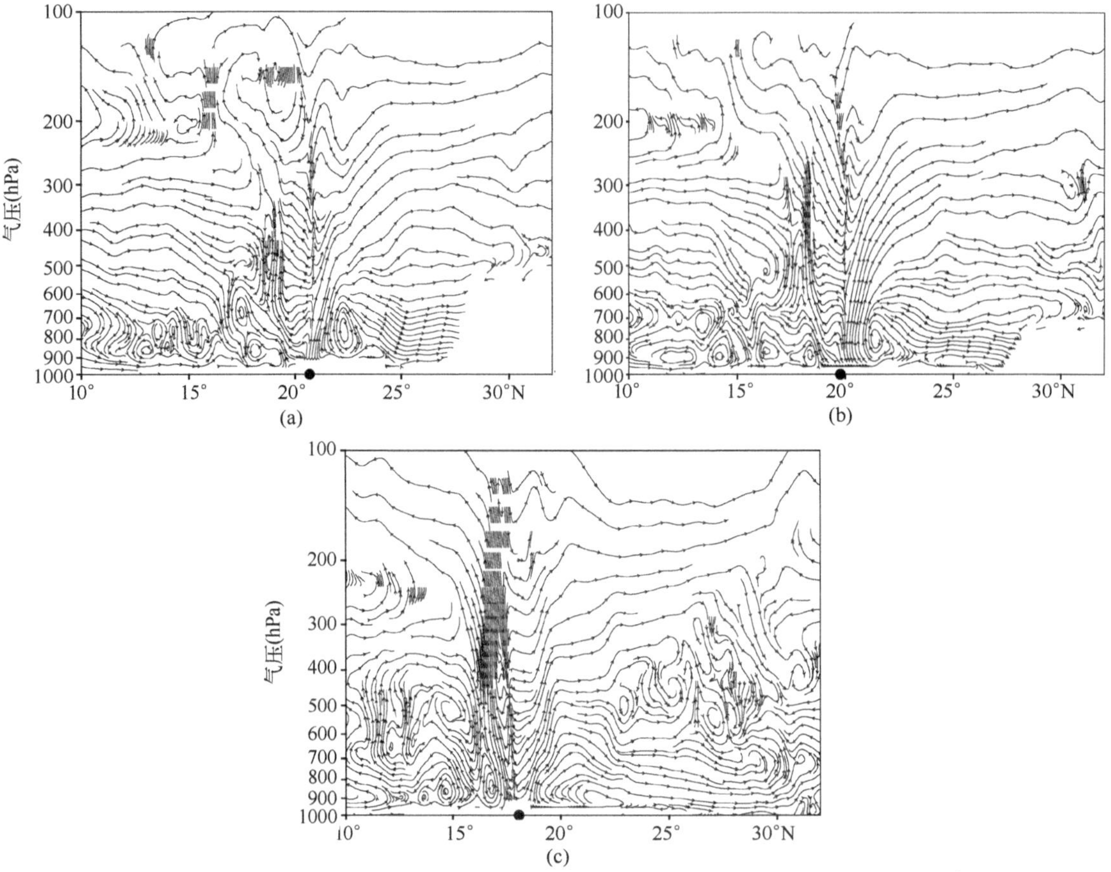

图 5.16　2013 年 10 月 13 日 00 时三种试验方案(a. CTL；b. HT；c. ZT)模拟风暴中心经向环流垂直剖面(矢量单位：m·s^{-1}，“●”表示风暴中心)

5.2.3　动力结构

图 5.17 为登陆后 2013 年 10 月 13 日 00 时三种试验方案模拟风暴中心纬向涡度垂直剖面。CTL 模拟(图 5.17a)的涡旋柱垂直，风暴中心的正涡度范围较小，涡度闭合中心达到 200 hPa 以上。正涡度中心达 120×10^{-5} s^{-1}。HT 模拟(图 5.17b)的正涡旋区相比 CTL 比较相似，低层正涡度中心也为 120×10^{-5} s^{-1}，只是 100×10^{-5} s^{-1}涡度达到 300 hPa，而 CTL 只是在 700 hPa 左右。相比 HT 的风暴涡旋程度略高于 CTL。ZT 模拟(图 5.17c)的涡旋柱比较垂直，范围相比 CTL 窄。正涡度中心达 160×10^{-5} s^{-1}，表明风暴的螺旋结构相对更完整对称。HT 与 CTL 的涡度中心强度一致，涡旋闭合中心达到的高度有所不同，而 ZT 的中心强度和涡旋闭合中心达到的高度较 HT 和 CTL 有较大差别。

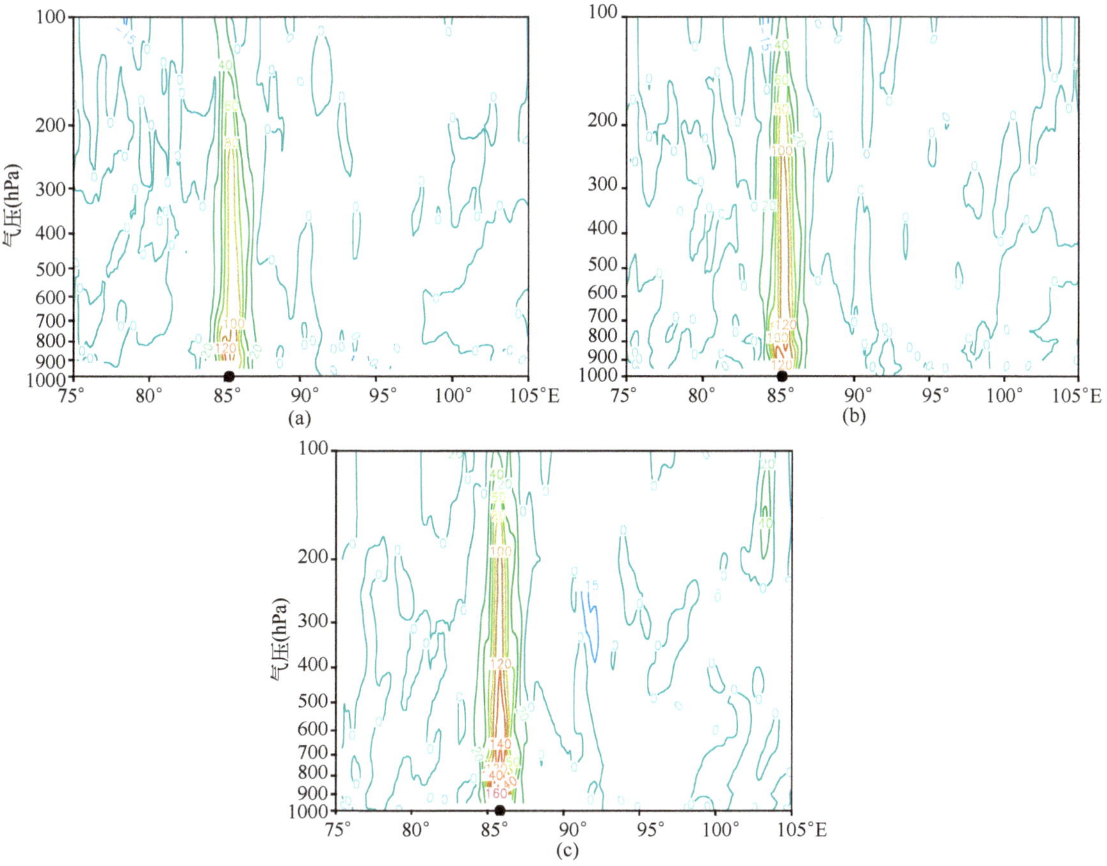

图 5.17 2013 年 10 月 13 日 00 时三种试验方案(a. CTL;b. HT;c. ZT)模拟风暴中心纬向涡度垂直剖面(单位：10^{-5} s^{-1},“●”表示风暴中心)

图 5.18 为登陆后 2013 年 10 月 13 日 00 时三种试验方案模拟风暴中心经向涡度垂直剖面。CTL 模拟(图 5.18a)的涡旋柱与风暴中心有所偏离,略向北偏。涡度闭合中心达到 200 hPa 以上。正涡度中心达 120×10^{-5} s^{-1}。HT 模拟(图 5.18b)的涡旋柱大的中心与风暴中心吻合,低层正涡度中心为 140×10^{-5} s^{-1},只是 100×10^{-5} s^{-1}涡度达到 300 hPa 以上,而 CTL 只是在 900 hPa 左右。相比 HT 的风暴涡旋程度略高于 CTL。ZT 模拟(图 5.18c)的涡旋柱更垂直。正涡度中心达 180×10^{-5} s^{-1},表明风暴的螺旋结构相对更完整对称。经向剖面上地形高度差别较纬向上大,风暴的涡度的差别也较纬向上大,涡度的中心强度和涡旋闭合中心达到的高度不同试验都有所差别。

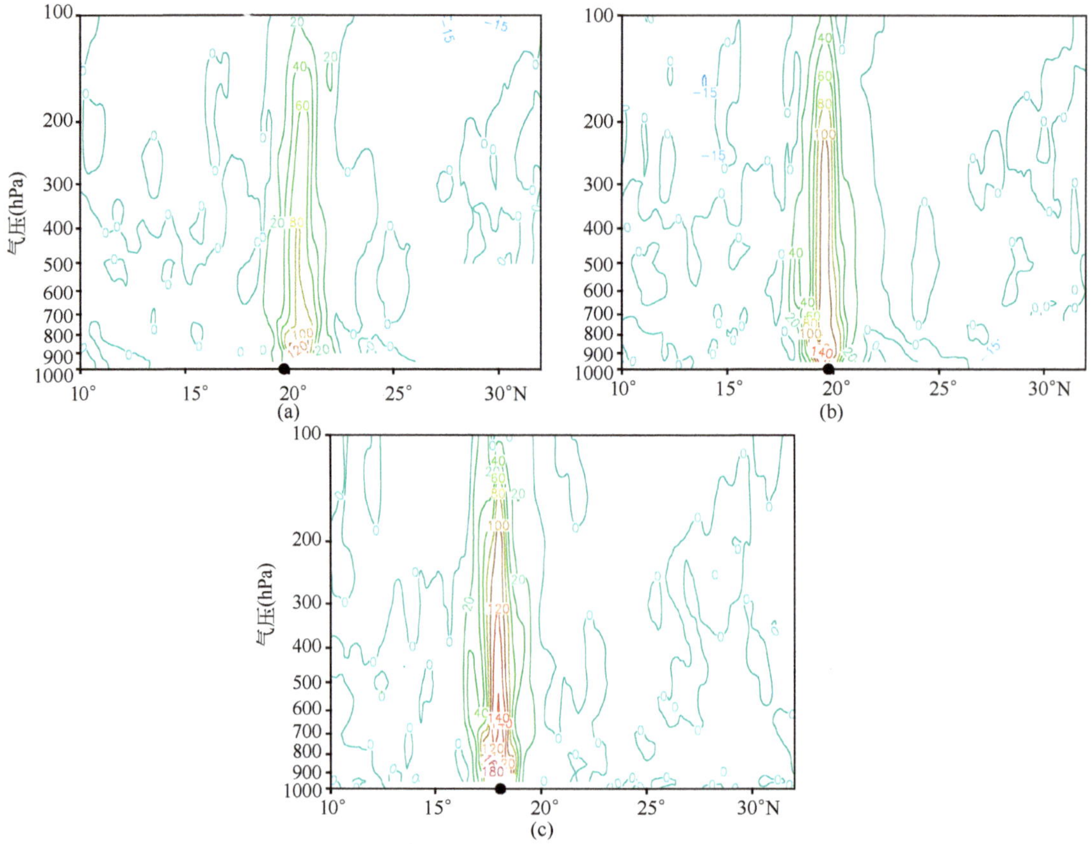

图 5.18　三种试验方案(a. CTL;b. HT;c. ZT)模拟 2013 年 10 月 13 日 00 时风暴中心经向涡度垂直剖面(单位：10^{-5} s^{-1},"●"表示风暴中心)

图 5.19 为登陆后 2013 年 10 月 13 日 00 时三种试验方案模拟风暴中心纬向散度垂直剖面。CTL 模拟的散度场风暴中心为辐散(图 5.19a),近地面层(1000～850 hPa)风暴中心两侧有散度(负值)辐合区域。辐散的中心强度为 30×10^{-5} s^{-1}。风暴中心两侧的辐合高度和强度不同,西侧的辐合高度达 600～700 hPa 之间,强度为 -30×10^{-5} s^{-1},而东侧相对低,只到 850 hPa,强度为 -10×10^{-5} s^{-1}。HT 模拟的散度场(图 5.19b)结构与 CTL 较一致,只是风暴中心的两侧的辐合区有所差别,在西侧辐合区高度达 600 hPa,东侧的辐合强度达 -20×10^{-5} s^{-1},风暴的辐合辐散程度略高于 CTL。ZT 模拟的散度场(图 5.19c)结构与 CTL 相似,主要差别在风暴中心的辐散强度,辐散中心强度达 40×10^{-5} s^{-1}。纬向剖面上,风暴中心低层两侧均为辐合区,三种试验方案一致,但辐合的强度和达到的高度有所区别。

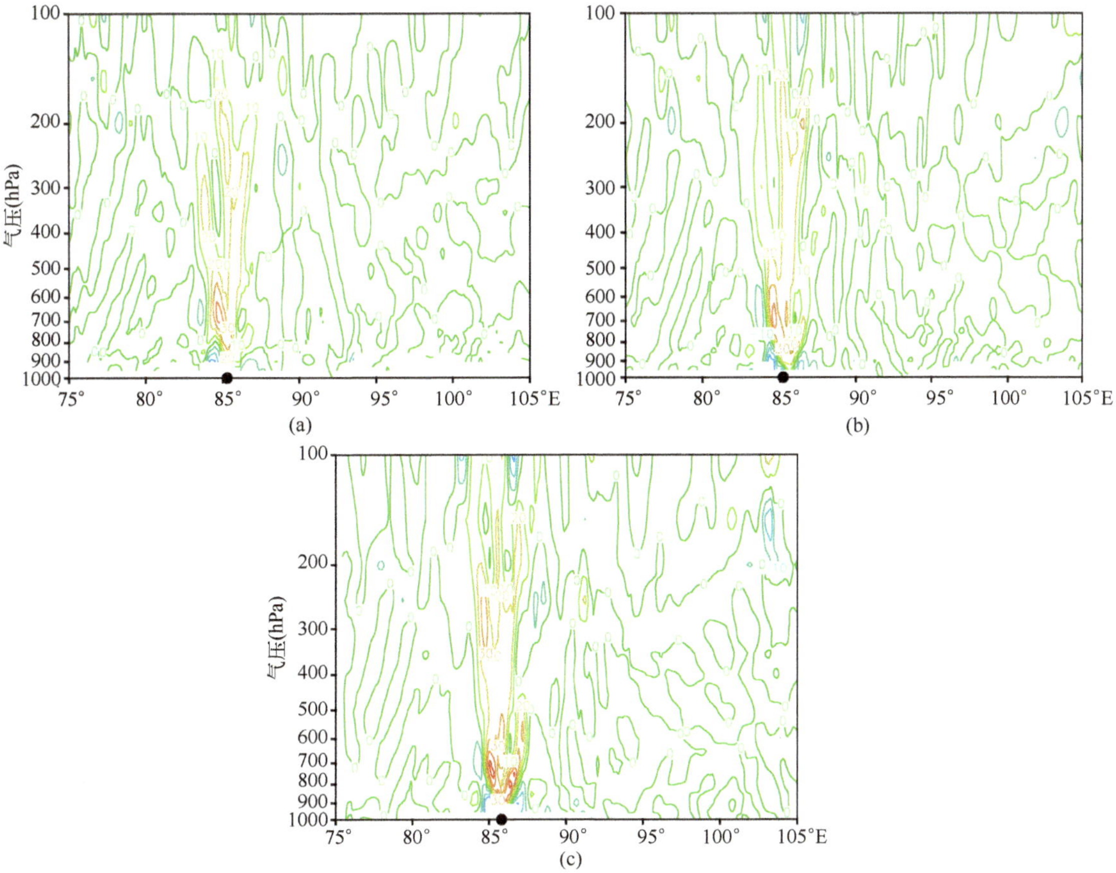

图 5.19　三种试验方案(a. CTL;b. HT;c. ZT)模拟 2013 年 10 月 13 日 00 时风暴中心纬向散度垂直剖面（单位：10^{-5} s^{-1},“●”表示风暴中心）

图 5.20 为 2013 年 10 月 13 日 00 时三种试验方案模拟风暴中心经向散度垂直剖面。CTL 模拟(图 5.20a)的散度场风暴中心为辐散区，辐散强度为 30×10^{-5} s^{-1}。中心两侧低层(1000～800 hPa)为辐合区，两侧辐散区高度基本一致。HT 模拟的散度场(图 5.20b)风暴中心同样为辐散区，强度达到 40×10^{-5} s^{-1}。，中心两侧低层为辐合区，南侧的辐合区高度较北侧高达 600 hPa。ZT 模拟的散度场(图 5.20c)风暴中心同样为辐散区，强度达到 70×10^{-5} s^{-1}，南侧有大的辐合区，强度达 -30×10^{-5} s^{-1}，辐合高度一直延伸到 300 hPa 以上。经向剖面上，三种试验方案差别较大，与地形在纬向上差别大相一致。

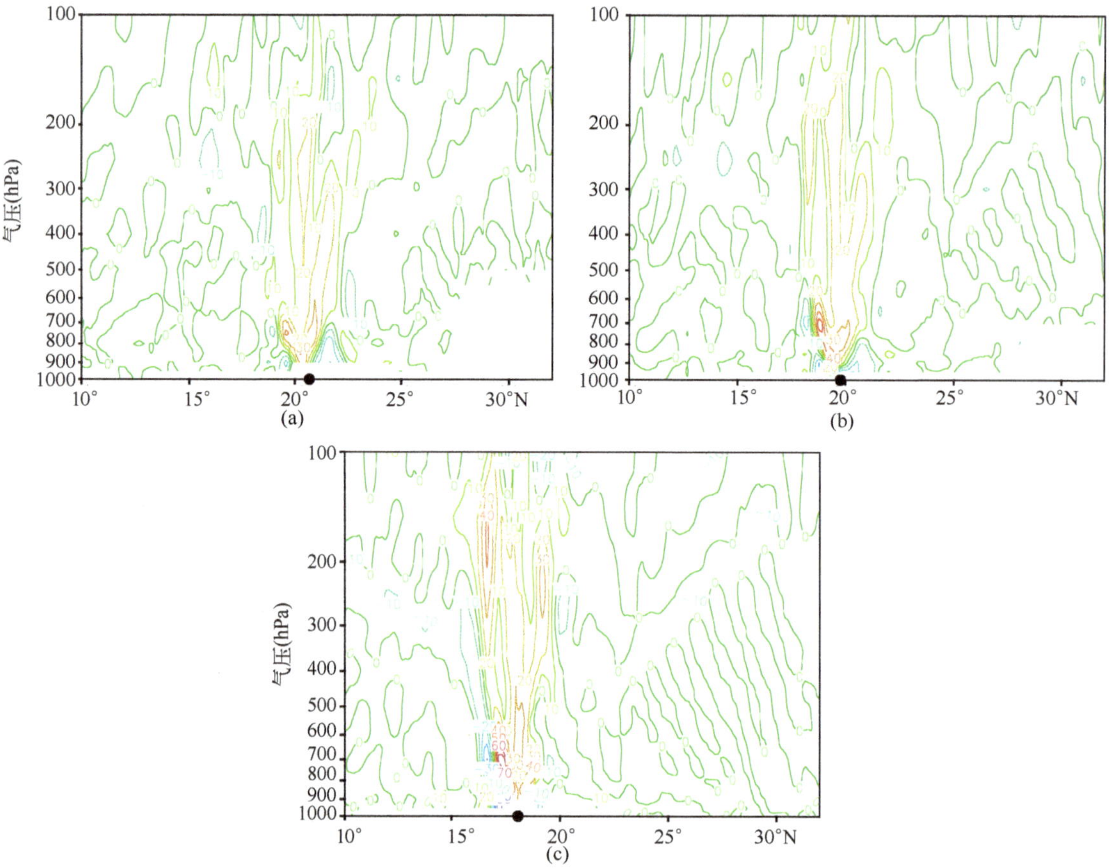

图 5.20　2013 年 10 月 13 日 00 时三种试验方案(a. CTL；b. HT；c. ZT)模拟风暴中心经向散度垂直剖面(单位：$10^{-5}\ s^{-1}$，“●”表示风暴中心)

从沿风暴中心纬向和经向垂直分布剖面上的涡度和散度分布看，高原大地形对风暴的结构有较大的影响，无高原大地形时，风暴的涡旋柱和气流的辐合辐散结构更为完整。与 2007 年较弱的“04B”风暴相比，地形对风暴影响也较小。

5.2.4　水汽输送

图 5.21 为 2007 年 6 月 29 日 00 时三种试验方案模拟的 700 Pa 和 500 hPa 水汽通量。可以看出，三种试验方案的模拟风暴水汽通量分布几乎相同，地形对它的影响仅表现在风暴中心水汽通量的强度上。尽管该风暴自身很强，地形对它的影响较小，但对风暴中心的水汽输送影响还是较为明显。

图 5.21 模拟了风暴在地形变化下的水汽输送情况，初步发现地形对西北路径登陆风暴的西南水汽输送有一定影响，为详细了解风暴西南水汽输送分布，取沿 23°N 纬向垂直剖面和沿 100°E 经向垂直剖面，来分析西南水汽输送随地形变化后的改变。

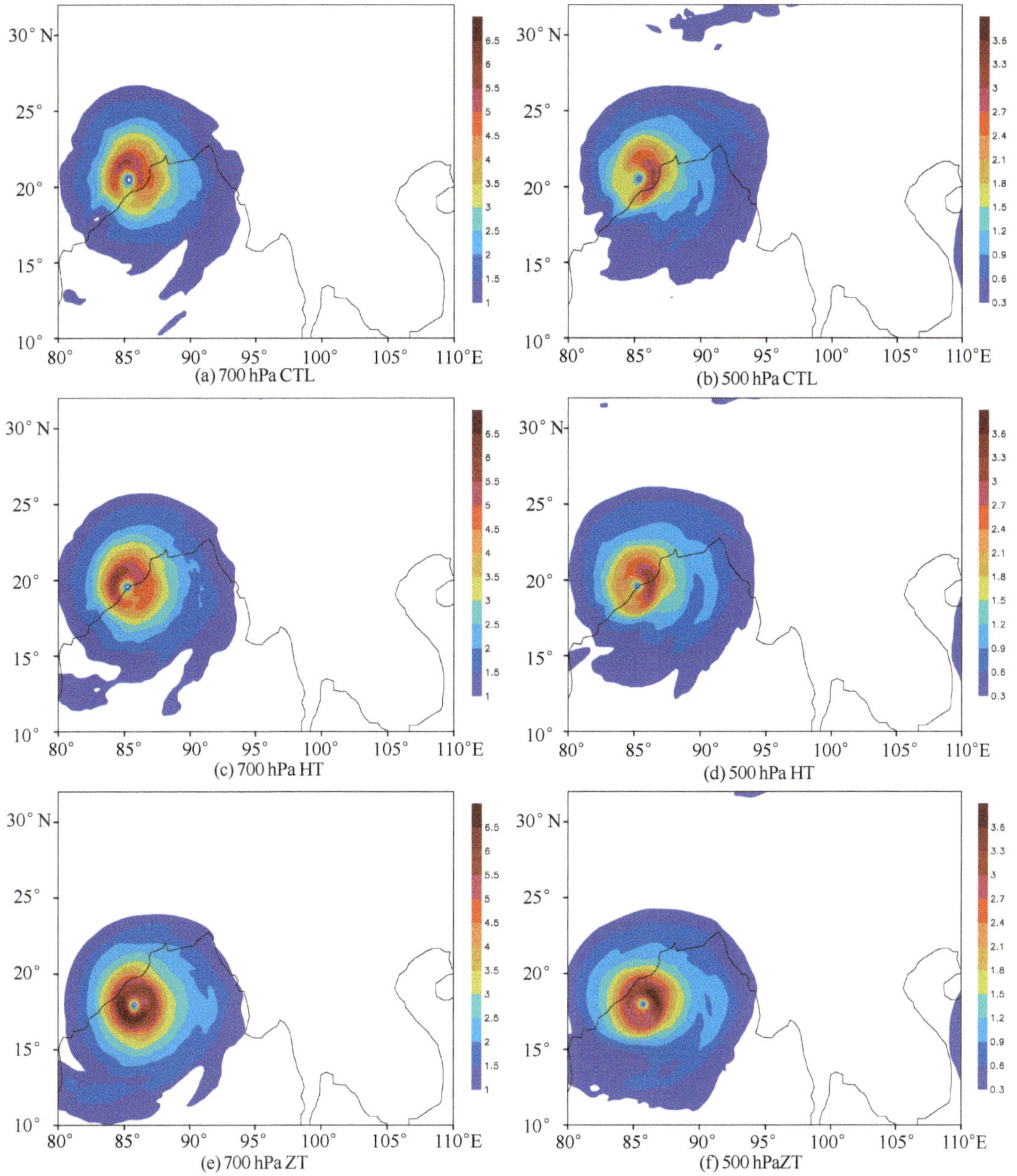

图 5.21　2013 年 10 月 13 日 00 时三种试验方案(上列 a,b:CTL;中列 c,d:HT;下列 e,f:ZT)模拟的 700 hPa(左半栏:a,c,e)和 500 hPa(右半栏:b,d,f)水汽通量分布（单位:10^{-3} g · s^{-1} · hPa^{-1} · m^{-1}）

图 5.22 给出了 2013 年 10 月 13 日 00 时三种试验方案模拟沿 23°N 纬向垂直剖面上水汽输送分布及变化。CTL 模拟(图 5.22a)的向北的水汽输送最强在对流层中低层 85°～95°E 区域,中心强度达 3×10^{-3} g · s^{-1} · hPa^{-1} · m^{-1} 以上、高度达到 300 hPa。HT 模拟(图 5.22b)的水汽输送分布与 CTL 基本一致,只是水汽输送中心强度降为 2.5×10^{-3} g · s^{-1} · hPa^{-1} · m^{-1}、高度降为了 350 hPa。ZT 模拟(图 5.22c)的水汽输送区域仍然不

变，但强度继续减弱为 $1.5\times10^{-3}\,g\cdot s^{-1}\cdot hPa^{-1}\cdot m^{-1}$，高度降到 500 hPa 以下。CTL、HT 和 ZT 的南风分量水汽输送分布比较有两个特点，一是高原大地形阻挡使得低层水汽输送增大，二是高原地形的抬升使得水汽输送的高度增加。

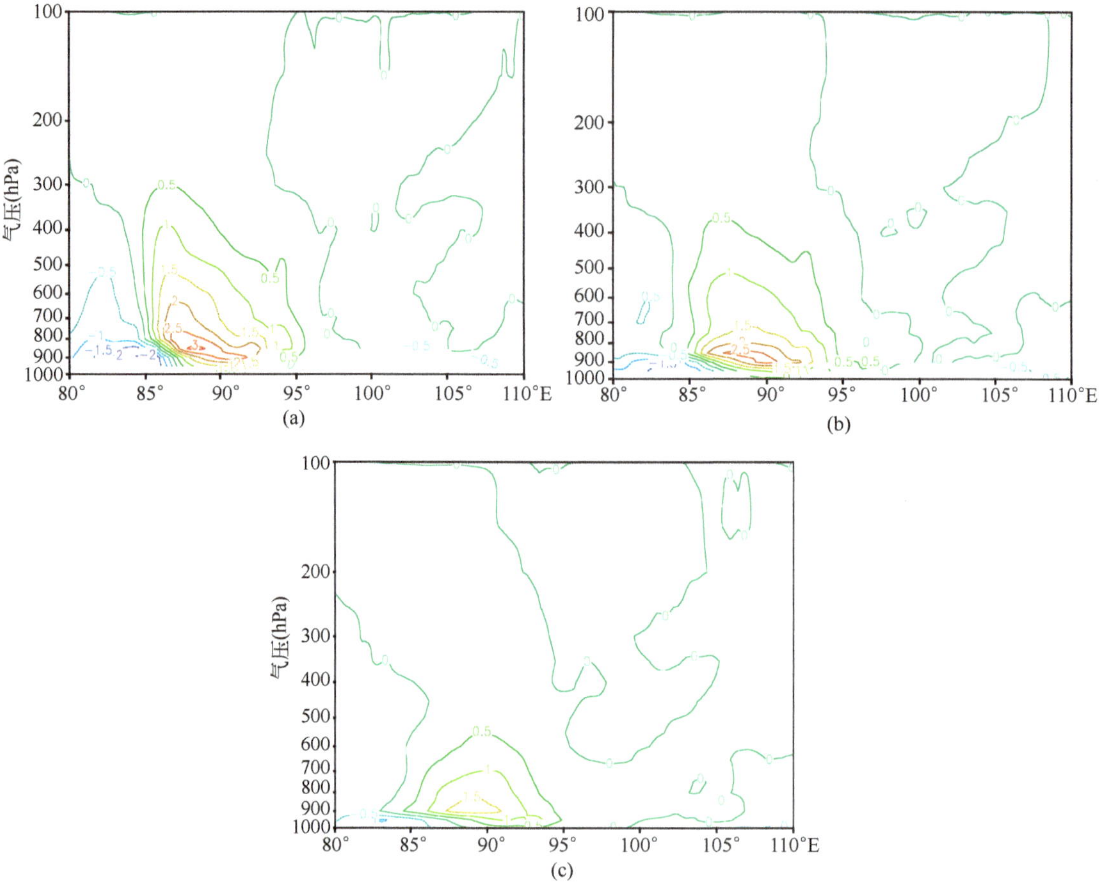

图 5.22　2013 年 10 月 13 日 00 时三种试验方案(a. CTL；b. HT；c. ZT)模拟沿 23°N 纬向水汽输送(qv)垂直剖面(单位：$10^{-3}\,g\cdot s^{-1}\cdot hPa^{-1}\cdot m^{-1}$)

在沿 100°E 经向水汽输送剖面上(图略)，由于风暴路径偏西且较强，向东的水汽输送几乎没有，对流层低层有较弱低层向西的水汽输送(非风暴造成)。

5.3　2008 年“Nargis”风暴数值模拟

“Nargis”风暴是 2008 年 4 月 27 日 12 时在孟加拉湾西部生成。4 月 28 日 06 加强为 H1，29 日 00 时继续加强为 H2，之后减弱为 H1，5 月 1 日 12 时又加强为 H2，到 5 月 2 日 06 时加强为 H4，中心风速为 $115\ m\cdot s^{-1}$。5 月 2 日 12 时在缅甸南部登陆，登陆后风暴迅速减弱，到 5 月 4 日 00 时消失，风暴的移动路径为东北路径。模式 2008 年 5 月 1 日 00 点开始模拟，积分 60 h。

5.3.1 路径和降水

图 5.23 为"Nargis"风暴路径和地形高度图。从路径看，CTL 试验模拟风暴移动路径为东北偏东路径，在海上路径较实况略偏南，登陆后较实况略偏北。从整个路径上看，模拟的"Nargis"风暴中心最大的偏差约为 94 km。WRF 模式对"Nargis"风暴具有较好的模拟能力。可以通过进行地形敏感试验，来分析地形对该登陆 TS 的影响。HT 试验模拟孟加拉湾风暴的路径也为东北路径。但移动的速度较 CTL 试验略慢，位置偏南，到 3 日 12 时，两种方案模拟风暴距离相差约 101 km。ZT 试验，"Nargis"风暴，移动方向为东北路径，但与 CTL 的偏差较大，随着时间增加向南的偏差越大，到 3 日 12 时两种方案模式风暴中心位置相差约 220 km。地形高度的改变，"Nargis"风暴移动路径的方向和速度改变较大，随着地形高度的降低，风暴移动方向向南偏，特别是当地形为零时，风暴向南偏更明显。

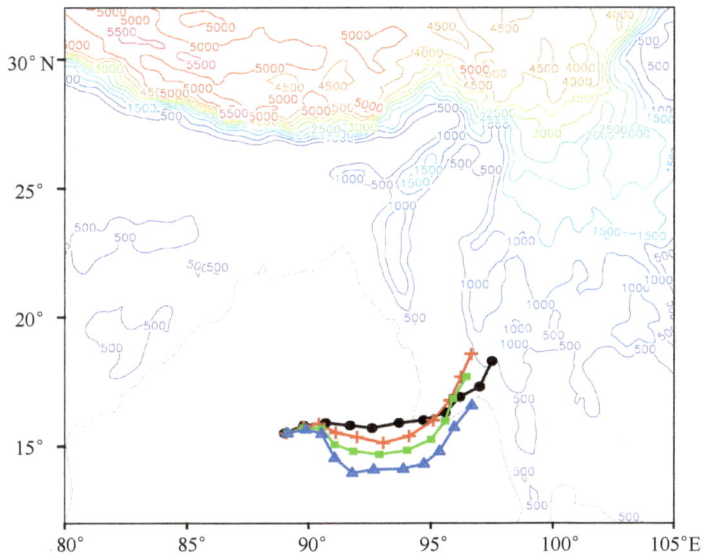

图 5.23　2008 年 5 月 1 日 00 时—3 日 12 时每 6 h 一次孟加拉湾风暴中心位置（●观测，+CTL，■HT，▲ZT）和地形等高线（单位：m）

"Nargis"风暴维持的时间较长，这里取连续 2 d 的降水进行不同地形和降水实况的比较，分别为图 5.24 和图 5.25。2008 年 5 月 1 日 12 时—2 日 12 时降水，3 种试验风暴中心降水的强度一致，只是风暴的位置有所不同，强降水的位置有所差别。强降水的范围随着地形越低，范围越大。降水中心强度都达 500 mm 以上，模拟强降水的强度和强降水的范围都较实况大。三种方案模拟的降水除中心外，主要的差别在 25°N 以北青藏高原南侧的降水，地形高度越高（CTL），模拟的降水越强，降水强度中心达到 50 mm 以上。而且强降水中心与高地形中心一致，说明地形抬升作用明显。HT 模拟在该区域也有强的降水区域，但降水中心强度明显减弱，强度只有 25 mm 以上。整个降水范围明显减小。ZT 的模拟虽然风暴的强度较强，但在青藏高原南部区域基本无降水带。从风暴未登陆的降水看，地形对局地的降水抬升作用明显。图 5.25 为 5 月 2 日 12 时—3 日 12 时降水。3 种试验模拟的风暴中心及螺旋雨带的降水差别较大,CTL 模拟的降水中心为 400 mm 以上,HT 和 ZT 模拟的中心降水仍有 500 mm 以上。模拟的风暴中心降水较实况强度大。从风暴中心降水看,地形对风暴的减弱作用明显。但在 25°N 以北和 95°E 以西的青藏高原南部区域 CTL 仍有大范围的降水,有 3 个以上的强降水中心,强度达到 25 mm 以上。与实况降水较一致。HT 模拟在该区域有小范围的降水,只有一个强降水中心,强度 25 mm 以上。ZT 的模拟在该区域没有降水。从风暴登陆后的降水看,地形对风暴强度减弱作用明显,但在青藏高原南部地区,地形高度越高,越容易产生局地的强降水,地形的抬升作用明显。

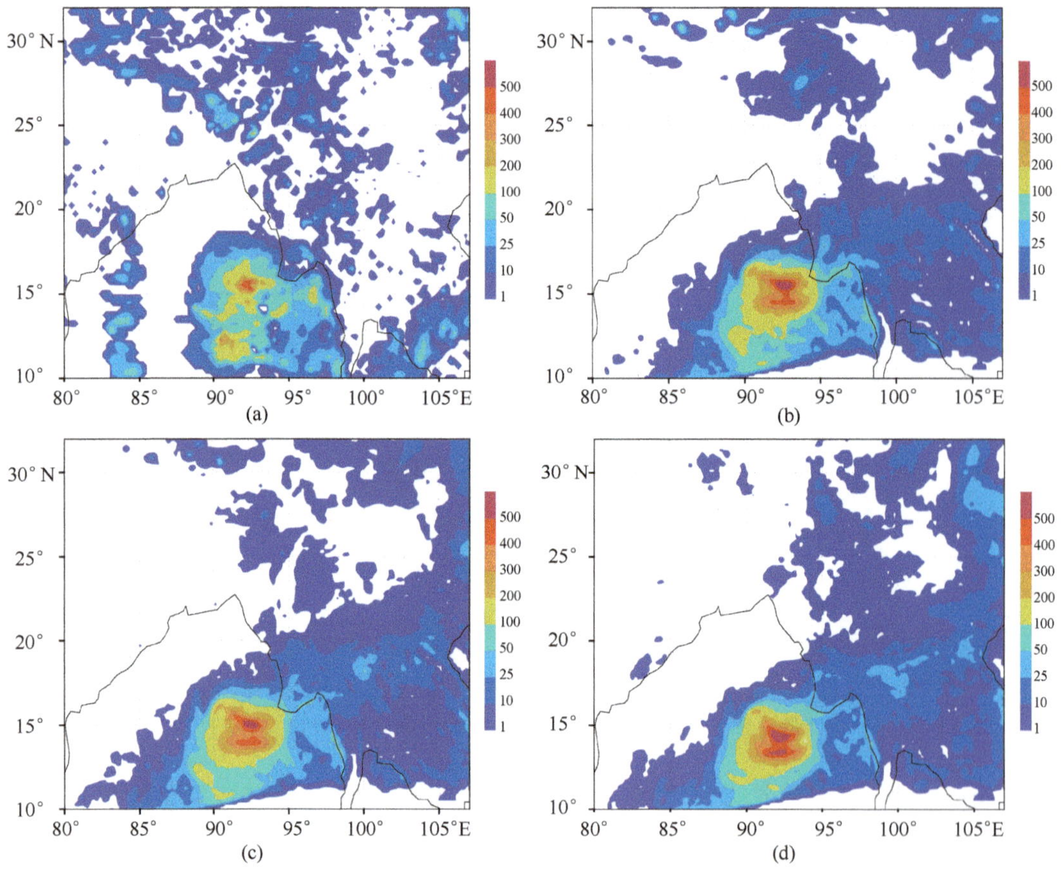

图 5.24　2008 年 5 月 1 日 12 时—2 日 12 时降水量分布(单位:mm)

(a. 观测;b. CTL 模拟;c. HT 模拟;d. ZT 模拟)

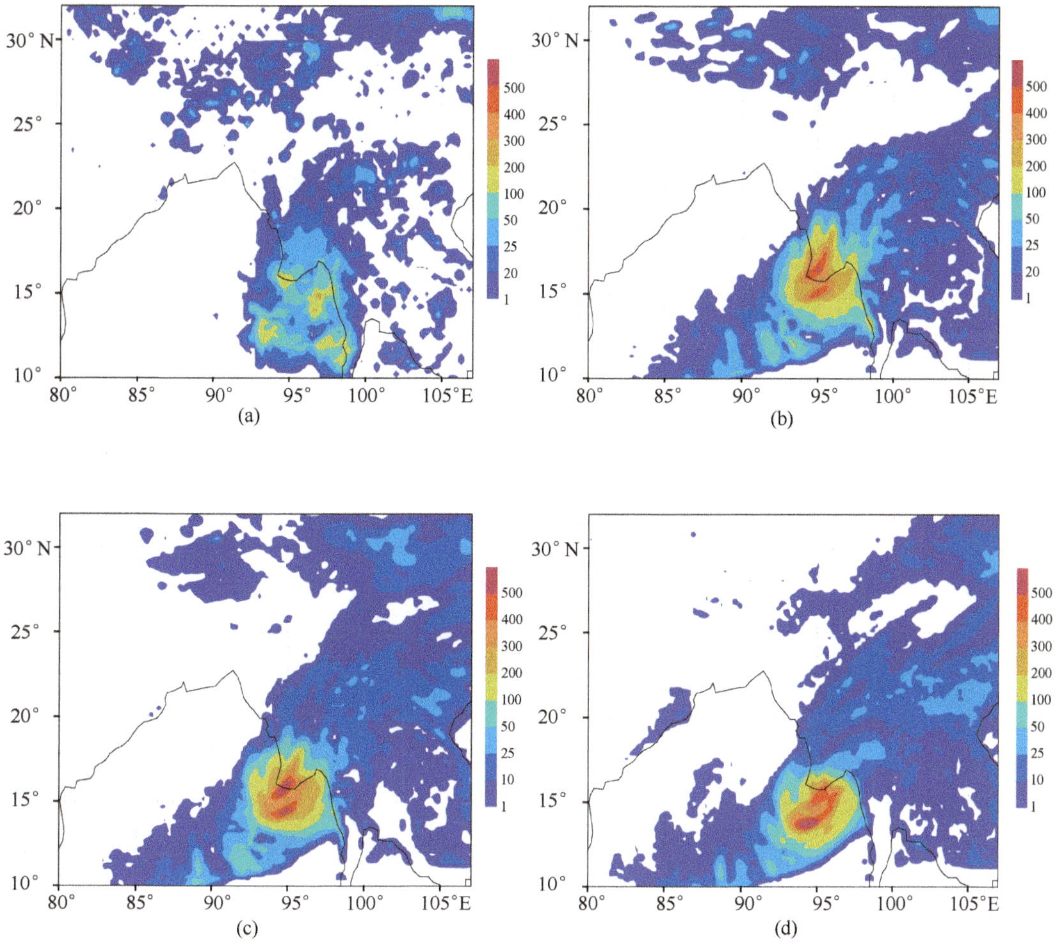

图 5.25　2008 年 5 月 2 日 12 时—3 日 12 时降水量分布(单位:mm)
(a. 观测;b. CTL 模拟;c. HT 模拟;d. ZT 模拟)

5.3.2　垂直环流

图 5.26 给出了“Nargis”风暴 2008 年 5 月 3 日 00 时三种试验方案的沿纬向的环流垂直剖面。CTL 模拟的风暴(图 5.26a)中心区域低层(1000～400 hPa)为下沉气流,风暴中心东西两侧有约 4 个经度的垂直上升气流,上升气流达 100 hPa 以上。上升气流的东西两侧有弱的下沉气流,对维持风暴有利。风暴结构特征明显。HT 模拟的风暴(图 5.26b)中心区域为从上到下的下沉气流区域,其中心附近强上升气流与 CTL 试验模拟结果类似。风暴上升气流两侧为下沉气流,风暴结构特征较 CTL 的更明显。ZT 模拟的风暴(图 5.26c)中心区域为更大范围的下沉气流,风暴的结构相对更加明显。

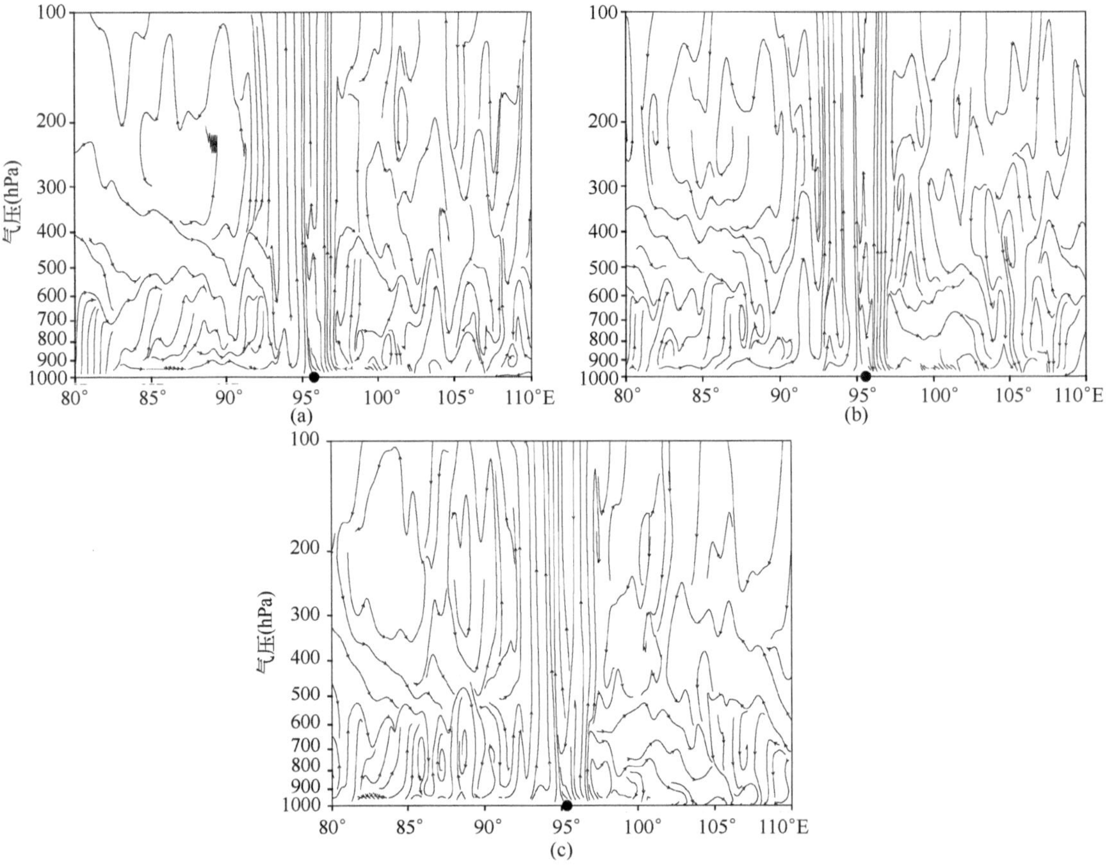

图 5.26　2008 年 5 月 3 日 00 时三种试验方案(a. CTL;b. HT;c. ZT)模拟风暴中心纬向环流垂直剖面(矢量单位:m · s^{-1},"●"表示风暴中心)

图 5.27 给出了"Nargis"风暴 2008 年 5 月 3 日 00 时三种试验方案的沿经向的环流垂直剖面。CTL 模拟风暴(图 5.27a),风暴中心 400 hPa 以下为下沉气流,中心南北两侧为上升气流,南侧的上升气流范围约为 5 个经度,较北侧范围宽。上升气流南北两侧有下沉气流,低层北侧有反气旋环流,南侧气旋环流,对风暴的维持有利。HT 和 ZT 模拟风暴(图 5.27b 和图 5.27c)环流与 CTL 类似,只是地形越低,风暴中心的下沉气流更明显,风暴结构更完整。

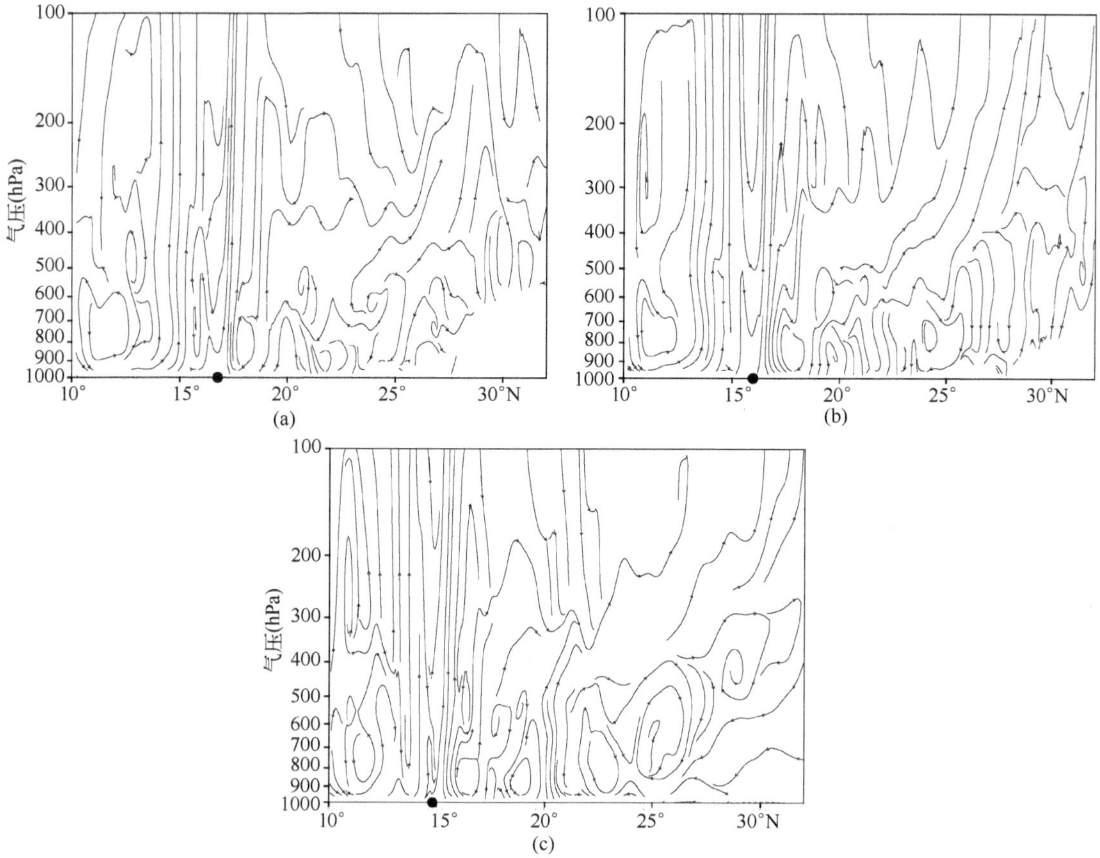

图 5.27　2008 年 5 月 3 日 00 时三种试验方案(a. CTL;b. HT;c. ZT)模拟风暴中心经向环流垂直剖面（矢量单位:m · s^{-1},“●”表示风暴中心）

5.3.3　动力结构

图 5.28 为“Nargis”风暴 2008 年 5 月 3 日 00 时三种试验方案模拟风暴中心纬向涡度剖面。CTL 模拟(图 5.28a)风暴中心的涡旋柱垂直,低层大的涡度中心强度为 $160\times10^{-5}\ s^{-1}$。涡度闭合中心直达 100 hPa。风暴涡旋度较强。HT 模拟(图 5.28b)的正涡旋区相比 CTL 比较相似,低层正涡度中心达 $180\times10^{-5}\ s^{-1}$,$40\times10^{-5}\ s^{-1}$以上的涡旋柱高度均高于 CTL 的高度。相比 HT 的风暴涡旋程度略高于 CTL。ZT 模拟(图 5.28c)的涡旋柱相对 CTL 和 HT 低层中心值更大,达 $200\times10^{-5}\ s^{-1}$。

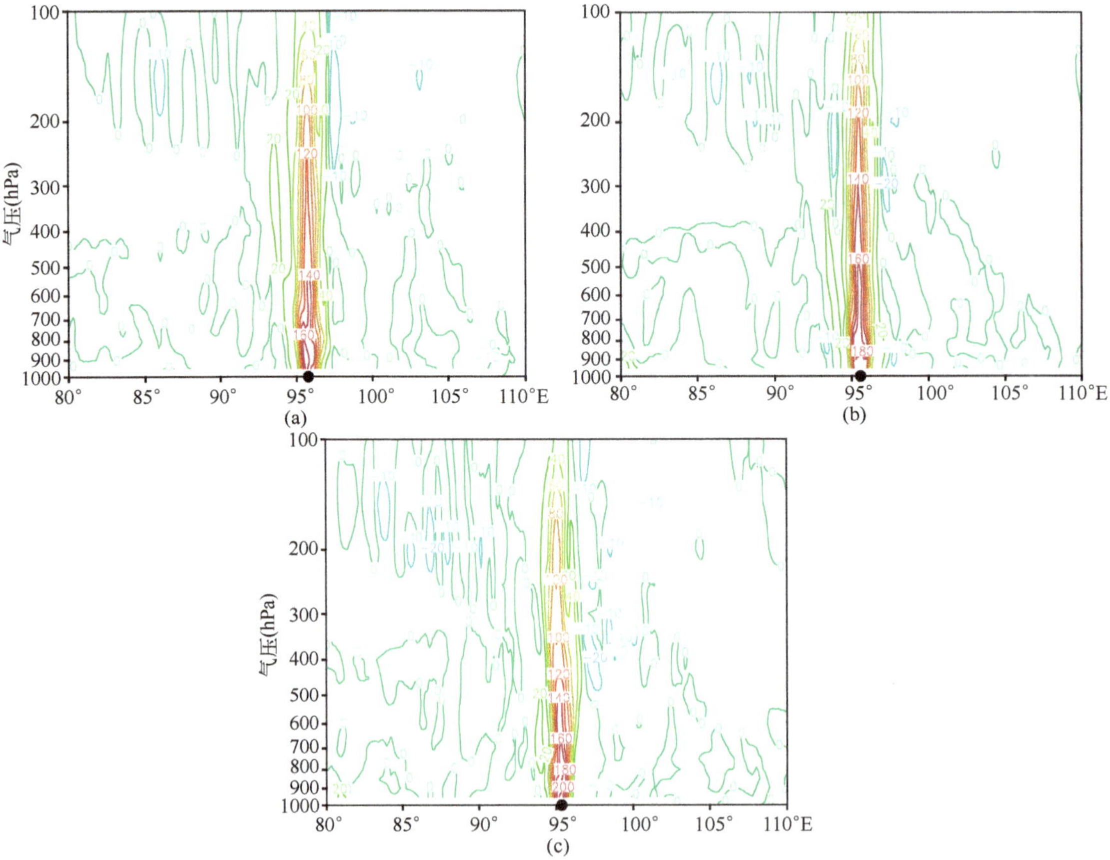

图 5.28　2008 年 5 月 3 日 00 时三种试验方案(a. CTL；b. HT；c. ZT)模拟风暴中心纬向涡度垂直剖面(单位：$10^{-5}\,s^{-1}$,“●”表示风暴中心)

图 5.29 为“Nargis”风暴 2008 年 5 月 3 日 00 时三种试验方案模拟风暴中心经向涡度剖面。CTL 模拟(图 5.29a)风暴中心的涡旋柱垂直,低层大的涡度中心强度为 $160\times10^{-5}\ s^{-1}$。涡度闭合中心直达 100 hPa。与纬向剖面上的结构相比,只是 $40\times10^{-5}\ s^{-1}$涡度闭合中心发展高度更高,其他结构分布和涡旋程度基本一致。HT 模拟(图 5.29b)的正涡旋区相比 CTL 比较相似,低层正涡度中心达 $200\times10^{-5}\ s^{-1}$,$140\times10^{-5}\ s^{-1}$以上的涡旋柱高度均高于 CTL 的高度。相比 HT 的风暴涡旋程度略高于 CTL。ZT 模拟(图 5.29c)的涡旋柱相对 CTL 和 HT 低层中心值更大,达 $220\times10^{-5}\ s^{-1}$。但 $140\times10^{-5}\ s^{-1}$以下的涡旋柱发展的高度较 HT 和 CTL 的低。对比纬向和经度剖面看,风暴在中心强度上经向剖面上差别更大,与该方向上地形差别大相一致。

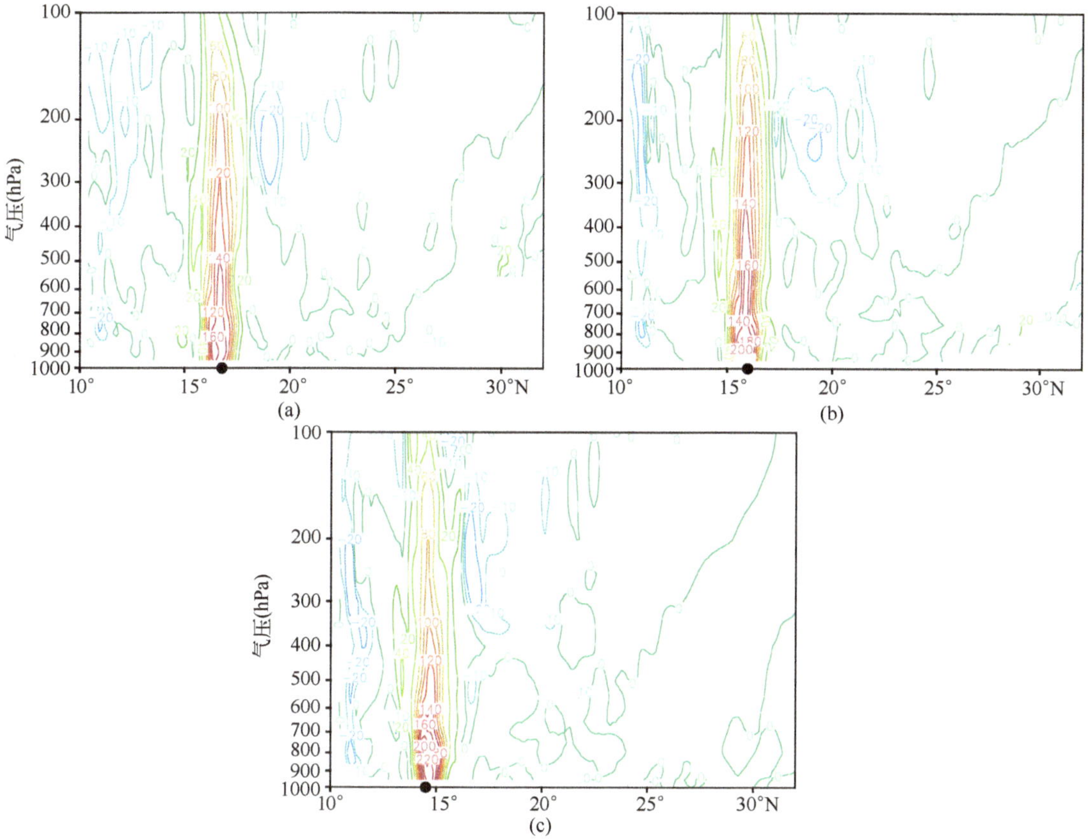

图 5.29　2008 年 5 月 3 日 00 时三种试验方案(a. CTL;b. HT;c. ZT)模拟风暴中心经向涡度垂直剖面（单位：10^{-5} s^{-1}，"●"表示风暴中心）

图 5.30 为"Nargis"风暴 2008 年 5 月 3 日 00 时三种试验方案模拟风暴中心纬向散度剖面。CTL 模拟的散度场(图 5.30a)风暴中心从低层到 100 hPa 均为辐散区。风暴中心两侧为辐合区,西侧的辐合区的高度达 200 hPa,东侧受地形高度作用,范围比较宽(约 3 个经度),垂直高度只到 700 hPa。辐合辐散中心值都为 40×10^{-5} s^{-1}。HT 模拟的散度场(图 5.30b)结构与 CTL 类似,中心为辐散区,东西两侧为辐合区,只是西侧的辐合区 15×10^{-5} s^{-1}高度较 CTL 的更高。东侧辐合区,受地形影响相对小,水平范围减小为 1.5 个经度。但辐合的高度较高,达到 400 hPa。辐合辐散中心值均为 30×10^{-5} s^{-1}。ZT 模拟的散度场(图 5.30c)结构更加完整,风暴中心两侧的辐合区的高度更高,相对对称。辐合辐散中心值均为 40×10^{-5} s^{-1}。纬向剖面上,地形越低,风暴辐合辐散结构更加对称,但 HT 试验的辐合辐散的中心强度较 CTL 和 HT 的弱。

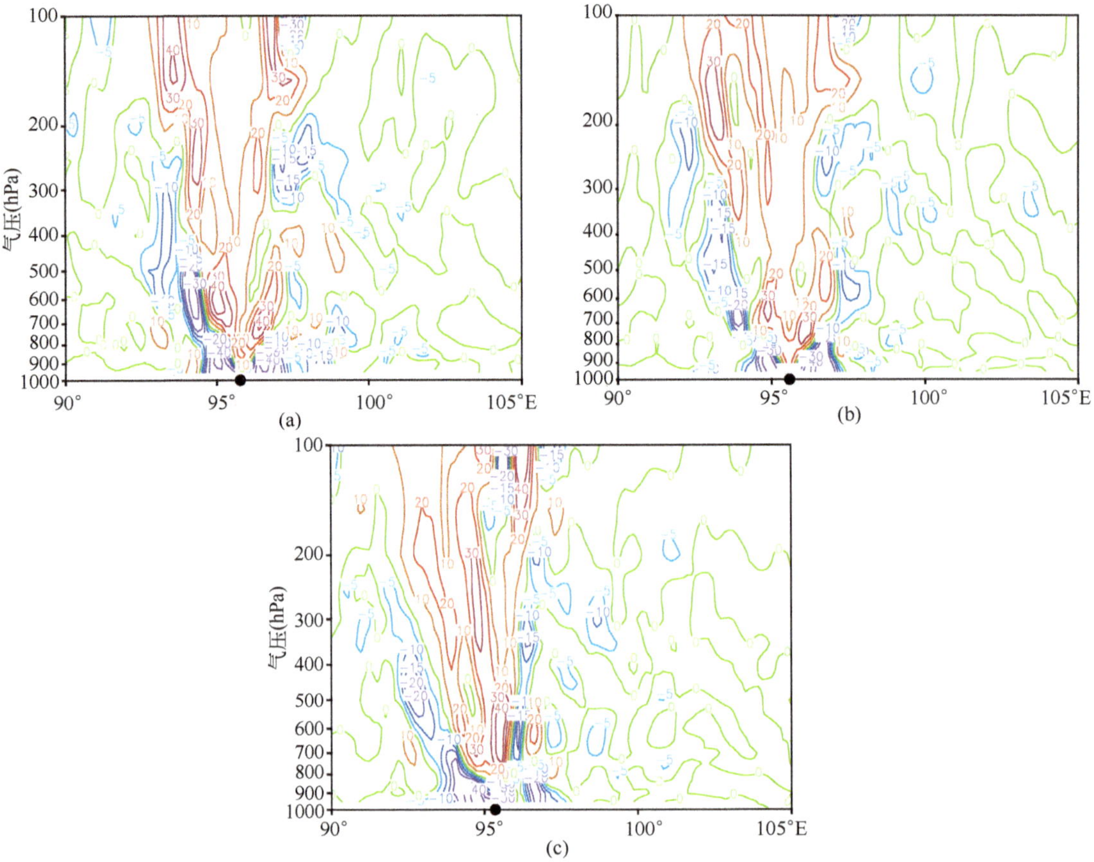

图 5.30　2008 年 5 月 3 日 00 时三种试验方案（a. CTL；b. HT；c. ZT）模拟风暴中心纬向散度垂直剖面（单位：$10^{-5}\,s^{-1}$，“●”表示风暴中心）

图 5.31 为“Nargis”风暴 2008 年 5 月 3 日 00 时三种试验方案模拟风暴中心经向散度剖面。CTL 模拟的散度场（图 5.31a）风暴中心从低层到 100 hPa 均为辐散区。风暴中心两侧为辐合区，南侧的辐合区向南倾斜，500～400 hPa 被辐散区阻断，400～200 hPa 又为辐合区，高度达 200 hPa，北侧的辐合带与南侧的结构比较类似，在 700 hPa 附近有中心为 $40\times10^{-5}\,s^{-1}$ 的辐散区。500 hPa 以上又为辐合区。HT 模拟的散度场（图 5.31b）结构与 CTL 类似，中心为辐散区，南北两侧为辐合区，只是南侧的辐合带比较连续，辐合强度更大。北侧的辐合带结构与 CTL 类似，中间有辐散区。ZT 模拟的散度场（图 5.31c）风暴中心以及南侧的辐散和辐合强度较 CTL 和 HT 的更强，辐合辐散中心值均为 $60\times10^{-5}\,s^{-1}$。北侧的辐合带反而较 CTL 和 HT 的弱。从散度的经向剖面上看，地形高度越低，风暴强度越大，但风暴中心的北侧地形的抬升作用加大了低层的辐合程度。相比纬向地形高度差别大，经向剖面的散度三种试验方案的差别也较纬向剖面上大。

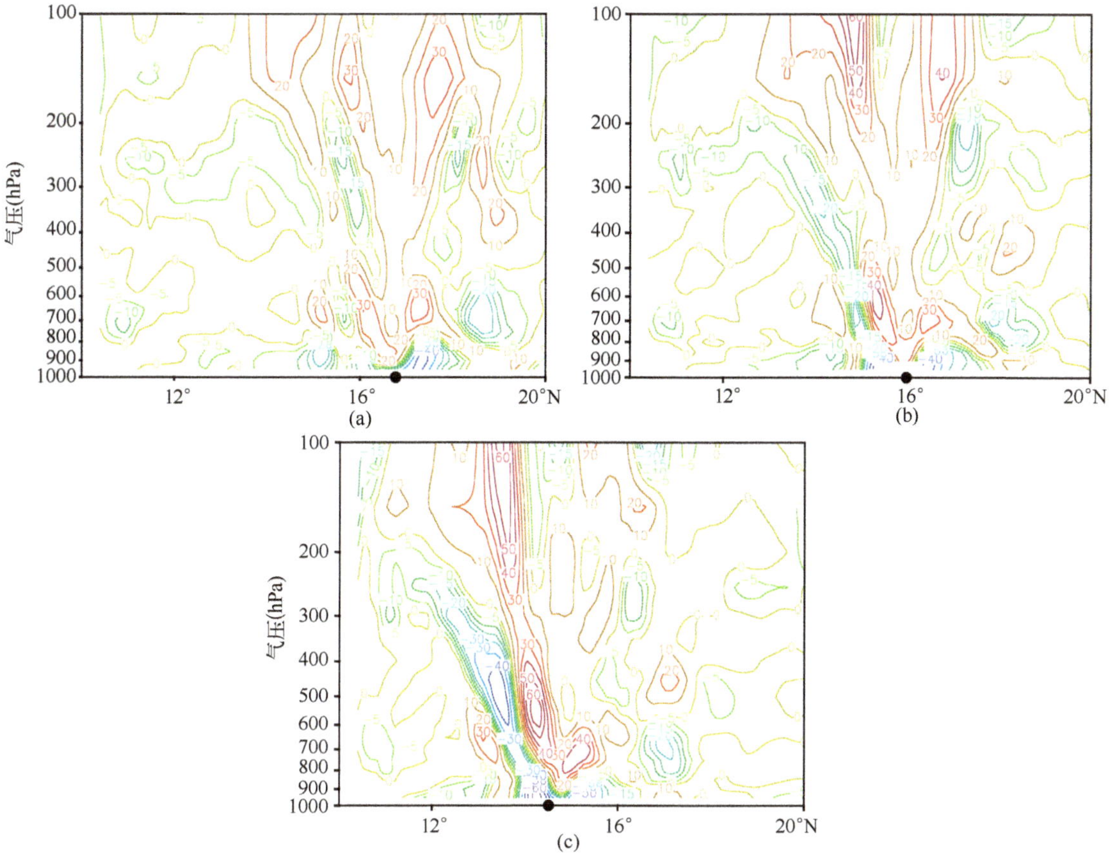

图 5.31　2008 年 5 月 3 日 00 时三种试验方案(a. CTL；b. HT；c. ZT)模拟风暴中心经向散度垂直剖面（单位：$10^{-5}s^{-1}$，“●”表示风暴中心）

5.3.4　水汽输送

图 5.32 为“Nargis”风暴 2008 年 5 月 3 日 00 时三种试验方案模拟 700 hPa 和 500 hPa 的水汽通量分布。无论是 700 hPa 还是 500 hPa，风暴中心及周围邻近区域水汽通量强度和分布形态几乎相同，差别在于整体的位置 CTL 偏北、HT 次之、ZT 偏南，这表明风暴的移动速度的不同。CTL 中的风暴受到高原大地形影响减弱而导致移动速度加快，ZT 中的风暴不受地形影响减弱较慢，移动速度相对较慢。

再看风暴外围的水汽输送，CTL 模拟的最强（图 5.32a、b），700 hPa 上云贵高原和青藏高原南侧有范围较大的水汽输送带，500 hPa 上青藏高原也有明显的水汽输送带；HT 的模拟（图 5.32c、d），700 hPa 上云贵高原和青藏高原南侧的水汽输送带明显减弱或消失，500 hPa 上青藏高原的水汽输送带也明显的减弱；ZT 的模拟（图 5.32e、f）大致与 HT 相差不大，偏东的水汽输送略有加大，而偏北的水汽输送减小。

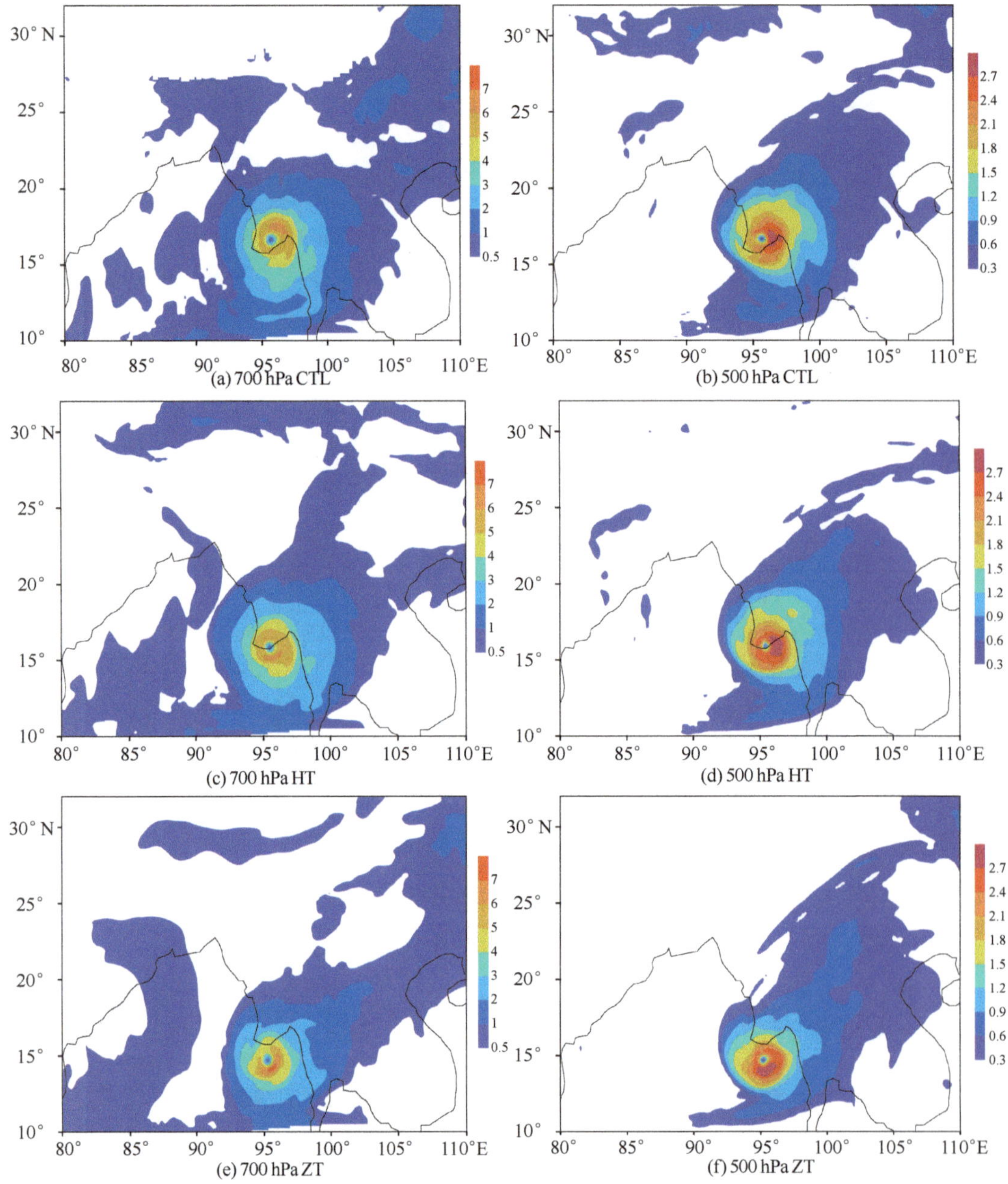

图 5.32　2008 年 5 月 3 日 00 时三种试验方案(上列 a,b:CTL;中列 c,d:HT;下列 e,f:ZT)模拟的 700 hPa(左半栏:a,c,e)和 500 hPa(右半栏:b,d,f)水汽通量分布(单位:10^{-3} g · s^{-1} · hPa^{-1} · m^{-1})

综合比较 CTL、HT 和 ZT 的水汽输送分布,可以归纳两个特点,一是高原大地形阻挡使得风暴减弱而导致风暴外围水汽输送增大,二是高原地形的抬升使得水汽输送偏北分量加大而偏东分量减弱。

图 5.32 模拟了风暴在地形变化下的水汽输送情况,初步发现地形对东北路径登陆风暴的西南水汽输送影响较大,为详细了解风暴西南水汽输送分布,取沿 25°N 纬向垂直剖面和

沿 100°E 经向垂直剖面，来分析西南水汽输送随地形变化后的改变。

图 5.33 为“Nargis”风暴 2008 年 5 月 3 日 00 时三种试验方案模拟沿 25°N 纬向垂直剖面上水汽输送分布及变化。三种试验方案模拟的南风分量水汽输送形态基本一致，最强区域位于 105°E 以东的对流层中低层，中高层南风分量水汽输送相对偏西。差异主要有两点：一是南风分量水汽输送中心强度有所不同，CTL、HT 和 ZT 分别为 2.1×10^{-3}、1.5×10^{-3}、1.8×10^{-3} $g\cdot s^{-1}\cdot hPa^{-1}\cdot m^{-1}$；二是中高层南风分量水汽输送西端位置，CTL、HT 和 ZT 分别为 83°E、85°E 和 87°E。由此可以认为，高原大地形的存在加强了西部区域中高层的南风分量水汽输送，同时也加强了东部区域中低层南风分量水汽输送。

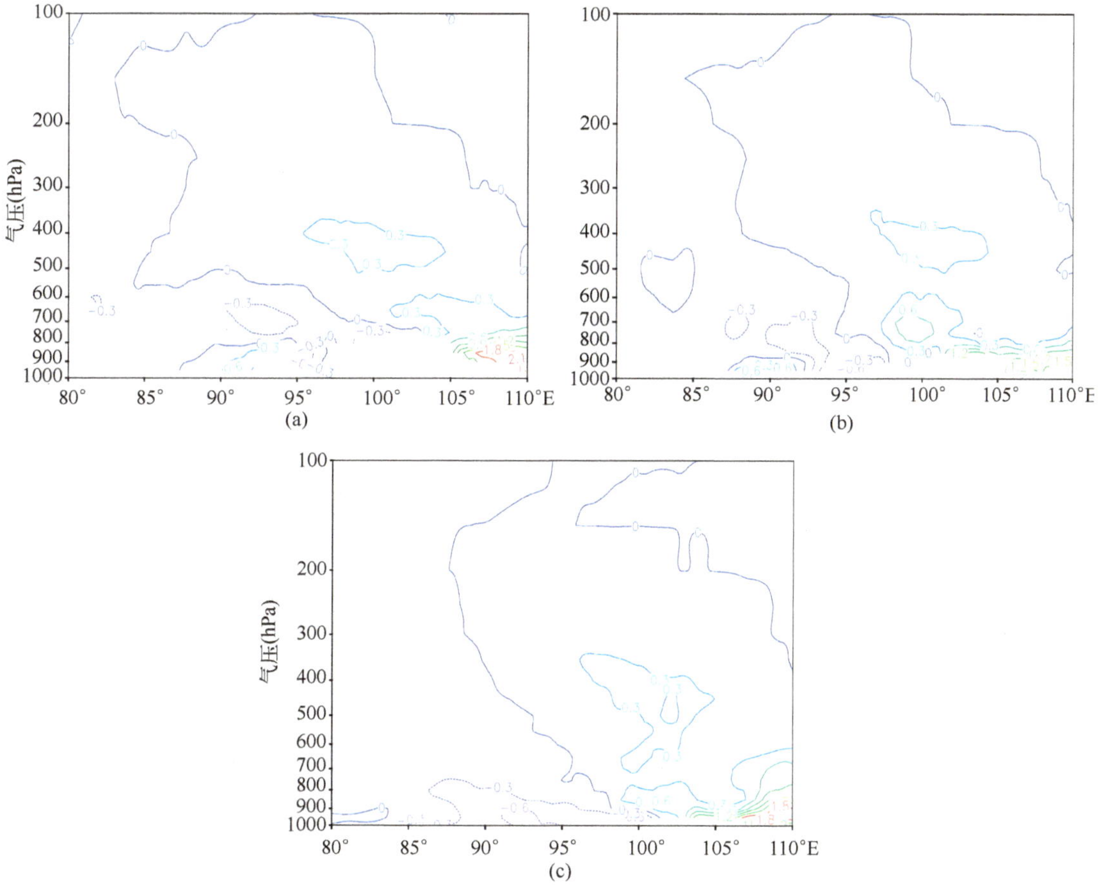

图 5.33　2008 年 5 月 3 日 00 时三种试验方案（a. CTL；b. HT；c. ZT）模拟沿 25°N 纬向水汽输送（qv）垂直剖面（单位：$10^{-3}g\cdot s^{-1}\cdot hPa^{-1}\cdot m^{-1}$）

图 5.34 为“Nargis”风暴 2008 年 5 月 3 日 00 时三种试验方案模拟沿 100°E 经向垂直剖面上水汽输送分布及变化。三种试验方案的西风水汽输送形态大致相似，但强弱有一些差别。17°N 以南区域西风分量水汽输送大值中心，CTL 最强、HT 次之、ZT 最弱，中心值分别为 1.5×10^{-3}、1.5×10^{-3}、1.2×10^{-3} $g\cdot s^{-1}\cdot hPa^{-1}\cdot m^{-1}$。23°N 以北区域西风分量水汽输送也呈 CTL 最强、HT 次之、ZT 最弱的分布，表明高原大地形的存在不同程度地加强了西风分量的水汽输送。

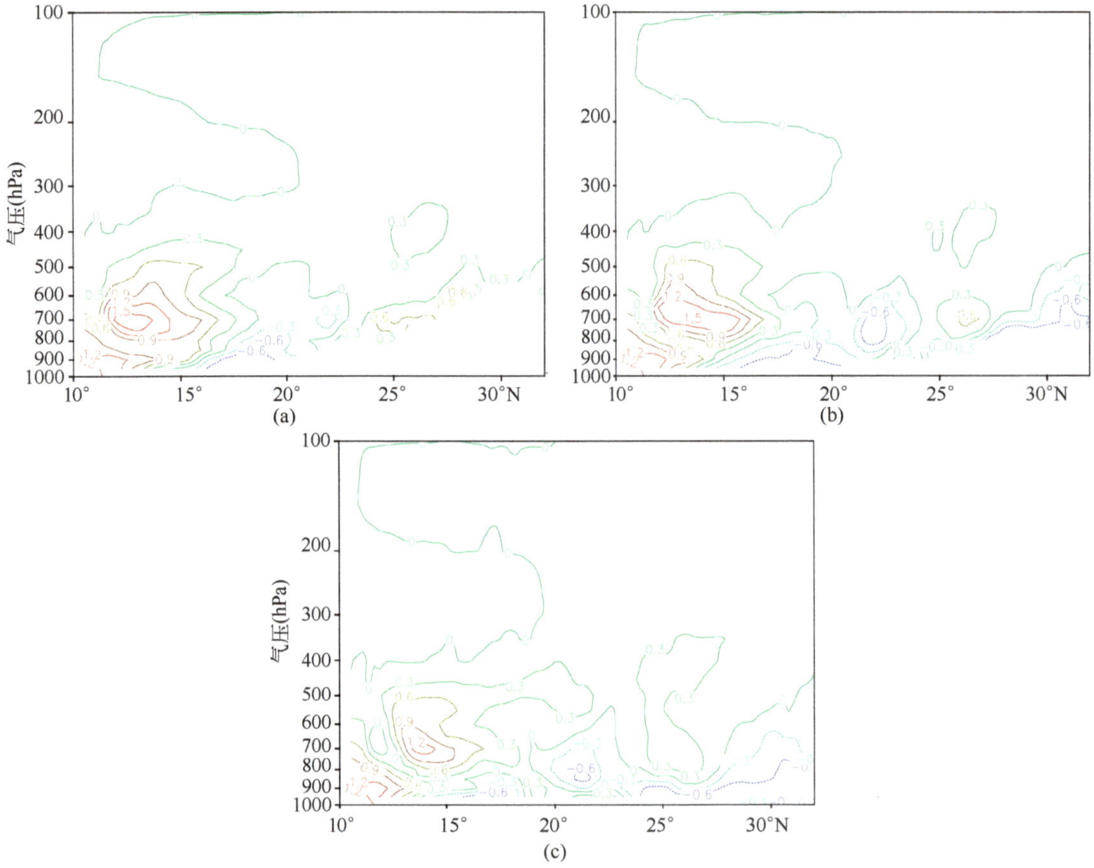

图 5.34　2008 年 5 月 3 日 00 时三种试验方案(a. CTL;b. HT;c. ZT)模拟沿 100°E 经向水汽输送(qu)垂直剖面(单位:$10^{-3}g \cdot s^{-1} \cdot hPa^{-1} \cdot m^{-1}$)

5.4　2008 年“Rashmi”风暴数值模拟

“Rashmi”风暴于 2008 年 10 月 26 日 00 时在孟加拉湾北部生成。风暴向东北方向移动,10 月 26 日 18 时到 27 日 00 时之间在印度东部登陆,到 27 日 12 时减弱为热带低压。本次过程模拟,2008 年 10 月 26 日 00 起开始,积分 36 h。

5.4.1　路径和降水

图 5.35 为“Rashmi”风暴路径和地形高度图。从路径看,CTL 试验模拟风暴移动路径为东北路径,风暴沿着地形高度相对低的区域移动,整个移动路径趋势接近实况。但移动方向与实况相比略偏东。WRF 模式对“Rashmi”风暴具有较好的模拟能力,能模拟风暴的移动趋势,可以通过进行地形敏感试验,来分析地形对该登陆 TS 的影响。HT 试验模拟孟加拉湾风暴的路径也为东北偏北路径,但移动的速度较 CTL 试验略慢,到 27:12 两种方案模

拟风暴距离相差约 86 km。ZT 试验,"Rashmi"风暴,移动方向为东北路径,与 CTL 的偏差较大,随着时间增加向东的偏差越大,到 27:12 时两种方案模式风暴中心位置相差约 333 km。地形高度的改变,"Rashmi"风暴移动路径的方向和速度改变较大,随着地形高度的降低,风暴移动方向向东偏,特别是当地形为 0 时,风暴向东偏更明显。

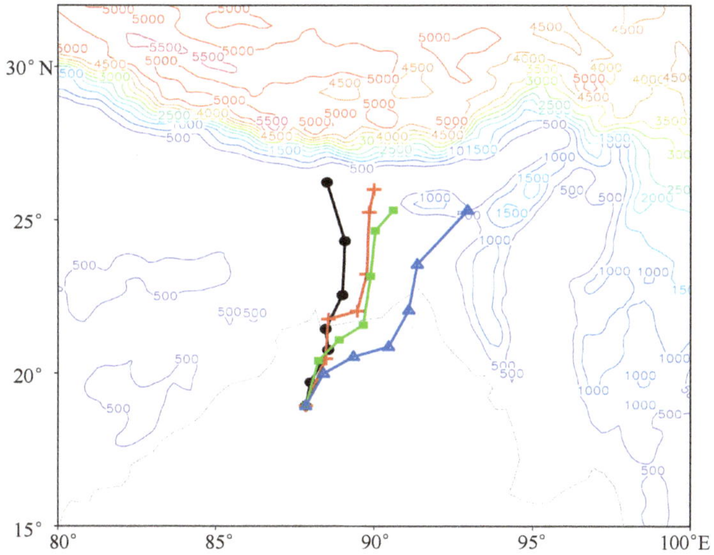

图 5.35　2008 年 10 月 26 日 00 时—27 日 12 时每 6 h 一次孟加拉湾风暴中心位置（●观测，+CTL，■HT，▲ZT）和地形等高线（单位：m）

图 5.36 给出了 2008 年 10 月 26 日 12 时—27 日 12 时实况和模拟降水。从降水实况看(图 5.36a),风暴中心区域降水达到 200 mm 以上,风暴外围的东北和南部螺旋云带中的降水面积和强度较大。青藏高原东南部出现 100 mm 降水。CTL 模拟的降水(图 5.36b),基本模拟出实况的大的降水中心。风暴中心降水强度与实况一致,但降水区域较实况偏北。青藏高原东南部的降水强度较实况强,有 200 mm 以上的中心,100 mm 的降水范围也较实况大。风暴的螺旋雨带更清晰。总的来看,CTL 的强降水区域较实况大,降水中心强度较实况略强。改变地形高度后,HT 模拟降水(图 5.36c)与 CTL 的相比,风暴中心的北部的 100 mm 降水范围较小,无 200 mm 以上减水中心。风暴南部的 100 mm 以上的降水范围较大。整个风暴的螺旋雨带相对更完整。说明地形降低,风暴强度减弱相对弱,但青藏高原东南部地形抬升作用减小,所以该地区的降水强度较全地形的弱。ZT 模拟的降水(图 5.36d),能更清晰地看到风暴的圆形结构。风暴中心的东侧有 100 mm 以上的降水。风暴北侧和南侧的螺旋雨带的区域边缘更加光滑。青藏高原东南侧 100 mm 的区域更偏南,无 200 mm 的降水中心。风暴随着地形高度的降低,减弱速度减慢,风暴中心和附近的螺旋雨带更完整。但随着地形高度的降低,青藏高原东南部地形抬升作用减弱,局部的降水中心强度反而从 200 mm 以上减为 100 mm 以上。

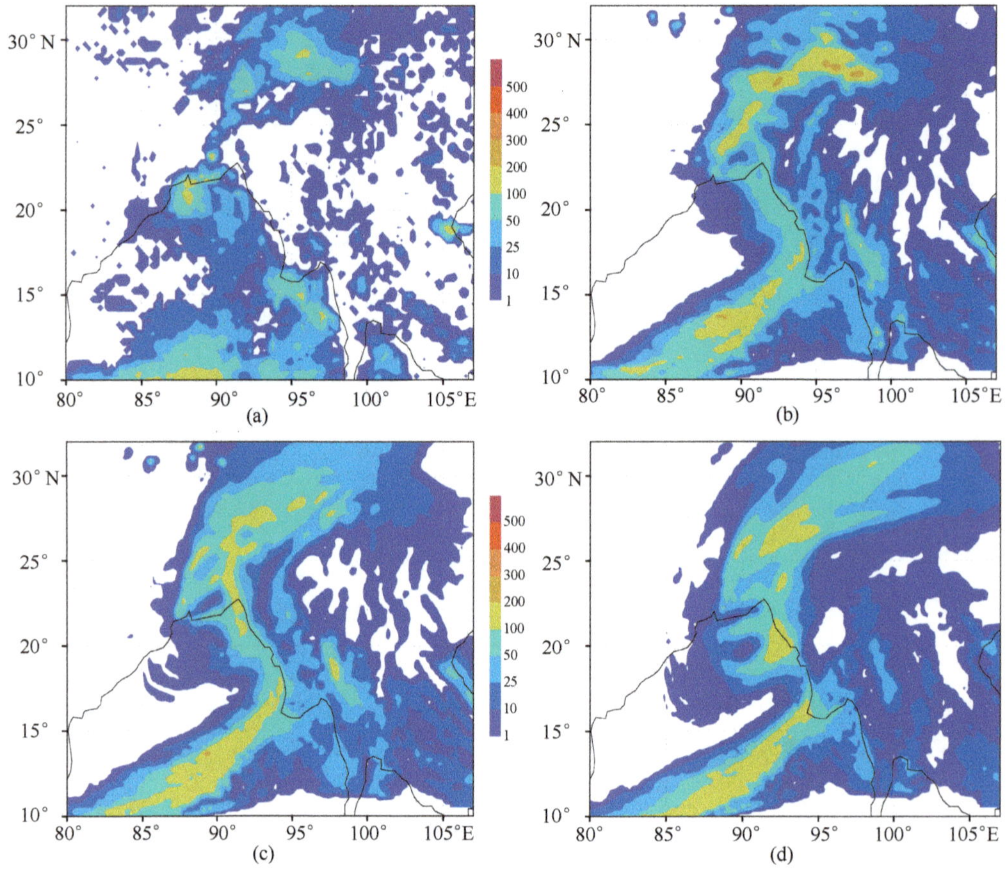

图 5.36　2008 年 10 月 26 日 12 时—27 日 12 时降水量分布(单位:mm)
(a. 观测;b. CTL 模拟;c. HT 模拟;d. ZT 模拟)

5.4.2　垂直环流

图 5.37 给出了“Rashmi”风暴 2008 年 10 月 27 日 00 时三种试验方案的沿纬向的垂直环流剖面。CTL 模拟的风暴(图 5.37a)中心区域为垂直上升气流,风速较小,随着高度增加风速增大,上升气流只达到 500 hPa 附近。风暴的东西侧有弱的下沉气流,东侧 900～600 hPa 之间有一个气旋次级环流,对维持风暴东侧下沉气流有利。西侧 80°～85°E 之间有反气旋环流,不利于风暴发展,风暴处于减弱阶段。风暴结构特征不明显。HT 模拟的风暴(图 5.37b)中心附近上升气流与 CTL 试验模拟结果类似,上升气流到达高度较低,中心东侧同样存在一个气旋次级环流。环流较 CTL 更完整。西侧存在一个反气旋环流。风暴结构较 CTL 略完整。ZT 模拟的风暴(图 5.37c)中心区域同样为上升气流,上升的区域较宽,与 CTL 和 HT 有所区别。中心东侧同样存在一个气旋次级环流。中心西侧为反气旋环流。风暴的结构相对明显。

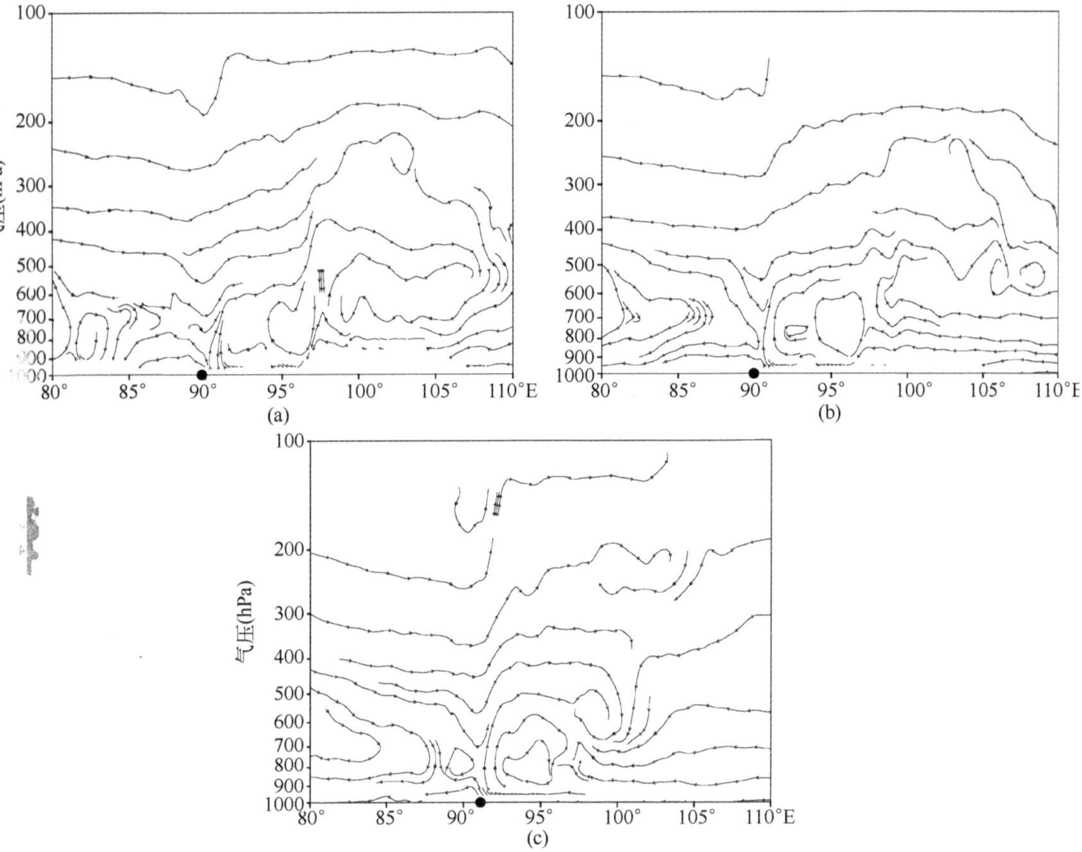

图 5.37　2008 年 10 月 27 日 00 时三种试验方案(a. CTL;b. HT;c. ZT)模拟风暴中心纬向环流垂直剖面(矢量单位:m · s^{-1},"●"表示风暴中心)

图 5.38 给出了"Rashmi"风暴 2008 年 10 月 27 日 00 时三种试验方案的沿经向的垂直环流剖面。CTL 模拟风暴(图 5.38a),风暴中心及北侧区域均为上升气流,几乎没有下沉气流,受 25°N 附近高原大地形抬升作用的影响,风暴北侧的上升气流范围较宽。南侧为反气旋环流下沉气流,不利于维持风暴结构。HT 模拟风暴(图 5.38b),风暴中心区域为上升气流。中心北侧为小范围的下沉气流。25°N 附近高原大地形抬升作用的影响相对小,上升气流明显没有 CTL 的强。ZT 模拟风暴(图 5.38c),风暴中心及南北侧为大范围上升气流,风暴中心的上升气流强度明显较 CTL 和 HT 强,高度也达到 200 hPa 以上。风暴的强度明显强于 CTL 和 HT。从经向看,地形差别较大,垂直环流差别较明显,地形对风暴的减弱作用明显,但 25°N 以北的局地抬升气流也较明显。

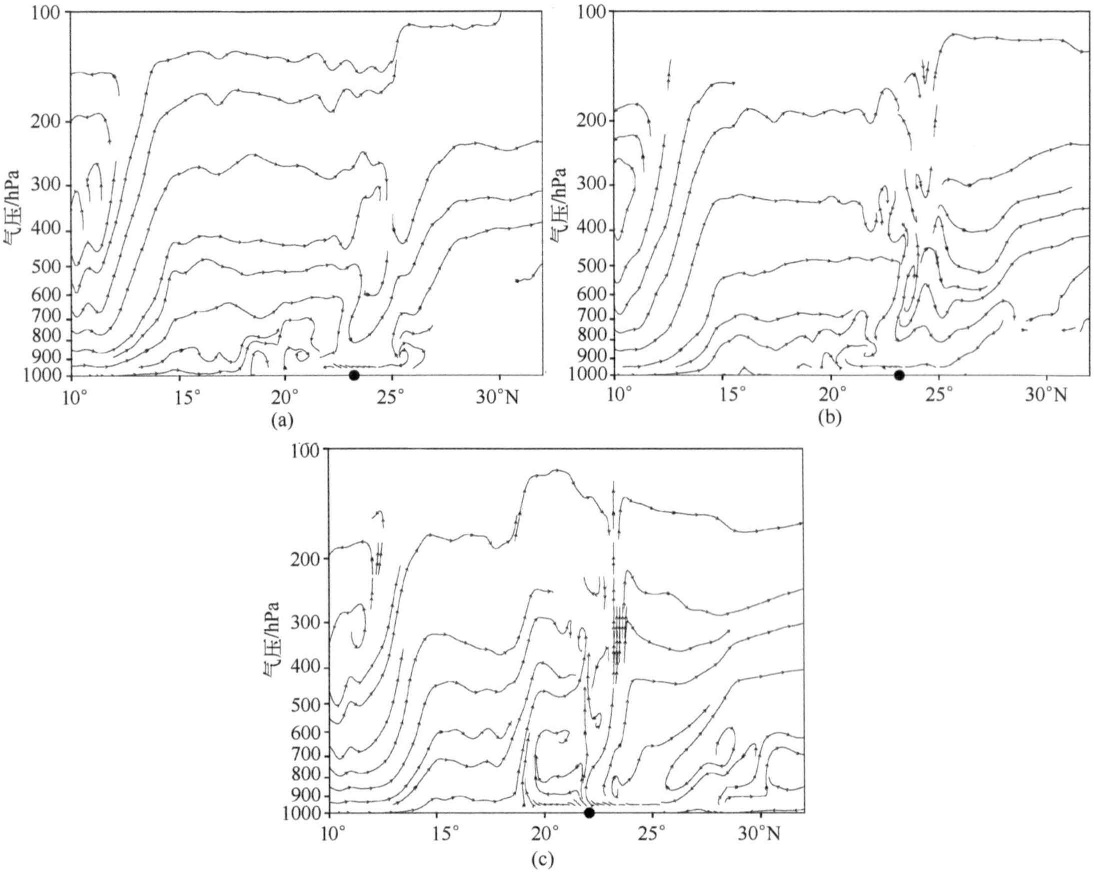

图 5.38　2008 年 10 月 27 日 00 时三种试验方案(a. CTL；b. HT；c. ZT)模拟风暴中心经向环流垂直剖面(矢量单位：m・s^{-1}，“●”表示风暴中心)

5.4.3　动力结构

图 5.39 为“Rashmi”风暴 2008 年 10 月 27 日 00 时三种试验方案模拟风暴中心纬向涡度剖面。CTL 模拟(图 5.39a)的涡旋柱大的中心向东倾斜，风暴中心的正涡度范围较大，底层正涡度中心为 60×10^{-5} s^{-1}，其中 10×10^{-5} s^{-1}涡度闭合中心达到 400 hPa 左右，中层有涡度的断裂，300 hPa 有 20×10^{-5} s^{-1} 涡度中心。HT 模拟(图 5.39b)的正涡旋区相比 CTL较为相似，闭合涡度中心向东倾斜。但低层正涡度中心达 80×10^{-5} s^{-1}，10×10^{-5} s^{-1}涡度中心延伸到接近 100 hPa。相比 HT 的风暴涡旋程度略高于 CTL。ZT 模拟(图 5.39c)的涡旋柱相对 CTL 和 HT 比较垂直，范围相比 CTL 窄些。20×10^{-5} s^{-1}大的涡度中心从底层一直延伸到 100 hPa。表明风暴的螺旋结构相对完整对称。虽然纬向剖面上地形差别不大，但风暴的涡旋闭合中心达到的高度和螺旋结构的完整程度差别较大。

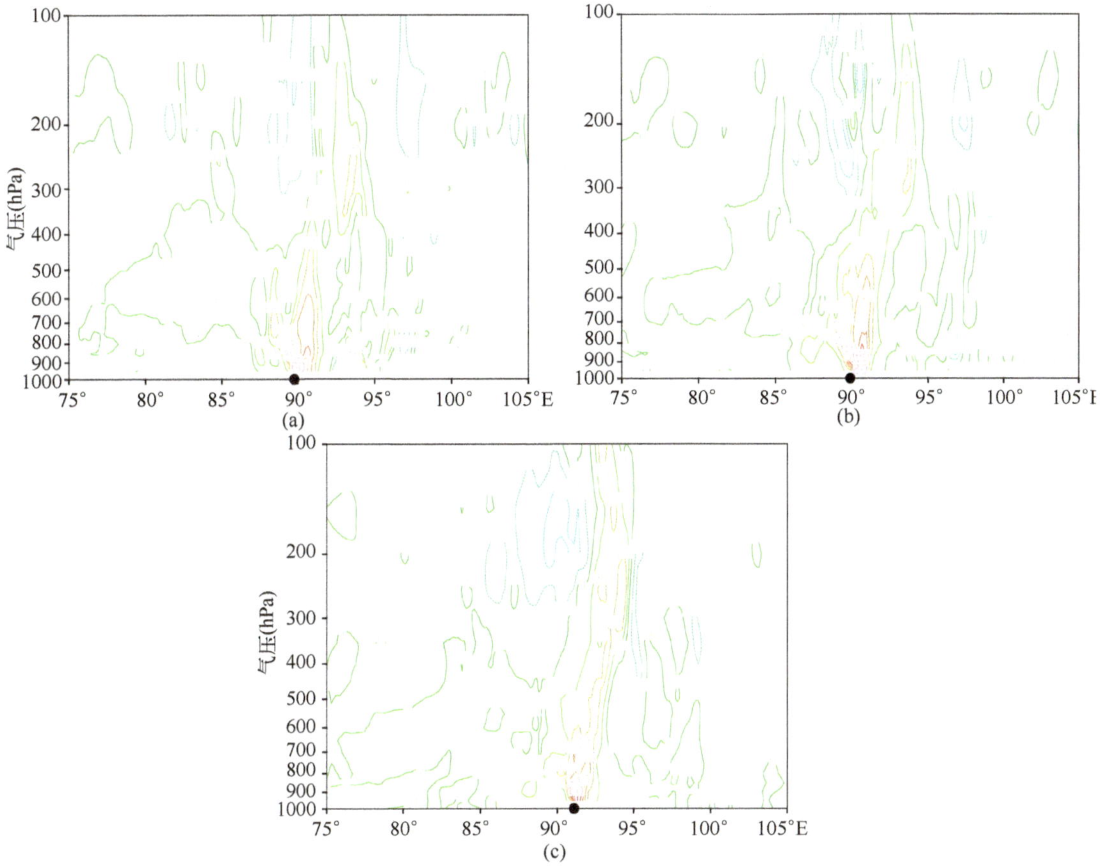

图 5.39　2008 年 10 月 27 日 00 时三种试验方案(a. CTL;b. HT;c. ZT)模拟风暴中心纬向涡度垂直剖面(单位：10^{-5} s^{-1},“●”表示风暴中心)

图 5.40 为“Rashmi”风暴 2008 年 10 月 27 日 00 时三种试验方案模拟风暴中心经向涡度剖面。CTL 试验模拟(图 5.40a)的涡旋柱向北倾斜。涡旋闭合中心达到 200 hPa 左右。正涡度中心为 50×10^{-5} s^{-1}。HT 模拟(图 5.40b)低层正涡度中心也为 50×10^{-5} s^{-1},但 10×10^{-5} s^{-1}以上的涡度发展的高度都较 CTL 的高。ZT 模拟(图 5.40c)的涡旋柱相对比较垂直,低层涡度达 60×10^{-5} s^{-1}。高层涡度闭合中心达到 200 hPa 以上。表明风暴的螺旋结构相对完整对称。经向剖面上地形差别较大,三种地形试验模拟的涡度中心的强度和涡旋闭合中心到达的高度看差别都较大。相对纬向剖面,经向剖面上的差别更大。与该方向上地形差别大相一致。

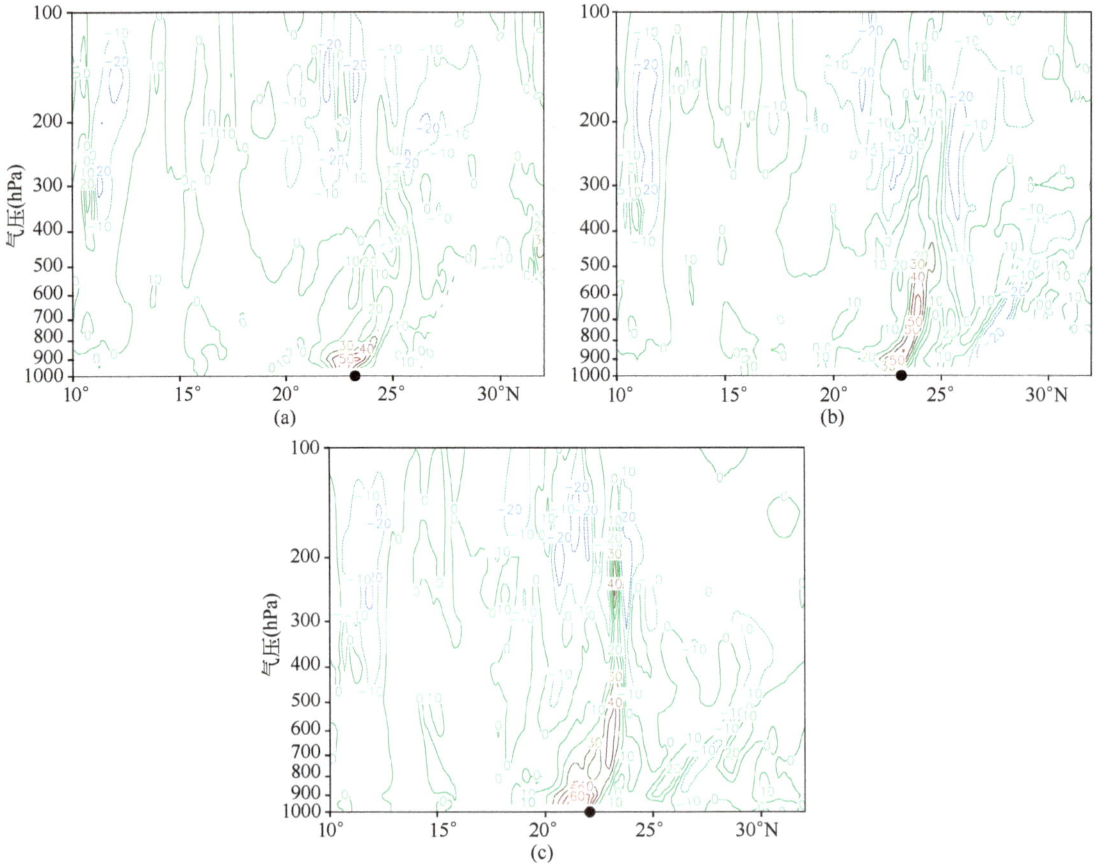

图 5.40　2008 年 10 月 27 日 00 时三种试验方案(a. CTL；b. HT；c. ZT)模拟风暴中心经向涡度垂直剖面(单位：10^{-5} s^{-1}，“●”表示风暴中心)

图 5.41 为“Rashmi”风暴 2008 年 10 月 27 日 00 时三种试验方案模拟风暴中心纬向散度剖面。CTL 模拟的散度场(图 5.41a)近地面层(1000～800 hPa)散度(负值)辐合区域相对风暴中心偏东。800 hPa 以上区域为辐散区与风暴中心吻合，辐合和辐散的中心值都为 20×10^{-5} s^{-1}。HT 模拟的散度场(图 5.41b)风暴中心低层(1000～950 hPa)东侧为散度(负值)辐合区域。辐合中心强度也为 20×10^{-5} s^{-1}。950 hPa 之上的辐散中心强度只达到 15×10^{-5} s^{-1}。ZT 模拟的散度场(图 5.41c)风暴中心与低层辐合区较吻合，但低层的辐合辐散中心强度达到 15×10^{-5} s^{-1}。纬向剖面上，地形高度越低，辐合区与风暴中心更吻合，但辐合强度没有地形高度的强。

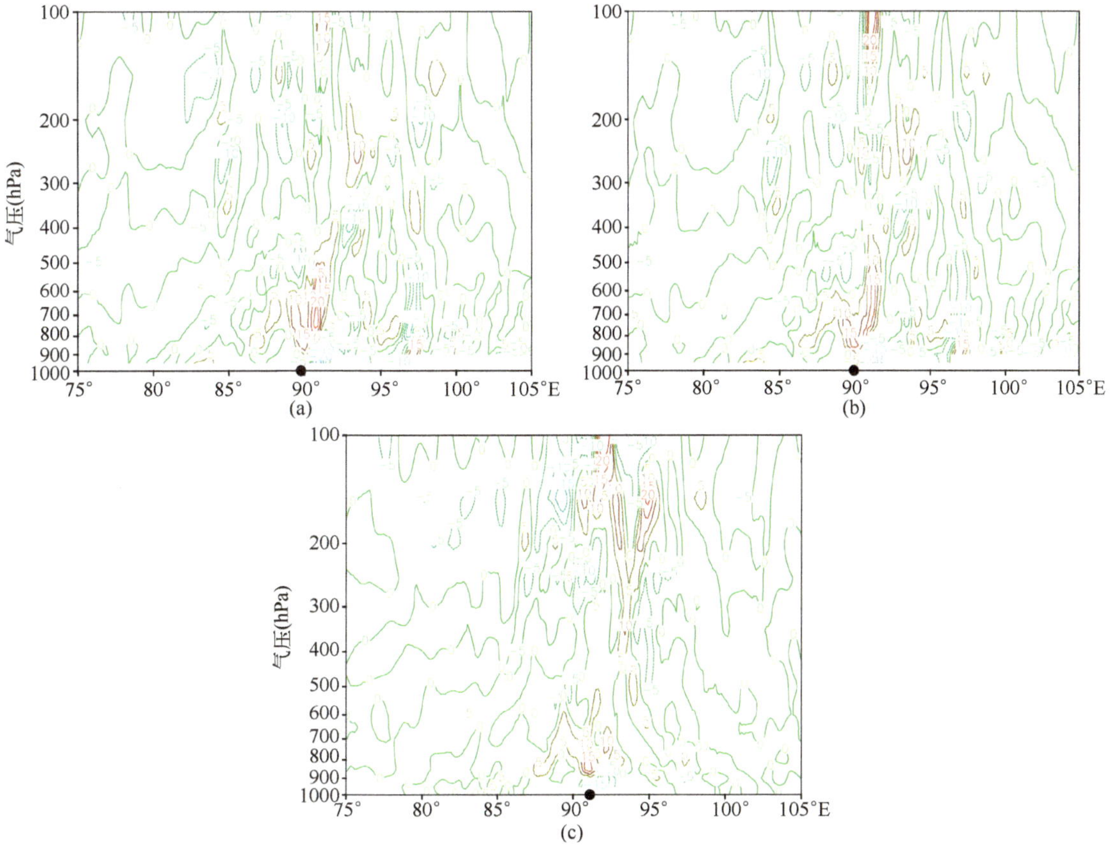

图 5.41　2008 年 10 月 27 日 00 时三种试验方案(a. CTL;b. HT;c. ZT)模拟风暴中心纬向散度垂直剖面(单位：10^{-5} s^{-1},“●”表示风暴中心)

图 5.42 为“Rashmi”风暴 2008 年 10 月 27 日 00 时三种试验方案模拟风暴中心经向散度剖面。CTL 模拟(图 5.42a)的散度场风暴中心北侧为辐合辐散区，辐合高度达 600 hPa 左右，辐合中心强度为 20×10^{-5} s^{-1}。600～300 hPa 为辐散区，之上 300～200 hPa 又为辐合区，200 hPa 之上为辐散区。HT 模拟的散度场(图 5.42b)风暴中心北侧为辐合区，高度达到 200 hPa，辐合强度中心量值为 10×10^{-5} s^{-1}。之上为辐散区。ZT 模拟的散度场(图 5.42c)风暴中心北侧低层同样为辐合区，高度只到 400 hPa，之上为辐散区，辐散中心强度达 70×10^{-5} s^{-1}。经向剖面上，相比 HT 试验模拟的辐合辐散强度最强。三种试验方案模拟的散度在强度和辐合辐散的分布上差别较大。与地形在纬向上差别大相一致。

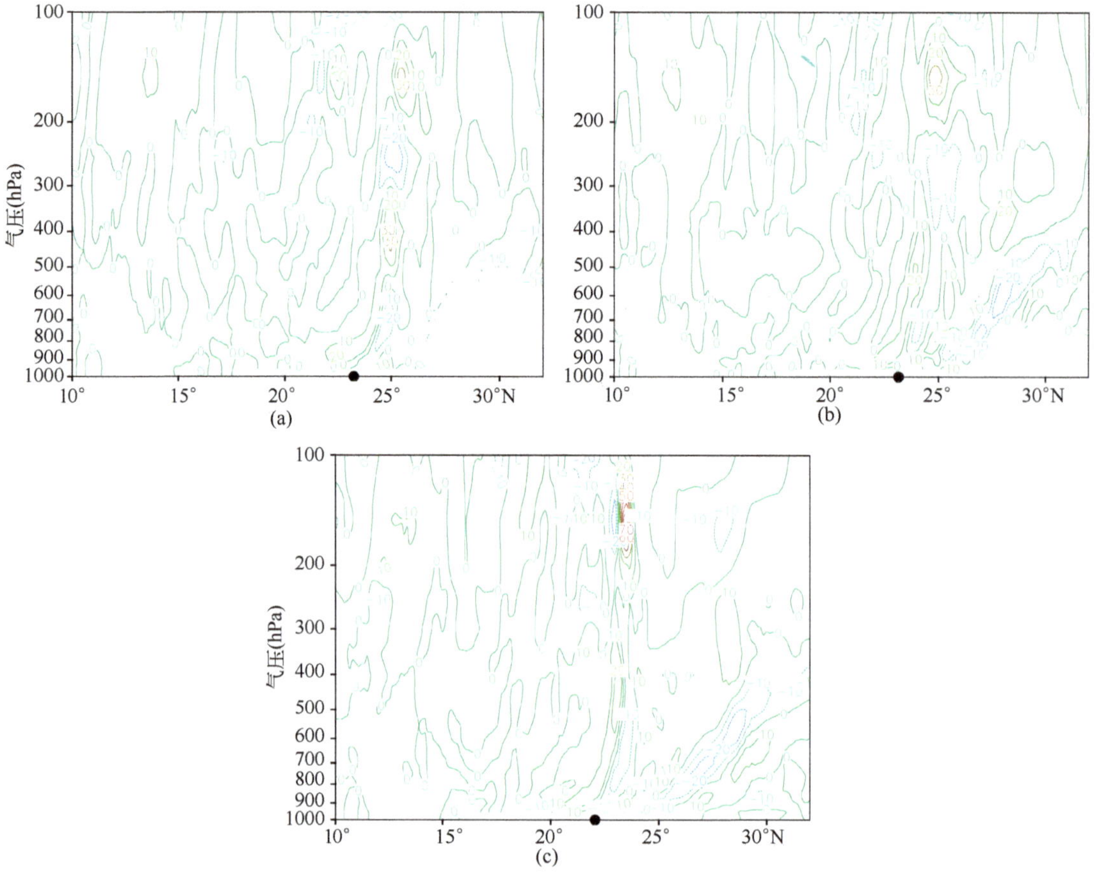

图 5.42　2008 年 10 月 27 日 00 时三种试验方案(a. CTL；b. HT；c. ZT)模拟风暴中心经向散度垂直剖面(单位：$10^{-5}s^{-1}$，“●”表示风暴中心)

5.4.4　水汽输送

图 5.43 为“Rashmi”风暴 2008 年 10 月 27 日 00 时三种试验方案模拟 700 hPa 和 500 hPa 的水汽通量。从总体看，无论是 700 hPa 还是 500 hPa，风暴水汽输送的风暴和强度几乎相差无几，看不出地形所起的作用。但从沿纬向或沿经向的垂直剖面上看，还是有所差异的。

图 5.44 为 2008 年 10 月 27 日 00 时三种试验方案模拟沿 25°N 纬向水汽输送剖面。CTL 模拟(图 5.44a)的南风分量水汽输送大值区在 92°～100°E、900～700 hPa 区间，中心强度为 $3.5\times10^{-3}g\cdot s^{-1}\cdot hPa^{-1}\cdot m^{-1}$。HT 模拟(图 5.44b)的水汽输送特征与 CTL 基本一致，中心强度也为 $3.5\times10^{-3}g\cdot s^{-1}\cdot hPa^{-1}\cdot m^{-1}$。ZT 模拟(图 5.44c)的南风分量水汽输送大值区偏东，在 94°～105°E、900～800 hPa 区间，向北水汽输送中心降为 $3\times10^{-3}g\cdot s^{-1}\cdot hPa^{-1}\cdot m^{-1}$。风暴中心西侧出现更强的向南的水汽输送，中心强度减弱为 3.0×

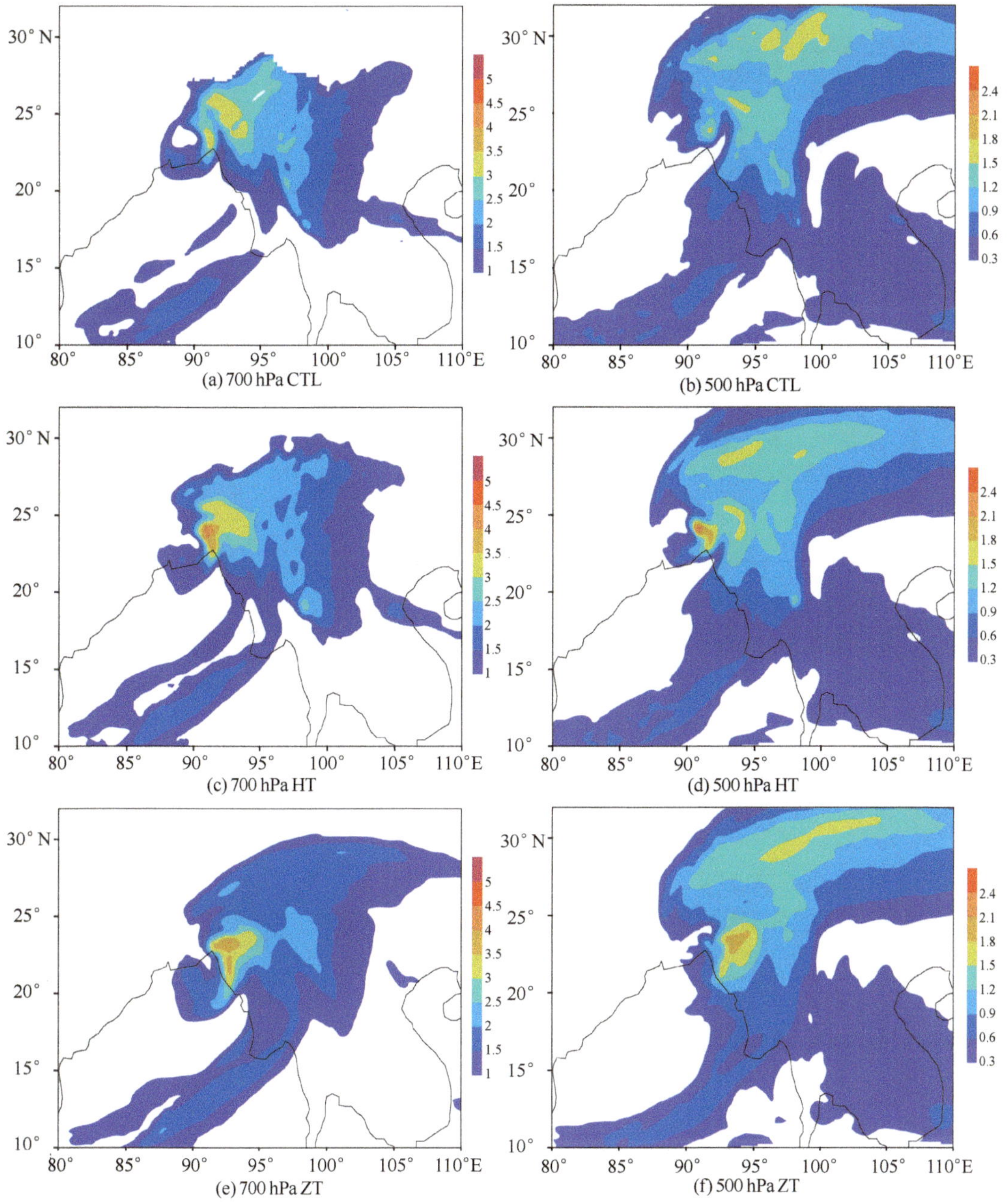

图 5.43　2008 年 10 月 27 日 00 时三种试验方案(上列 a,b:CTL;中列 c,d:HT;下列 e,f:ZT)
模拟的 700 hPa(左半栏:a,c,e)和 500 hPa(右半栏:b,d,f)水汽通量分布
(单位:10^{-3}g · s^{-1} · hPa^{-1} · m^{-1})

10^{-3}g · s^{-1} · hPa^{-1} · m^{-1}。HT 与 CTL 在 25°N 的水汽输送基本一致,ZT 则是向北的输送减弱而向南的输送增强。ZT 与 HT 和 CTL 的降水相比 25°N 以北大部分区域降水减小(图 5.36),南风分量水汽输送 CTL 和 HT 较强,而 ZT 相对弱一些。

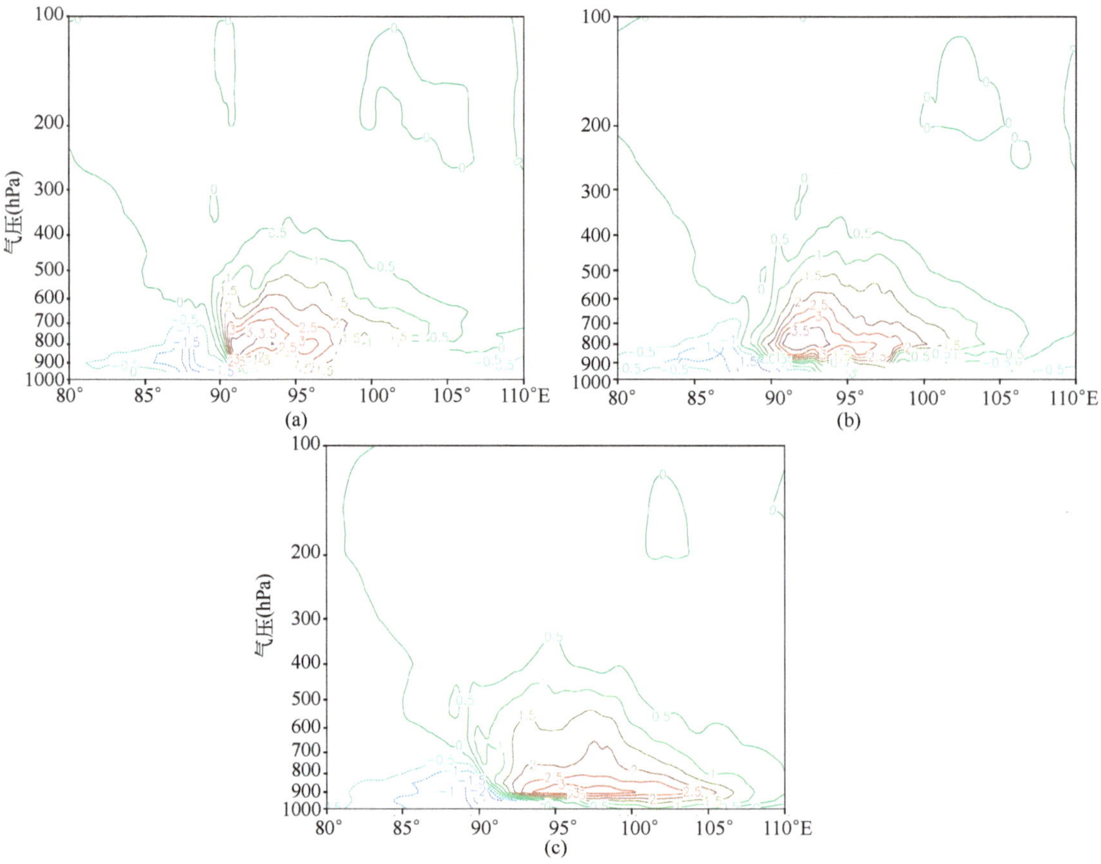

图 5.44　2008 年 10 月 27 日 00 时三种试验方案(a. CTL;b. HT;c. ZT)模拟沿 25°N 纬向水汽输送(qv)垂直剖面(单位:10^{-3}g·s^{-1}·hPa^{-1}·m^{-1})

图 5.45 为 2008 年 10 月 27 日 00 时三种试验方案模拟沿 100°E 经向水汽输送剖面。CTL 模拟(图 5.45a)的西风分量水汽输送大值区有 2 个,一个位于 17°N 以南的低层,中心值为 0.6×10^{-3}g·s^{-1}·hPa^{-1}·m^{-1},另一个位于 25°N 以北的中层,中心值为 0.9×10^{-3}g·s^{-1}·hPa^{-1}·m^{-1}。HT 模拟(图 5.45b)的水汽输送特征与 CTL 基本一致。ZT 模拟(图 5.45c)的西风分量水汽输送南部低层增强,中心值上升为 0.9×10^{-3}g·s^{-1}·hPa^{-1}·m^{-1},这是由于该区域基本位于海洋面上,不受地形的影响,ZT 模拟风暴增强而导致水汽输送增大;而北部中层的西风分量水汽输送则减小,0.9×10^{-3}g·s^{-1}·hPa^{-1}·m^{-1} 的范围几乎消失。

综合图 5.44 和图 5.45 分析,随着地形高度的降低,风暴向高原的西南水汽输送也在减弱。

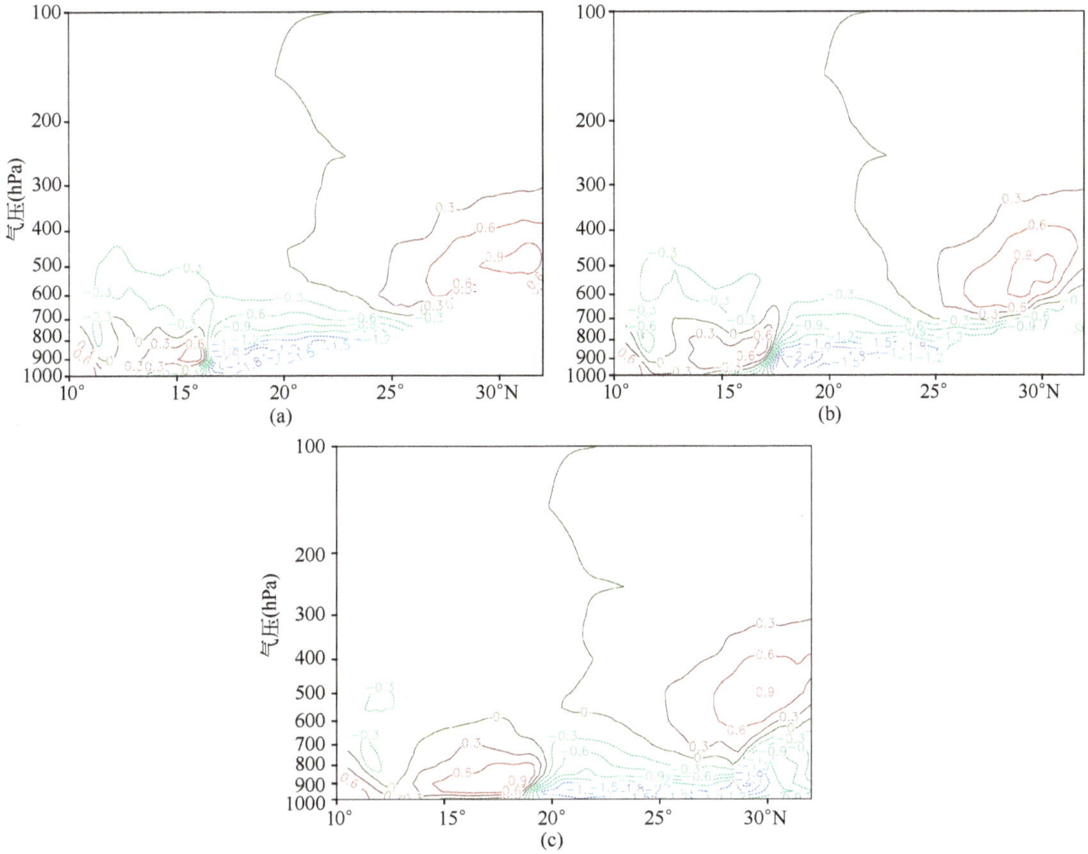

图 5.45　2008 年 10 月 27 日 00 时三种试验方案(a. CTL;b. HT;c. ZT)模拟沿 100°E 经向水汽输送(qu)垂直剖面(单位:10^{-3} g · s^{-1} · hPa^{-1} · m^{-1})

5.5　2006 年"Mala"风暴数值模拟

孟加拉湾风暴"Mala"是 2006 年 4 月 24 日 18 时左右在北印度洋上生成,29 日 12 时左右在缅甸(94.55°E,18.4°N)登陆。登陆后,受青藏高原东侧槽前西南气流和副高外围西南气流引导,风暴"Mala"向东北方向移动。强度减弱,并入西风槽从而影响云南。受风暴低压和高原东侧下滑冷空气影响,30 日云南出现强降水过程,风暴于 30 日 00 时之后消失。数值模拟初始积分时间为 2006 年 4 月 29 日 00 时,积分 36 h。

5.5.1　CTL 对风暴路径和强度的模拟

图 46a 给出了控制试验 CTL 对风暴中心移动路径模拟与 NCEP 分析场的比较,从中可以看出,风暴登陆前后移动方向模拟与实况基本一致,但模拟的速度比分析场有所差异,29

日 18 时以前模拟速度较分析场慢 3 h 左右，之后模拟速度偏快，到 30 日 00 时风暴即将消失时模拟与分析场十分接近(偏差约 35 km)。图 46b 为控制试验 CTL 对风暴中心 850 hPa 位势高度模拟与 NCEP 分析场的演变情况，可见模拟值与分析场变化趋势一致，但登陆前中心强度模拟较分析场弱，登陆后较实况强，风暴中心值最大误差为 18 gpm，最小仅为 9 gpm。TS 中心路径和强度的模拟结果表明，模式对风暴“Mala”具有较好的模拟能力，可以通过进行地形敏感试验，来分析地形对登陆风暴的影响。

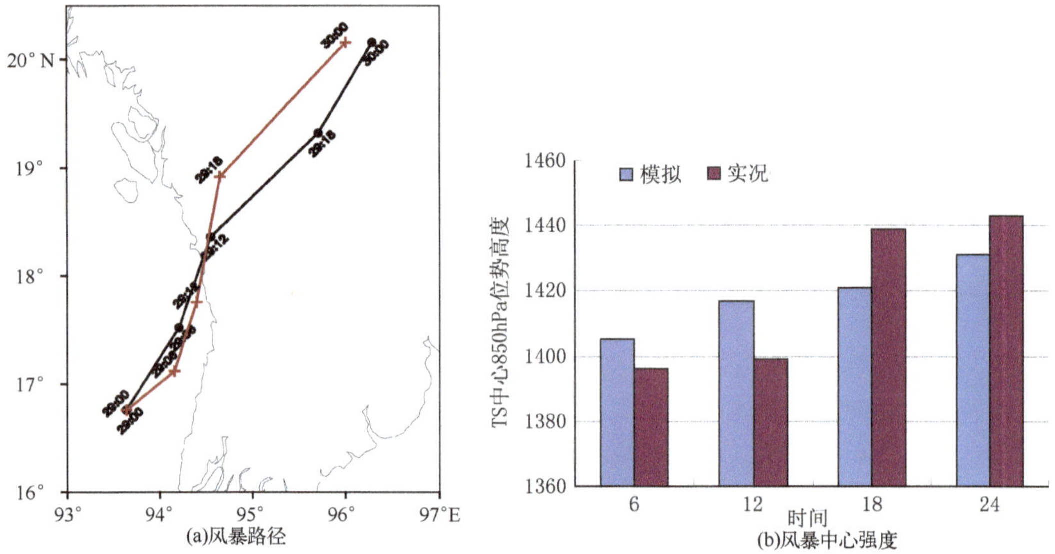

图 5.46　2006 年 4 月 29 日 00 时—30 日 00 时每 6 h 一次“Mala”风暴路径

(a.“ ● ”:NCEP 分析场，“＋”:CTL)和风暴中心强度(b. 850 hPa 位势高度)模拟

5.5.2　地形对水平风场和 500 hPa 高度场的影响

风暴“Mala”是 4 月 29 日 12 时左右登陆的，30 日 00 时之后消失。因此，为了分析地形对风暴登陆前后结构影响，取模拟积分 6 h(29 日 06 时)结果作为登陆前的状况，积分 18 h(29 日 18 时)作为登陆后的状况。在 850 hPa 风场上，登陆前三种模拟试验方案(CTL、HT、ZT)表现风暴都为比较完整对称的环流(图略)。风暴登陆后，3 种数值试验的结果有了一些变化(图 5.47)，其共同特点是水平风场由登陆前的对称的环流转变为非对称环流，在风暴移动的东北方向风速明显大于其他方向。相对比较而言，风暴外围 10 $m \cdot s^{-1}$ 风速等值线环流范围，CTL 试验(图 5.47a)和 HT 试验(图 5.47b)小于 ZT 试验(图 5.47c)；而风暴中心 5 $m \cdot s^{-1}$ 风速等值线环流范围则正好相反，并且随地形高度的降低环流相对完整，表明地形对登陆风暴的减弱有较明显的作用。地形在对登陆风暴环流阻挡减弱的同时，由于其动力抬升的作用，在迎风坡(东北方向)风速加大(登陆前最大风速未达到 20 $m \cdot s^{-1}$)，全地形(CTL)和半地形(HT)20 $m \cdot s^{-1}$ 范围比零地形(ZT)大。这与 Powell 等(1998)分析认为陡

峭海岸能使风速增加 20%～80%一致。尽管 ZT 试验中地形抬升作用为零、风暴减弱较 CTL 和 HT 试验减弱相对缓慢，但风暴减弱还是非常明显的，表明陆地对风暴强度的影响不仅限于地形阻挡和抬升效应，而且包含下垫面摩擦、水汽和热力条件的影响，后者的作用不可忽视。与 Tuleya(1994)试验结论一致。

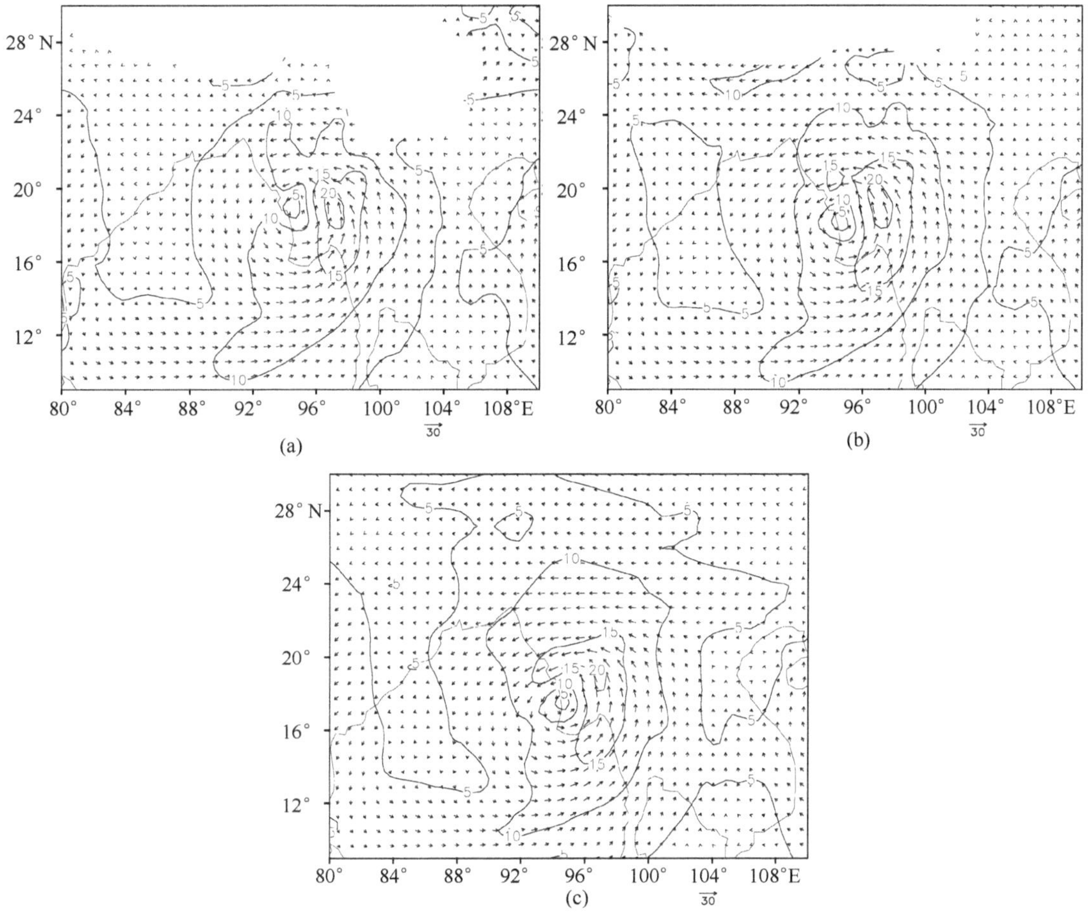

图 5.47　2006 年 4 月 29 日 18 时三种试验方案(a. CTL；b. HT；c. ZT)模拟的 850 hPa 流场(等值线为水平全风速，单位：m · s^{-1})

图 5.48 为 3 种试验模拟登陆后(29 日 18 时)500 hPa 高度场的情况，CTL 试验(图 5.48a)和 HT 试验(图 5.48b)变为不对称，特别是 CTL 试验 500 hPa 环流比较杂乱。与对应青藏高原东南麓复杂地形有关。ZT 试验(图 5.48c)环流比较完整。随地形高度的降低环流相对完整，3 种试验最低位势高度大小一致，但环流范围差别较大。地形高度的变化对风暴中层大气环流结构影响较大。

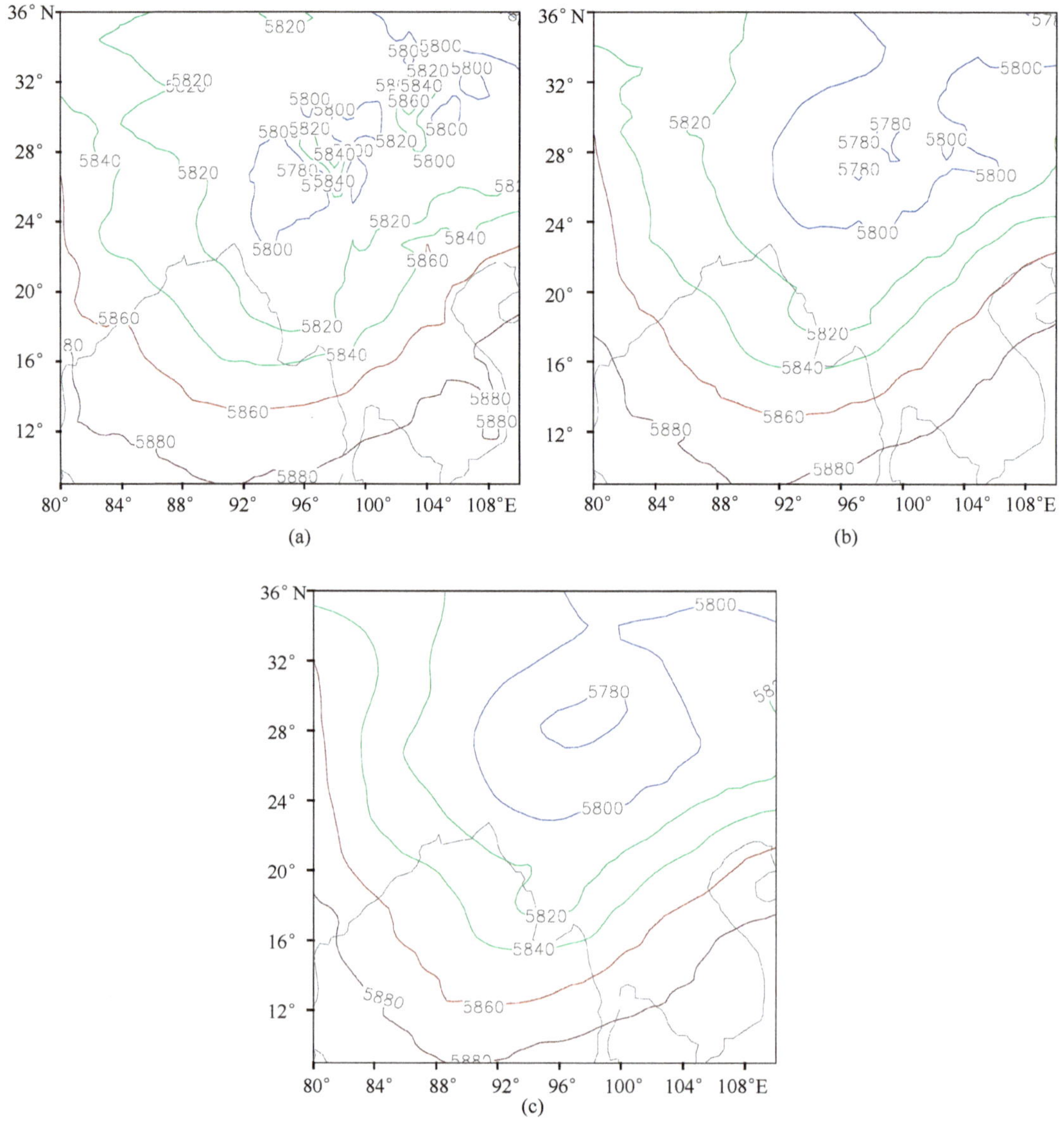

图 5.48　2006 年 4 月 29 日 18 时三种试验方案(a. CTL;b. HT;c. ZT)模拟的 500 hPa 高度场(单位:gpm)

5.5.3　地形对移动路径和速度的影响

风暴登陆路径主要受天气系统活动方式和相互作用的支配,但在孟加拉湾地区周围,大地形的水平尺度和垂直尺度都足以影响风暴的移动路径和速度。图 5.49 给出了风暴登陆区域的地形高度分布及 3 种数值试验对路径和速度的模拟情况,可以明显地看出:在风暴登陆前的海面上,CTL、HT 和 ZT 试验模拟的移动方向和速度基本一致(29 日 00—06 时);当风暴接近陆地时(29 日 12 时),地形高度为零的 ZT 试验模拟路径为偏东方向(最短距离登陆),而全地形和半地形的 CTL、HT 试验模拟路径则为东北方向(沿海岸平行方向),地形的阻挡作用不可忽视;风暴登陆后,CTL和HT试验模拟的路径基本沿地形相对平缓的方向,CTL后6 h运动有明显的偏东分量即运动方向的右偏移。这与陈联寿等(2002)研究的地形使台风路径右偏的结论一致。另外,从风暴的移动速度看,由于受地形的影响,CTL试验模拟强度减弱最快、HT次之、ZT最慢,导致弱的天气系统移动速度较强的快,因此TS登陆以后,CTL试验模拟速度最快、HT次之、ZT最慢。总之,青藏高原和云贵高原大地形对风暴移动有两方面的作用,一方面对风暴移动有阻挡减速的作用,另一方面对风暴强度有摩擦减弱的作用,从而减弱的系统移动速度加快。对于"Mala"风暴,地形阻挡作用使其沿地形相对平缓方向移动,同时地形使风暴强度减弱明显从而加快了移动速度。由于从海岸到高原大地形,相对变化连续平缓,与山脉和岛屿地形作用相比,风暴路径较难出现偏折(段丽,2006)和海上打转(余贞寿,2007)等异常情况。

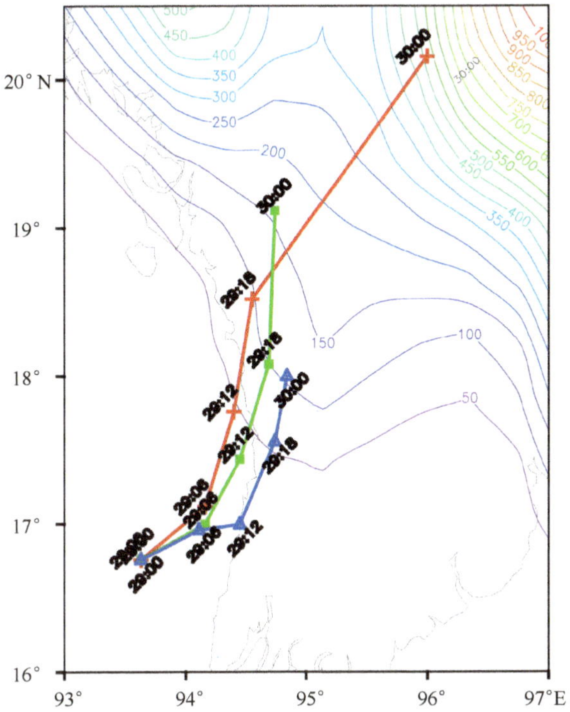

图5.49 2006年4月29日00时—30日00时每6 h一次"Mala"风暴路径数值模拟
(+:CTL,■:HT,▲:ZT;等值线表示地形高度,单位:m)

5.5.4 地形对动力结构的影响

图5.47中的水平流场显示,风暴登陆后呈准南北向非对称分布,这种非对称分布导致了风暴向风速较大的一侧方向移动,与西太平洋登陆的非对称型台风运动的方向一致(陈联寿,1996;余贞寿,2005)。非对称的水平流场从低层到高层气旋性闭合环流发生了变化(图略),低层仍维持闭合低压,但已逐渐演变为椭圆形环流,表明涡旋环流趋于减弱,中高层已演变为西风带上的低压槽。受大地形阻挡的影响,气旋(或低压槽)随高度向移动方向倾斜,下面用3种试验的动力诊断量的差值来讨论地形对其倾斜所起的作用。

图5.50给出了以风暴为中心的垂直速度差值东西向剖面分布。当地形减半时(图

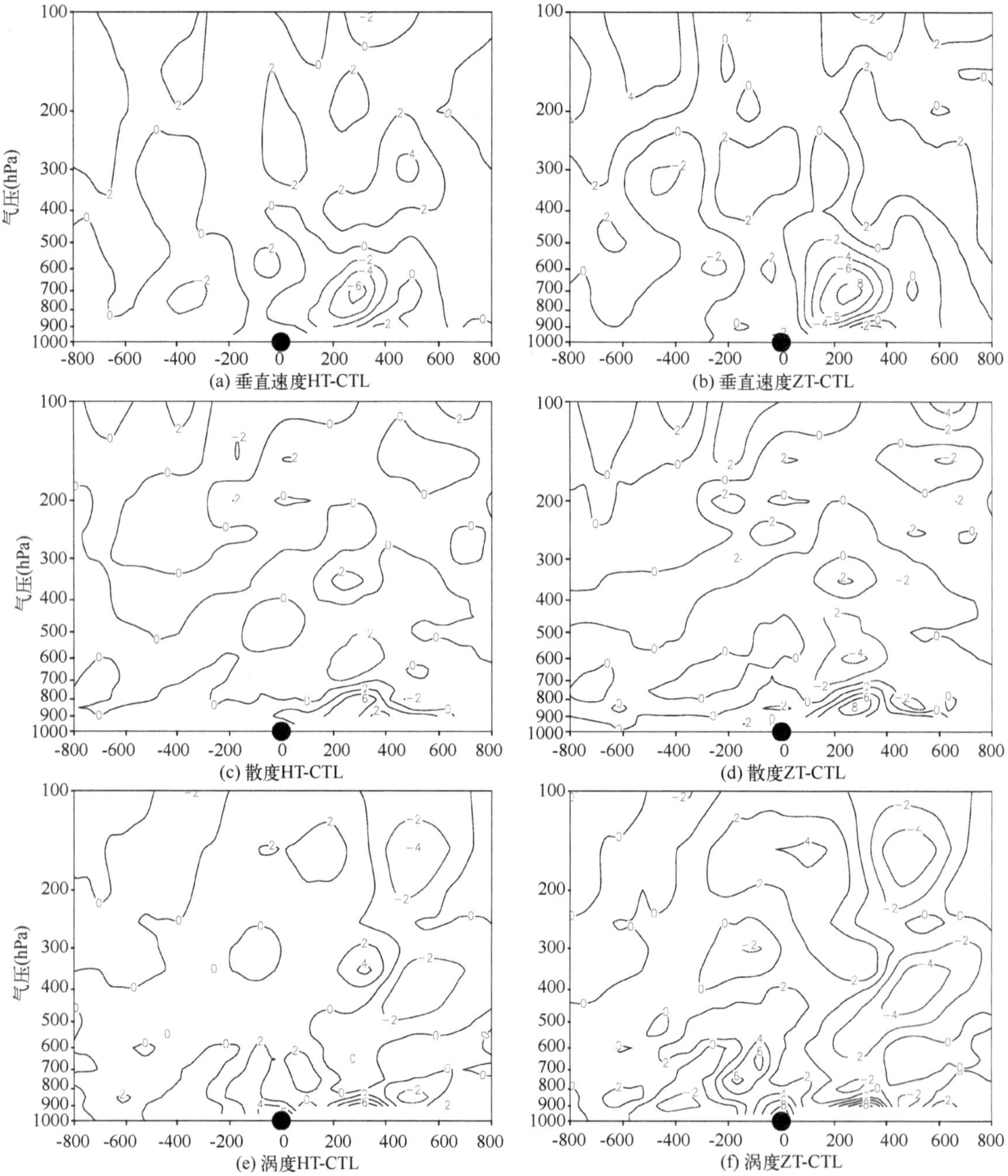

图 5.50　2006 年 4 月 29 日 18 时风暴中心东西向垂直剖面三种模拟方案差值分布

上列为垂直速度之差：(a)HT－CTL，(b)ZT－CTL；中列为散度之差：(c)HT－CTL，(d)ZT－CTL；

下列为涡度之差：(e)HT－CTL，(f)ZT－CTL

（横轴单位：km，垂直速度单位：10^{-2} m · s^{-1}，散度和涡度单位：10^{-5} s^{-1}，"●"表示风暴中心）

5.50a，HT－CTL)，风暴中心右侧 400 km 以内上空中低层为一负的大值区域，中心值为 -6.5×10^{-2} m · s^{-1}，说明了地形的阻挡作用加大了风暴系统中低层运动的滞后性，地形的抬升作用增加了中低层的上升运动。地形为零时(图 5.50b，ZT－CTL)，负的大值区域扩大到右侧 450km 范围，上升运动中心值也增强为 -8.7×10^{-2}m·s^{-1}，地形对风暴系统的阻挡作用和抬升作用非常明显。从登陆前后三种试验方案的辐合辐散场（图略）看，登陆后，倾斜程度依然明显，除了高空 900 hPa 以下近地层由于地形高度增加导致辐合增强外，中低层为较强的辐散区，由此导致风暴系统减弱。地形减半时（图 5.50c，HT－CTL），高空近地层和中低层的辐合辐散中心差值分别为 3.9、5.9×10^{-5}s^{-1}，地形为零时（图 5.50d，ZT－CTL），其差值分别为 4.4、7.8×10^{-5}s^{-1}，比较看，地形高度的增加，加大了近地层的辐合，同时也加大了中低层的辐散，总体使风暴系统减弱。涡度场（图 5.50e、f）与散度场有所不同，虽然从低层到高层其结构也向东倾斜，但 900 hPa 以上涡度差值很小，表明地形对水平风向的影响仅限于高空近地层。随着地形的升高，高空近地层涡度明显减小，风暴中心上空 925 hPa 高度上，HT－CTL、ZT－CTL 涡度差值分别为 6.3×10^{-5}s^{-1} 和 9.6×10^{-5}s^{-1}，主要原因是 u 分量风速受地形阻挡在南北方向变化较大所致，因此地形升高促使风暴系统减弱。

5.5.5　地形对垂直环流的影响

与西太平洋台风不同，孟加拉湾风暴由于其生存空间的洋面面积相对较小，且东、西、北三面均为大陆，风暴在登陆前环流结构已发生了很大的改变。图 5.51a、c、e 是 3 种试验方案 29 日 06 时对风暴的纬向剖面垂直环流模拟结果，可以看出风暴中心东西两侧除低层外已完全不对称，东侧为较强的上升气流区，西侧为较强下沉气流区。有所不同的是，CTL、HT 和

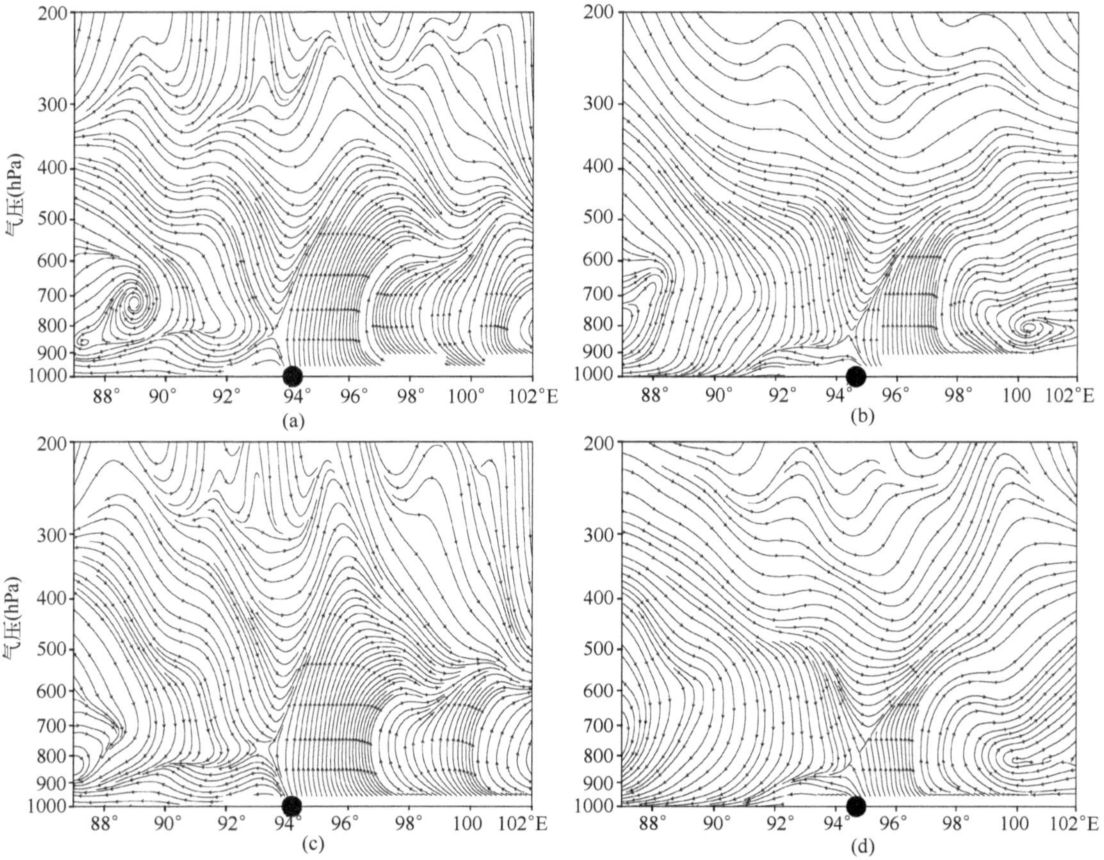

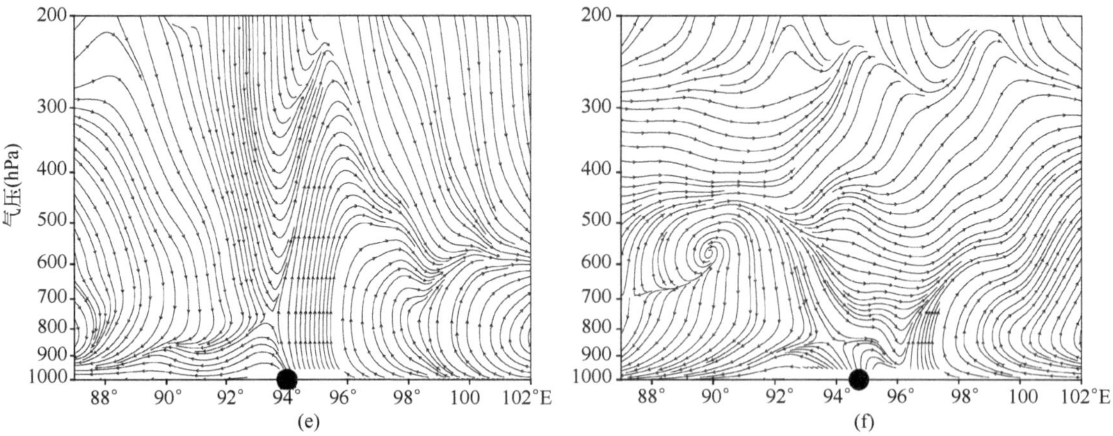

图 5.51　三种试验方案(CTL,HT,ZT)模拟风暴中心纬向垂直环流剖面
(登陆前 a,c,e:2006 年 4 月 29 日 06 时,登陆后 b,d,f:2006 年 4 月 29 日 18 时,"●"表示风暴中心)

ZT 试验模拟 TS 中心区域上升气流分别达到 700、600 和 400 hPa，其东侧区域上升气流分别达到 300、250 和 200 hPa,表明不同的地形高度对风暴强度的间接影响。风暴登陆后,三种试验方案(图 5.51b、d、f)风暴中心区域上空均变为较强的下沉气流,促使风暴迅速减弱,当然程度上还是有所区别,CTL 最强、HT 次之、ZT 最弱。值得注意的是,在风暴东侧中低层有很强的上升气流区,与风暴系统减弱的趋势正好相反,说明大地形的抬升作用非常显著,与图 5.50a、b 给出的结果一致。

5.5.6　地形对降水分布和强度的影响

图 5.52 为 2006 年 4 月 29 日 12 时—30 日 12 时云南境内累计降水量分布。与实况(图 5.52a)相比,3 种试验方案降水模拟的范围偏西偏北,50 mm 等值线范围中心距离约相差 200 km,这与风暴的模拟路径(图 5.46)偏西有关。比较 3 种试验方案对降水量模拟的结果,控制试验 CTL(图 5.52b)25 mm 范围最大,半地形 HT(图 5.52c)次之,零地形 ZT(图 5.52d)最小,说明地形的抬升作用使 TS 系统减弱而加快了移动速度,造成降水面积扩大。并且随着地形高度的降低降水分布更均匀,与钮学新等(2005),余贞寿等(2005)数值试验得到的地形使台风降水分布不均匀结论一致。从降水强度看,CTL 和 HT 方案模拟了 100 mm 以上降水,而 ZT 方案没有达到此量值,地形抬升对降水是增加的。虽然如此,但比较 CTL 和 HT 方案 100 mm 以上降水发现,100 mm 范围 HT 方案略大于 CTL 方案,中心强度 CTL 和 HT 方案分别为 120 mm 和 160 mm,这表明地形对降水并不完全是正贡献。一方面地形抬升作用对降水的增加是有利的,另一方面地形的阻挡和摩擦作用也会减弱风暴系统而导致降水减少,两者作用的相互消减可能是降水增加或减少的主要因素。

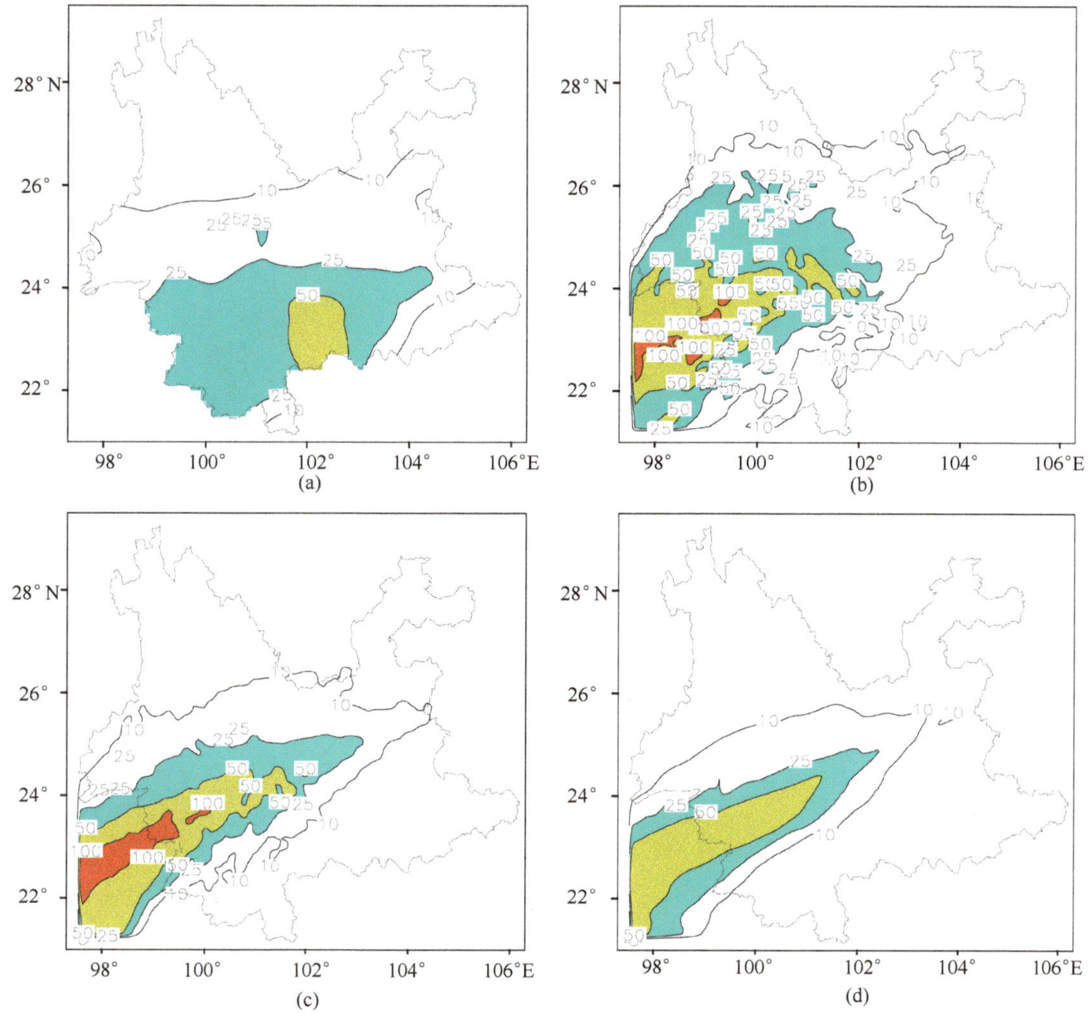

图 5.52　2006 年 4 月 29 日 12 时—30 日 12 时累积降水量(单位:mm)
(a. 实况;b. CTL 模拟;c. HT 模拟;d. ZT 模拟)

5.5.7　小结

(1)控制试验对风暴中心强度和移动路径的模拟误差较小,降水强度和范围有一定误差,但降水趋势还是比较吻合的,说明 WRF 模式对该孟加拉湾风暴个例模拟有一定的参考价值。

(2)通过改变地形高度进行敏感试验发现,地形对风暴的移动有明显阻挡作用,在引导气流控制下,风暴基本上是沿地形相对平缓方向移动。通过风场和 500 hPa 高度场分析,地形对风暴强度减弱明显。风暴强度的变化从而影响移动速度变化,强度越弱,移动速度越快。

(3)通过分析三种方案模拟的动力结构发现,地形摩擦作用使风暴明显减弱,垂直方向产生倾斜作用,使风暴变为斜压结构,随地形高度降低,斜压程度降低。由于地形抬升作用,使风暴局部垂直速度有所增加。

(4)通过分析登陆前后三种方案模拟的垂直环流,风暴登陆前,大地形对风暴的垂直结构有间接影响,风暴中心高层出现了倾斜结构。登陆后,地形抬升作用显著。

(5)通过分析三种方案模拟的降水,降水是地形抬升增幅和地形阻挡摩擦减弱风暴从而减少降水的综合反映。

第 6 章 诊断分析和预报方法

6.1 风暴暴雨的湿位涡分析

位涡是同时表征大气动力、热力性质的综合物理量，比用单一的物理量（如涡度、散度、垂直速度、水汽通量等）更能全面、有效地描述暴雨的发生发展，近年来被广泛用于暴雨和其他天气系统的诊断。吴国雄等（1995）证得绝热无摩擦的饱和湿空气具有湿位涡守恒的特性，并研究了湿斜压过程中倾斜涡度的发展理论。范可等（2004）、段旭等（2000）、张述文等（2005）、王建中等（1996）应用湿位涡理论，对暴雨、强对流等灾害性天气进行了诊断研究，得到了一些很有意义的结果。在热带气旋研究方面，John Molinari 等（1998）分析了热带风暴与对流层高层正位涡扰动的相互作用；于玉斌等（2000）对一次华北特大台风暴雨过程进行了位涡诊断，分析了台风低压诱发暴雨过程的位涡分布特征；余晖等（2001）研究了热带气旋内部相当位温结构的演变与其强度突变的可能关系；李英等（2005）对比分析了 9711 号台风 Winnie 和 0010 号台风 Bilis 的变性过程，指出湿斜压项增长引起的倾斜涡度发展是登陆热带气旋变性加强的主要因子。云南地处低纬高原，由于其特殊的地理位置，同时受到南海西行台风和孟加拉湾风暴的影响。然而，应用位涡作孟加拉湾风暴影响低纬高原地区强降水的研究不多。本节用湿位涡理论，选取造成云南暴雨天气的孟加拉湾风暴个例作位涡诊断，进一步增加对孟加拉湾风暴影响云南暴雨机制的认识。

6.1.1 湿位涡的计算方法和资料

在 P 坐标下忽略垂直速度的水平变化，等压面湿位涡守恒的表达式为：

$$P_m = -g(\xi_p + f)\frac{\partial\theta_e}{\partial p} + g\frac{\partial v}{\partial p}\frac{\partial\theta_e}{\partial x} - g\frac{\partial u}{\partial p}\frac{\partial\theta_e}{\partial y} = \text{const} \tag{6.1}$$

将其写成分量形式，有：

$$P_{m1} = -g(\xi_p + f)\frac{\partial\theta_e}{\partial p} \tag{6.2}$$

$$P_{m2} = g\frac{\partial v}{\partial p}\frac{\partial\theta_e}{\partial x} - g\frac{\partial u}{\partial p}\frac{\partial\theta_e}{\partial y} \tag{6.3}$$

式中，ξ_p 是垂直涡度，f 是地转涡度，θ_e 为相当位温。P_{m1} 是湿位涡的正压项，其值取决于绝对涡度的垂直分量与相当位温垂直梯度的乘积。因为绝对涡度是正值，当大气是对流不稳定时，$\frac{\partial\theta_e}{\partial p} > 0$，所以 $P_{m1} < 0$；当大气是对流稳定时，$\frac{\partial\theta_e}{\partial p} < 0$，$P_{m1} > 0$。$P_{m2}$ 是湿位涡的斜压项，它的数值由风的垂直切变和相当位温的水平梯度决定。

本文采用中国气象局下发的 $1° \times 1°$ 经纬距的 T213 资料，垂直方向取 850～300 hPa 共 7

层，按式(6.1)～(6.3)分别计算 P_m、P_{m1} 和 P_{m2}。

6.1.2　环流形势和降水特征

2004 年 5 月 17 日孟加拉湾风暴在孟加拉湾生成后，500 hPa 形势图上青藏高原南侧有一横槽发展，中南半岛及以东地区为西太平洋副热带高压控制，副高脊线位于 20°N 左右，随着横槽转竖东南移动，槽前西南气流和副高外围的西南气流形成了有利风暴东北移的强西南引导气流，使孟加拉湾风暴向东北方向移动(图 6.1a)。与此同时，低层冷空气从四川盆地南下进入云南，受孟加拉湾风暴和冷空气的影响，5 月 18—20 日低纬高原地区的云南出现了强降水天气过程。其中，18 日 08 时—19 日 08 时，全省 124 个气象站中，大暴雨 7 站、暴雨 42 站、大雨 55 站，创下了云南有记录以来单日暴雨、大暴雨出现站数最多的记录。图 6.1b 给出了 2004 年 5 月 17 日 20 时—20 日 20 时风暴造成强降水的分布图，由图可见，100 mm 以上的雨带主要出现在滇西及滇南地区。

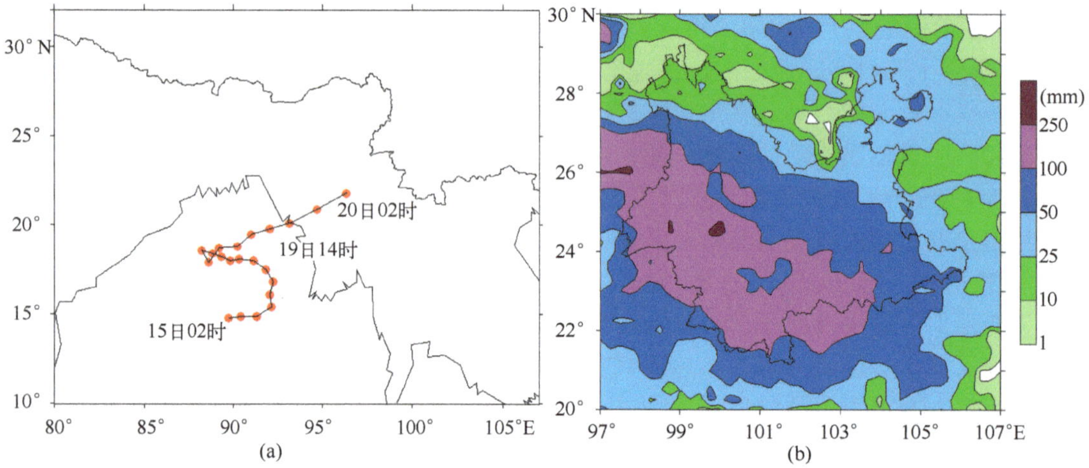

图 6.1　2004 年 5 月 15—20 日孟加拉湾风暴移动路径(a)和 5 月 17—20 日过程累计雨量(b)(单位：mm)

6.1.3　计算结果分析

6.1.3.1　相当位温分析

分析 700 hPa 相当位温和风场分布，17 日 20 时(图 6.2a)，川滇之间有一西北—东南向的 θ_e 密集带，其东北部为 324 K 的 θ_e 低值区，与冷空气相对应，孟加拉湾风暴外的西南气流向北输送暖湿空气，孟加拉湾北部到云南大部为 θ_e 高值区，只要有冷空气入侵，极易释放对流不稳定能量造成强降水。18 日 08 时(图略)随着 500 hPa 高原横槽转竖东移，冷空气加强进入云南，冷暖空气交界的 θ_e 密集带开始从东北向西南移动，冷空气侵入对流不稳定区，触发不稳定能量释放，云南开始出现强降水天气。18 日 20 时以后，孟加拉湾风暴在强西南引导气流下向东北方向移动，西南暖湿气流加强，等 θ_e 线更为密集(图 6.2b)，即湿斜压性增强，降水天气更为强烈，19 日 20 时(图 6.2c)，冷空气变性减弱，孟加拉湾风暴登陆后也开始减弱，使 θ_e 等值线密集度减小，强降水天气出现在 θ_e 等值线密集的滇西、滇南地区。20 日 20 时(图 6.2d)随着孟加拉湾风暴的减弱消失，θ_e 等值线密集带消失，云南的强降水天气结束。

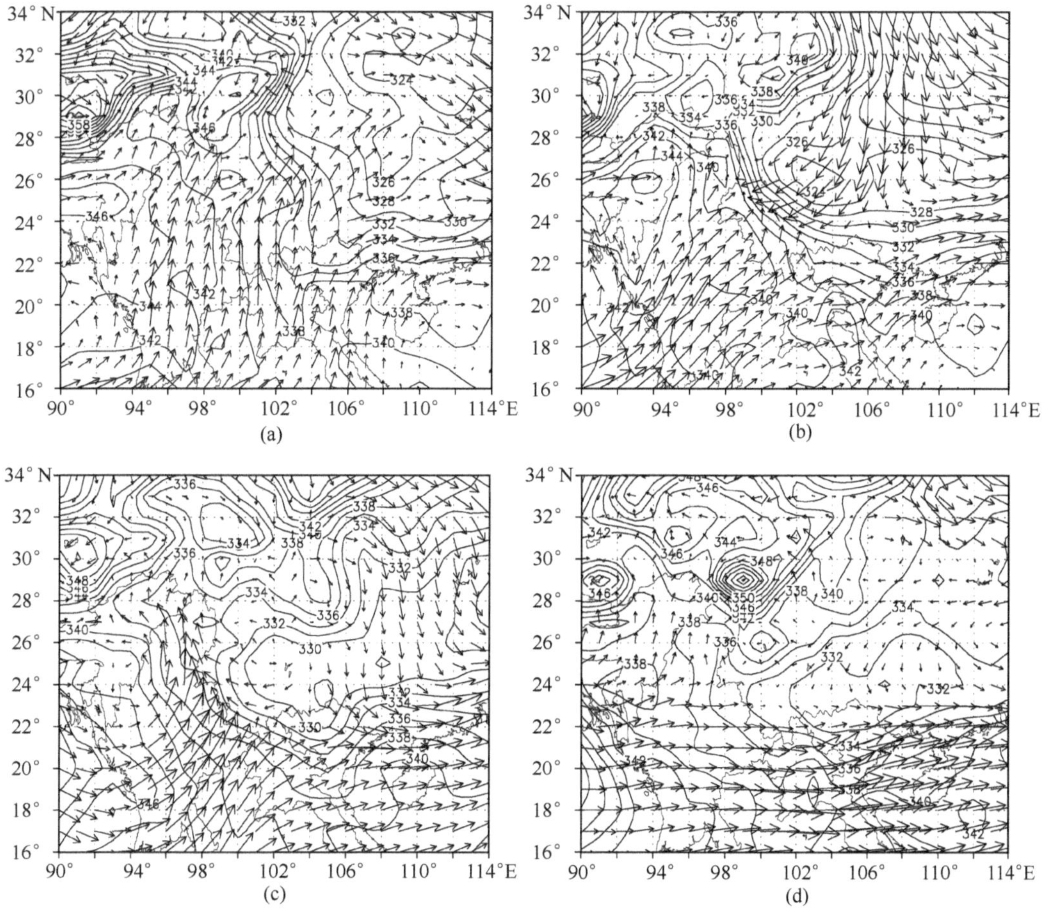

图 6.2　2004 年 17—20 日 700 hPa 上相当位温(单位:K)和风矢量分布

(a. 17 日 20 时;b. 18 日 20 时;c. 19 日 20 时;d. 20 日 20 时)

从暴雨区沿 24°N 的 θ_e 纬向垂直剖面上看,暴雨产生前的 17 日 20 时(图 6.3a)孟加拉湾到云南上空为较强的暖湿气团控制,大气层结为对流性不稳定,此时冷空气从东北向西南方向移动,θ_e 密集带位于 105°E 附近,向西倾斜。18 日 08 时(图略),θ_e 密集带侵入云南的湿对流性不稳定区,暴雨天气开始出现。随着暴雨天气的加强,θ_e 密集带变得陡立(图 6.3b)。20 日 θ_e 陡峭密集带移出云南,暴雨过程结束。暴雨出现在 θ_e 陡峭密集区内,而 θ_e 陡峭密集则是东南下的冷空气与孟加拉湾风暴输送的暖湿对流性不稳定空气交汇形成的。根据倾斜涡度发展理论,陡峭密集的 θ_e 面有利于垂直涡度的发展,而倾斜涡度发展造成的上升运动又有利于暴雨天气的产生。

6.1.3.2　等压面上湿位涡分布

这次暴雨过程发生在对流层低层 P_{m1} 负值区内,图 6.4 是对流层低层 700 hPa 上 P_{m1} 的逐日分布图。暴雨发生前 17 日 20 时 700 hPa 上(图 6.4a),从孟加拉湾北部到云南大部为 P_{m1} 负值区,$-3.5\times10^{-6}\,\mathrm{m}^2\cdot\mathrm{s}^{-1}\cdot\mathrm{K}\cdot\mathrm{kg}^{-1}$ 的负值中心位于孟加拉湾北部,它是与随西南气流北上的孟加拉湾风暴云系的暖湿特性相联系的,反映了中低层不稳定大气的活动。云南东部和北部为 P_{m1} 正值区控制,它是冷空气控制地区对流稳定大气的反映。冷空气从东

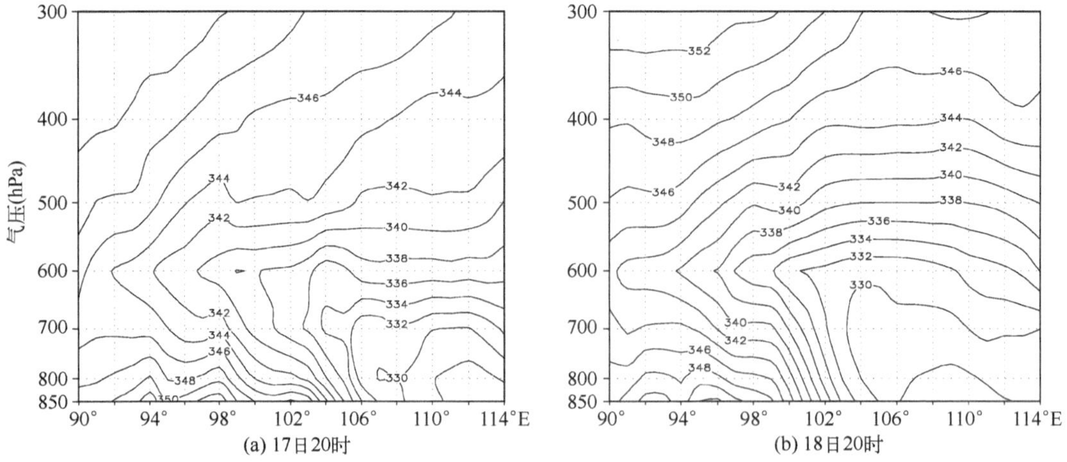

图 6.3　2004 年 5 月 17 日(a)和 18 日(b)20 时沿 24°N 纬向 θ_e 垂直剖面(单位:K)

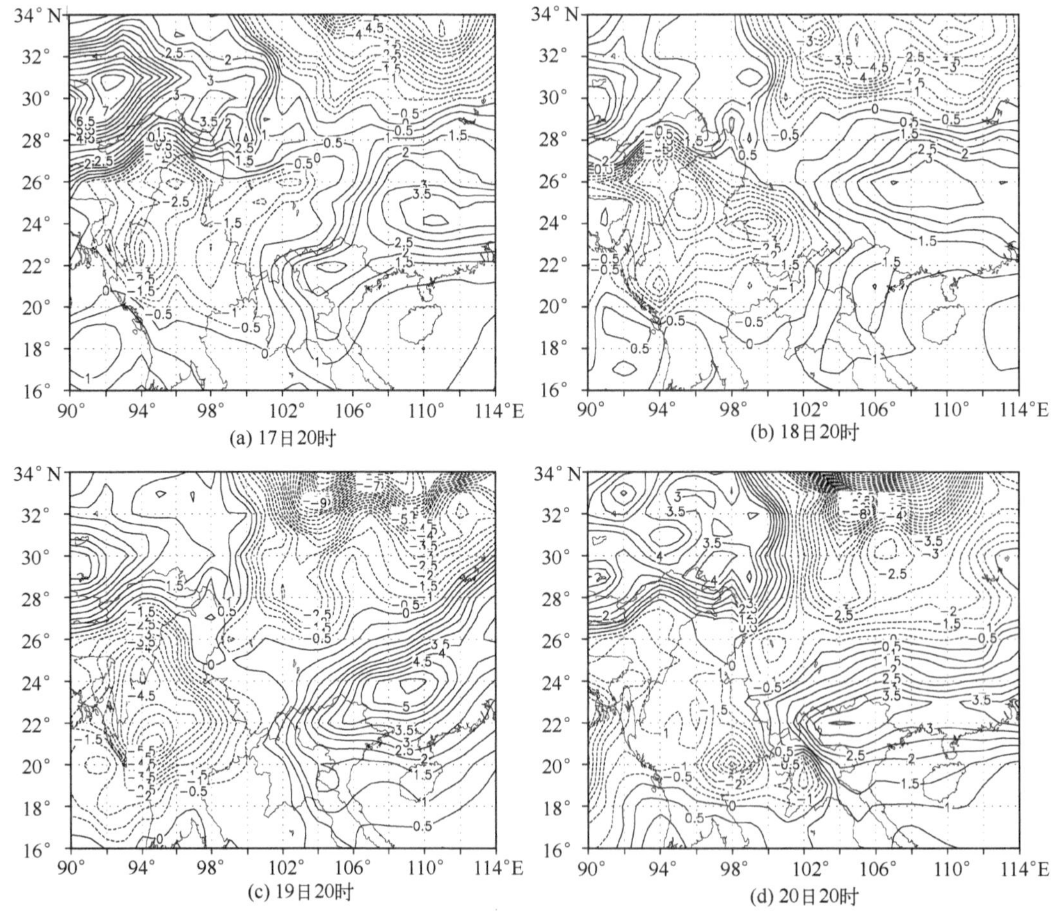

图 6.4　2004 年 17—20 日 20 时 700 hPa 上 P_{m1} 的逐日分布（单位:$10^{-6}\,m^2 \cdot s^{-1} \cdot K \cdot kg^{-1}$）

北向西南侵入对流不稳定区，引起对流不稳定能量释放，暴雨天气开始。18 日 20 时（图 6.4b），孟加拉湾风暴向东北方向移动，其东侧的西南气流明显加强，孟加拉湾北部的 P_{m1} 负值区加强东移进入云南，云南西部为 $-4\times10^{-6}\,m^2\cdot s^{-1}\cdot K\cdot kg^{-1}$ 的负值中心控制，这反映了暖湿气流的加强引起不稳定度加大，导致 P_{m1} 负值增强。随着锋区的缓慢南压，P_{m1} 正值区也缓慢南压，冷暖空气在云南交汇加强，造成强烈的上升运动，加强了不稳定能量的释放，暴雨天气持续加强；19 日 20 时（图 6.4c），孟加拉湾风暴在缅甸登陆，风暴中心附近为 $-5\times10^{-6}\,m^2\cdot s^{-1}\cdot K\cdot kg^{-1}$ 的负值中心控制，而云南范围内由于降水的产生，不稳定能量释放，P_{m1} 负值强度减弱，暴雨天气开始减弱，20 日 20 时（图 6.4d）风暴减弱消失，云南大部转为正的或弱的 P_{m1} 控制，云南的强降水天气过程结束。

6.1.3.3　等压面上湿位涡斜压项的水平分布

图 6.5 给出对流层低层 700 hPa 上 P_{m2} 的逐日分布图，可以看出，暴雨的落区与斜压项的正值中心对应得相当好，在各个时段暴雨总是出现在 P_{m2} 最大正值中心附近，17 日 20 时（图 6.5a），云南大部为正的 P_{m2} 控制，滇西为 $1.2\times10^{-6}\,m^2\cdot s^{-1}\cdot K\cdot kg^{-1}$ 的 P_{m2} 正值中心，暴雨天气主要出现在滇西地区。18 日 20 时（图 6.5b）正值中心强度明显增强，随着 P_{m2}

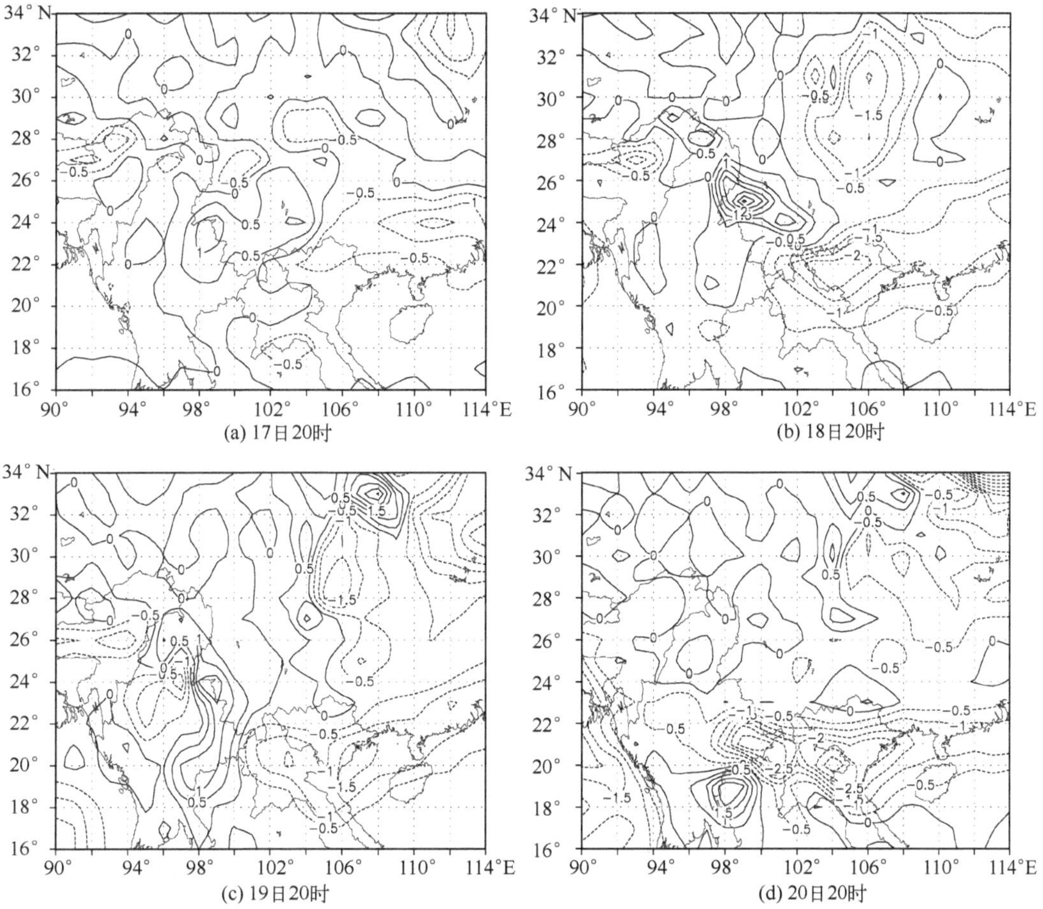

图 6.5　2004 年 17—20 日 20 时 700 hPa 上 P_{m2} 的逐日分布（单位：$10^{-6}\,m^2\cdot s^{-1}\cdot K\cdot kg^{-1}$）

的增大伴随着暴雨天气的增强。P_{m2} 的增大一方面是因为孟加拉湾风暴东北移，在滇、缅之间形成了西南低空急流，另一方面，冷空气加强东南移进入云南，使 θ_e 的水平梯度增大，从而使得 P_{m2} 增加，并有利于降水加剧。19 日 20 时(图 6.5c)，孟加拉湾风暴在缅甸登陆，风暴东侧有一南北向的 P_{m2} 正值带，它主要是风暴携带的暖湿气流引起的。由于冷空气已变性减弱，云南范围内的 P_{m2} 正值区缩小、强度减弱；其降水强度和范围也趋于减小，20 日 20 时(图 6.5d)，孟加拉湾风暴减弱消失，意味着低空暖湿气流减弱，随着对流不稳定能量的释放及正值 P_{m2} 的减弱消失，云南的强降水过程结束。

由前面的分析可以看出，负 P_{m1} 的绝对值在暴雨增幅过程中增大，根据湿位涡的守恒性，当负的 P_{m1} 绝对值增大，P_{m2} 的正值应加强，这与上述的分析结果较为一致。虽然从量级上讲 P_{m2} 比 P_{m1} 小，但它在暴雨的落区和强度方面是较好的预报参考指标。P_{m2} 的强值区表明该处具有明显的风的垂直切变和 θ_e 的水平梯度，正值越大说明大气的斜压性越强，大气的斜压性可转化成正压位涡扰动，有利于暴雨的产生。同时，P_{m2} 绝对值的增大，可以反映大气的斜压不稳定的增强。因此，湿位涡的正压项和斜压项综合反映了暴雨区对流不稳定和斜压不稳定状况。说明孟加拉湾风暴暴雨云团的发展与正压和斜压不稳定均有关系。暴雨过程中湿位涡正压项反应了暴雨过程位势不稳定能量的释放过程；斜压项尽管比正压项量级小，但它对暴雨的落区预报起着重要的指导作用，随着斜压性的增强，也就是风的垂直切变和相当位温的水平分布达到最佳配置时，暴雨出现增幅，斜压项的正值中心与暴雨的落区相一致。此次暴雨增幅的物理机制可以理解为低层湿位涡的负值区(代表与孟加拉湾风暴相联系的暖湿空气)在低空急流的作用下向东输送，位涡的正值区(代表冷空气)向西扩展，在冷暖空气的交汇处形成斜压锋区，产生湿斜压不稳定，触发不稳定能量的释放，使得暴雨增幅。

6.1.3.4 湿位涡的垂直分布

为了揭示冷暖空气在暴雨形成中的相互作用，我们给出了湿位涡 P_{m1} 的垂直分布，图 6.6 给出了沿 100°E 的 P_{m1} 经向垂直剖面，从图中可以看到，17 日 20 时(图 6.6a)，在暴雨区(23°～25°N)的北侧 300 hPa 上有一向下伸展的 P_{m1} 的正值中心，暴雨区的低层 700 hPa 以下为 P_{m1} 的负值区，北部有冷空气侵入对流不稳定区，暴雨天气开始。18 日 20 时(图 6.6b)，高层的 P_{m1} 正值中心南伸到 500 hPa，低层 P_{m1} 的负值区增大，入侵的冷空气通过降低稳定度和强迫暖湿气流抬升，导致不稳定能量及潜热能的释放，使暴雨天气增辐。19 日 20 时(图 6.6c)，中层的冷空气不断南伸，低层的 P_{m1} 负值区减小，降水减弱。20 日 20 时(图 6.6d)，400～500 hPa 上的 P_{m1} 正值中心进一步南伸到 500～600 hPa 之间，700 hPa 以上均为正的 P_{m1}，强降水天气结束。

因此，这次暴雨过程的物理机制可以理解为：孟加拉湾风暴向暴雨区输送了大量的暖湿气流，使暴雨区低层为对流不稳定区，与此同时，高层的冷空气向对流层中低层伸展，在低空急流的作用下风暴中的暖湿气流不断向云南输送，形成湿斜压锋区，冷暖空气在云南对峙，引起低层的锋区加强及垂直涡度发展，冷空气增强了对暖湿气流的强迫抬升作用，触发不稳定能量的释放，产生了云南大范围的暴雨天气。

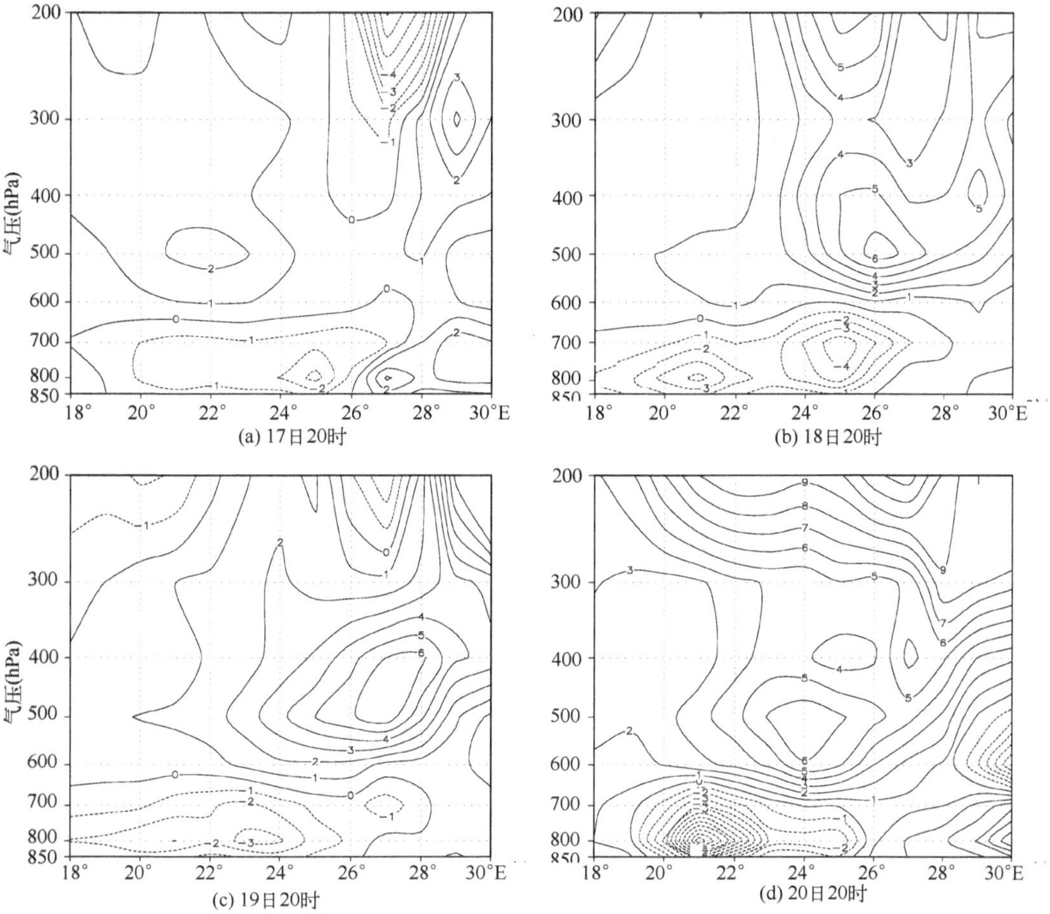

图 6.6　2004 年 17—20 日 20 时 P_{m1} 沿 100°E 的垂直剖面(单位:$10^{-6}\,m^2 \cdot s^{-1} \cdot K \cdot kg^{-1}$)

6.1.4　小结

本节利用湿位涡对孟加拉湾风暴影响云南暴雨进行了分析,揭示了风暴与冷空气之间的相互作用,得到以下结论:

(1)暴雨出现在 θ_e 陡峭密集区内,根据倾斜涡度发展理论,陡峭密集的 θ_e 面有利于垂直涡度的发展,而倾斜涡度发展造成的上升运动又有利于暴雨天气的产生。

(2)湿位涡的正压项和斜压项综合反映了暴雨区对流不稳定和斜压不稳定状况。孟加拉湾风暴暴雨云团的发展与正压和斜压不稳定均有关系。暴雨过程中湿位涡正压项反映了暴雨过程位势不稳定能量的释放过程;斜压项尽管比正压项量级小,但其正值中心与暴雨区吻合较好,这对暴雨的落区和增幅的预报具有一定的参考价值。

(3)中高纬度的冷空气扩散南下与孟加拉湾风暴携带的暖湿气流在云南交汇是此次暴雨形成的重要原因。对流层高层湿位涡向对流层中低层下传,使冷空气侵入暴雨区,与此同时,孟加拉湾风暴向暴雨区输送了大量的暖湿气流,冷暖空气在云南对峙,引起低层的锋区加强及垂直涡度发展,产生了云南大范围的暴雨天气。

6.2　风暴能量收支分析

对热带气旋的能量分析已有过不少研究。于玉斌等(1999)对华北台风低压暴雨的能量进行了分析，揭示了台风低压维持的机制及其与外围暴雨增幅的关系，励申申等(1992)发现台风向外输送动能是外围暴雨产生的能量之源。梁必骐等(1995)的研究发现在强热带风暴的总动能收支中，辐散风是主要的动能产生项，旋转风做功消耗动能；在高层有位能向旋转风动能输送，在低层有辐散风动能输入。刘春霞等(1996)对近海台风加强能量分析，得出台风加强主要是低层的旋转风动能增加引起的。姚才等(2004)对华南登陆台风的能量进行了分析，得出华南登陆台风低压衰减过程的能量演变特征及其与暴雨的增幅关系。段旭等(1997)利用辐散风和旋转风动能平衡方程对云南的暴雨和非暴雨过程的能量收支和转换特征进行了分析。以上的研究主要是对西太平洋登陆台风的能量分析，而对孟加拉湾风暴的能量分析较少。本节利用辐散风和旋转风动能平衡方程，分析孟加拉湾风暴的能量收支和转换特征，揭示孟加拉湾风暴维持的机制及其与外围暴雨增幅的关系。

6.2.1　天气实况

2004 年 5 月 17 日热带风暴在孟加拉湾生成后，向东北方向移动，并于 19 日 04 时左右在缅甸登陆，20 日 04 时以后消失。受其影响，5 月 17—20 日云南出现了较强的降水过程(图 6.1b)。其中，18 日 08 时—19 日 08 时，全省 124 个气象站中，大暴雨 7 站、暴雨 42 站、大雨 55 站，创下了云南有记录以来单日暴雨、大暴雨出现站数最多的记录。

6.2.2　辐散风旋转风动能方程及其意义

对于风场 $\vec{V}$ 可分解为旋转风 $\vec{V}_R$ 和辐散风 $\vec{V}_D$ 分量，即

$$\vec{V}=\vec{V}_D+\vec{V}_R \tag{6.4}$$

单位质量动能可以表示为

$$k=\frac{1}{2}\vec{V}\cdot\vec{V},\text{得：}k=k_D+k_R+\vec{V}_R\cdot\vec{V}_D \tag{6.5}$$

有限区域总动能为

$$K=K_D+K_R+\iint\vec{V}_R\cdot\vec{V}_D \tag{6.6}$$

其中 $K=\iint k,K_R=\iint k_R,K_D=\iint k_D,\iint\vec{V}_R\cdot\vec{V}_D=\frac{1}{gA}\iiint \mathrm{d}x\mathrm{d}y\mathrm{d}p$，$A$ 为水平计算面积。

总动能时间变率为

$$\frac{\partial K}{\partial t}=\frac{\partial K_D}{\partial t}+\frac{\partial K_R}{\partial t}+\iint\frac{\partial\vec{V}_R\cdot\partial\vec{V}_D}{\partial t} \tag{6.7}$$

对于开区域积分形式的旋转风和辐散风，动能方程可导出如下形式：

$$\underset{DK_D}{\frac{\partial K_D}{\partial t}}=\underset{INTD}{-\iint\vec{V}_D\cdot\frac{\partial\vec{V}_R}{\partial t}}-\Big[\underset{AF}{\iint-f(v_Ru_D-u_Rv_D)}+\underset{AZ}{\iint-\xi(v_Ru_D-u_Rv_D)}+\underset{B}{\iint-\omega\frac{\partial K_R}{\partial p}}$$

$$+\iint -\omega\vec{V}_R\cdot\frac{\partial\vec{V}_D}{\partial p}\Big] + \iint -\vec{V}_D\cdot\nabla\Phi + \iint -\nabla\cdot K\vec{V}_D + \iint -\frac{\partial\omega K}{\partial p} + \iint\vec{V}_D\cdot F \tag{6.8}$$

$$\qquad C \qquad\qquad GD \qquad HFD \quad VF \qquad DD$$

$$\underset{DK_R}{\frac{\partial K_R}{\partial t}} = \underset{INTR}{-\iint\vec{V}_R\cdot\frac{\partial\vec{V}_D}{\partial t}} - \Big[\underset{AF}{\iint -f(v_Ru_D-u_Rv_D)} + \underset{AZ}{\iint -\xi(v_Ru_D-u_Rv_D)} + \underset{B}{\iint -\omega\frac{\partial K_R}{\partial p}}$$

$$+\underset{C}{\iint -\omega\vec{V}_R\cdot\frac{\partial\vec{V}_D}{\partial p}}\Big] + \underset{GR}{\iint -\vec{V}_R\cdot\nabla\Phi} + \underset{HF}{\iint -\nabla\cdot K\vec{V}_R} + \underset{DR}{\iint\vec{V}_R\cdot F} \tag{6.9}$$

因此得出

$$\frac{\partial K}{\partial t} = GR + GD + HFR + HFD + VF + DR + DD \tag{6.10}$$

其中 K_R、K_D和 DK_R、DK_D分别表示旋转风和辐散风动能及其时间变率，$INTR$ 和 $INTD$ 表示旋转风和辐散风动能及其时间变率之间的相互作用，GR 和 GD 分别为旋转风和辐散风穿越等压线产生的动能制造或耗散，HFR 和 HFD 分别为旋转风和辐散风对总动能的水平通量散度，VF 为辐散风对总动能的垂直通量散度，C(K_R，K_D)表示旋转风和辐散风之间的能量转换，它包括 AF、AZ、B、C 这 4 项，DR 和 DD 分别为次网格尺度“摩擦”项，它包括摩擦耗散以及次网格尺度与网格尺度之间的动能交换，是作为余差进行计算的。

辐散风和旋转风动能收支各项之间关系如图 6.7 所示。

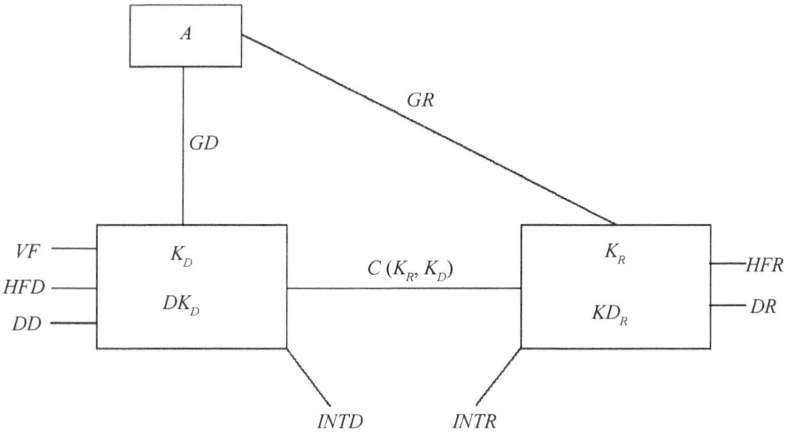

图 6.7　辐散风和旋转风动能收支和转换关系示意图

6.2.3　结果分析

使用中尺度 MM5 数值模式积分数据，利用 Endlich(1967)给出的二维风场分解成无辐散和无旋转部分的直接迭代法，求出 $\vec{V}_D$、$\vec{V}_R$。用辐散风和旋转风动能方程对风暴登陆前(积分 12 h)和风暴登陆后(积分 36 h)进行计算。另外，在计算风暴区能量收支各项的时空一面积平均值时，时间取中央差分，积分面积取以风暴中心为中心点，水平格点为 10×10(格距 20 km)的区域，并对对流层低层(1000～700 hPa)、中层(600～400 hPa)及高层(300～

100 hPa)进行积分，以代表对流层低、中、高层能量的分布特征。

6.2.3.1 动能产生率的分布特征

旋转风和辐散风对动能的贡献可从动能的产生率 G 来进行分析，即

$$G = GR + GD = -\vec{V}_R \cdot \nabla\Phi - \vec{V}_D \cdot \nabla\Phi \tag{6.11}$$

GR 和 GD 分别为旋转风和辐散风对动能的产生率，这两种动能产生过程分别称为“正压过程”和“斜压过程”。$GR = -\vec{V}_R \cdot \nabla\Phi = -\nabla \cdot \vec{V}_R\Phi$，可知 GR 为旋转风位能通量散度，可视为有限区域外部的源和汇。当 $GR<0$ 时，存在旋转风位能通量辐散，将使动能减小；而 GD 是有限区域内部的源和汇。

从 GD、GR 的逐 6 h 的时间演变明显看出，在风暴登陆前和暴雨的增幅期，GD(图 6.8a)在对流层低、中、高和整层均为正值，表现为斜压不稳定的特征，整层的极大值出现在 12 h，在第 36 h 风暴登陆时 GD 转为负大值区，第 42 h 又转为弱的正值区，从而使风暴登陆后没有迅速减弱。说明斜压不稳定对风暴的维持和暴雨天气的产生起了相当重要的作用。GR(图 6.8b)在风暴登陆前，对流层中低层为正值区，高层为负值，说明在对流层中低层具有正压不稳定的特征，高层具有正压稳定的特征。登陆后，对流层中低层表现出正压稳定的特征，对流层高层表现出正压不稳定的特征。因此，在风暴登陆前和暴雨增幅时，风暴扰动区内对流层中低层 GR、GD、G 为正的动能产生率，高层 GD 为正的动能产生率，GR 为负的动能产生率。即在风暴登陆前对流层中低层旋转风和辐散风共同制造动能，对流高层主要是辐散风制造动能，在对流层低层，风暴区域内的扰动具有正压和斜压不稳定的特征，高层具有正压稳定和斜压不稳定的特征。风暴登陆后，除高层 GR 为正的动能产生率外，其他层 GR、GD 及 G 均为负的动能产生率，即在风暴登陆后对流层中低层旋转风和辐散风做功消耗动能，使风暴在登陆后动能减小，其造成的降水也减小。

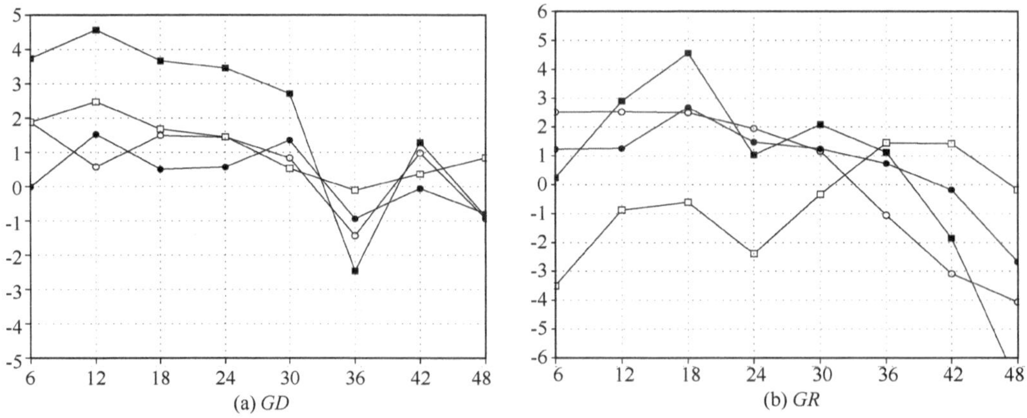

图 6.8　对流层低、中、高层和整层 GD(a)和 GR(b)逐 6 h 演变图(单位：W·m^{-2})
(—○—为低层，—●—为中层，—□—为高层，—■—为整层)

从孟加拉湾风暴登陆前后 G、GD、GR 的垂直分布(图 6.9)可以看出：在风暴登陆前(图 6.9a)，GD 整层为正值，呈双锋型，两个极大值分别出现在 600 hPa 和 200 hPa 附近，分别对应于低层的强辐合区和高层的弱辐散区，这表明，在风暴登陆前对流层表现为斜压不稳定的

特征。*GR* 在对流层中低层为正值区，高层为负值，最小值出现在 400 hPa，说明在对流层中低层具有正压不稳定的特征，高层具有正压稳定的特征。总动能产生率 *G* 的分布除了 400 hPa 为弱的负值外其他层均为正值。风暴登陆后（图 6.9b），*GD* 除了 700 hPa、600 hPa 和 200 hPa 为弱正值外，其他层转为负值区，最小值出现在 300 hPa 附近，表现出斜压稳定的特征。*GR* 在 500 hPa 以下仍为负值，500 hPa 以上全部转为正值，最大值出现在 300 hPa 附近，对流层中低层表现出正压稳定的特征，对流层高层表现出正压不稳定的特征。因此，在风暴登陆前，对流层低层 700 hPa 以下 *GR*、*GD*、*G* 为正的动能产生率，数值上 *GR* 比 *GD* 大，*GR* 在此期间占主导地位，中层 700～500 hPa 的 *GR*、*GD*、*G* 也为正的动能产生率，但数值上 *GD* 比 *GR* 大，*GD* 在此期间占主导地位，高层 400～200 hPa *GD*、*G* 也为正的动能产生率，*GR* 为负的动能产生率。即在风暴登陆前对流层中低层旋转风和辐散风共同制造动能，对流高层主要是辐散风制造动能，在对流层低层，风暴区域内的扰动具有正压和斜压不稳定的特征，高层具有正压稳定和斜压不稳定的特征，说明在风暴登陆前斜压不稳定过程对扰动和外围暴雨的产生有重要作用。风暴登陆后，除高层 *GR* 和 *G* 为正的动能产生率外，其他层 *GR*、*GD* 及 *G* 均为负的动能产生率，即在风暴登陆后对流层中低层旋转风和辐散风做功消耗动能，使风暴在登陆后动能减小。

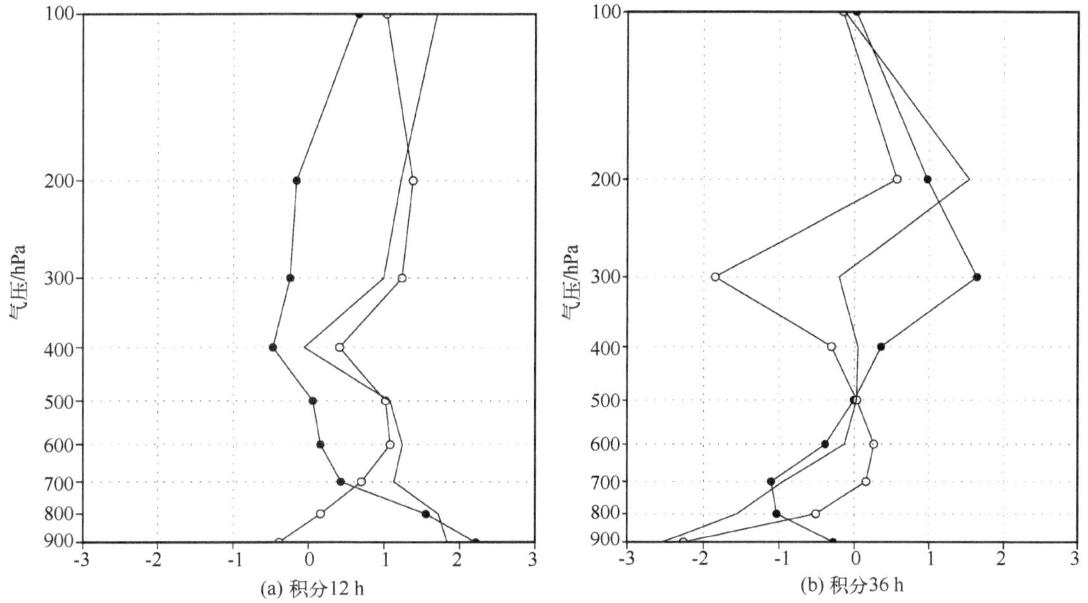

图 6.9　*GR*（—•—）、*GD*（—○—）和 *G*（——）的区域平均垂直分布（单位：10^{-3} W·m^{-2}）
（a. 积分 12 h；b. 积分 36 h）

从积分 12 h 通过风暴中心的南北剖面图（略）中可以发现，在扰动以北旋转风的动能汇位于中高层，在这个区域存在旋转风位能通量辐散即旋转风向外界大气输送大量的位能，从而给暴雨提供了能源。扰动区以南低层 *GR* 为正，此能源处于风暴南部低空急流附近，即风暴南部西南气流加强了位能向风暴的输送。在风暴南部低层 *GD* 也为正值，说明低空急流是动能的源，它对风暴的维持有一定的作用。

孟加拉湾风暴通过动能制造项 *GR*、*GD* 将有效位能转换为 *KR*、*KD*，这就使得风暴东北移时不易迅速减弱，风暴登陆前和暴雨产生时对流层中低层辐散风和旋转风共同制造动能，说明此时斜压、正压过程均为能量发生器，对于风暴的维持和外围暴雨的产生、发展起着关键作用，而斜压过程起着更为重要的作用，通过斜压过程动能产生率 GD 使辐散风动能增加并转换为旋转风动能，是维持风暴和外围暴雨的基本能量过程之一。

6.2.3.2　动能水平通量散度的特征

动能水平通量散度可分解成可分解成旋转风和辐散风动能水平通量散度 $HF=HFR+HFD$，即

$$-\nabla\cdot\vec{V}K=-\nabla\cdot\vec{V}_RK-\nabla\cdot\vec{V}_DK \tag{6.12}$$

图 6.10 给出了 HFD、HFR 的逐 6 h 的时间演变，可以看出，在风暴登陆前，对流层中低层 HFD、HFR、HF 为正值，整层的 HFD 大于零，存在明显的辐合。在暴雨增幅期，低层 HFD 和 HFR 均占主导地位，这与登陆台风暴雨中低层以辐散风贡献为主有所不同。动能水平通量 HF 在高层表现为较强的辐散，低层则为较强的辐合。这有利于孟湾风暴的维持和暴雨的产生。整个对流层中 HFD 明显比 HFR 占绝对优势，也就是以斜压过程为主，这种配置有利于扰动区垂直对流加强，对风暴能量储存有相当重要的作用。风暴登陆后，HFD 在对流层中低层由辐合向辐散转换，对流层高层则由辐散向辐合转换，HFR 对流层中低层转为明显的辐散。而 HF 则由辐合向辐散转换，使风暴登陆后动能从风暴低压区不断向外输送，风暴扰动区的动能减少，从而加速孟湾风暴强度的减弱和降水的减少。

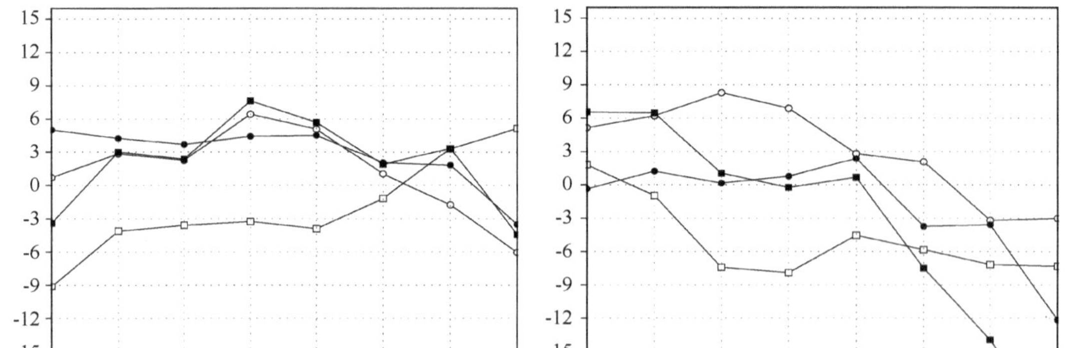

图 6.10　对流层低、中、高层和整层 HFD(a)和 HFR(b)逐 6 h 演变图(单位：$W\cdot m^{-2}$)
(—○—为低层，—●—为中层，—□—为高层，—■—为整层)

从图 6.11 的垂直分布可以看出，在风暴登陆前和暴雨发生时，在对流层低层 HFD、HFR、HF 为正值，整个对流层中 HFD 明显比 HFR 占绝对优势，也就是以斜压过程为主，这种配置有利于扰动区垂直对流加强，对风暴能量储存有相当重要的作用，风暴登陆后，HFD 在对流层低层 700 hPa 仍然是明显辐合外，对流层高层则由辐合向辐散转换，HFR 对流层低层辐散加强，高层的辐合加强。而 HF 在对流层高层仍然是辐合外，对流层中低层则由辐合向辐散转换，使风暴登陆后中低层动能从风暴低压区不断向外输送，扰动区的动能减少，从而加速孟加拉湾风暴强度的减弱。

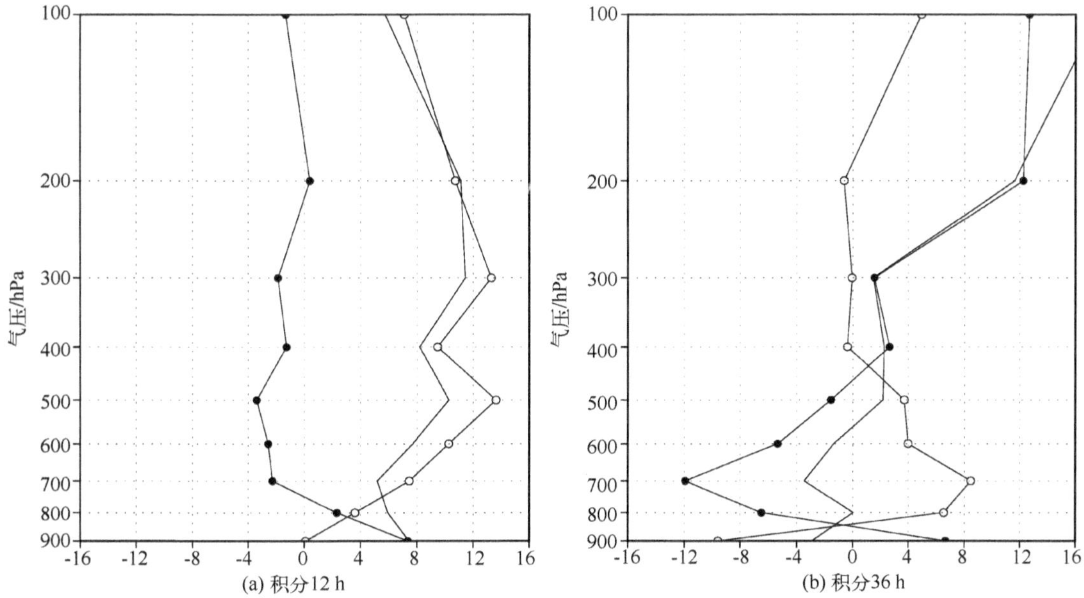

图 6.11　HFR(－ • －)、HFD(－○－)和 HF(——)的区域平均垂直分布(单位:10^{-3} W · m^{-2})

(a. 积分 12 h;b. 积分 36 h)

6.2.3.3　旋转风和辐散风动能的转换特征

$C(K_D, K_R) = AF + AZ + B + C$ 为辐散风动能和旋转风动能转换函数。从 $C(K_D, K_R)$ 的垂直分布图可见(图 6.12),风暴登陆前后 $C(K_D, K_R)$ 的分布呈反位相分布。风暴登陆前,500 hPa 以下的 $C(K_D, K_R)$ 为正值。极大值位于 700 hPa 上,500 hPa 以上的 $C(K_D, K_R)$ 为负值。极小值位于 300 hPa 上。风暴登陆后,500 hPa 以下的 $C(K_D, K_R)$ 转为负值,极小值位于 800 hPa 上,500 hPa 以上的 $C(K_D, K_R)$ 转为正值。极大值位于 300 hPa 上。因此。在风暴登陆前和暴雨发生时,对流层中低层有辐散风动能转换为旋转风动能,使风暴中低层旋转风迅速增大,高层有旋转风动能转换为辐散风动能,使辐散风动能加大,而辐散风动能的增加,加强了高层的辐散,使风暴的垂直运动进一步增强,结果使风暴加强和降水强度加大。登陆后,对流层中低层旋转动能向辐散风动能转换,风暴强度减弱。

6.2.3.4　孟加拉湾风暴登陆过程能量收支特征

从孟加拉湾风暴登陆前后对流层整层风暴扰动区的能量各项收支状况分析可见(图 6.13),风暴登陆前和暴雨发生时,对流层整层风暴通过动能制造项 GR 和 GD 将有效位能转换为旋转风动能和辐散风动能,而辐散风动能转换又向旋转风动能转换,使得风暴系统内的旋转风动能增大,以维持扰动的发展;余差项 $DR+DD$(摩擦耗散和次网格尺度与网格尺度之间的能量交换)向 K_D、K_R 提供动能,动能的变化量 $\frac{\partial K}{\partial t}$ 为正值,从而使总动能增加,而动能的增加是有利于风暴维持和暴雨产生的。风暴登陆后,GD 和 GR 已由动能制造转为动能耗散(GD 和 GR 均小于 0),整层的散度积分则由辐合变为辐散,$\frac{\partial K}{\partial t}$ 明显转为负值,这主要是项 $DR+DD$ 的作用引起的,此时的摩擦耗散和次网格尺度与网格尺度之间的能量交换起了消耗动能的作用,促使风暴和降水减弱。

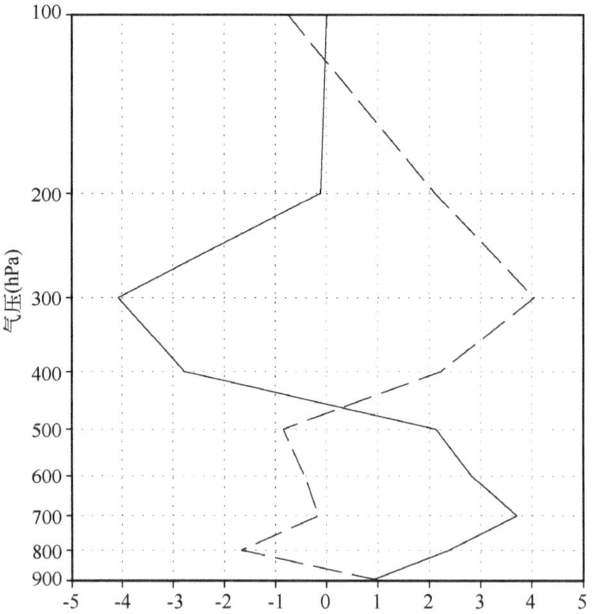

图 6.12　$C(K_D,K_R)$的区域平均垂直分布

（单位：$10^{-3}\mathrm{m}^2\cdot\mathrm{s}^{-3}$，实线表示积分 12 h 虚线表示积分 36 h）

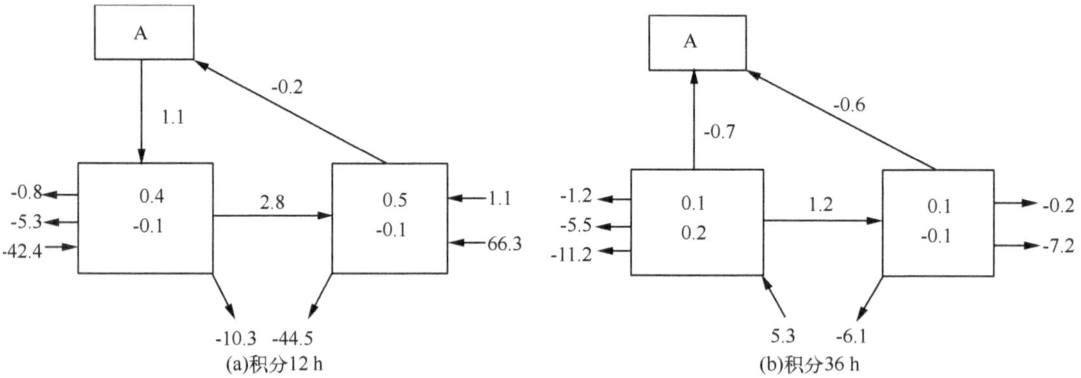

图 6.13　孟加拉湾风暴扰动的能量收支和转换示意图(单位：$\mathrm{W}\cdot\mathrm{m}^{-2}$)

6.2.4　小结

分析表明，此次孟加拉湾风暴在登陆减弱过程中，其能量变化特征如下：

(1)孟加拉湾风暴的维持与扰动区内动能的增加和位能的输送有关。在风暴登陆前，风暴的总动能时间变化率 $\frac{\partial K}{\partial t}$ 为正值，处于增长阶段，这有利于风暴的维持和外围暴雨的产生。

(2)孟加拉湾风暴通过动能制造项 GR、GD 将有效位能转换为 K_R、K_D，这就使得风暴东北移时不易迅速减弱，风暴登陆前和暴雨产生时对流层中低层辐散风和旋转风共同制造动能，说明此时斜压、正压过程均为能量发生器，对于风暴的维持和外围暴雨的产生、发展起着关键作用，而斜压过程起着更为重要的作用，通过斜压过程动能产生率 *GD* 使辐散风动能增加并转换为旋转风动能，是维持风暴和外围暴雨的基本能量过程之一。

(3)风暴登陆前动能水平通量散度 *HF* 以辐散风散度贡献为主，登陆后中低层动能从风暴低压区不断向外输送，扰动区的动能减少，从而加速孟加拉湾风暴强度的减弱。

(4)在风暴登陆前和暴雨发生时，对流层中低层有辐散风动能转换为旋转风动能，使的风暴中低层旋转风迅速增大，结果使风暴加强和降水强度加大。登陆后，对流层中低层旋转动能向辐散风动能转换，风暴强度减弱。

6.3 东北路径登陆风暴 TBB 特征

1977—2010 年在孟加拉湾地区共有 114 个风暴生成(图 1.3)，其中 NE 路径登陆风暴对云南造成的影响最大，占总数的 44.7%(图 1.6)。在孟加拉湾风暴产生的强降水过程中，中尺度对流云团起了较大的作用。有关 TBB(Temperature of Brightness Blackbody)资料在风暴降水中的应用研究，过去有过许多研究，许美玲等(2007)对孟加拉湾风暴进行合成分析后认为，风暴在孟加拉湾海域形成后，其云系中不断有中尺度对流云团生成移入低纬高原地区造成暴雨天气；张腾飞等(2006)对云南初夏孟加拉湾风暴造成的连续性强降水天气过程的中尺度云团进行了分析，认为风暴在孟加拉湾海域生成后，生命史一般为 2～3 d，风暴云团云顶亮温低于−65℃，风暴云系以分裂中尺度对流云团影响云南；何华等(2000)利用云图 TBB 资料，研究了孟加拉湾风暴影响下的中尺度对流系统的云顶温度和温度梯度与降水的关系；杨金锡等(1996)通过区域纬度平均 TBB 值分析强热带风暴致暴雨的特征分析；傅昺珊等(2006)通过分析 TBB 资料，找出了可以进行强对流天气临近预警的关键区和关键指标，尤其当亮温在−63～−80℃时对暴雨的产生有很好的指示作用，不但可以降低灾害性天气的漏报率，还可以提高短时预报的准确率。

6.3.1 资料

采用 JTWC(Joint Typhoon Warning Centre)提供的北印度洋热带气旋路径资料，资料中包括了时间间隔为 6 h 一次的热带气旋路径经纬度信息、中心最低气压、中心附近最大风速等信息。

海表温度资料为 NOAA 提供的 NOAA_OI_SST_V2 全球海表温度月平均 1°×1°资料。

孟加拉湾地区降水资料使用 3.1 节给出的方法，即利用逐日 TRMM(3B42)降雨量数据产品和孟加拉湾地区地面降水观测资料进行变分订正，得到 80°～107°E、32°～10°N 范围的经纬网格(0.25°×0.25°)降水数据。

取 2000—2010 年期间 NE 路径登陆造成云南较强降水的 6 个个例，分别是 2000 年 10 月 25—28 日、2002 年 5 月 9—12 日、2003 年 5 月 8—19 日、2004 年 5 月 14—19 日、2007 年 5 月 14—15 日和 2009 年 4 月 15—17 日。

6.3.2 2004 年孟加拉湾“Cyclone ＃2”风暴 TBB 分析

2004 年 5 月 15 日 02 时在孟加拉湾生成了 1 个 TD，17 日 08 时该 TD 加强成为 TS，19

日 08 时增强为 H1,19 日 10 时在缅甸登陆,19 日 20 时减弱为 TS,20 日 02 时消亡。图 6.14 给出了这次风暴过程给云南造成的连续 2 d 的暴雨分布。

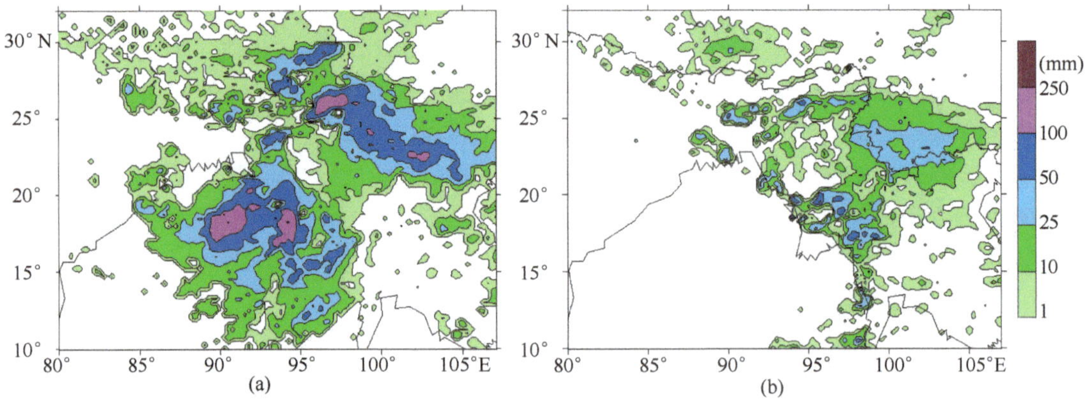

图 6.14　2004 年 5 月孟加拉湾“Cyclone ＃2”风暴降水分布(单位:mm)
(a. 18 日 20 时—19 日 20 时;b. 19 日 20 时—20 日 20 时)

分析暴雨发生时的 TBB 数据后发现,孟加拉湾风暴云系造成云南暴雨是以不断分裂的中尺度对流云团移入影响的形式,图 6.15 给出了造成过程中尺度对流云团活动特征。将风暴云系中出现－32℃冷云盖的短轴长度不小于两个纬距,生命史大于 5 h 的对流云团活动过程定义为一次中尺度对流云团活动,18 日 14 时—20 日 08 时先后出现了 56 个中尺度对流云团,云团中心值一般低于－64°C,其生命史在 5～21 h 之间。

图 6.15a 显示 18 日 14 时有三块相对独立的对流云团位于滇、缅之间和云贵之间,是此时降水的主要云团,另外在印度东北部也存在一块对流云团。18 日 20 时(图 6.15b),云贵之间上一个时刻的对流云团减弱东移;滇、缅之间的对流云团东移到了滇中至滇南一带,尺度和强度均增强,导致了云南大范围的强降水开始;与此同时,风暴气旋云系不断分裂中尺度对流云团东北移动,在印度东北部和缅甸北处在若干独立对流云团。19 日 02 时—20 时(图 6.15c—f),仍延续不断分离东移的对流云团影响云南,使得云南暴雨持续。20 日 02 时(图 6.15g),孟加拉湾风暴趋于消亡,涡旋云系主体崩溃,其产生的残留云团仍以若干相对独立的对流云团继续影响云南。20 日 08 时(图 6.15h),分散的对流云团失去了涡旋云系主体的支持,开始减弱,云南暴雨结束。其他几个东北路径登陆风暴个例也具有类似特征(图略),可见孟加拉湾风暴造成云南暴雨,主要是通过不断分裂的中尺度对流云团影响造成的,而非风暴涡旋云系主体过境影响。

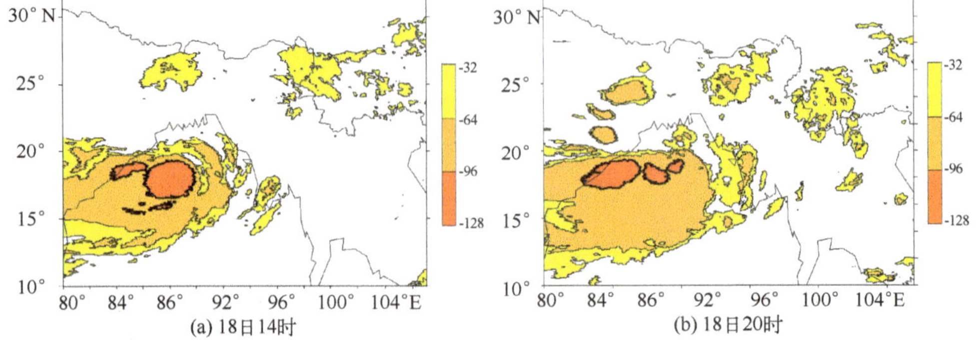

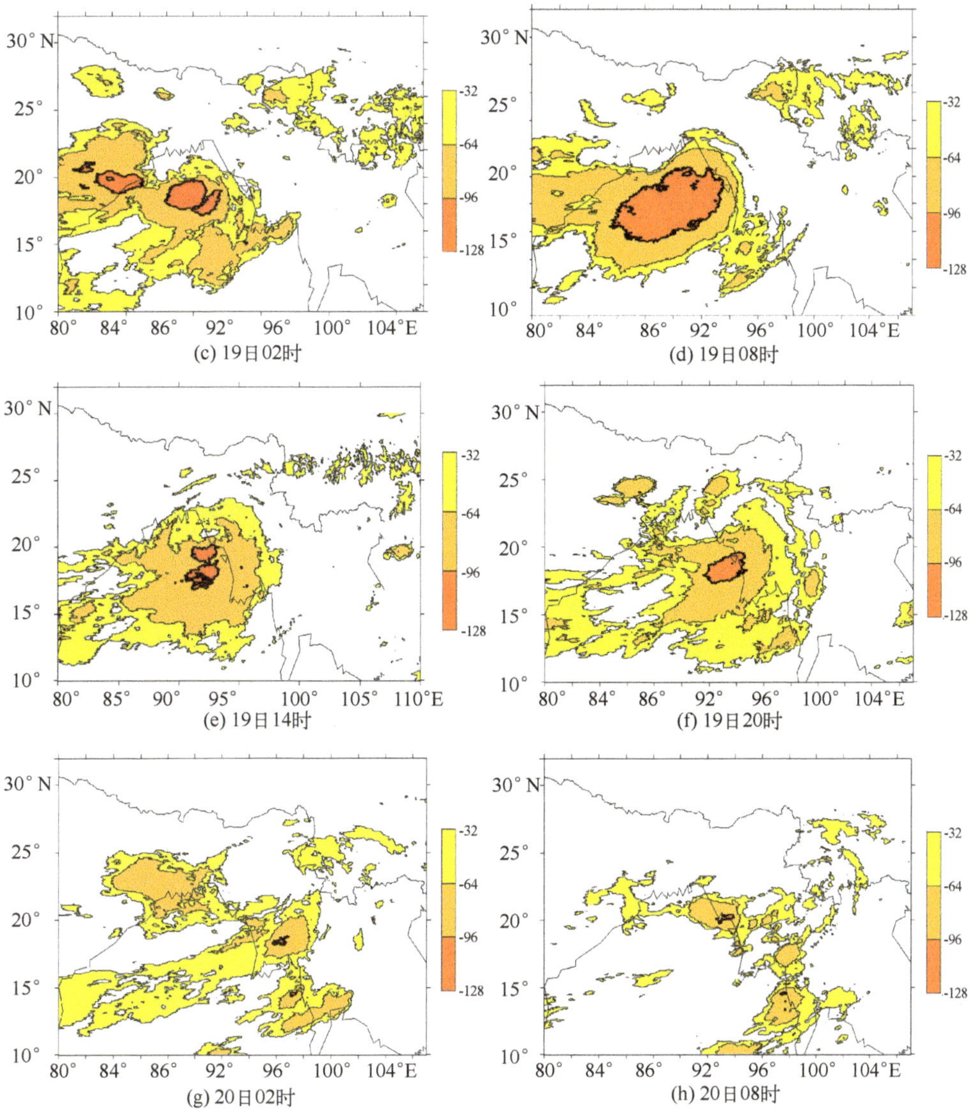

图 6.15　2004 年 5 月 18 日 14 时(a)至 20 日 08 时(h)每 6 h 间隔的孟加拉湾风暴中尺度对流云团活动特征

6.3.3　风暴云带纬度时间演变

根据云南省气象台降水等级划分标准，2000 年 10 月 25—28 日和 2009 年 4 月 15—17 日风暴造成了云南区域性暴雨，2002 年 5 月 9—12 日、2003 年 5 月 8—19 日、2004 年 5 月 14—19 日和 2007 年 5 月 15—17 日风暴造成了云南全省性暴雨。

图 6.16 给出了 2 个区域性暴雨个例时间一纬度的 TBB 平均(80°～100°E)演变。图 6.16a 显示，2000 年 10 月 25 日 08 时，TBB 平均低值中心为－30℃，位于 16°N 附近，低值中心宽度在 1.3 个纬度左右，－10℃位于 17.5°N 附近。到 26 日 12 时低值中心没有明显的变化，－10℃线不断北移到了 23°N。从 26 日 13 时开始低值中心宽度增加，且向北移动，到 27 日 08 时北侧的－30℃线北移到了 26°N，低值中心宽度在 5 个纬度左右，－10℃线北移到了

26°N。从 27 日 09 时后低值中心主要以 −20℃ 为主，宽度在 7 个纬度左右。25 日 08 日至 26 日 08 时，TBB 平均低值中心维持在 16°N 附近，−10℃线从 17.5°N 北移到了 22°N，云南降水主要出现在滇中、滇西。26 日 08 日至 27 日 08 时，低值中心从 16°N 北移到了 22°N，滇西北出现降水。27 日 08 日至 28 日 08 时，低值中心在 22°N 附近，低值中心减弱，降水主要位于滇西北。

图 6.16b 显示，2009 年 4 月 16 日 08 时到 4 月 18 日 12 时，TBB 平均低值中心在 20°N 附近。从 16 日 15 时到 17 日 10 时存在一个 −30℃的低值中心，宽度在 4 个纬度左右，另外从 17 日 22 时到 18 日 08 时也存在一个宽度为 2 个纬度左右的低值中心，其他时次低值中心值为 −20℃。4 月 17 日 08 时到 19 日 08 时，云南降水主要位于滇西地区，此时 TBB 平均逐小时演变图上，低值中心在 20°N 附近，值在 −20～−30℃之间。

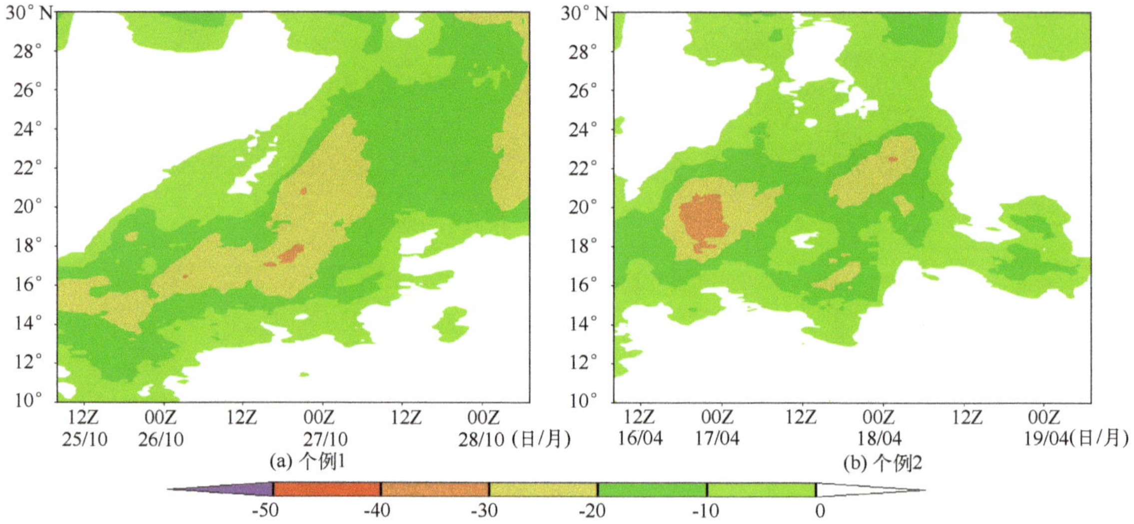

图 6.16　区域性暴雨个例 1(a. 2000 年 10 月 25—28 日)和个例 2(b. 2009 年 4 月 16—19 日)的时间—纬度 TBB 平均(80°～100°E)分布(单位：℃)

图 6.17 给出了 4 个全省性暴雨个例时间—纬度的 TBB 平均(80°～100°E)演变。图 6.17a 中，2002 年 5 月 10 日 08 时—13 日 08 时，10°N 附近的 TBB 值都在 −40℃左右。10 日 08 时，−30℃北侧的 −40℃线位于 12°N。10 日 08 时—13 日 08 时不断向北移动，到 12 日 08 时北移到了位于 14°N 附近。19°～24°N、27°～30°N 区域，从 10 日 08 时到 12 日 08 时 TBB 值低于 −10℃，其中 11 日低于 −20℃。10—11 日强降水主要位于滇西及滇西北，在 TBB 值图中，低值中心在 12°N 附近。19°～24°N、27°～30°N 区域平均 TBB 值低于 −10℃，11—13 日，低值中心向北移到了 14°N 附近，且 20°—30°N 区域的平均 TBB 值低于 −10℃。

图 6.17c 中，2003 年 5 月 17 日 08 时，10°—15°N 的 TBB 平均值低于 −40℃，−10℃位于 18°N。08 时到 5 月 19 日 00 时，低值中心维持在 12°N 附近，中心强度为 −40℃，宽度在 5 个纬度左右。18 日 00 时到 08 时，在 12°N 附近出现宽度在 1 个纬度左右的 −60℃低值中心。此次过程降水 TBB 平均值低值中心在 12°N 附近，19 日 00 时到 08 时，27°～−30°N 区域的 TBB 平均值为 −10℃。

图 6.17d 中，2004 年 5 月 17 日 08 时到 20 日 08 时，10°～30°N 的 TBB 平均值都低于

－10℃，－50℃位于 14°～20°N 附近，－60℃位于 16°～18°N 附近。17 日 20 时到 18 日 10 时，在 20°～26°N 的 TBB 平均值从－30℃逐渐降低－60℃，又逐渐增加到－30℃。18 日 08 时到 19 日 08 时，低值中心位于 18°N 附近，低中心北侧的－30℃线达到 22°N。20°～26°N 区域的 TBB 平均值也低于－30℃。19 日 08 时到 20 日 08 时，低中心略向南移，位于 16°N 附近。20°～26°N 的 TBB 平均值低于－30℃，低值中心强度比 18 日的要弱。26°～30°N 区域的 TBB 平均值也低于－10℃，强降水主要出现在滇中以西以南地区。

图 6.17d 中，2007 年 5 月 13 日 08 时，低值中心位于 10°N 附近，TBB 平均值为－60℃，北侧的－40℃线的位于 16°N，－40℃的宽度为 6 个纬度。13 日 08 时开始到 15 日 12 时，－40℃的低值中心北移到了 18°N，此后低值中心减弱。22°～26°N 区域的 TBB 平均值 13 日 14 时为－10℃，到 14 日 12 时降低到－20℃，几小时后降低到－30℃，－30℃持续了 7 个小时左右。到 15 日 00 时增加为－20℃，15 日 12 时后为－10℃。另外 27°～30°N 区域的 TBB 平均值从 13 日 08 时开始就低于－20℃，到 14 日 12 时后低于－30℃。此次过程 13—15 日低值中心不断北移到了 18°N 附近，27°～30°N 区域的 TBB 低于－20℃。15—16 日，低值中心北移到了 18°N 附近，26°～30°N 的 TBB 平均值低于－30℃。

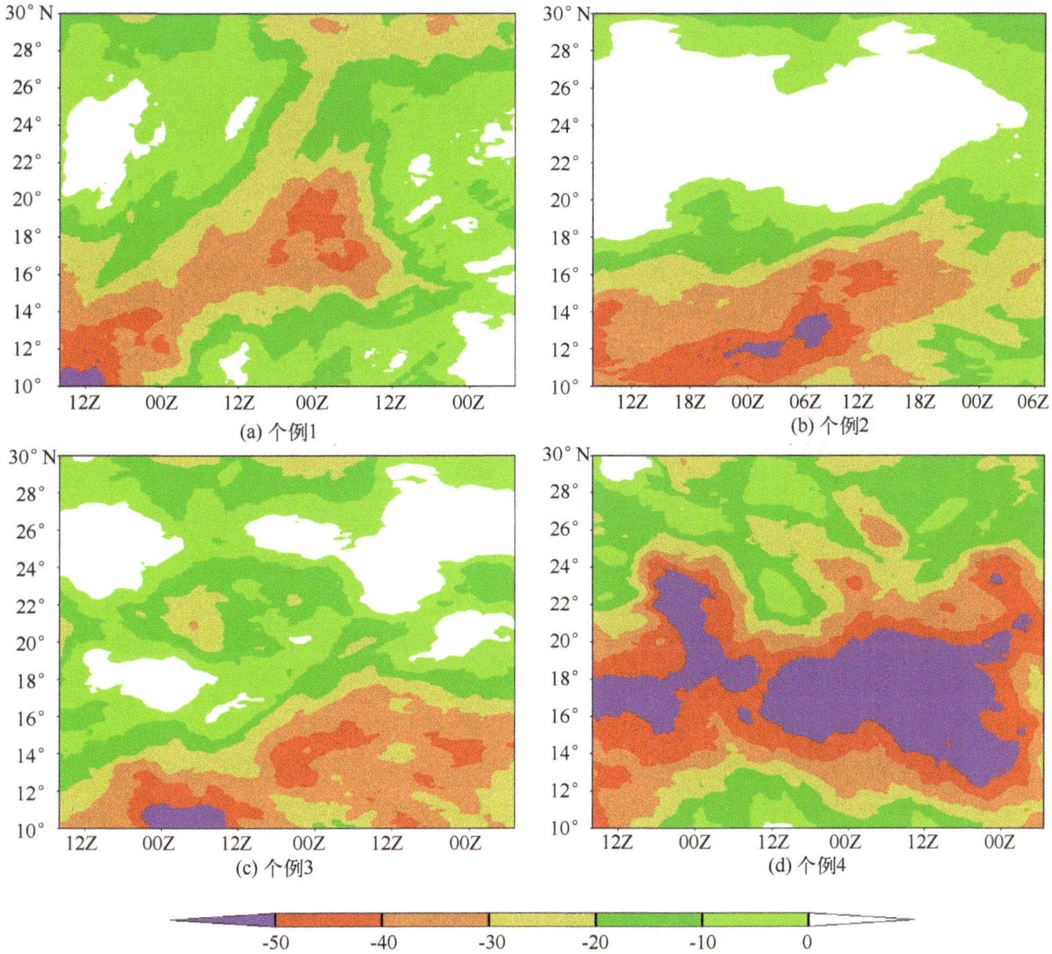

图 6.17　全省性暴雨个例时间－纬度 TBB 平均(80°～100°E)分布(单位：℃)
(a. 个例 1，2007 年 5 月 13 日；b. 个例 2，2003 年 5 月 17 日；
c. 个例 3，2002 年 5 月 10 日；d. 个例 4，2004 年 5 月 17 日)

通过六个风暴个例 TBB 分布特点看，当低值中心在 20°～22°N 附近，滇西、滇西北出现降水，对于全省性降水，低值中心位于 14°～18°N 附近，整个区域（20°～30°N）的纬向 TBB 平均值低于－10℃，当低值中心值小于－30℃时，易出现暴雨。80°～100°E、10°～30°N 区域作为云南的上游影响区域，该区域的对流云系东移影响云南在时效上存在几个小时的延后性，因此该区域的纬度 TBB 平均时间演变，可作为降水强度及落区的预报依据。

6.4 风暴活动路径的客观分类

中国是世界上受台风影响最为严重的国家之一，台风不仅带来严重的洪涝灾害，还带来严重的风害和风暴潮灾害（陈联寿等，1979），台风的移动路径是决定台风风雨灾害影响的重要因素，因此对台风路径的分析研究（刘伯汉等，1987；万齐林等，1996；张守峰等，1999；刘宇迪等，2003；李英等，2004；张根生等，2005；雷小途等，2002；胡娅敏等，2008；朱志存等，2013）受到了非常的关注。近年来，随着全球气候变化对人类的影响日益显著，在气候变暖背景下的台风路径变化和机理也得到了越来越多的研究：黄荣辉等（2007）对西北太平洋 TC 移动路径和西太平洋暖池热状态的关系进行了分析，指出当西太平洋暖池处于暖状态时西北太平洋 TC 偏西，反之则偏东；周强（1988）分析了 El Niño 年西北太平洋台风路径在西太平洋转向的台风路径多，西行路径少；Wang 等（2002）、Chia 等（2002）提出，El Niño（La Niña）发生时，西北太平洋的台风生成位置较平均位置偏向东南方（西北方），且 El Niño 发生时，台风移动路径更易北转，影响日本的机会较大，La Niña 发生时，台风路径则西行较多；Tu 等（2009）分析指出 2000 年后西北太平洋移动路径较为偏北，侵袭中国台湾的台风个数明显增加；马丽萍等（2006）总结了气候变化对全球热带气旋活动的影响研究，指出全球变化主要以全球大气环流、海气相互作用、全球海面温度及温盐环流相互影响及相互作用，对全球热带气旋的发生频率、强度、路径趋势及登陆地区产生影响。与西北太平洋台风得到的关注相比，对孟加拉湾风暴的研究相对较少，而现有的研究成果表明，孟加拉湾热带风暴对中国西南地区具有重要影响，是低纬高原地区重要的影响系统之一（段旭等，2000；何华等，2000；李英等，2003；张腾飞等，2006；刘瑜等，2007；许美玲等，2007），也是造成西藏高原暴雨（雪）的主要系统之一（普布卓玛，1998；朱福康等，1988；康志明等，2007；王子谦等，2010），与西北太平洋相比，由于孟加拉湾不与中国接壤且高原大地形的作用，中国大多是受风暴边缘云系和残留低压云系的间接影响，因此孟加拉湾风暴路径就成为决定其是否能够影响的最主要因素。本节应用聚类分析方法客观地对孟加拉湾热带风暴进行分类，并讨论了各类路径的特征及其对西藏高原的影响情况。

因为大陆海岸线较为曲折，且有些近大陆小岛，不利于计算风暴登陆点，以图 6.18a 中的粗线（平滑过的海岸线）为海陆界，风暴路径与该海岸线的第一个交点为该风暴登陆点。

王友恒等（1989）、戴武杰（1974）等研究指出孟加拉湾热带风暴北上后，对西藏高原天气能够产生较大的影响，凡进入 15°N 以北，85°～95°E 的范围内，在有利天气形势（如北部冷空气影响、南支槽等），能够在高原形成较大的降水，并定义此范围（图 6.18a）为分析孟加拉湾热带风暴对高原影响的关键区，通过对 1981—2011 年孟加拉湾风暴同期在高原上形成强降水天气的风暴位置的分析（图略），该关键区具有较好的概括性，因此本节以风暴是否进入此区域来分析其对高原的影响。

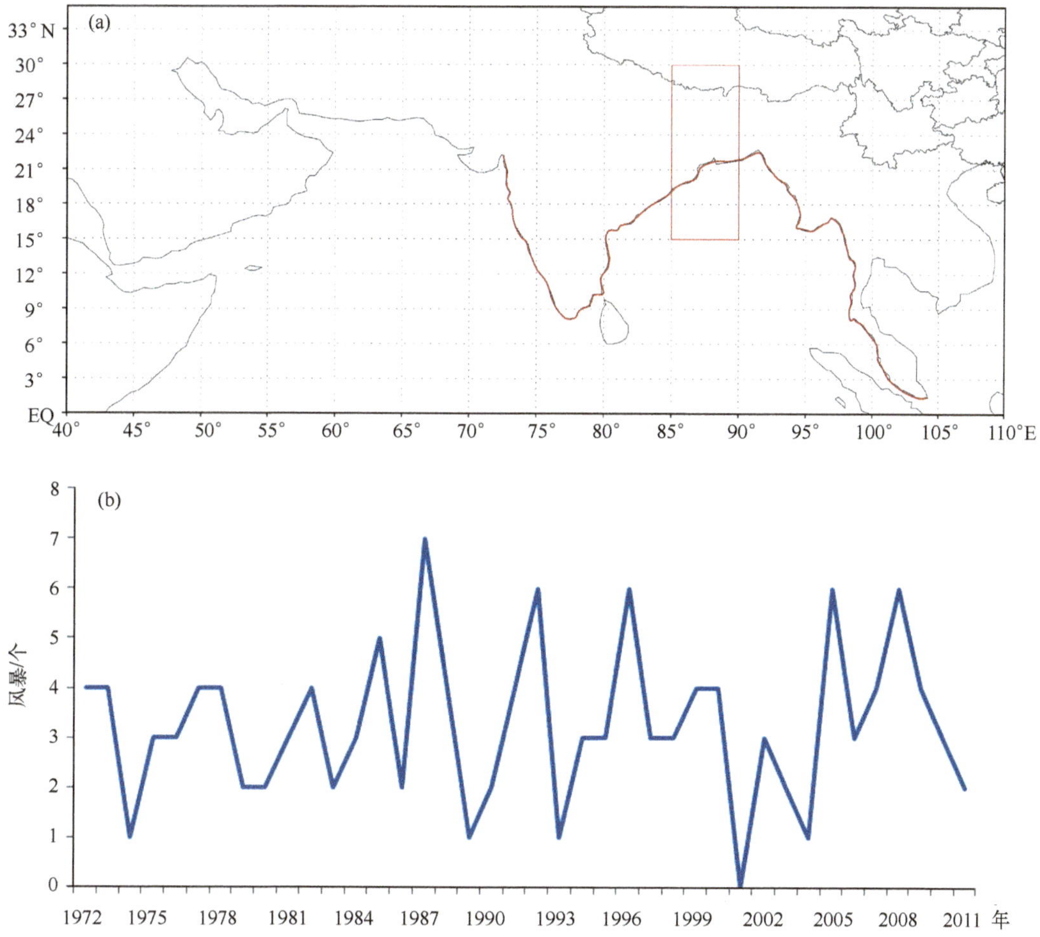

图 6.18　孟加拉湾海岸线及影响西藏的关键区（a，粗线表示海岸线，方框表示关键区）和 1972—2011 年孟加拉湾风暴个数（b）

6.4.1　方法

采用 K－Means 聚类分析（cluster analysis）方法对热带风暴路径进行客观分类，该方法由 Gaffney 等发展而来：将风暴路径分解为不同阶的系数，零阶系数表示为风暴的生成位置；一阶系数代表风暴的路径方向特征；二阶系数表达风暴路径的曲率程度，因此该方法不仅考虑了风暴的路径特征，且考虑到了风暴的生成位置与路径特征，对风暴路径的分类能够较全面地考虑风暴的特征（Gaffney 等，2004）。Gaffney 等（2007）用该方法分析了北大西洋温带气旋活动；Camargo 等（2007）用该方法将西北太平洋台风活动路径分成 7 类，并分析了大尺度环流和 ENSO 对台风路径的影响，将东北太平洋热带气旋路径分为 3 类，并讨论了 ENSO 和 MJO 对其的影响（Camargo 等，2008）。

6.4.2　路径的客观分类

以往对孟加拉湾风暴路径的分类主要依靠主观分类，分类的年限较短，分类标准不一：北京大学地球物理系热带天气研究组(1974)将 1969—1973 年 27 个热带风暴分为 7 类路径，其中从海上移动的趋势上看分为西行和北上两类；王友恒等(1988，1989)将 1973—1987 年间 51 个热带风暴分为 4 类，转向行(西北或东北)、偏北或西北行、向东行和偏西行，且指出不同类型路径风暴的源地、季节分布有所差异；戴武杰(1974)用 1972、1973 共 2 年 10 个孟加拉湾热带风暴将风暴路径分为西行和北上两类；最近，段旭等(2009)用 1971—2010 年间 110 个孟加拉湾风暴根据登陆方向定性地将风暴分为 W、NW、NE 和 E 方向路径共 4 类，得出登陆风暴占总数的 85.4%。根据前人的研究成果，采用聚类分析方法，将风暴路径分为 3 类(图 6.19)，与其他分类相比，各类别路径间的相似度更低，且概括性更好。

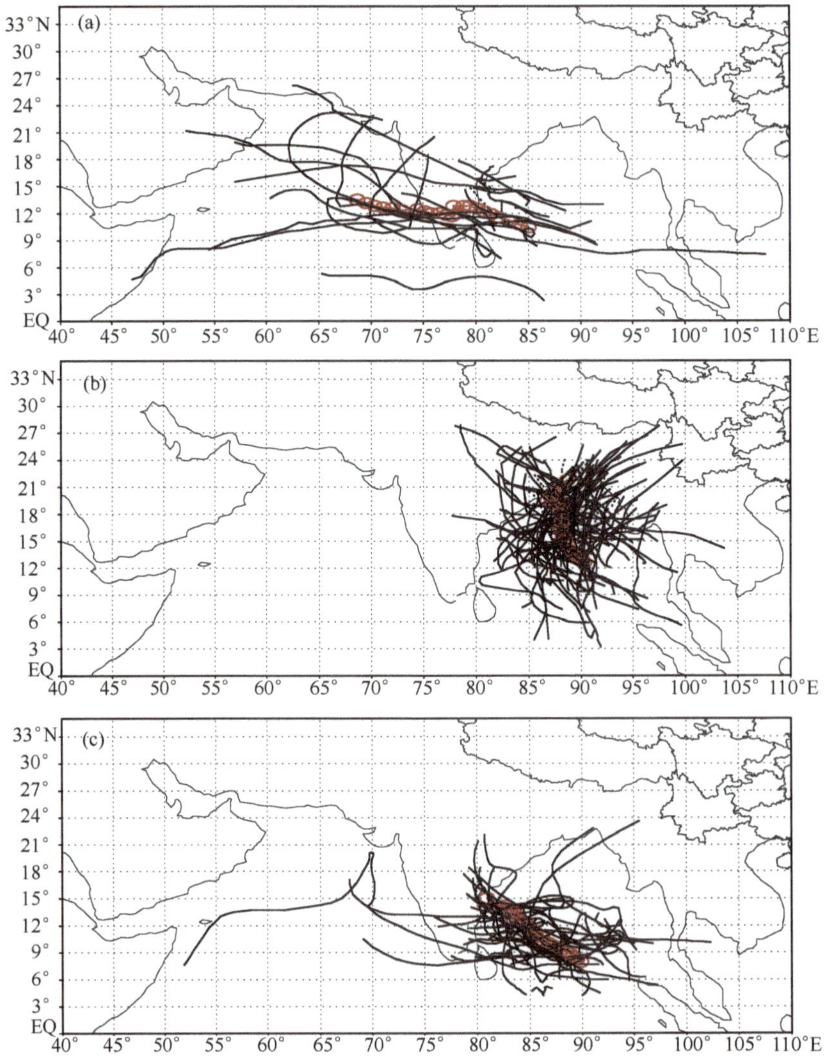

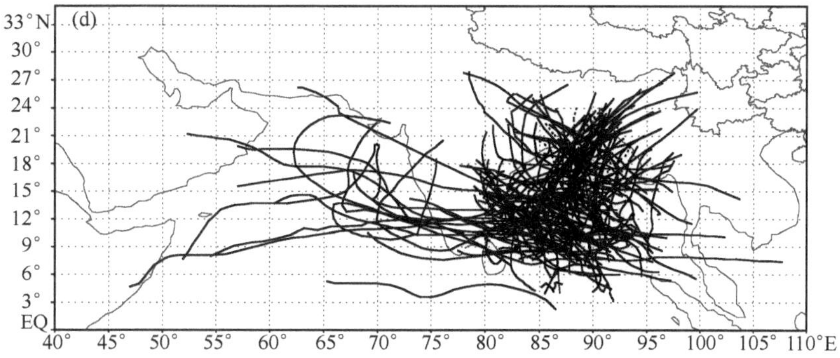

图 6.19 孟加拉湾热带风暴路径客观分类(细线为每个风暴移动路径,圆圈为平均路径)
(a. 类型 A,西行风暴;b. 类型 B,北上风暴;c. 类型 C,西北行风暴;d. 所有 A、B、C 类型)

图 6.19 给出了三种路径分类的每个风暴路径和平均路径,A 类 21 个,平均生成于孟加拉湾西部,向西移动,为西行风暴,占全部热带风暴的 16%,该类型路径风暴部分登陆印度半岛后,向西穿越大陆,进入阿拉伯海,在海面重新发展后成为阿拉伯海热带风暴;B 类 74 个,生成于孟加拉湾中部,向北移动,为北上风暴,占全部热带风暴的 56.5%;C 类 36 个,生成于孟加拉湾南部,向西北方向移动,为西北行风暴,占 27.5%。

6.4.3 不同路径类型风暴差异分析

6.4.3.1 源地分布

图 6.20 给出不同路径的风暴源地(从风暴的起编时间开始),A 类主要在孟加拉湾西南部靠近印度半岛海域(90°E 以西),有 76.2%(16 个)生成于该海域,平均位置为 85°E、10.4°N;B 类路径的风暴源地分布较广,南起近赤道的 3°N,北达孟加拉国南部海湾,西起印度东南沿海,东至中南半岛,主要源地在孟加拉湾中部海域,平均位置为 90.3°E、12.6°N,距西藏高原较近,沿西南气流北上后极易对高原形成影响;C 类主要在孟加拉湾南部,所有的风暴都起源于 12°N 以南,平均位置为 89.9°E、8.0°N。

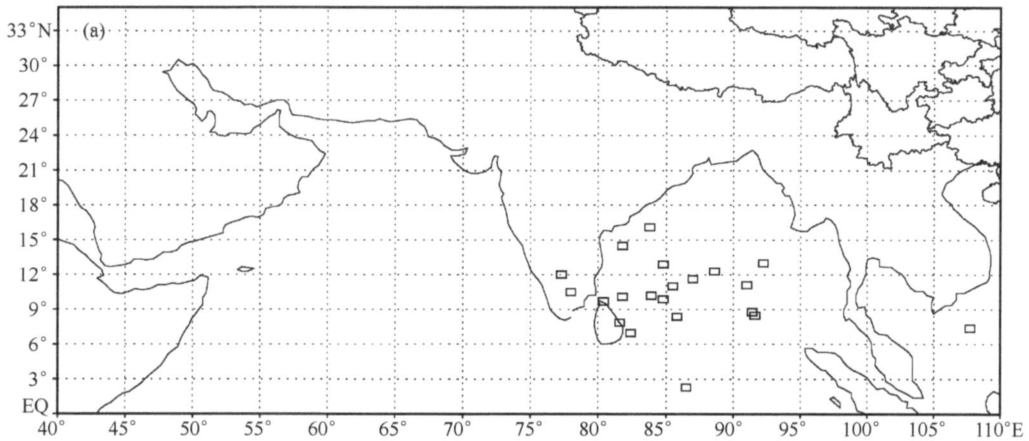

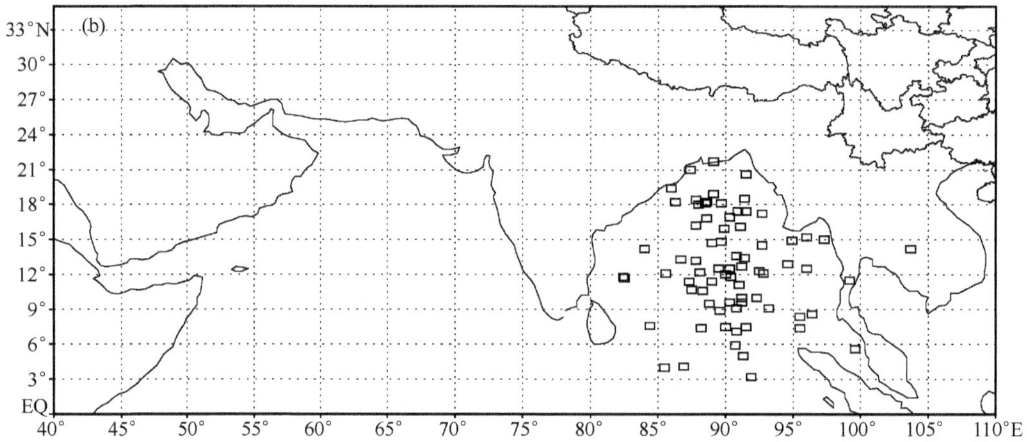

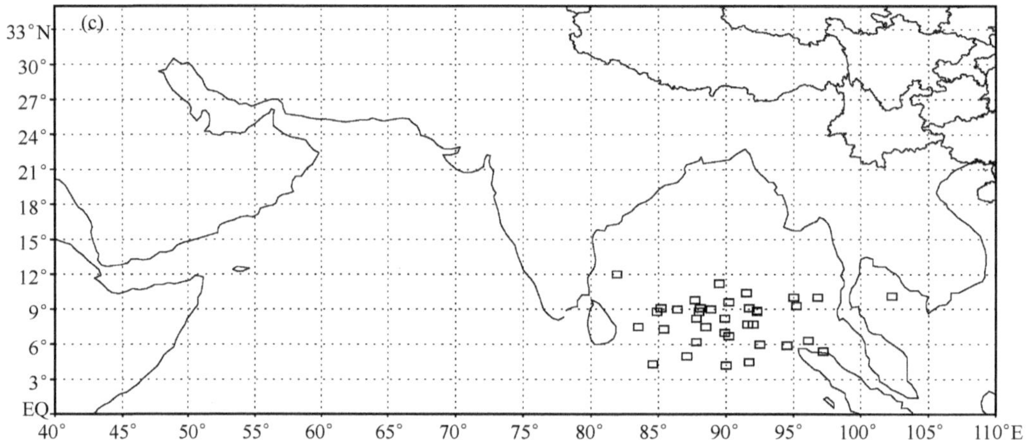

图 6.20 不同路径类型风暴源地位置

(a. 类型 A;b 类型 B;c 类型 C)

6.4.3.2 季节分布

表 6.1 和 6.2 给出了孟加拉湾风暴不同路径的月、季分布,风暴月际变化呈双峰型分布,峰值为 5 月和 11 月的季风爆发转换期,冬季风活跃的 1—4 月和夏季风活跃的 6—9 月为风暴活动的低频期,2 月和 8 月没有风暴活动。不同路径的风暴则表现了不同的特征:A 类为单峰型分布,峰值为 10—11 月,这两个月的 A 类路径共有 15 个,占全部 A 类的 71%;B 类路径为双峰分布,峰值为 10 月,次峰值为 5 月,其中 B 类路径 4—7 月的风暴路径占本类比例远大于其他两类,共有 29 个,占了 B 类路径近 39%,而 A、C 类该时段的路径仅分别占本类路径的 10%和 8%,因此这段时段孟加拉湾风暴的主要移动路径为 B 类,即以北上路径为主,占同时段路径的 85%;C 类也为单峰型分布,峰值为 12 月,是 12 月和 1 月的主要路径形式,分别占该月风暴总数的 78%和 60%。

从季节分布上看:秋季(9—11 月)是孟加拉湾风暴最活跃的季节,共有 75 个风暴活动,占 57%,秋季风暴活动的主要路径形式是 B 类,占秋季所有风暴的 55%,A 类和 C 类接近,各占 22%和 23%;相应地,所有的风暴路径在秋季的比例最高,秋季的 A、B、C 类路径分别占各自的 80%、55%和 47%，接近 50%以上，其中 A 类路径的比例最高，即几乎所有的 A 类路径都发生在秋季。春季(3—5 月)，共有 29 个风暴，占 22%，B 类活动路径形式在春季占了绝对优势的地位，共有 25 次风暴，占春季所有风暴的 86%，其次为 C 类，占 10%；春季的风暴路径除 B 类的比例较大，占所有 B 类路径的 33%外，A、C 类路径占本类路径的比例较少，均不足 10%。冬季(12—次年 2 月)，有 21 个风暴活动，与其他季节中 B 类路径均为主要路径不同，冬季的主要路径形式为 C 类路径，占冬季所有风暴的 71%；冬季的 C 类路径占所有 C 类路径风暴的 42%，与秋季相近，A、B 类路径冬季活动均不活跃，占全部本类路径不足 10%。夏季(6—8 月)的风暴最少，仅有 6 个，不足 5%，所有的路径形式在本类路径中的比例也均不足 5%。

孟加拉湾热带风暴的移动路径类型的季节分布差异与副热带高压、南支槽和南亚高压等大气环流系统的季节变动有密切的关系(徐忠峰等，2003；张欣等，2007)，有关风暴路径与气候系统的关系将另文研究，这里不再赘述。

表 6.1　1972—2011 年期间不同路径类型风暴月分布

月	1	2	3	4	5	6	7	8	9	10	11	12
A 类个数	1	0	0	0	1	1	0	0	2	6	9	1
B 类个数	1	0	0	8	17	3	1	0	7	18	16	3
C 类个数	3	0	1	0	2	1	0	0	0	5	12	14
共计	5	0	1	8	20	5	1	0	9	29	37	18
A 类比例	20%	/	0	0	5%	20%	0	/	22%	21%	24%	5%
B 类比例	20%	/	0	100%	85%	60%	100%	/	78%	62%	44%	16%
C 类比例	60%	/	100%	0	10%	20%	0	/	0	17%	32%	78%

表 6.2　1972—2011 年期间不同路径类型风暴季节分布

	春季(3—5 月)			夏季(6—8 月)			秋季(9—11 月)			冬季(12—2 月)		
	个数	本类比例	季节比例	个数	本类比例	季节比例	个数	本类比例	季节比例	个数	本类比例	季节比例
A 类	1	5%	4%	1	5%	17%	17	80%	22%	2	10%	9%
B 类	25	33%	86%	4	5%	66%	41	55%	55%	4	6%	19%
C 类	3	8%	10%	1	3%	17%	17	47%	23%	15	42%	71%
总计	29		100%	6		100%	75		100%	21		100%

6.4.3.3　强度和持续时间

图 6.21 给出了不同路径类型的风暴的强度和持续时间分布状况。从图 6.21a 中可以看出，孟加拉湾风暴中以弱风暴①(TS，34～64 knots)的个数最多，为 85 个，占全部风暴的 65%；中等强度风暴(H1，64～82 knots)和强风暴(H2～H5，≥83 knots)相同，均有 24 个，占 18%。各类型风暴都以风暴强度最多，均在 60%以上。以占各类路径的比例来看，A 类的强风暴(≥83 knots)最少，仅占全部 A 类路径的 5%；而 B、C 类路径的中等强度风暴(64～82 knots)和强风暴的比例相近，分别为 18%和 19%。

① 关于风暴强度等级划分见本书表 6.1

从风暴持续时间来看(图 6.21b),风暴以 2 d 以上(≥54 h)为主,共有 114 个风暴的持续时间在 2 d 以上,占全部风暴的 87%;A、B、C 三类路径的热带风暴均以 2 d 以上占大多数,分别为 85%,84%,97%;C 类长生命史(>120 h)风暴的比例最高,近 70%,这可能是因为该类型风暴生成源地偏南,较其他类型登陆更晚;其次为路径类型 A,为 55%,其路径为偏西方向,登陆地点在狭窄的印度半岛南端,在阿拉伯海西部重新入海后在洋面上重新发展;最少的路径类型 B,仅有 38%,这可能是因为北上风暴在高原大地形影响下迅速减弱。

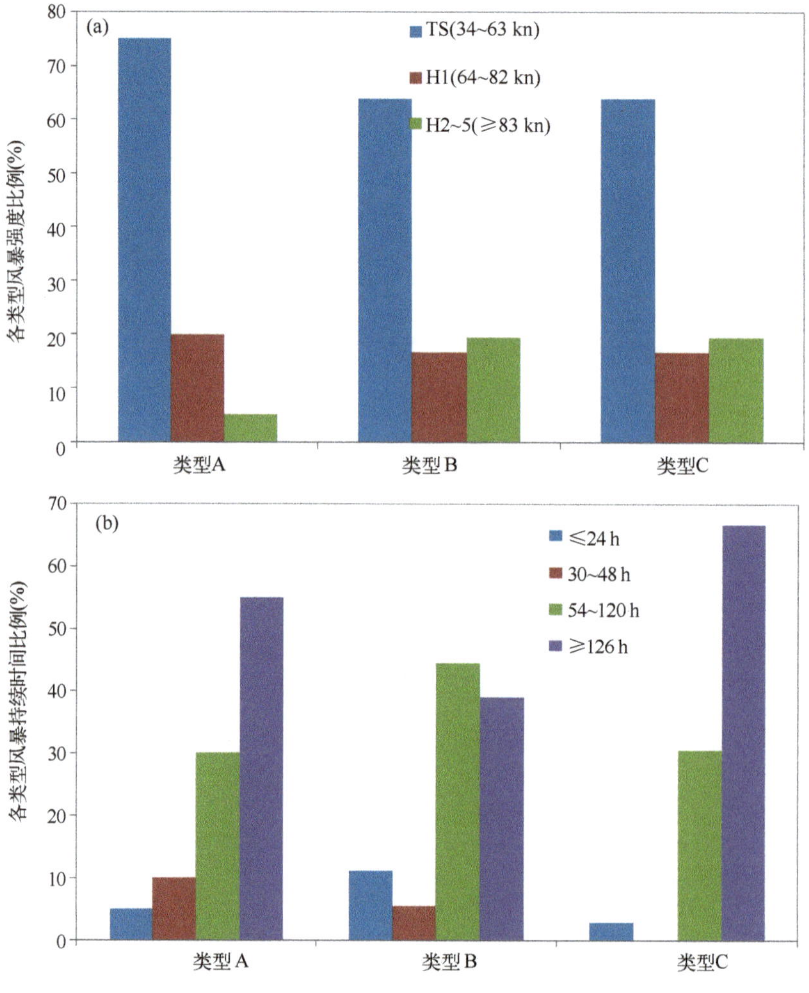

图 6.21 不同分类的风暴强度(a)和持续时间分布(b)

6.4.3.4 登陆点

按照经度将登陆点分为西段(85°E 以西)、中段(85°～95°E)和东段(95°E 以东),则对三类热带风暴路径的登陆地点分析(图 6.22)可以发现,三类路径的登陆点差异明显。

A 类共有 19 次风暴登陆,占全部 A 类风暴的 90%,除 1993 年生成于南海西南部的 2# 风暴外,所有的风暴登陆点均位于孟加拉湾西段的印度次大陆西南部,,平均登陆经度为 80°E;B 类共有 67 次风暴登陆,占全部 B 类风暴的 91%,其中 12%(8 个)的登陆风暴登陆点位于西段,82%(55 个)位于中段,6%(4 个)的登陆点位于东段,平均登陆于 90°E;C 类路径

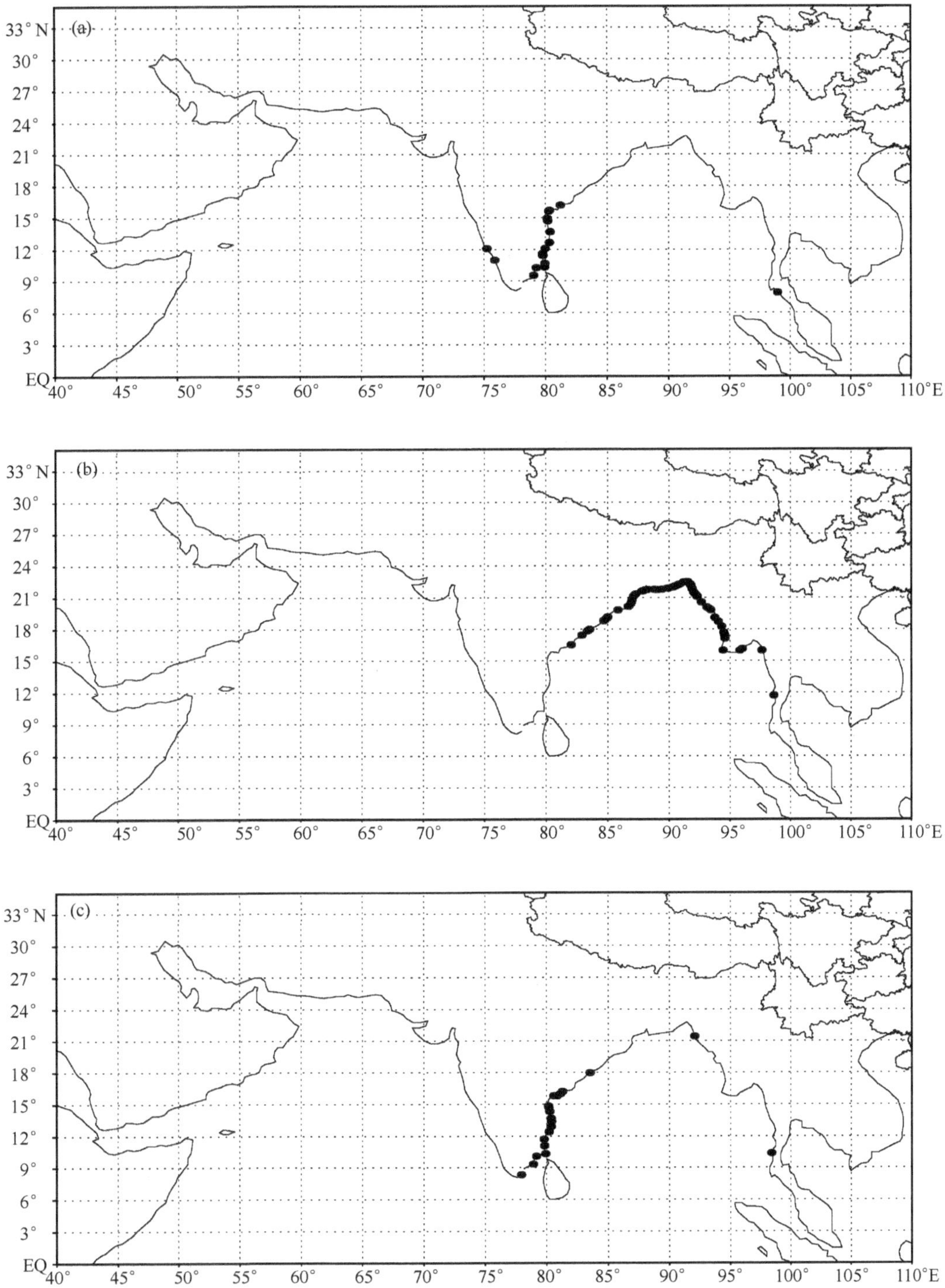

图 6.22　不同路径的风暴登陆点分布

(a. 类型 A;b 类型 B;c 类型 C)

共有 23 次风暴登陆，占 C 类全部风暴的 64%，其中 91%(21 次)风暴的登陆点位于西段，仅有一个风暴在中段登陆。

就 1972—2011 年间全部风暴而言，共有 108 个风暴登陆，占 82.4%，其中于西段登陆的有 48 个，占所有登陆风暴的 44%；中段登陆的有 56 个，占登陆风暴的 52%；东段登陆的风暴最少，仅有 4 个，占 4%。

6.4.3.5　对西藏影响

以戴武杰(1974)定义的 15°N 以北，85°～90°E 范围为孟加拉湾热带风暴影响高原的关键区，进入该关键区影响高原的可能较高(王友恒等，1989)，讨论不同路径类型风暴对高原的影响情况(图 6.23)，共有 63 个风暴进入该关键区，占所有风暴的 48%：A 类路径没有任何一个风暴进入高原关键区，对高原影响很小，这与前人认为西行风暴对高原无影响是一致的；B 类路径进入关键区的风暴最多，有 58 个，占进入关键区风暴的 92%，占所有 B 类路径风暴的 78%，该类型风暴主要生成于孟加拉湾中部和北部，生成源地距高原较近，且春、秋季最多，沿着南支槽或副高边缘气流北上，其携带的水汽和能量容易在高原形成强降水天气，尤其是秋末冬初，极易在高原形成一次大雪灾天气，是高原天气预报工作者关注的孟加拉湾风暴最主要的类型；C 类路径中有 4 个进入关键区，占 C 类路径的 11%，由于风暴路径偏南，离高原距离较远，对高原天气的影响较小。

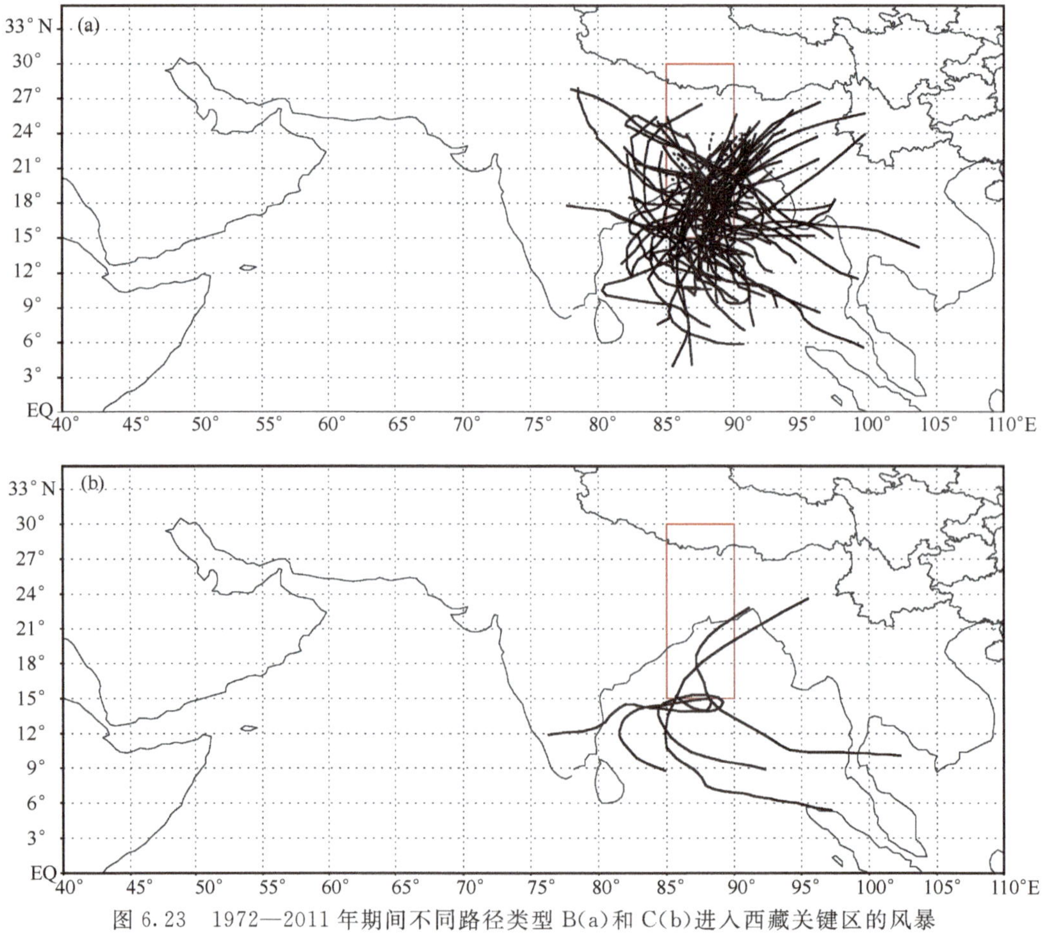

图 6.23　1972—2011 年期间不同路径类型 B(a)和 C(b)进入西藏关键区的风暴

6.4.4 讨论

(1)利用聚类分析客观地将1972—2011年间131个孟加拉湾热带风暴分为3类，即西行类(A)、北上类(B)和西北行类(C)。

(2)A类风暴源地主要在孟加拉湾西南部海域，B类源地主要在孟加拉湾中部海域，C类源地主要在孟加拉湾南部。

(3)在季节分布上，A、C类为单峰型分布，B类为双峰型；秋季是所有类型风暴的主要季节，春季主要风暴路径类型是B类，冬季主要是C类。

(4)孟加拉湾热带风暴的主要类型是热带风暴(34～64 knots)，其中A类的强风暴最少；C类风暴的持续时间长。

(5)孟加拉湾热带风暴的82.4%登陆，其中A、C类风暴的登陆点主要在印度次大陆西南部，位于孟加拉湾西段；B类登陆点主要位于孟加拉湾中部。

(6)影响西藏的孟加拉湾热带风暴主要是B类路径。

6.5 风暴影响下西藏降水的动力相似预报方法

现有的研究表明，孟加拉湾风暴对西南地区(王友恒等，1988；吕爱民等，2013)，尤其是西藏高原和云贵高原(戴武杰，1974；普布卓玛等，1998；王子谦等，2010；李英等，2003；张腾飞等，2006；许美玲等，2007)的强降水有着重要的影响，由此可见，研发孟加拉湾风暴影响下西藏地区降水的客观预报方法对提高西藏地区强降水预报水平有着重要的意义，由于西藏地处青藏高原，在大地形阻挡下，孟加拉湾风暴很难翻越喜马拉雅山脉而直接影响西藏(王允宽等，1996)，因此其影响西藏地区降水的机制与直接侵袭影响地区的台风有着较大的差异，兼之西藏地形复杂，平均海拔在4000 m以上，降水受多重因素影响，与平原地区和一般山地差异极大，无法详细直接考虑各要素影响，因此相似预报是一种较好的预报方法。由于历史样本能够较好地反映不同季节和地形背景对热带气旋和不同尺度环境场的综合作用和相互影响(钟元，2003)，因此预报结果能够反映这些复杂因素的综合差异，相似预报的难点和重点是在历史样本中找到和预报样本最为相似的个例，任宏利等(2007)对动力相似预报的理论和物理基础进行了探讨，指出结合数值预报结果的相似预报是一种有效的动力统计预报方法，在钟元等(2002，2009)、李云泉等(2009)、毛燕军等(2005)在不同区域的台风降水、大风预报的业务实践中，证明了台风影响下的动力相似客观预报方法的实用性和准确性，本节采用动力相似方法，尝试综合利用风暴的路径信息和大气环流场信息的综合相似方法，并与未考虑风暴的MOS客观预报方法的预报效果进行对比。

6.5.1 环流和风暴数据

采用1972—2011年JTWC孟加拉湾风暴最佳路径数据集(自风暴生成起以UTC00 h、06 h、12 h和18 h时间编报，包括风暴中心地理位置、中心最低气压及近中心最大风速)，和同期NCEP/NCAR再分析资料(时间间隔为6 h，格距为2.5°×2.5°)；并以2008—2012年T639模式预报为数值预报结果和同期孟加拉湾风暴进行试报。

6.5.2　相似识别方法

6.5.2.1　风暴相似

两个风暴的相似可以分为风暴位置的相似和风暴强度的相似。

风暴位置的相似以两风暴位置的球面距离为衡量指标：

$$f(1)_j = R \cdot \arccos[\sin\varphi_j \sin\varphi_0 + \cos\varphi_j \cos\varphi_0 \cos(\lambda_j - \lambda_0)] \tag{6.13}$$

其中，R 为地球半径，φ 为经度，λ 为纬度，下标 j 表示第 j 个历史样本，下标 0 表示预报样本，下同。

风暴的强度相似以两风暴的中心附近地面最大风速差为衡量指标：

$$f(2)_j = | X_j - X_0 | \tag{6.14}$$

6.5.2.2　环流场相似

以相似离度这一相似指标来衡量环流场的相似程度，用 C_j 表示第 j 个历史样本与预报样本的相似离度，则：

$$C_j = 0.5(S_j + D_j) \tag{6.15}$$

$$S_j = (\sum_{l=1}^{L}\sum_{k=1}^{K} | \tilde{X}_{j,k,l} - E |)/(K \times L) \tag{6.16}$$

$$D_j = | \tilde{X}_{j,k,l} - E_j | \tag{6.17}$$

其中，

$$\tilde{X}_{j,k,l} = X_{j,k,l} - X_{0,k,l} \tag{6.18}$$

$$E_j = (\sum_{l=1}^{L}\sum_{k=1}^{K} X_{j,k,l})/(K \times L) \tag{6.19}$$

$X_{j,k,l}$表示相似样本的网格中纬圈数为 K，经圈数为 L，X 表示为相似样本的物理量，如位势高度、风场（包括经向风和纬向风）、涡度、散度、温度等；$X_{0,k,l}$表示预报样本的物理量，用来做相似的预报产品有：500 hPa 高度场、500 hPa 风场、500 hPa 涡度场、200 hPa 散度场、500 hPa 比湿场、850 hPa 比湿场、850 hPa 风场、500 hPa 温度场（850 hPa 的环流场不包括高原区域）等，除了以起报时间的环流场作相似指数外，还以未来 24 h 的数值预报环流产品来寻找历史相似样本，以反映环流的未来变化。由于作为历史环流资料的 NCAR/NCEP 再分析资料水平分辨率为 2.5°×2.5°，而实时的数值预报 T639 的水平分辨率为 1°×1°，因此，在相似计算时，先用双线性插值法将 T639 预报场插值到再分析资料的格点上，然后再得出与历史相似样本的相似系数。

6.5.2.3　综合相似指数

当应用多种因子构造形似判据时，由于判据的量纲和值域不一致而难以对其进行综合评估，将相似指数换算到统一的值域，以便为各种差异悬殊的相似判据确定一个判定相似程度的统一标准，同时将最多的历史样本在相似程度上加以分离，以突出最相似的样本。

对第 i 个因子序列的历史样本 $x_{i,j}$ 与预报样本值 $x_{i,0}$ 确定的相似关系函数为 $f_{i,j}(x, x_0)$，当第 i 个判据因子序列相似函数的最大值为 $\max(f)_i$，最小值为与 $\min(f)_i$ 时，将极差 10 等分：

$$\Delta D_i = [\max(f)_i - \min(f)_i]/10 \tag{6.20}$$

以判据因子序列的最小值 $min(f)_i$（在本文中的相似指标：相似离度和风暴相似指标均为值越小，越相似；若为相似系数，则应取为最大值）为界限值 C_i，定义：

$$D_{f_{i,j}} = | f_{i,j}(x, x_0) - C_i | \tag{6.21}$$

则可定义综合相似指数 $Is_{i,j}$：

$$Is_{i,j} = \begin{cases} 10, D_{f_{i,j}} = 0; \\ 10-k, (k-1)\dfrac{\Delta D_i}{4} < D_{f_{i,j}} \leqslant k\dfrac{\Delta D_i}{4}, k = 1,2,3,4 \\ 6-k, (k+1)\dfrac{\Delta D_i}{2} < D_{f_{i,j}} \leqslant (k+2)\dfrac{\Delta D_i}{2}, k = 1,2 \\ 4-k, (3k+1)\dfrac{\Delta D_i}{2} < D_{f_{i,j}} \leqslant (3k+4)\dfrac{\Delta D_i}{2}, k = 1,2 \\ 1, 5\Delta D_i < D_{f_{i,j}} \leqslant 7\Delta D_i \\ 0, 7\Delta D_i < D_{f_{i,j}} \leqslant 10\Delta D_i \end{cases} \tag{6.22}$$

以表征历史样本与预报样本的综合相似程度，综合相似指数不与 ΔD_i 的均等区间成比例，仅有少量 $Df_{i,j}$ 甚小与预报样本接近的若干历史样本获得高相似指数，大多数历史样本被赋予低相似指数，加大了相似样本的相似权重，减小了不相似样本的相似权重，实现了历史相似样本在相似程度的分离。

6.5.2.4　相似预报方法

将所有 J 个历史样本序列按照 Is_j 值降序排列，使 $Is_1 \geqslant Is_2 \geqslant \cdots \geqslant Is_m \geqslant \cdots \geqslant Is_J$，取具有相似信度的前 N 个相似风暴为相似样本，第 n 个相似样本的第 k 个测站在 t 时刻的 24 h 降水量为 $R_n(k,t)$，则风暴的预报值为以综合相似指数 Is_n 为权重的相似历史样本降水量的集成：

$$\bar{R}_{k,t} = \frac{\sum_{n=1}^{N} Is_n \cdot R_n(k,t)}{\sum_{n=1}^{N} Is_n}, n = 1,2,\cdots,N; k = 1,2,\cdots,K; t = 24,48,72 \tag{6.23}$$

式中 n 为形似样本序号，N 为相似样本总数；k 为预报站点序号，K 为预报站点总数；t 为预报时效，由于预报时效为 24 h，Is_j 取 4 个时次中最大值为当日的相似权重系数。

6.5.3　预报试验结果分析

6.5.3.1　预报评分结果

动力相似方案（DA）与西藏自治区气象台日常业务预报方法 MOS（Model Output Statistics，模式输出统计）预报方法预报结果对 2008—2012 年 5 a 间的共 17 个孟加拉湾风暴预报效果进行对比见表 6.3。综合考虑了风暴影响和环流影响的 DA 方案效果显著优于仅考虑环流要素的 MOS 方案，DA 预报方案的 24 h 预报小雨、中雨、大雨的 TS 评分分别比 MOS 高 0.19、0.22、0.18；DA 的 48 h 则分别比 MOS 高 0.14、0.03、0.1，与 MOS 相比，DA 具有更高的预报技巧，48 hDA 的 TS 评分接近 24 h 的 MOS 预报，72 h 的 DA 则高于 48 h 的 MOS，DA 的预报结果对西藏 24～48 h 降水预报具有较高的参考价值。

表 6.3 动力相似方案(DA)与 MOS 预报方法的预报评分

预报时次	MOS			DA		
	小雨 TS	中雨 TS	大雨 TS	小雨 TS	中雨 TS	大雨 TS
24 h	0.63	0.22	0.05	0.82	0.44	0.23
48 h	0.48	0.09	0.05	0.62	0.12	0.15
72 h	0.42	0.17	0.00	0.58	0.24	0.00

6.5.3.2 风暴“Aila”预报个例

2009 年第 2 号风暴“Aila”自 5 月 24 日 08 时在孟加拉湾中部(88.5°E、18.1°N)生成后，沿西太平洋副热带高压西侧偏南气流北上，属于典型的北上路径孟加拉湾风暴。在孟加拉国导致至少 179 人死亡，超过 2.7 亿美元的经济损失，300 多万人受灾，100 多万只牲畜死亡，50 多万座房屋被毁的巨大损失。在 5 月 25—26 日西藏自治区的日喀则南部、山南南部和林芝地区形成了中到大雨，部分地区暴雨的天气，强降水引发亚东和洛扎县山洪、山体滑坡和泥石流等地质灾害(马艳鲜等，2009)，冲毁防洪堤坝、桥梁、涵洞近 20 座；在岗巴、尼玛、安多、半个、申扎等高海拔牧区，形成大到暴雪天气，积雪超过 10 cm，造成近 3 万头大牲畜死亡，是一次对西藏地区造成巨大损失的风暴。由于高原地形、气候条件复杂，这次灾害的降水类型有雨有雪，降水量空间差异大，这给预报带来了极大的困难(丹增卓嘎等，2010)。“Aila”风暴于 2009 年 5 月 24 日起报预报，则相似样本选用的为 T639 模式 2009 年 5 月 23 日 08 时的预报场为环流场预报样本，5 月 24 日 14 时的“Aila”风暴位置为风暴预报样本(位置为 84.5°E、18.4°N，中心风速为 35 kn)，利用动力相似预报方法寻找相似样本，得到的前 5 个相似样本如表 6.4 所示。

表 6.4 “Aila”的相似样本

相似样本排序	1	2	3	4	5
相似样本	19890527	19841014	19890526	19920924	19851011
综合相似指数	0.81	0.79	0.76	0.73	0.55

图 6.24 给出了根据相似样本的降水分布得到的“Aila”降水预报的结果与实况降水的对比，可见相似样本与“Aila”的降水分布具有较好的相似性：第一相似样本的强降水中心与实况降水接近，很好地表现了南部边缘地区和那曲地区的强降水落区；第二相似样本强降水落区的区域和实况降水相差较大，但与第一相似样本相比，报出了聂拉木的大雨区，而第一相似样本在该区域较实况降水偏小；集成相似的结果在弱降水落区上与“Aila”较为一致，但在降水量级上则比实况降水显著偏弱。在应用 DA 方法时，综合考虑几个相似样本和集成相似的结果，能够更好地发挥 DA 预报的作用。

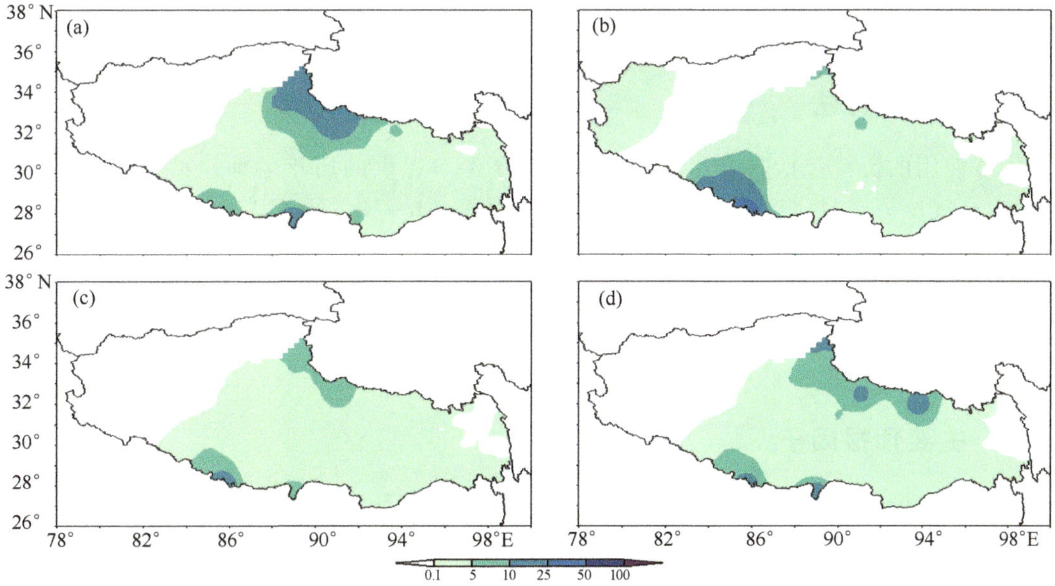

图 6.24　对 2009 年 5 月 27 日风暴"Aila"预报结果
（a. 第一相似；b. 第二相似；c. 集成相似；d. 实况降水）

6.5.4　讨论

（1）应用钟元等（2009）提出的热带气旋定量降水预报的动力相似方案，建立孟加拉湾热带风暴在西藏高原降水量预报方法，对 T639 数值预报产品进行释用，能够避免由格点场插值到站点上带来的二次近似误差；相似指数能够不同量纲和值域的相似判据在统一标准下进行相似样本的比较。

（2）在相似预报中，综合考虑风暴位置和环流场的相似，并考虑数值预报产品的预报环流场的动态相似，能够把相似建立在动力学基础上，利用综合相似指数，能够把众多的历史相似样本进行分离，突出最相似的样本，有利于提高预报准确率。

（3）对孟加拉湾 2008—2012 年共 5 年 17 个风暴的试报结果表明，与 MOS 方法相比，DA 预报的准确率更高；在 DA 预报中应综合考虑第一相似、第二相似和集成相似预报的结果，为降水预报提供更多的参考信息。

6.6　风暴移动路径的客观预报方法

关于台风的预报研究工作，国内外进行了很多的研究，建立了各种预报方法，其中最重要的是数值预报和客观预报两种方法，由于以统计动力为主的客观预报方法精度较高，近年来成为业务预报服务的重要手段。

目前国内对西北太平洋、南海、东海等我国东南沿海海域的台风路径预报工作进行得较多（黄荣辉等，2007；黄小燕等，2007、2008；谢定升等，2002；刘春霞等，1995），而对孟加拉湾风暴的预报方法基本上没有开展工作。对西藏地区而言，孟加拉湾风暴的移动路径具有重要的影响，北上的孟加拉湾热带风暴大多影响高原，尤其是经过 15°N 以北、85°～90°E 地区的风暴80%以上影响高原。由此可见，开展孟加拉湾风暴的路径移动的预报研究，对西藏地区的天气预报与服务工作具有重要的意义。

6.6.1 资料及方法

本节使用的资料包括联合台风警报中心(JTWC)提供的历年孟加拉湾风暴路径、中心风速、中心气压等资料，资料为自风暴开始至消亡逐6 h一次；NCEP/NCAR逐等压面层高度场、温度场、风场、湿度场资料，资料空间分辨率为2.5°×2.5°经纬度，时间分辨率为每隔6 h。根据1979—2002年NW和NE方向登陆的风暴67个，共1221个6 h、274个24 h、211个48 h、151个72 h样本作为建模样本，并利用2003—2007年14个风暴样本作为预报模型独立检验样本。

6.6.2 主要预报因子

风暴要素因子：前6 h经度、纬度和中心风速、中心气压；前12 h经度、纬度和中心风速、中心气压；前6 h与12 h的经向和纬向移动速度、加速度值、中心风速差、气压差。

环境场因子：选取850 hPa、500 hPa、200 hPa作为大气环流场低、中、高层的环境场，850 hPa和200 hPa差为高低层环流差异，分别动态计算以风暴中心为圆心，5个经、纬度范围内的850 hPa、500 hPa、200 hPa和高低层差异高度场、温度场、风场、湿度场、散度场、涡度场的最高、最低格点的经度、纬度、格点值等作为物理量因子场。

6.6.3 建立预报方程

利用逐步回归分析方法分别建立6 h、24 h、48 h和72 h的经度、纬度预报方程。

6 h经度预报方程：

$$Y\_lon\_6 = -0.371 + 0.992X_3 + 0.951X_5 + 0.011X_{92} + 0.012X_{62} - 2459.695X_{167} + 0.005X_{93} + 0.004X_{78} - 0.007X_{55} + 0.004X_{132}$$

6 h纬度预报方程：

$$Y\_lat\_6 = -7.232 + 1.911X_3 - 0.911X_4 + 0.780X_{47} + 0.009X_{16} - 005X_{89} + 0.001X_8 + 0.014X_{92} + 0.020X_{58} + 0.004X_{68}$$

24 h经度预报方程：

$$Y\_lon\_24 = 11.669 + 0.825X_3 + 0.046X_{96} - 0.021X_{72} + 0.125X_{62} + 0.003X_{12} - 0.020X_{110} - 0.019X_{103} + 0.014X_{80} + 2.853X_5 + 0.036X_{60}$$

24 h纬度预报方程：

$$Y\_lat\_24 = -20.204 + 3.669X_3 - 2.714X_4 + 0.283X_{76} - 0.028X_{106} + 0.028X_{13} - 0.028X_{108} + 0.081X_{95} + 0.032X_{146} + 0.040X_{27} + 0.009X_{116} + 0.052X_{80} + 0.024X_{93} - 0.026X_{82} + 0.077X_{28} + 0.036X_{16} + 0.026X_{78} + 0.029X_{142} + 0.047X_{89} - 0.017X_{113} + 0.007X_{113} + 0.899X_{53}$$

48 h经度预报方程：

$$Y\_lon\_48 = 21.655 + 2.590X_3 - 2.185X_4 + 0.175X_{96} + 0.130X_{62} - 0.206X_{56} + 0.058X_{72} + 0.016X_{12} + 0.006X_{13} + 0.107X_{90} - 0.021X_{103} - 0.015X_{110} - 0.002X_{147}$$

48 h 纬度预报方程：

$$Y\_lat\_48 = -20.425 + 3.427X_{3} - 2.866X_{4} + 0.106X_{61} + 0.088X_{13} - 0.632X_{158} + 0.113X_{80} + 0.113X_{90} - 0.045X_{82} + 0.107X_{92} + 0.122X_{16} + 0.028X_{54} - 0.067X_{12} + 0.050X_{21} - 0.091X_{86} + 0.035X_{153} + 0.032X_{31} + 0.284X - 0.060X_{88} + 0.041X_{60} + 0.031X_{52}$$

72 h 经度预报方程：

$$Y\_lon\_72 = -29.304 + 0.148X_{56} + 0.132X_{96} + 0.155X_{62} + 0.124X_{60} + 0.105X_{90} + 0.095X_{95} + 0.102X_{61} + 0.156X_{28} + 0.266X_{146} - 0.067X_{100} + 0.084X_{91} + 0.097X_{162} + 0.108X_{72} - 0.033X_{119} - 0.195X_{86} - 0.055X_{103} - 0.015X_{14} + 0.218X_{64} - 0.072X_{94}$$

72 h 纬度预报方程：

$$Y\_lat\_72 = -6.237 + 0.213X_{61} + 0.101X_{60} + 0.192X_{16} + 0.320X_{3} + 0.156X_{90} + 0.233X_{92} - 0.054X_{82} + 0.137X_{80} - 0.052X_{110} - 0.018X_{95} - 0.180X_{86} - 0.090X_{59} - 0.031X_{119} + 0.134X_{13} - 0.127X_{12} - 0.083X_{94}$$

6.6.4　预报检验

利用 2003—2007 年风暴独立样本进行预报检验，结果表明(图 6.25，表 6.5)：经度预报误差小于纬度预报误差；随着预报时效的延长，预报误差也增大；预报误差符合业务使用标准，可以作为业务预报的参考。

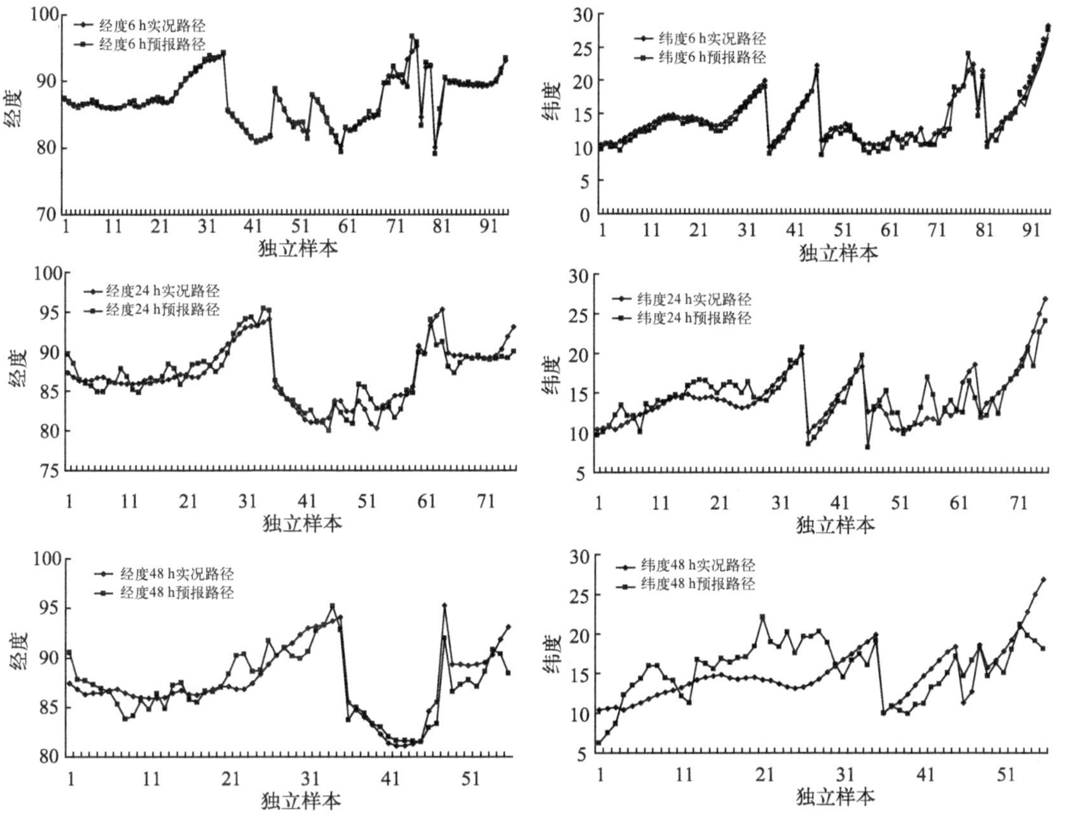

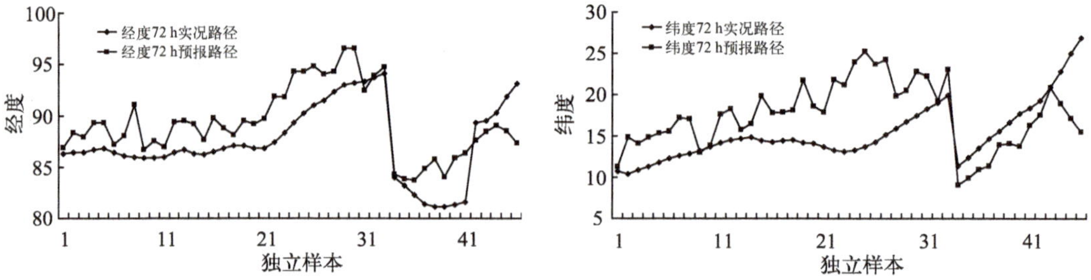

图 6.25　2003—2007 年孟加拉湾风暴独立样本预报检验结果

表 6.5　独立样本预报检验误差表

预报时次	经度误差(°)	纬度误差(°)	距离误差(km)
6 h	0.434	0.798	约 98
24 h	1.053	1.251	约 176
48 h	1.239	2.818	约 332
72 h	2.495	4.197	约 527

为了检验预报方程对具体的西行、北上两类孟加拉湾风暴的预报结果，特别选取了(西行风暴(图 6.26)和北上风暴(图 6.27)两个风暴个例进行预报。从图中可见，6 h、24 h 预报方程对两种路径的风暴预报效果较好，基本上可以反映风暴的移动路径，48 h、72 h 的预报效果较差，尤其是在风暴后期，预报的风暴移动路径发生了偏转，有可能因为此时风暴已经消散。后期风暴减弱消失较快，环境场涡旋结构改变，导致预报的风暴移动路径已经没有参考价值，在这种情况下，预报结果可以作为风暴消失的一种提示。

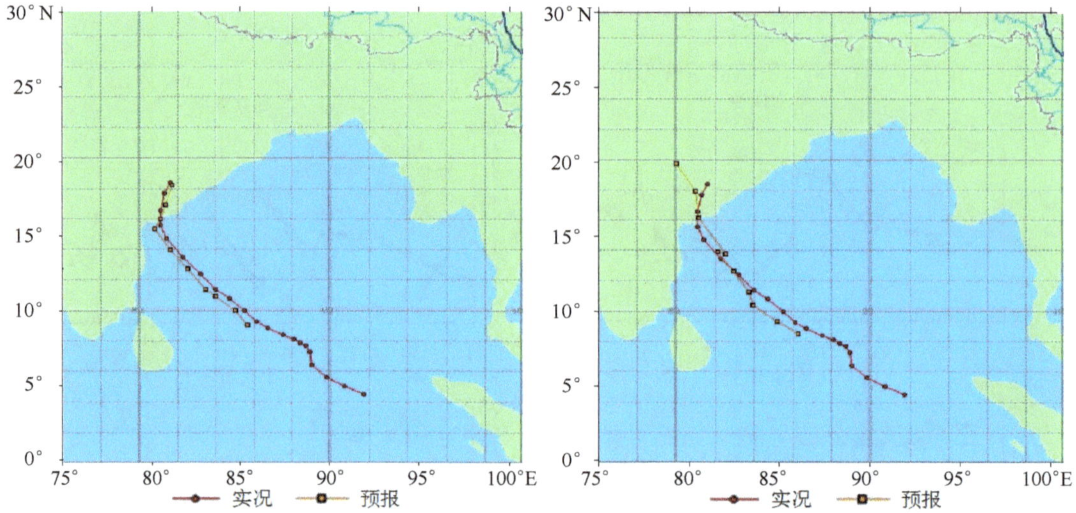

(a) 6 h　　(b) 24 h

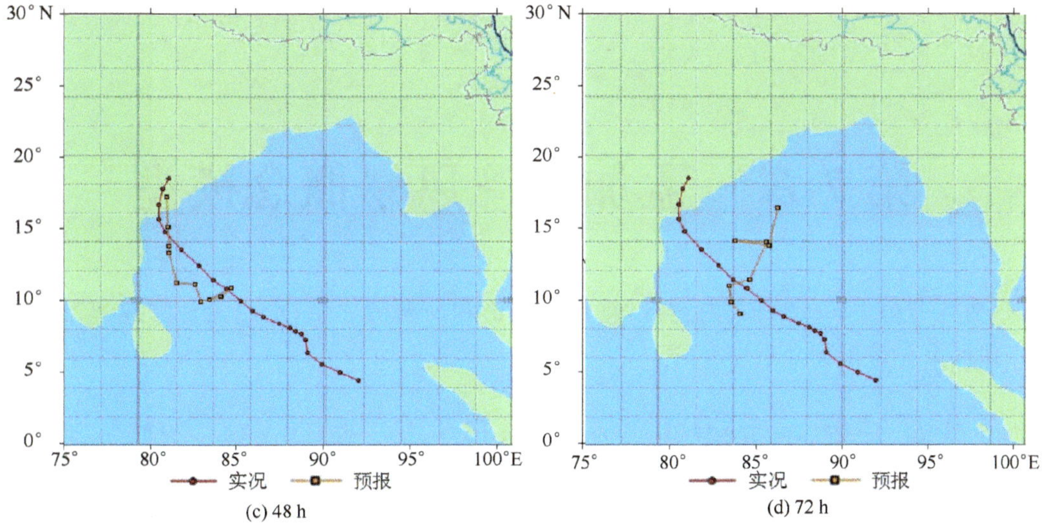

图 6.26　2003 年 12 月 11 日 6 时—16 日 6 时西行风暴预报—实况路径

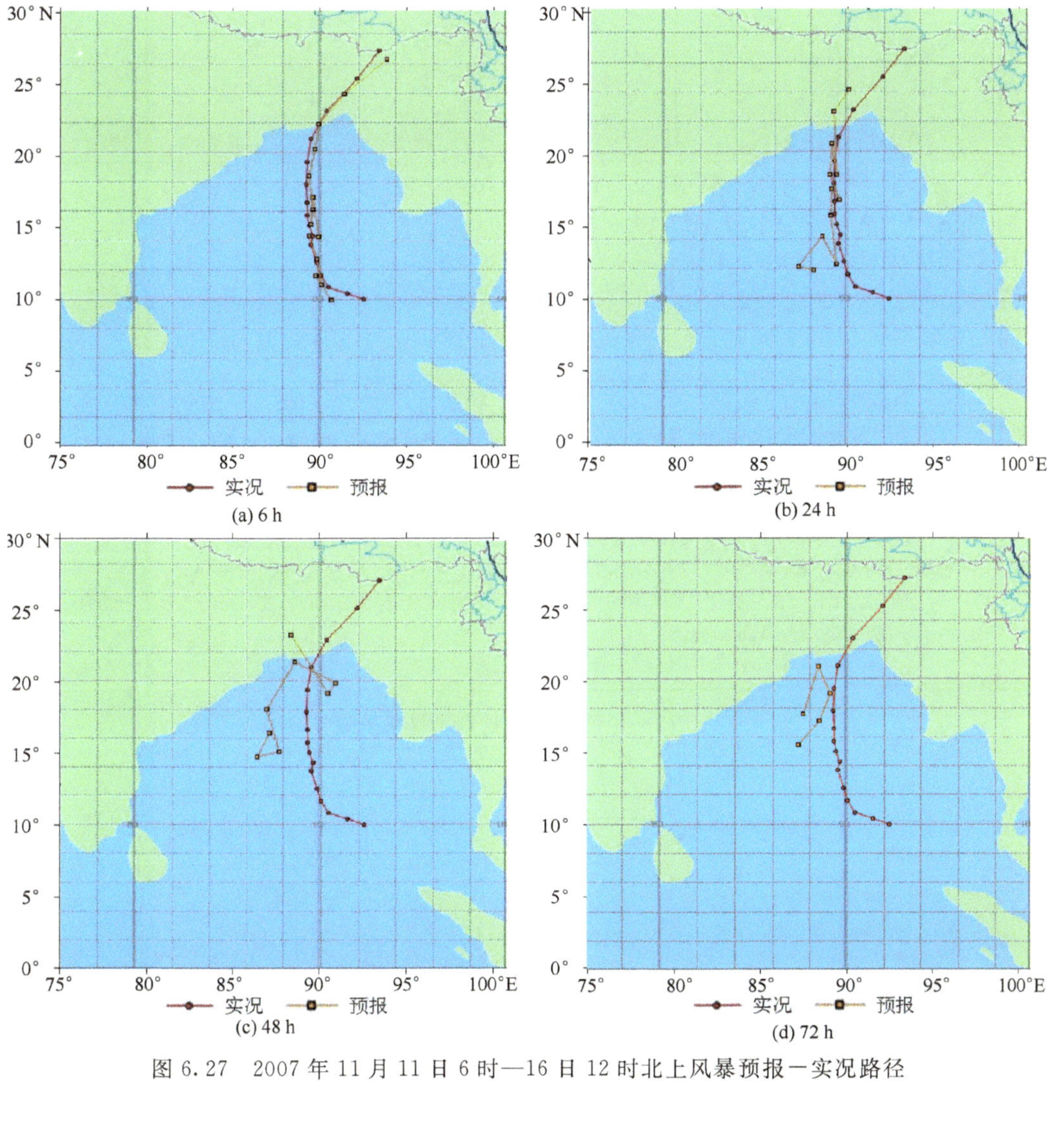

图 6.27　2007 年 11 月 11 日 6 时—16 日 12 时北上风暴预报—实况路径

第 7 章　孟加拉湾风暴概念模型

归纳本书第 1—5 章研究内容，以直观的图形和简要的文字，给出孟加拉湾风暴概念模型，供预报员在预报和分析中参考。

7.1　风暴时空分布特征

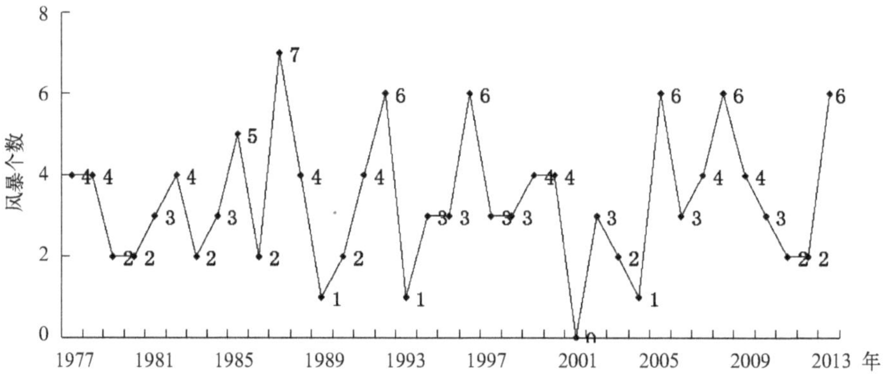

由于1976年以前观测手段的局限，绝大部分孟加拉湾风暴没有中心附近地面最大平均风速数值，其强度无法判别，因此仅统计1977年以后的孟加拉湾风暴。

1977—2013年孟加拉湾共发生风暴124个，最多年份为7个(1987年)，最少为0个(2001年)，年平均3.35个，年际变化不大。其中，达到TS强度的有79个，占总数的63.71%，达到H1~H5强度的个数分别为22、6、4、10和3个，分别占总数的17.74%、4.84%、3.23%、8.06%和2.42%。
由此可以看出，近三分之二的孟加拉湾风暴较弱，只能达到热带风暴的强度，另外三分之一的风暴可到达飓风(台风)的强度。

图 7.1　1977—2013 年孟加拉湾风暴次数逐年分布

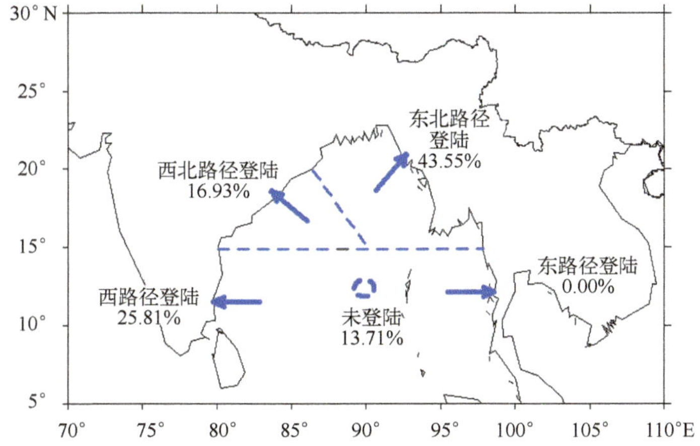

从1977—2013年风暴登陆地点看，东北路径和西北路径登陆风暴对青藏高原和云贵高原影响最大，两者相加，超过60%的孟加拉湾风暴对中国有较大影响。

风暴登陆后至消亡，东北路径平均维持6 h，西北路径平均维持18 h，西路径平均维持20 h。

图 7.2　1977—2013 年孟加拉湾风暴登陆方向比例

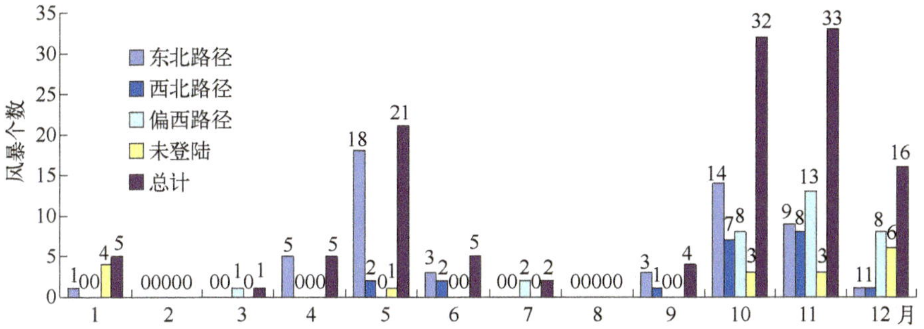

1977—2013年孟加拉湾风暴活动总体呈“双峰型”分布，峰值分别为5月和11月。其中，仅东北路径登陆风暴与“双峰型”分布基本吻合，峰值为5月和10月；西北和西路径登陆风暴呈“单峰型”分布，峰值为11月；未登陆风暴也呈“单峰型”分布，峰值为12月。

图 7.3　1977—2013 年孟加拉湾风暴各登陆路径次数逐月分布

7.2 最有利于风暴生成的环境

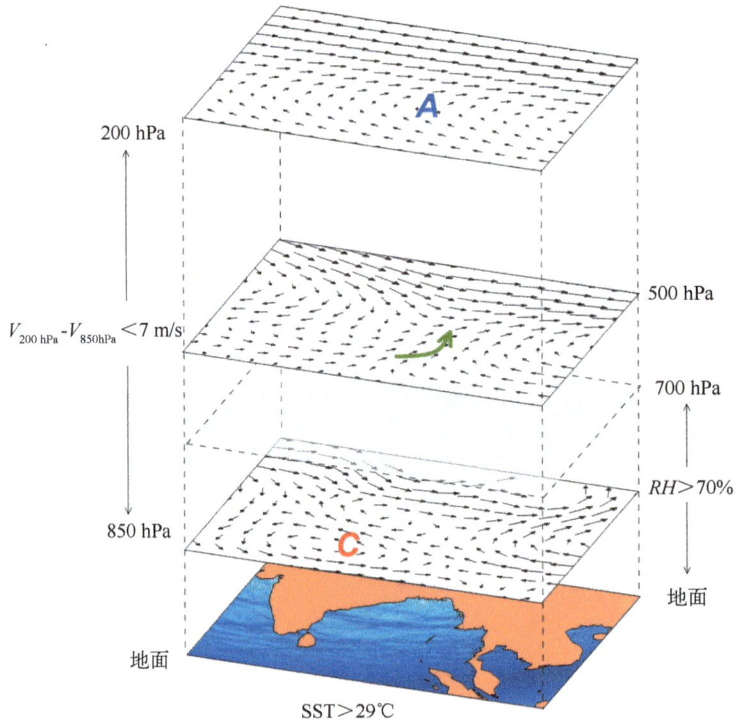

孟加拉湾最有利于生成风暴的环境：

(1) 海表温度大于29℃，使下垫面有充分热量和水分蒸发；

(2) 对流层高低层风速垂直切变小于7 m·s^{-1}，使得热带扰动中的积云对流所产生的凝结潜热易集中加热在一个有限空间范围内，很快形成暖心结构，保证初始扰动的气压不断降低；

(3) 对流层低层为初始涡旋扰动以及高层为强烈的辐散，使得低空的热量和水汽能被高空抽吸；

(4) 对流层低层为高湿度区，700 hPa以下相对湿度大于70%，确保风暴形成所需要的充沛水汽。

图 7.4　孟加拉湾最有利于生成风暴的环境

7.3　风暴三维结构

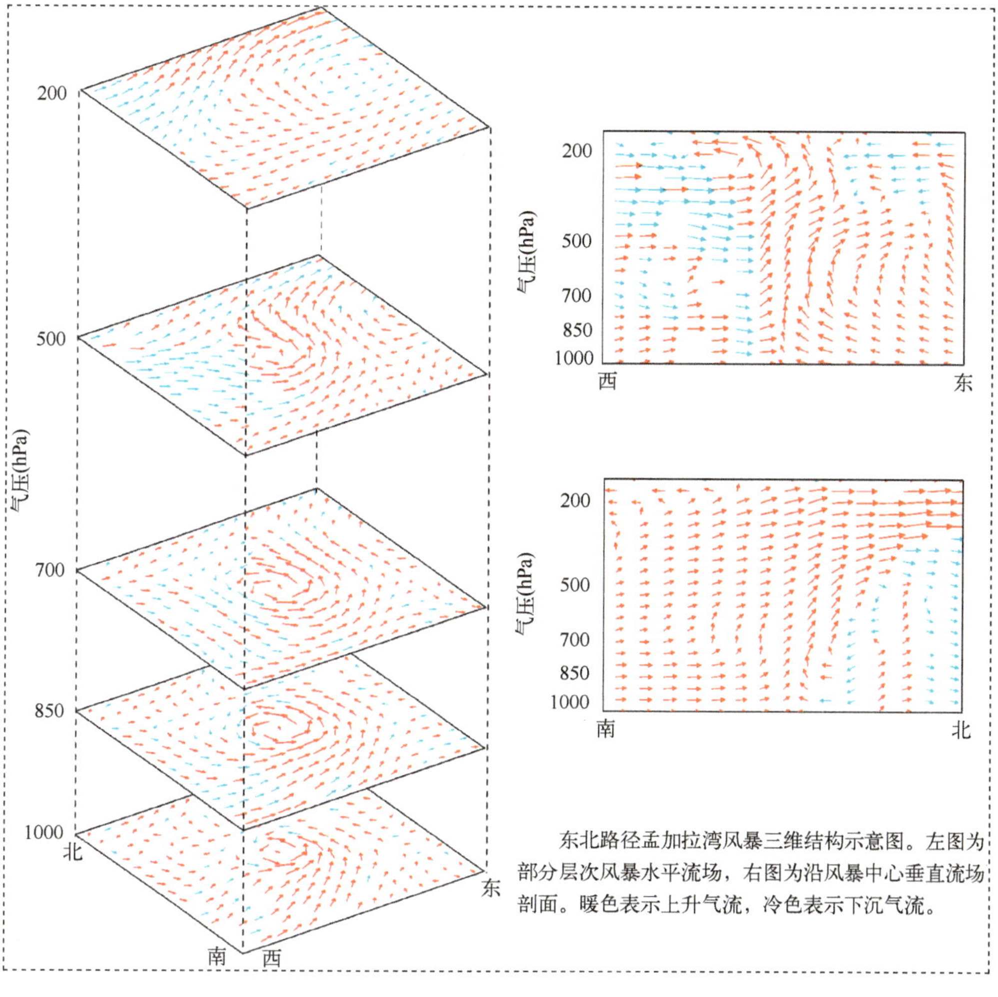

东北路径孟加拉湾风暴三维结构示意图。左图为部分层次风暴水平流场，右图为沿风暴中心垂直流场剖面。暖色表示上升气流，冷色表示下沉气流。

图 7.5　东北路径孟加拉湾风暴三维流场

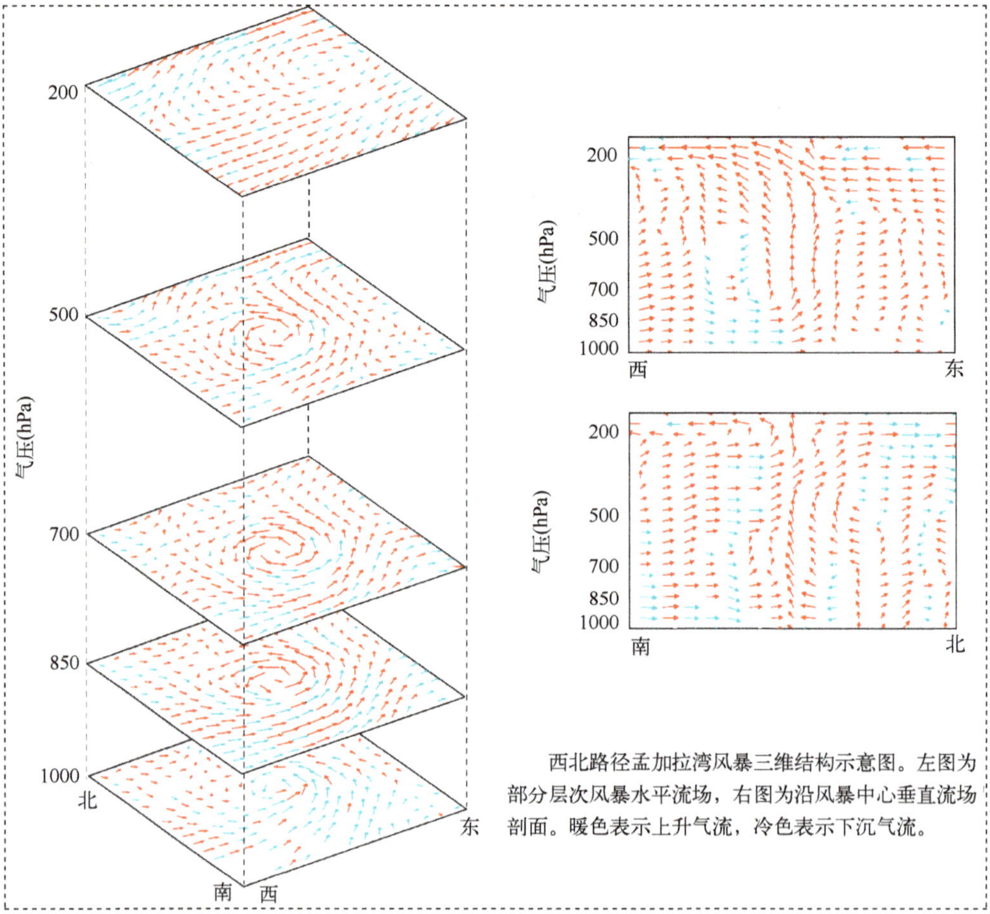

西北路径孟加拉湾风暴三维结构示意图。左图为部分层次风暴水平流场，右图为沿风暴中心垂直流场剖面。暖色表示上升气流，冷色表示下沉气流。

图 7.6　西北路径孟加拉湾风暴三维流场

7.4　风暴导致的降水分布

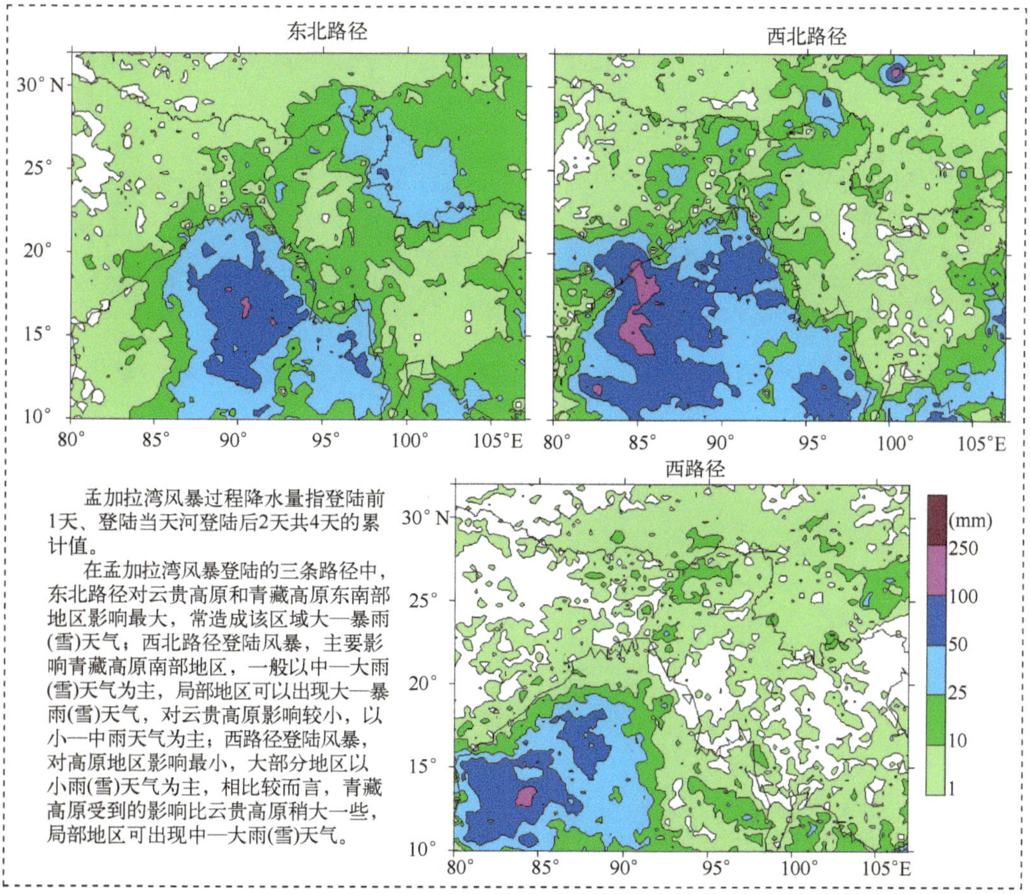

图 7.7　孟加拉湾风暴各登陆路径过程平均降水量分布(单位:mm)

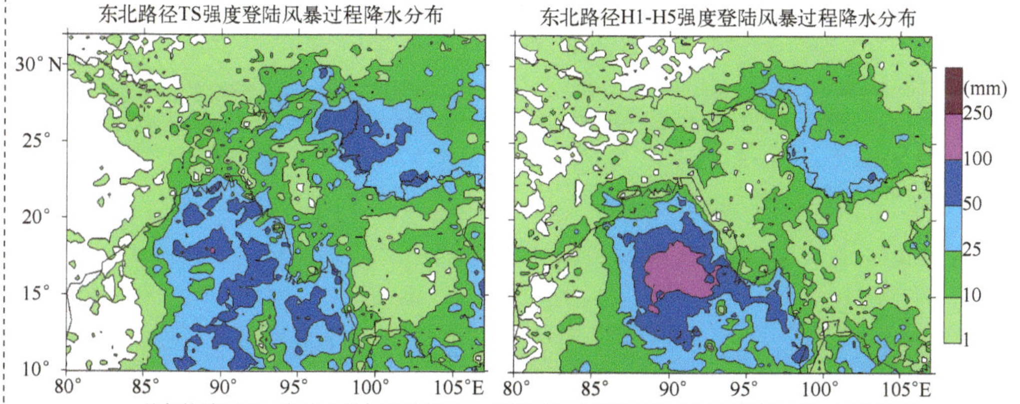

孟加拉湾风暴过程降水量指登陆前1天、登陆当天和登陆后2天共4天的累计值。东北路径登陆风暴，TS强度的比H强度的给高原地区带来的降水更大一些。

图 7.8　东北路径不同强度登陆风暴降水分布(单位:mm)

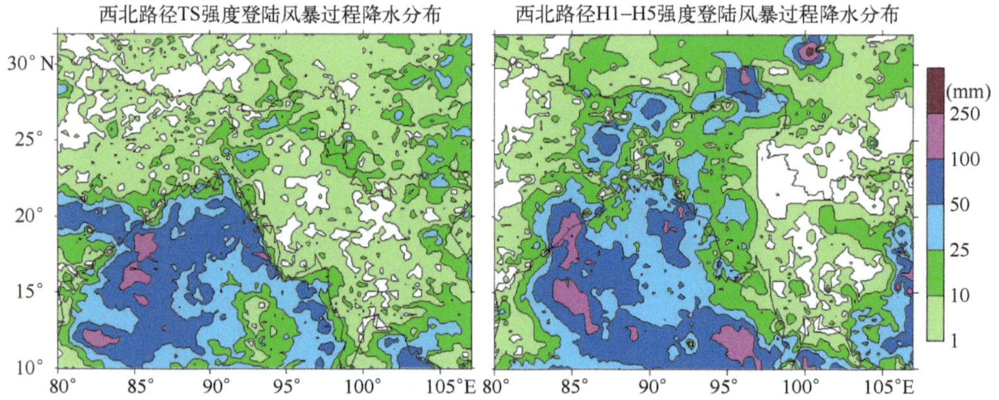

孟加拉湾风暴过程降水量指登陆前1天、登陆当天和登陆后2天共4天的累计值。西北路径登陆风暴，H强度的比TS强度的给高原地区带来的降水更大一些。

图 7.9　西北路径不同强度登陆风暴降水分布(单位:mm)

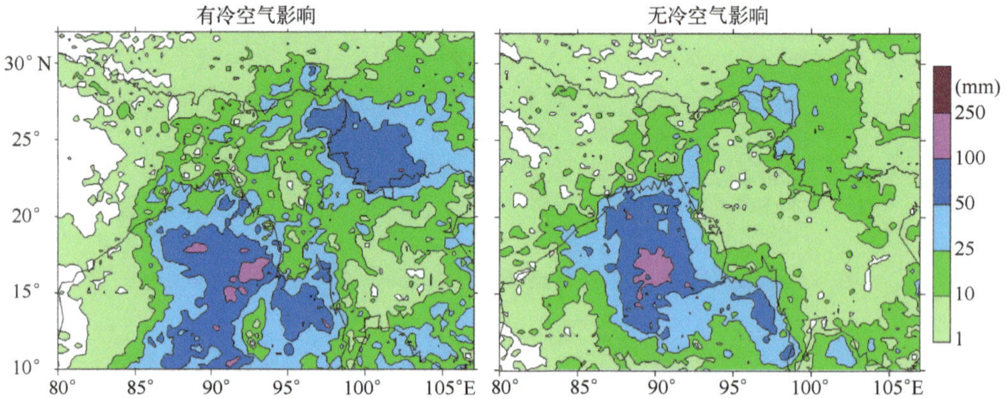

孟加拉湾风暴过程降水量指登陆前1天、登陆当天和登陆后2天共4天的累计值。冷暖空气交汇是产生强降水的重要原因，孟加拉湾风暴影响高原地区也不例外。当东北路径孟加拉湾风暴与云贵高原地区冷空气相遇时，其降水量比无冷空气配合时大两个等级，即有冷空气时降水量可达大—暴雨量级，无冷空气时仅为小—中雨量级。

图 7.10　云贵高原冷空气活动对东北路径登陆风暴降水的影响(单位:mm)

7.5 “峰值”期风暴水汽输送

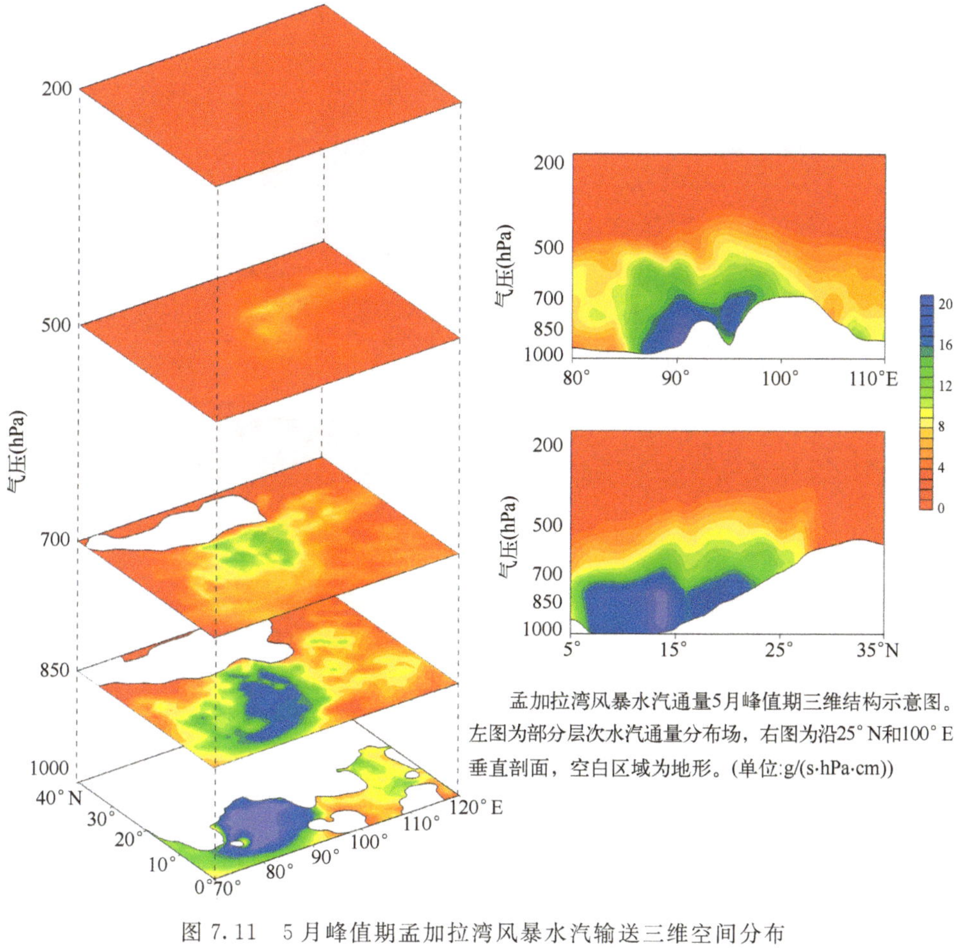

孟加拉湾风暴水汽通量5月峰值期三维结构示意图。左图为部分层次水汽通量分布场，右图为沿25° N和100° E垂直剖面，空白区域为地形。(单位:g/(s·hPa·cm))

图 7.11　5 月峰值期孟加拉湾风暴水汽输送三维空间分布

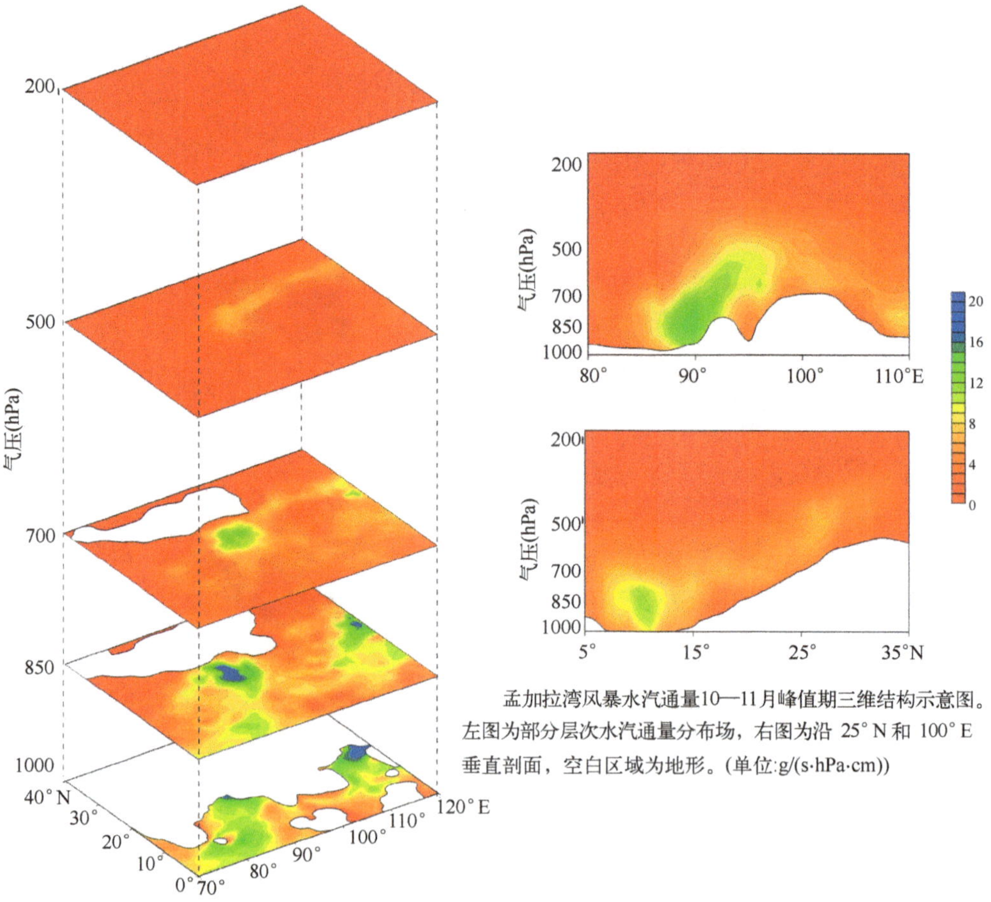

图 7.12　10—11 月峰值期孟加拉湾风暴水汽输送三维空间分布

7.6　高原大地形的阻挡和抬升作用

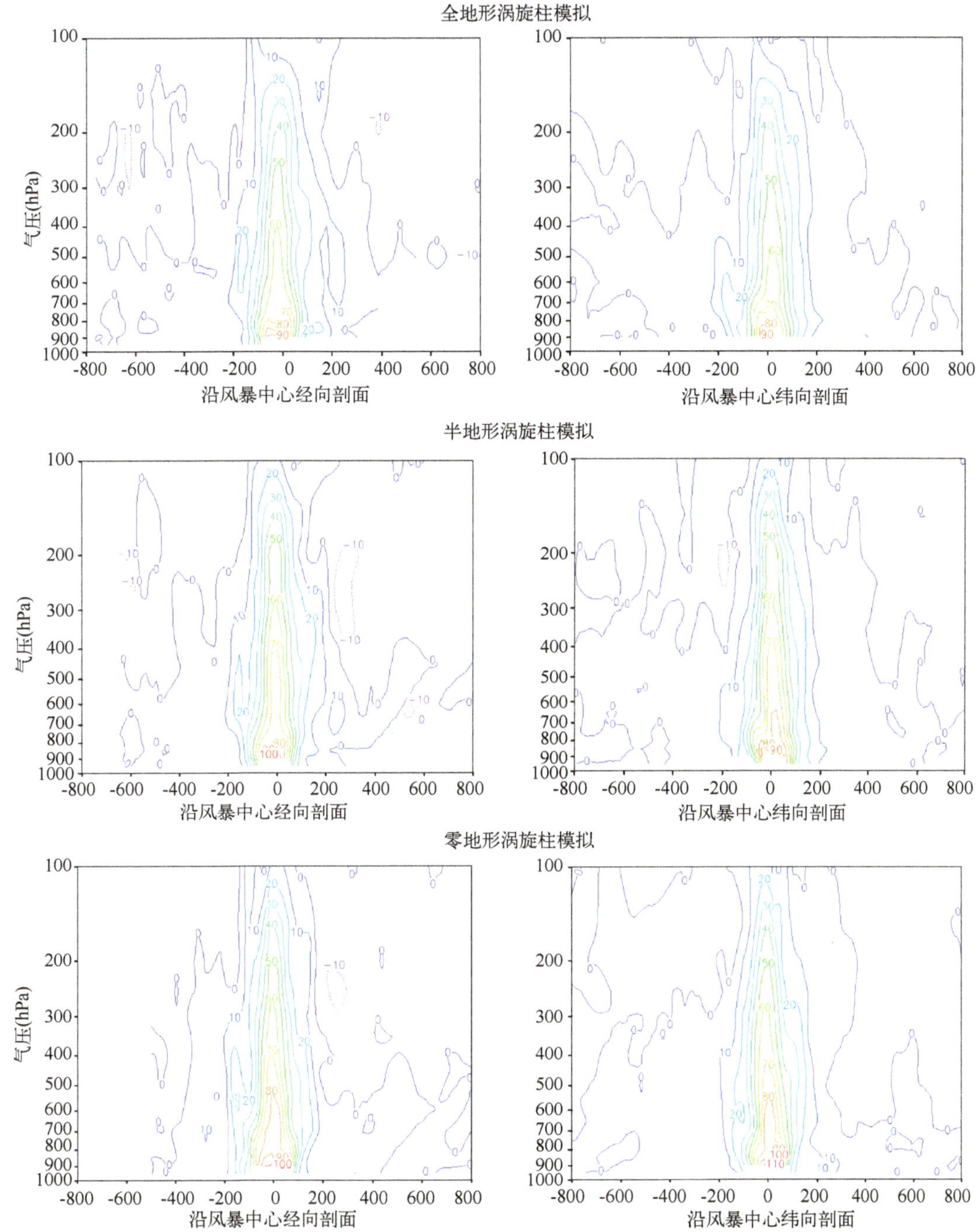

孟加拉湾4个典型风暴个例涡旋柱在不同地形下的数值模拟合成。可以看出，无论是纬向垂直剖面还是经向垂直剖面，地形的降低均使得风暴增强。

图 7.13　不同地形下风暴涡度数值模拟(单位：$10^{-5}s^{-1}$)

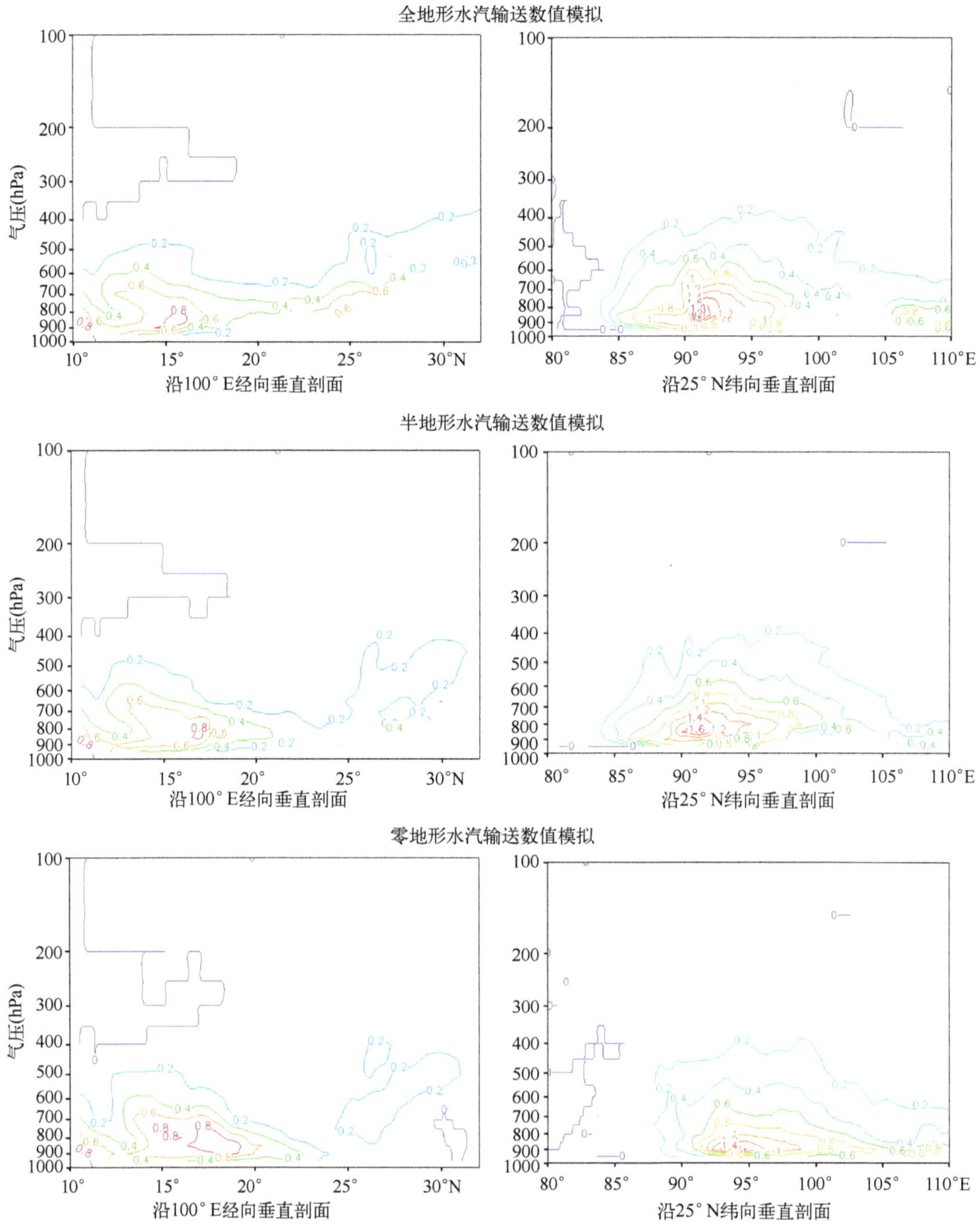

孟加拉湾4个典型风暴个例水汽输送在不同地形下的数值模拟合成。可以看出，地形的阻挡使得风暴减弱，但同时减弱的风暴更有利于西南水汽的输送。

图 7.14　不同地形下风暴西南水汽输送数值模拟(单位：10^{-3} g • s^{-1} • hPa^{-1} • m^{-1})

参考文献

阿特金森(Gary D. Atkinson). 1974. 热带天气预告手册[中国科学院大气物理研究所译]. 上海:上海人民出版社,147-153.

白爱娟,刘长海,刘晓东. 2008. TRMM 多卫星降水分析资料揭示的青藏高原及其周边地区夏季降水日变化. 地球物理学报,**51**(3):704-714.

包澄澜,马卫民,陈信雄,等. 2001. 北上台风生成和路径的卫星云图特征研究. 自然灾害学报,**10**(2):12-18.

北京大学地球物理系,国家海洋水文气象预报总台. 1976. 孟加拉湾风暴的活动及其对我国天气的影响[热带天气会议文集]. 北京:科学出版社.

北京大学地球物理系热带天气工作组. 1974. 孟加拉湾风暴的活动及其对我国天气的影响. 气象科技,**2**(8):3-22.

贝耐芳,赵思雄. 2005. 一次引发台湾地区强降水的锋面及中尺度系统分析研究. 气候与环境研究,**10**(3):474-491.

陈斌,徐祥德,施晓晖. 2011. 拉格朗日方法诊断 2007 年 7 月中国东部系列极端降水的水汽输送路径及其可能蒸发源区. 气象学报,**69**(5):810-818.

陈光华,黄荣辉. 2006. 西北太平洋暖池热状态对热带气旋活动的影响. 热带气象学报,**22**:527-532.

陈联寿,丁一汇. 1979. 西太平洋台风概论. 北京:科学出版社.

陈联寿,罗哲贤. 1996. 非对称结构与台风移动的若干联系,台风科学、业务试验和天气动力学理论的研究(二). 北京:气象出版社,371-374.

陈联寿,罗哲贤,李英. 2004. 登陆热带气旋研究的进展. 气象学报,**62**(5):541-549.

陈联寿,孟智勇. 2001. 我国热带气旋研究十年进展. 大气科学,**25**(3):420-432.

陈联寿. 2006. 热带气旋研究和业务预报技术的发展. 应用气象学报,**17**(6):672-681.

陈联寿,徐祥德,罗哲贤,等. 2002. 热带气旋动力学引论. 北京:气象出版社.

陈敏,郑永光,陶祖玉. 1999. 近 50 年(1949—1996)西北太平洋热带气旋气候特征的再分析. 热带气象学报,**15**(1):10-16.

陈佩燕,端义宏,余晖,等. 2006. 红外云顶亮温在西北太平洋热带气旋强度预报中的应用. 气象学报,**64**(4):474-484.

陈小华,段旭. 2013. 基于卫星和雷达资料估测滇中地区降水量方法研究. 气象,**39**(2):203-209.

陈晓红,胡雯,周扬帆,等. 2009. 2007 年汛期淮河流域连续性大暴雨 TBB 场分析. 气象,**35**(2):57-63.

陈艳,丁一汇,肖子牛,等. 2006. 水汽输送对云南夏季风爆发及初夏降水异常的影响. 大气科学,**30**(1):25-37.

陈于湘,朱抱真. 1985. 热带季风爆发前云南雨季的天气学特征. 大气科学,**9**(1):101-106.

戴武杰. 1974. 孟加拉湾台风对西藏高原的影响. 气象,**1**(1):12-13.

旦增卓嘎,尼珍,晋扎. 2010. 2009 年 5 月底西藏高原特大暴雨成因分析. 西藏科技,**35**(5):46-48.

丁一汇,戴晓苏. 1994. 中国近百年来的气温变化. 气象,**20**(12):19-26.

董海萍,赵思雄,曾庆存. 2007. 低纬高原地形对强降水过程影响的数值试验研究. 气候与环境研究,**12**(3):381-396.

董良森,陈见,覃天信. 1998. “97·5”、“81·5”两次孟加拉湾风暴过程的对比分析. 广西气象,**16**(2):21-22.

董美莹,陈联寿,程正泉,等. 2011. 地形影响热带气旋’泰利’降水增幅的数值研究. 高原气象,**30**(3):700-710.

杜晓玲,汤俊. 2003. 2002 年 5 月孟加拉湾风暴对我省降水的影响. 贵州气象,**27**(1):32-34.

段丽,陈联寿,徐祥德. 2006. 山脉地形对热带风暴"Fitow"结构和运动影响的数值试验. 气象学报,**64**(2):186-193.

段旭,段玮. 2014. 孟加拉湾风暴对高原地区降水的影响. 高原气象,待发表.

段旭,琚建华,肖子牛,王冰. 2000. 云南气候异常物理过程及预测信号的研究. 北京:气象出版社,75-84.

段旭,李英. 2000. 滇中暴雨的湿位涡诊断分析. 高原气象,**19**(2):253-259.

段旭,李英,许美玲,等. 2004. 低纬高原地区中尺度天气分析与预报. 北京:气象出版社,54-58.

段旭,孙绩华,汪中兴. 1997. 暴雨与非暴雨过程涡散场能量收支特征. 高原气象,**16**(2):204-209.

段旭,陶云,寸灿琼,等. 2009. 孟加拉湾风暴时空分布和活动规律统计特征. 高原气象,**28**(3):634-641.

段旭,王曼,段玮,等. 2014. 孟加拉湾地区 TRMM 降水数据变分同化及精度检验. 云南大学学报,**36**(1):51-58.

段旭,王曼,张杰,等. 2010. 低纬高原地区多元信息综合变分分析试验. 高原气象,**29**(3):712-718.

段旭,尤卫红,郑建萌. 2000. 云南旱涝特征. 高原气象,**19**(1):82-90.

范可,琚建华. 2004. 位涡诊断在云南夏季强降水预报中的应用. 高原气象,**23**(3):287-293.

伏阳虎,王兴,晋扎,等. 2009. 西藏 2008 年 10 月 26—28 日孟加拉湾风暴强降水分析. 西藏科技,**34**(7):38-43.

傅昺珊,岳艳霞,李国翠. 2006. TBB 资料的处理及应用. 气象,**32**(2):40-45.

傅云飞,刘鹏,林锦冰,等. 2011. 星载测雨雷达探测的中国南部雨季对流性暴雨频次分析. 暴雨灾害,**30**(1):1-5.

高坤,翟国庆,俞樟孝,等. 1994. 华东中尺度地形对浙北暴雨影响的数值模拟. 气象学报,**52**(2):157-164.

巩远发,纪立人,段廷扬. 2004. 青藏高原雨季的降水特征与东亚夏季风爆发. 高原气象,**23**(3):313-322.

谷黄河,余钟波,杨传国,等. 2010. 卫星雷达测雨在长江流域的精度分析. 水电能源科学, **28**(8):3-6.

郭荣芬,鲁亚斌,李燕. 2005. "伊布都"台风影响云南暴雨过程分析. 高原气象,**24**(5):784-791.

韩晓伟,周林,梅勇,等. 2010. 1975-2008 年北印度洋热带气旋特征分析. 海洋预报,**27**(6):5-11.

韩志伟,张美根,雷孝恩. 1999. 复杂地形局地环流的数值模拟研究. 气候与环境研究,**4**(2):210-223.

郝振纯,童凯,张磊磊,等. 2011. TRMM 降水资料在青藏高原的适用性分析. 水文,**31**(5):18-23.

何华,孙绩华. 2004. 高低空急流在云南大范围暴雨过程中的作用及共同特征. 高原气象,**23**(5):629-634.

何华,许美玲,孙绩华. 2000. 孟加拉湾低压造成云南强降水的中尺度分析. 气象,**26**(2):29-32.

胡娅敏,宋丽莉,刘爱君,等. 2008. 近 58 年登陆我国热带气旋的气候特征分析. 中山大学学报(自然科学版),**47**(5):115-121.

黄楚惠,顾清源,李国平,等. 2010. 一次高原低涡东移引发四川盆地暴雨的机制分析. 高原气象,**29**(4):832-839.

黄立文,吴国雄,宇如聪. 2005. 中尺度海-气相互作用对台风暴雨过程的影响. 气象学报,63:455-467.

黄荣辉,陈光华. 2007. 西北太平洋热带气旋移动路径的年际变化及其机理研究. 气象学报,65:683-694.

黄荣辉,陈际龙. 2010. 我国东、西部夏季水汽输送特征及其差异. 大气科学,**34**(6):1035-1045.

黄荣辉,张振洲,黄刚,等. 1998. 夏季东亚季风区的水汽输送特征及其与南亚季风区水汽输送的差别. 大气科学,**22**(4):460-469.

黄思训,韩威,伍荣生. 2003. 结合反问题技巧对一维海温模式变分资料同化的理论分析及数值试验. 中国科学 D 辑,**33**(9):903-911.

黄小燕,金龙. 2007. 条件数在台风移动路径预报中的应用. 自然灾害学报,**16**(3):35-40.

黄小燕,金龙,姚才,等. 2008. 夏季南海台风移动路径的一种客观预报方法. 南京气象学院学报,**31**(2):287-292.

冀春晓,薛根元,赵放,等. 2007. 台风"Rananim"登陆期间地形对其降水和结构影响的数值模拟试验. 大气科学,**31**(2):233-244.

江志红，任伟，刘征宇，等. 2013. 基于拉格朗日方法的江淮梅雨水汽输送特征分析. 气象学报，**71**(2)：295-304.

解以扬，徐祥德. 1993. 登陆台风暴雨地形增幅的数值试验. 南京气象学院学报，**19**(4)：451-456.

金少华，杨明，李华宏，等. 2010. 孟加拉湾风暴 Mala 结构及对云南强降水的影响. 气象科学，**30**(1)：74-81.

琚建华，李绚丽. 1999. 云南初夏降水与前期大气环流的关系. 高原气象，**18**(1)：63-70.

康志明，罗金秀，郭文华，等. 2007. 2005 年 10 月西藏高原特大暴雪成因分析. 气象，**33**(8)：60-67.

赖绍钧，何芬，陈海山，等. 2012. 华南前汛期福建一次致洪暴雨过程的中尺度结构特征. 高原气象，**31**(1)：167-175.

赖绍钧，何芬，赵汝汀，等. 2007. "龙王"台风过程湿位涡的诊断分析. 气象科学，**27**(3)：266-271.

雷小途，陈联寿. 2002. 西北太平洋热带气旋活动的纬度分布特征. 应用气象学报，**13**(2)：218-227.

李崇银，穆明权. 2001. 赤道印度洋海温偶极子型振荡及其气候影响. 大气科学，**25**：433-443.

李德俊，李跃清，柳草，等. 2010. 基于 TRMM 卫星探测对宜宾夏季两次暴雨过程的比较分析. 气象学报，**68**(4)：559-568.

李秀珍，梁卫，温之平. 2010. 华南秋、冬、春季水汽输送特征及其与降水异常的联系. 热带气象学报，**26**(5)：626-632.

李雪，任福民，杨修群，等. 2010. 南海和西北太平洋热带气旋活动的区域性差异分析. 气候与环境研究，**15**：504-510.

李英，陈联寿，雷小途. 2005. Winnie(1997)和 Bilis(2000)变性过程的湿位涡分析. 热带气象学报，**21**(2)：142-152.

李英，陈联寿，张胜军. 2004. 登陆我国的热带气旋的统计特征. 热带气象学报，**20**(1)：14-23.

李英，郭荣芬，索渺清，等. 2003. 初夏孟加拉湾对流云团北上低纬高原的初步研究. 热带气象学报，**19**(3)：277-284.

李英，张腾飞，索渺清. 2003. 孟加拉湾云团影响下云南强降水分析. 气象科学，**23**(2)：185-191.

李玉柱. 1981. 初夏孟湾风暴的若干特征. 气象，**7**(5)：13-22.

李云泉，李海军，董旭. 2009. 路径相似台风在不同环流形势中影响嘉兴风雨差异的分析. 科技通报，**25**(4)：407-411.

励申申，寿绍文，王信. 1992. 登陆台风与其外围暴雨的相互作用. 气象学报，**50**(1)：30-40.

梁必骐，卢键强. 1995. 8014 号热带气旋发生发展过程的能量学诊断研究. 热带气象学报，**11**(3)：240-246.

梁红丽，肖子牛，晏红明. 2004. 孟加拉湾冬季风及其与亚洲夏季气候的关系. 热带气象学报，**20**(5)：537-547.

廖胜石，罗建英，蔡芗宁. 2007. 2005 年 6 月华南致洪暴雨过程中 FY-2C 卫星 TBB 场分析]. 气象，**33**(1)：81-86.

林爱兰，万齐林，梁建茵. 2003. 登陆华南热带气旋过程降水分析. 热带气象学报，**19**(增刊)：65-73.

刘伯汉，梁成礼. 1987. 8515 号台风路径分析. 热带气象学报，**3**(3)：251-257.

刘春霞，容广埙. 1996. 近海突然加强台风能量场的诊断分析. 热带气象学报，**12**(2)：174-180.

刘春霞，周家斌. 1995. 南海台风路径预报试验. 气象，**21**(8)：26-29.

刘鹏，傅云飞，冯沙，等. 2010. 中国南方地基雨量计观测与星载测雨雷达探测降水的比较分析. 气象学报，**68**(6)：822-835.

刘瑜，马振锋，陶云，等. 2003. 云南 2002 年雨季偏早的环流特征分析. 高原气象，**22**(增刊)：102-109.

刘瑜，赵尔旭，黄玮，等. 2007. 初夏孟加拉湾低压与云南雨季开始期. 高原气象，**26**(3)：572-578.

刘宇迪，王斌，侯志明. 2003. 最优决策法在台风路径集成预报中的运用. 热带气象学报，**19**(2)：219-224.

柳岳清，周国华，陈曙. 2010. 热带气旋灾害特征及风险评估. 气象科技，**38**(4)：526-531.

鲁亚斌,解明恩,谢三勇. 2004. 孟加拉湾水汽输送异常对云南5月降水的影响. 云南地理环境研究,**16**(1):19-24.

鲁亚斌,晏红明,张腾飞,等. 2006. 地形对云南暴雨的数值模拟敏感性试验分析. 科学研究月刊,**19**(7):41-42.

鲁亚斌,张腾飞,徐八林,等. 2006. 一次孟加拉湾风暴和冷空气影响下造成滇西大暴雨中尺度分析. 应用气象学报,**17**(2):201-205.

吕爱民,文永仁,李英. 2013. 一次孟湾风暴"Akash"(0701)对中国西南地区强降水过程的影响分析. 大气科学,**37**(1):160-170.

吕林宜,段旭,王曼. 2008. 孟湾风暴数值模拟实验及其结构特征分析. 高原山地气象研究,**28**(1):36-41.

骆三,苗峻峰,牛涛,等. 2011. TRMM测雨产品3B42与台站资料在中国区域的对比分析. 气象,**37**(9):2081-1090.

马丽萍,陈联寿,徐祥德. 2006. 全球热带气旋活动与全球气候变化相关特征. 热带气象学报,**22**(2):147-154.

马艳鲜,余忠水. 2009. 西藏泥石流、滑坡时空分布特征及其与降水条件的分析. 高原山地气象研究,**29**(1):55-58.

毛燕军. 2005. 气候相似预报的一种客观化方案. 科技通报,**21**(5):533-535.

钮学新,杜惠良,刘建勇. 2005. 0216台风降水及其影响降水机制的数值模拟试验. 气象学报,**63**(1):57-68.

普布卓玛,周顺武. 1998. 1995年11月两次孟加拉湾台风天气对比分析. 西藏科技,**24**(2):86-90.

秦剑,琚建华,解明恩. 1997. 低纬高原天气气候. 北京:气象出版社.

任国玉,郭军,徐铭志,等. 2005. 近50年来中国地面气候变化基本特征. 气象学报,**63**(6):942-956.

任宏利,封国林,张培群. 2007. 论动力相似预报的物理基础问题. 地球科学进展,**22**(10):1027-1035.

沈树勤,于波,张菊芳,等. 1996. 华东地区热带气旋暴雨气候特征及其落区预报. 气象,**22**(2):33-37.

施国强. 1995. 1991年孟加拉湾特大台风灾害. 自然灾害学报,**4**(1):98-103.

石文静,肖子牛. 2013. 近60年索马里急流越赤道水汽输送的变化特征及对中国初夏降水的影响. 气象,**39**(1):39-45.

宋正山,杨辉. 2001. 夏季东亚季风区500 hPa月环流异常及其与中国降水关系的向量EOF分析. 大气科学,**25**(3):401-410.

孙建华,赵思雄. 2000. 登陆台风引发暴雨过程之诊断研究. 大气科学,**24**(2):223-237.

覃丹宇,李博. 2012. FY2双星亮温归一化及其在台风个例中的应用. 气象,**38**(12):1449-1455.

田荣湘. 2003. 全球气候变暖对西北太平洋热带气旋的影响. 浙江大学学报(理学版),**30**(4):466-470.

万齐林,谢玲娟. 1996. 用ECMWF数值预报产品作热带气旋路径预报的业务系统. 热带气象学报,**12**(3):272-279.

王建中,丁一汇. 1996. 位涡在暴雨成因中分析应用. 应用气象学报,**7**(1):19-27.

王曼,段旭,李华宏,等. 2011. 孟加拉湾风暴Mala登陆期间地形敏感试验. 气象学报,**69**(3):486-495.

王曼,李华宏,段旭,等. 2009. 登陆孟加拉湾风暴结构个例分析与数值模拟. 气象科技,**37**(1):12-18.

王敏,孙树峻,王雪. 2010. 青藏高原东南侧一次大范围暴雨天气过程的诊断分析. 高原山地气象研究,**30**(4):47-50.

王鹏云. 1998. 台湾岛地形对台风暴雨影响的数值研究. 气候与环境研究,**3**(3):235-246.

王绍武. 1990. 近百年我国及全球气温变化趋势. 气象,**16**(2):11-15.

王绍武,叶瑾琳,龚道溢,等. 1998. 近百年我国年气温序列的建立. 应用气象学报,**9**(4):392-401.

王锡东,陈涛锋. 2004. 南海及邻域弱对流云系活动的TBB资料特征. 气象,**30**(7):23-26.

王小萍,陆秀娟,洪萍. 2013. 台风路径和降水集合预报试验研究. 科技通报,**29**(7):24-29.

王友恒，王素贤．1989．北印度洋热带风暴及其与西藏降水的关系．气象，**15**(11)：38-43．

王友恒，王素贤．1988．孟加拉湾热带风暴的初步分折．气象，**14**(6)：19-22．

王允宽，吴迪生，曹勇生，等．1996．青藏高原地形对孟加拉湾热带气旋影响的对比研究．大气科学，**20**(4)：445-451．

王志仁，吴德星，吴辉碇，等．2002．全球热带风暴时空分布特点．海洋学报，**24**(1)：25-34．

王子谦，朱伟军，段安民．2010．孟湾风暴影响高原暴雪的个例分析：基于倾斜涡度发展的研究．高原气象，**29**(3)：703-711．

韦革宁，廖胜石．2000．孟加拉湾风暴云系对广西"99．10"大范围长时间降水的影响．广西气象，**21**(4)：12-14．

翁永辉，徐祥德．1999．TOVS资料的变分处理方法在青藏高原地区的数值试验．大气科学，**23**(6)：703-712．

翁永辉，徐祥德，柏晶瑜，等．2000．TOVS资料变分分析技术在青藏高原地区的应用．气象学报，**58**(6)：679-691．

吴国雄，蔡雅萍，唐晓菁．1995．湿位涡和倾斜涡度发展．气象学报，**53**(4)：387-405．

吴恒强．1986．孟加拉湾风暴双峰期特征的原因分析．气象，**12**(12)：6-8．

肖建全，普贵明，李永千，等．2011．孟加拉湾风暴"Akash"和"Nargis"对比分析．云南大学学报，**33**(S1)：111-117．

谢定升，梁凤仪．2002．热带气旋的短期气候预报检验．灾害学，**17**(2)：32-36．

徐祥德，陶诗言，王继志，等．2002．青藏高原季风水汽输送"大三角扇形"影响域特征与中国区域旱涝异常的关系．气象学报，**60**(3)：257-266．

徐祥德，翁永辉，孟智勇，等．2002．卫星TOVS资料变分分析"98．7"武汉-黄石地区特大暴雨中尺度锋面对流特征．大气科学，**26**(6)：845-856．

徐祥德，许健民，王继志，等．2003．大气遥感再分析场构造技术与原理．北京：气象出版社，58-91．

徐忠峰，钱永甫．2003．100 hPa高压环流和东风气流的季节、年际和年代际变化．热带气象学报，**19**(3)：226-233．

许美玲，段旭，杞明辉，等．2011．云南省天气预报员手册．北京：气象出版社．

许美玲，段旭，张秀年．2006．登陆孟湾风暴结构演变特征数值模拟研究．高原气象，**25** (5)：1139-1146．

许美玲．2004．集对分析在云南强降水预报集成方法中的应用．气象，**30**(6)：39-42．

许美玲，张秀年，杨素雨．2007．孟加拉湾风暴影响低纬高原的环流和云图特征分析．热带气象学报，**23**(4)：395-400．

闫敬华，董克勤．1997．台湾附近地形对台风影响的数值模拟．热带气象学报，**13**(3)：217-226．

闫敬华，徐建平，丁伟钰，等．2005．地形对登陆热带气旋"黄蜂"(2002)强度影响的模拟研究．大气科学，**29**(2)：205-213．

严华生，张青，尤卫红．1994．大气环流变化对云南5月雨量的影响及其预报．高原气象，**13**(2)：217-222．

阎惠芳，李社宗，黄跃青，等．2003．常用相似性判据的检验和综合相似系数的使用．气象科技，**31**(4)：211-215．

晏红明，肖子牛，王灵．2003．孟加拉湾季风活动与云南5月降雨量．高原气象，**22**(6)：624-630．

杨传国，余钟波，林朝晖，等．2009．基于TRMM卫星雷达降雨的流域陆面水文过程．水科学进展，**20**(4)：461-466．

杨金锡，冯志娴．1996．9403强热带风暴致洪暴雨TBB特征分析．气象科学，**16**(4)：378-382．

杨祖芳，李月安，李伟华．2000．两个孟加拉湾风暴对我国降水不同影响的对比分析．海洋预报，**17**(4)：41-46．

姚才．2003．0103号台风"榴莲"强度变化特征及暴雨成因的分析．热带气象学报，**19**(增刊)：180-188．

姚才，张诚忠，黄明策．2004．华南登陆台风“榴莲”的能量分析．气象，**30**(6)：12-17.
姚秀萍，于玉斌．2005．2003年梅雨期干冷空气的活动及其对梅雨降水的作用．大气科学，**29**(6)：973-985.
游然，卢乃锰，邱红，等．2011．用PR资料分析热带气旋卡特里娜降水特征．热带气象学报，**22**(2)：203-213.
游小宝，周广庆，朱江，等．2003．中国及周边海海温资料同化系统．科学通报，**48**(增刊2)：5-10.
于玉斌，姚秀萍．2000．对华北一次特大台风暴雨过程的位涡诊断分析．高原气象，**19**(1)：111-119.
于玉斌，姚秀萍．1999．华北盛夏台风低压暴雨的能量分析．热带气象学报，**15**(2)：177-184.
余晖，胡春梅，蒋乐贻．2006．热带气旋强度资料的差异性分析．气象学报，**64**(3)：357-363.
余晖，吴国雄．2001．湿斜压性与热带气旋强度突变．气象学报，**59**(4)：440-449.
余贞寿，郝增周，谢海华，等．2007．台湾岛地形对台风“海棠”(0505)移动路径影响的数值试验研究．热带气象学报，**23**(6)：575-580.
余贞寿，廖胜石，黄克慧，等．2005．0414号台风“云娜”的数值模拟．气象学报，**63**(6)：903-914.
元慧慧，钟中，李杰，等．2010．基于TRMM的热带气旋降水三维结构特征分析．海洋预报，**27**(6)：12-19.
岳彩军，端义宏，雷小途，等．2005．卫星资料在登陆热带气旋降水研究中的应用．气象科学，**25**(4)：433-439.
曾红伟，李丽娟．2011．澜沧江及周边流域TRMM 3B43数据精度检验．地理学报，**66** (7)：994-1004.
张根生，费建芳，黄小刚，等．2005．BDA方案在台风路径预报中的应用．热带气象学报，**21**(5)：458-466.
张人禾．1999．El Nino盛期印度夏季风水汽输送在我国华北地区夏季降水异常中的作用．高原气象，18：567-574.
张守峰，王诗文．1999．应用卫星云导风进行台风路径预报试验．热带气象学报，**15**(4)：347-355.
张述文，王式功．2005．位涡及位涡反演．高原气象，**20**(6)：468-473.
张腾飞，段旭，张杰．2006．初夏孟湾风暴造成云南连续性强降水的中尺度分析．热带气象学报，**22**(1)：67-73.
张万诚，万云霞，任菊章，等．2011．水汽输送异常对2009年秋、冬季云南降水的影响研究．高原气象，**30**(6)：1534-1542.
张晓惠，倪允琪．2009．华南前汛期锋面对流系统与暖区对流系统的个例分析与对比研究．气象学报，**67**(1)：108-121.
张欣，钱维宏．2007．南亚边缘海域热带气旋年频次与对流层风场变化的关系．北京大学学报，**43**(3)：383-389.
张秀年，段旭，郭世昌．2005．孟湾风暴合成分析及其中尺度特征．云南大学学报，**27**(2)：133-138.
章基嘉，朱抱真，朱福康．1998．青藏高原气象学进展．北京：科学出版社.
郑建萌，段旭．2005．2001年云南雨季开始偏早与孟加拉湾季风爆发的关系．气象，**31**(2)：59-63.
钟元，潘劲松，朱红，等．2009．一种台风过程雨量的相似预报方法．热带气象学报，**25**(6)：681-689.
钟元．2003．天气与短期气候的多元相似判据综合相似预测方法．北京：气象出版社，172-209.
钟元，尤琼，胡波．2002．短期气候客观相似预测方案．科技通报，**18**(3)：184-190.
钟元，余晖，滕卫平，等．2009．热带气旋定量降水预报的动力相似方案．应用气象学报，**20**(1)：17-27.
周长艳，李跃清．2005．长江上游地区水汽输送的气候特征．长江科学院院报，**22**(5)：18-22.
周国莲，鲁亚斌，张腾飞，等．2006．一次孟加拉湾风暴影响下云南持续性暴雨天气诊断分析．气象科技，**34**(3)：280-285.
周倩，程一帆、周甘霖，等．2011．2008年10月青藏高原东部一次区域暴雪过程及气候背景分析．高原气象，**30**(1)：22-29.
周强．1988．西北太平洋台风路径与厄尔尼诺关系初步分析．热带气象学报，**4**(3)：272-276.
周晓霞，丁一汇，王盘兴．2008．夏季亚洲季风区的水汽输送及其对中国降水的影响．气象学报，**66**(1)：

59-70.

周毅. 1989. 初夏孟加拉湾风暴对西南地区能量输送初析. 云南气象,**9**(1):13-16.

朱福康,郑新江,罗敬宁,等. 1988. 藏南暴雪过程的水汽图像. 科学通报,**43**(20):2232-2235.

朱乾根,林锦瑞,寿绍文,等. 2007. 天气学原理与方法(第四版). 北京:气象出版社.

朱志存,尹宜舟,叶殿秀. 2013. 登陆中国大陆不同区间的热带气旋特征初步分析. 热带气象学报,**28**(1):41-49.

卓嘎,罗布,周长艳. 2012. 1980—2009 年西藏地区水汽输送的气候特征. 冰川冻土,**34**(4):783-794.

卓嘎,谢金南,马镜娴. 2000. 登陆台风与我国降水的统计关系. 高原气象,**19**(2):260-264.

Aiyyer A R, Thorncroft C D. 2010. Interannual to multidecadal variability of vertical shear and tropical cyclone activity. *J. Clim.*, **24**:2949-2962.

Bretherton C S, Widmann M, Dymnikov V P, *et al*. 1999. The effective number of spatial degrees of freedom of a time-varying field. *J. Clim.*, **12**:1990-2009.

Camargo S J, Robertson A W, Barnston A G, *et al*. 2008. Clustering of eastern North Pacific tropical cyclone tracks: ENSO and MJO effects. *Geochemistry, Geophysics and Geosystems*, **9**, Q06V05, doi: 10.1029/2007GC001861.

Camargo S J, Robertson A W, Gaffney S J, *et al*. 2007. Cluster analysis of typhoon tracks. Part I: General properties. *J. Clim.*, **20**:3635-3653.

Camargo S J, Robertson A W, Gaffney S J, *et al*. 2007. Cluster analysis of typhoon tracks. Part II: Large-scale circulation and ENSO. *J. Clim.*, **20**: 3654-3676.

Chan J C L. 2005. The physics of tropical cyclone motion. *Annu. Rev. Fluid Mech.*, **37**:99-128.

Chan J C L. 2000. Tropical cyclone activity over the western North Pacific associated with El Niño and La Niña events. *J. Clim.*, **13**:2960-2972.

Chen G H, Sui C H. 2010. Characteristics and origin of quasi-biweekly oscillation over the western North Pacific during boreal summer. *J. Geophys Res.*, **115**:D14113, doi:10.1029/2009JD013389.

Chen G, Tam T Y. 2010. Different impact of two kinds of Pacific Ocean warming on tropical cyclone frequency over the western North Pacific. *Geophys Res. Lett.*, **37**:L01803, doi:10.1029/2009GL041708.

Chia H, Ropelewski C F. 2002. The interannual variability in the genesis location of tropical cyclones in the Northwest Pacific. *J. Clim.*, **15**:2934-2944.

Chu J H, Sampson C R, Levine A S, *et al*. 2002. The joint typhoon warning center tropical cyclone best tracks, 1945—2000. Technical Report NRL Reference Number November, 2-16.

Chu P. S, X. Zhao, C. T. Lee, *et al*. 2007: Climate prediction of tropical cyclone activity in the vicinity of Taiwan using the multivariate least absolute deviation regression method. *Terr. Atmos., Oceanic Sci.*, **18**:805-825.

Cressman G. P. 1959. An operational Obiecfive analysis system. *Mon. Wea. Rev.*, **87**:367-374.

David S. Nolan, Eric D. Rappin, Kerry A. Emanuel. 2007. Tropical cyclogenesissensitivity to environmental parameters in radiative-convective equilibrium. *Quarterly Journal of the Royal Meteorological Society*, **133**:2085-2107.

Elsner J B, Liu K B. 2003. Examining the ENSO-typhoon hypothesis. *Clim. Res*, **25**:43-54.

Endlich R M. 1967. An iterative method for altering the kinetic properties of wind field. *J. Appl. Meteor.*, **6**:837-844.

Evan A T, Camargo S J. 2011a. A climatology of Arabian Sea cyclonic storms. *J. Clim.*, **24**:140-158.

Evan A T, Kossin J P, Chung C, *et al*. 2011b. Arabian Sea tropical cyclones intensified by emissions of black carbon and other aerosols. *Nature*, **479**:94-98.

Forecasting, World Meteorological Organization Tech. Document WMO/TD 560, *Tropical Cyclone Programme Rep*, TCP-31, Geneva, Switzerland.

Fu X, Hsu P. 2011. Extended-range ensemble forecasting of tropical cyclogenesis in the northern Indian Ocean: Modulation of Madden-Julian Oscillation. *Geophys. Res. Lett*, **38**: L15803, doi: 10.1029/2011GL048249.

Gaffney S J, Robertson A W, Smyth P, *et al*. 2007. Probabilistic clustering of extratropical cyclones using regression mixture models. *Climate Dynamics*, **29**: 423-440.

Gaffney S, Smyth P. 2004. Joint Probabilistic Curve Clustering and Alignment. Advances in Neural Information Processing Systems NY: MIT Press.

Gill A E. 1980. Some simple solutions for the heat induced tropical circulations. *Quart. J. Roy. Meteor. Soc.*, **106**: 447-462.

Gray W M. 1968. Global view of the origin of tropical disturbances and storms. *Monthly Weather Review*, **96**: 669-700.

Gray W. M. . 1979. Hurricane: Their formation, structure and likely role in the tropical circulation. *Meteorology over the Tropical Oceans*, Shaw D B(Ed.), Royal Meteorological society, 155-218.

Grinsted A, Moore J C, Jevrejeva S. 2004. Application of the cross wavelet transform and wavelet coherence to geophysical time series. *Nonlin Proc. Geophys*, **11**: 561-566.

Hoarau K, Bernard J, Chalonge L. 2011. Intense tropical cyclone activities in the northern Indian Ocean. *Int. J. Clim.*, **24**, doi: 10.1002/joc.2406.

Ho C H, Baik J J, Kim J H, *et al*. 2004. Interdecadal changes in summertime typhoon tracks. *J. Clim.*, **17**: 1767-1776.

Holland G J. 1993. Tropical cyclone motion. *Global Guide to Tropical Cyclone*.

Huang G, Qu X, Hu K M. 2011. The impact of tropical Indian Ocean SST on South Asian high in boreal summer. *Adv. Atmos. Sci.*, **28**: 421-432.

H. 范隆. 1990. 大洋气候. 北京:海洋出版社, 532-535.

IPCC. 2007. A report of Working Group I of the Intergovernmental Panel on Climate Change? Summary for Policymakers.

James P, Stohl A, Spichtinger N, *et al*. 2004. Climatological aspects of the extreme European rainfall of August 2002 and a trajectory method for estimating the associated evaporative source regions. *Natural Hazards and Earth System Science* **4**: 733-746.

John Molinari, Skubls S, Vollaro D, *et al*. 1998. Potential vorticity analysis of cyclone intensification. *J. Atmos. Sci.*, **55**: 2632-2644.

Kerry A. Emanuel. 1986. An air-sea interaction theory for tropical cyclones, Part I: steady-state maintenance. *J. Atmos. Sci.*, **43**: 585-604.

Kerry A. Emanuel. 1988. The maximum intensity of hurricanes. *J. Atmos. Sci.*, **45**: 1143-1155.

Kerry A. Emanuel. 2004. Tropical cyclone activity and global climate system. 26th *Conference on Hurricanes and Tropical Meteorology* (Expanded View).

Kikuchi K, Wang B, Fudeyasu H. 2009. Genesis of tropical Cyclone Nargis revealed by multiple satellite observations. *Geophys Res. Lett.*, **36**: L06811, doi: 10.1029/2009GL037296.

Kistler R, Kalnay E, Collins W, *et al*. 2001. The NCEP/NCAR 50-year reanalysis. *Bull. Amer. Meteor. Soc.*, **82**: 247-26.

Kitade T. 1980. Numerical experiment of tropical cyclones on a plane with variable coriolis parameter. *J. Metero. Soc. Japan*, **58**: 471-488.

Kummerow C, Barnes W, Kozu T, *et al*. 1998. The tropical rainfall measuring mission (TRMM) sensor package. *Journal of Atmospheric and Oceanic Technology*, **15**:809-817.

Ledimet F X and Talagrand O. 1986. Variational algorithms for analysis and assimilation of meteorological observations: Theoretical aspects. *Tellus*, **38A**:97-110.

Lehmiller G S, Kimberlain T B, Elsner J B. 1997. Seasonal prediction models for North Atlantic basin hurricane location. *Mon. Wea. Rev.*, **125**:1780-1791.

Luo H, Yanai M. 1994. The large-scale circulation and heat sources over the Tibetan plateau and surrounding areas during the early summer of 1979. Part Ⅱ: Heat and moisture budgets. *Mon. Wea. Rev.*, **112**: 966-989.

Mohanty UC, Gupta A. 1997. Deterministic methods for prediction of tropical cyclone tracks. *Mausam*, **48**(2):257-272.

Mohanty UC, Mandal M, Raman S. 2004. Simulation of Orissa super cyclone (1999) using PSU/NCAR mesoscale model. *Nat. Hazards*, **31**(2):373-390.

Ng K W E, Chan J C L. 2011. Interannual variations of tropical cyclone activity over the North Indian Ocean. *Int. J. Climatol*, doi:10.1002/joc.2304.

Palmen E H. 1948. On the formation and structure of tropical cyclones[J]. *Geophysica*, **3**: 26-28.

Pattanayak S, Mohanty UC. 2008. A comparative study on performance of MM5 and WRF models in simulation of tropical cyclones over Indian seas. *Curr. Sci.*, **95**(7):923-936.

Randhir Singh C M, Kishtawal P K, Pal P C Joshi. 2012. Improved tropical cyclone forecasts over north Indian Oceanwith direct assimilation of AMSU-A radiances. *Meteor. Atmos. Phys.*, **115**:15-34.

Reale O, Feudale L, Turato B. 2001. Evaporative moisture sources during a sequence of floods in the Mediterranean region. *Geophysical research letters*, **28**(10):2085-2088.

Rotunno R, Emanuel K. 1987. An air-sea interaction theory for tropical cyclones, Part II: Evolutionary study using a nonhydrostatic axisymmetric numerical model. *J. Atmos. Sci.*, **44**:542-561.

Saji N H, Goswami B N, Vinayachandran P N, *et al*. 1999. A dipole mode in the tropical Indian Ocean. *Nature*, **401**:360-363.

Saji N H, Yamagata T. 2003. Structure of SST and surface wind variability during Indian Ocean Dipole Mode events: COADS observations. *J. Clim.*, **16**:2735-2751.

Shen B W, Tao W K, Lau W K, *et al*. 2010. Predicting tropical cyclogenesis with a global mesoscalemodel: Hierarchical multiscale interactions during the formation of tropical cyclone Nargis(2008). *J. Geophys Res.*, **115**:D14102, doi:10.1029/2009JD013140.

Simmonds I, Bi D, Hope P. 1999. Atmospheric water vapor flux and its association with rainfall over China in summer. *Journal of Climate*, **12**(5):1353-1367.

Smith T M, Richard W R, Thomas C P, *et al*. 2008. Improvements to NOAA's historical merged land-ocean surface temperature analysis(1880—2006). *J. Clim.*, **21**:2283-2296.

Stohl A, Forster C, Frank A, *et al*. 2005. Technical note: The Lagrangian particle dispersion model HYSPLIT version 6.2. *Atmos. Chem. Phys.*, **5**:2461-2474.

Su F G, Hong Y, Lettenmaier D P. 2008. Evaluation of TRMM multisatellite precipitation analysis (TMPA) and its utility in hydrologic prediction in La Plata Basin. *Journal of Hydrometeorology*, **9**(4):622-640.

Sujata Pattanayak, U C MohanTC, Gopalakrishnan S G. 2011. Simulation of very severe cyclone Mala over Bay of Bengal with HWRF modeling system Natural Hazards. (8 June 2011), pp. 1-25.

Suzana J Camargo, Adam H Sobel, Anthony G Barnston, *et al*. 2007. Tropical cyclone genesis potential index in climate models. *Tellus*, **57A**(4):428-443.

Suzana J Camargo,Kerry A Emanuel,Adam H Sobel. 2007. Use of a Genesis Potential Index to Diagnose ENSO Effects on Tropical cyclone Genesis. *Journal of Climate*, **20**(10): 4819-4834.

Suzana J Camargo,Matthew C Wheeler,Adam H Sobel. 2009. Diagnosis of the MJO modulation of tropical cyclogenesis using an empirical index. *J. Atmos. Sci.*,**66**(10):3061-3074.

Talagrand O. 1997. Assimilation of observations,an introduction. *J. Met. Soc. Japan*, Spesial Issue 75, 1B:191-209.

Tu J,Chou C,Chu P. 2009. Abrupt shift of typhoon activity in the vicinity of Taiwan and its association with the western North Pacific-East Asian climate change. *J. Clim.*, **22**:3617-3628.

Tuleya R E. 1994. Tropical storm development and decay: Sensitivity to surface boundary conditions. *Monthly Weather Review*,**122**:291-304.

Wang B,Chan J C L. 2002. How strong ENSO events affect tropical storm activity over the western North Pacific. *J. Clim.*,**15**:1643-1658.

Wang C,Weisberg R H,Virmani J I. 1999. Western Pacific interannual variability associated with El Niño-Southern Oscillation. *J. Geophys Res.*,**104**(C3):5131-5149.

Webster P J, Holland G J, Curry J A, *et al*. 2005. Changes in TC number, duration, and intensity in a warming environment. *Science*,**309**:1844-1846.

Webster P J,Moore A M,Loschnigg J P,*et al*. 1999. Coupled ocean-atmosphere dynamics in the Indian Ocean during 1997/1998. *Nature*,**401**:356-360.

Webster P J. 2008. Myanmar's deadly daffodil. *Nature Geoscience*,**1**:488-490.

Wernli H. 1997. ALagrangian-based analysis of extratropical cyclones. II: A detailed case-study. *Quarterly Journal of the Royal Meteorological Socie TC*,**123**:1677-1706.

Wu Chun Chieh,Yen Tzu Hsiung,Kuo Ying Hwa,*et al*. 2002. Rainfall simulation associated with typhoon Herb(1996) near Tainwan. Part I: The topographic effect. *Weather Forecasting*,**17**(5):1001-1015.

Wu L G,Wang B. 2004. Assessing impacts of global warming on tropical cyclone tracks. *J. Clim.*,**17**: 1686-1698.

Xie L,Yan T H,Pletrafesa L J. 2005. Climatology and interannual variability of North Atlantic hurricane tracks. *J. Clim.*,**18**:5370-5381.

Xu Xiangde,Tao Shiyan,Wang Jizhi,*et al*. 2002. The relationship between water vapor transport features of Tibetan Plateau-monsoon "large triangle" affecting region and drought-flood abnormality of China. *Acta Meteorological Sinica* (in Chinese),**60**(3):257-266.

Yokoi S,Takayabu Y N. 2010. Environmental and external factors in the genesis of tropical cyclone Nargis in April 2008 over the Bay of Bengal. *J. Meteor. Soc. Japan*, **88**:425-435.

Yuan J P,Jiang J. 2011. The relationships between tropical cyclone tracks and local sst over the western north Pacific. *J. Trop. Meteor.*,**17**:120-127.